HAIYANG HUANJING WURAN YU FANGZHI

海洋环境污染与防治

曹晓强 ◎ 主　编
阚渝姣　李琳　高宇 ◎ 副主编

中国环境出版集团·北京

图书在版编目（CIP）数据

海洋环境污染与防治 / 曹晓强主编 . —北京：中国环境
出版集团，2021.8

ISBN 978-7-5111-4836-0

Ⅰ.①海⋯　Ⅱ.①曹⋯　Ⅲ.①海洋污染—污染防治—
研究　Ⅳ.① X55

中国版本图书馆 CIP 数据核字（2021）第 164372 号

出 版 人	武德凯
责任编辑	韩　睿
责任校对	任　丽
封面设计	彭　杉

出版发行　中国环境出版集团
　　　　　（100062　北京市东城区广渠门内大街 16 号）
　　　　　网　　　址：http：//www.cesp.com.cn
　　　　　电子邮箱：bjgl@cesp.com.cn
　　　　　联系电话：010-67112765（编辑管理部）
　　　　　发行热线：010-67125803，010-67113405（传真）
印　　刷　北京中献拓方科技发展有限公司
经　　销　各地新华书店
版　　次　2021 年 8 月第 1 版
印　　次　2021 年 8 月第 1 次印刷
开　　本　787×960　1/16
印　　张　22.25
字　　数　468 千字
定　　价　98.00 元

海洋不仅是地球最早的生命发源地，而且也为地球上的绝大多数物种提供了丰富的资源，影响着地球上物种的生存。海洋面积辽阔，储水量巨大，长期以来是地球上最稳定的生态系统。20 世纪 70 年代以来，随着沿海社会经济的高速发展、人口的迅速增加和城市化进程的不断加快，污染物排海总量不断增加，使得近岸海域地区面临的压力日益增大，海洋污染问题日益突出，例如，营养盐、海洋溢油、海洋固体废物及新兴污染物等污染导致海洋生态功能退化，赤潮等海洋灾害频发，这些严重制约了海洋经济和环境的可持续发展。面对日趋强化的海洋环境压力与资源约束，只有提出污染物减排和治理措施，才能不断增强海洋的可持续发展能力，实现社会经济与生态保护的协调发展。

本书以海洋环境污染与防治为主题，首先介绍了海洋概况，海洋环境要素及海洋环境的主要生态过程，从海洋营养盐、海洋溢油、海洋固体废物、海洋环境腐蚀与生物污损及海洋新型污染物方面着重介绍了海洋污染情况以及防治措施。针对海洋污染问题，本书提出了海洋调查和监测方法及海洋环境影响评价；针对已受损的海洋环境，提出了生态恢复方法。

全书共十章，由曹晓强任主编，阚渝姣、李琳、高宇任副主编。其中第一章由曹晓强编写，第二章由曹晓强、阚渝姣编写，第三章由乔延路编写，第四章由高宇、李琳编写，第五章由薛建良编写，第六章由赵艳云编写，第七章由邱日编写，第八章由张文睿编写，第九章由肖新峰、曹晓强编写，第十章由张林林编写。全书由曹晓强统稿，阚渝姣协助主编对全书进行了通稿工作。

由于编者水平有限，书中难免存在一些疏漏，恳请广大读者批评指正。

编者

2021 年 12 月

CONTENTS 目 录

第1章 海洋及海洋污染

1.1 海洋概述

1.1.1 地球表面海洋的分布

地球表面总面积约为 5.1×10^8 km^2，分属于陆地和海洋。如果以大地水准面为基准，陆地面积为 1.49×10^8 km^2，占地表总面积的 29.2%；海洋面积为 3.61×10^8 km^2，占地表总面积的 70.8%，可见地表大部分为海水所覆盖（图1.1）。

地球上的海洋是相互连通的，构成统一的世界大洋；而陆地是相互分离的，故没有统一的世界大陆。在地球表面，是海洋包围、分割所有的陆地，而不是陆地分割海洋。地表海陆分布极不均衡。北半球陆地占地球陆地总面积的 67.5%，南半球陆地占地球陆地总面积的 32.5%。北半球海洋和陆地占北半球地表总面积的比例分别为 60.7% 和 39.3%，南半球海洋和陆地占南半球地表总面积的比例分别是 8.9% 和 91.1%。如果以经度 0°、北纬 38° 的一点和经度 180°、南纬 47° 的一点为两极，把地球分为两个半球，海洋和陆地面积的对比达到最大限度，两者分别称为"陆半球"和"水半球"（图1.2）。"陆半球"的中心位于西班牙东南沿海，陆地约占 47%，海洋约占 53%，这个半球集中了全球陆地的 81%，是陆地在一个半球内的最大集中。"水半球"的中心位于新西兰的东北沿海，海洋约占 89%，陆地约占 11%，这个半球集中了全球海洋的 63%，是海洋在一个半球内的最大集中。这就是它们分别称为"陆半球"和"水半球"的原因。必须说明，即使在"陆半球"，海洋面积仍然大于陆地面积。"陆半球"的特点，不在于它的陆地面积大于海

"七分海洋，三分陆地"

陆地29.2%

海洋70.8%

图 1.1　世界海洋和陆地的大小

"水半球"　　　　　"陆半球"

"水半球"中海洋分布最　　"陆半球"中陆地分布最
集中，面积约占89%　　　集中，面积约占47%

图 1.2　地球的"水半球"和"陆半球"

洋（没有一个半球是这样），而在于它的陆地面积超过任何一个半球。"水半球"的特点，也不在于它的海洋面积大于陆地（任何一个半球都是如此），而在于它的海洋面积比任何一个半球都大。

1.1.2 海洋的划分

覆盖在地球表面的海洋，由于距离陆地位置远近的差别、海底地貌和地质状况的不同，以及海水各层尤其是表面水的温度、盐度、气体组成、水层动态，生物分布等方面的不同，所以海洋各部分无疑存在着区域差异，在海洋环境上表现出不同的生态特点。

1.1.2.1 海洋的分类

根据海洋要素特点和形态特征，将其分为主要部分和附属部分，主要部分为洋（Ocean），附属部分为海（Sea）、海湾（Bay）和海峡（Strait）。

海洋中面积较大的部分叫作洋，是海洋的主体，一般远离陆地，面积广阔，约占海洋总面积的90.3%。洋深度一般大于2 000 m；海洋要素（如盐度、温度等）不受陆地影响，盐度平均为35‰，且年变化小；具有独立的潮汐系统和强大的洋流系统。世界上的洋被大陆分割成彼此相通的4个大洋，即太平洋（the Pacific Ocean）、大西洋（the Atlantic Ocean）、印度洋（the Indian Ocean）和北冰洋（the Arctic Ocean）（表1.1）。

表 1.1 世界各大洋的面积、容积和深度

名称	包括附属海						不含附属海					
	面积 /×10⁶ km²	占比 /%	容积 /×10⁶ km³	占比 /%	深度 /m		面积 /×10⁶ km²	占比 /%	容积 /×10⁶ km³	占比 /%	深度 /m	
					平均	最大					平均	最大
太平洋	179.7	49.8	723.7	52.8	4 028	11 034	165.2	45.8	707.6	51.6	4 282	11 034
大西洋	93.4	25.9	337.7	24.6	3 627	9 218	82.42	22.8	323.6	23.6	3 925	9 218
印度洋	74.9	20.7	291.9	21.3	3 897	7 450	73.4	20.3	291.0	21.3	3 963	7 450
北冰洋	13.1	3.6	17.0	1.3	1 296	5 449	5.0	1.4	10.9	0.8	2 179	5 449
世界海洋	361.1	100	1 370.3	100	3 795	11 034	326.02	90.3	1 333.1	97.3	3 795	11 034

资料来源：冯士筰，等.海洋科学导论.北京：高等教育出版社，1999。

陆地和岛屿是洋的天然界线，在没有可作为界线的陆地和岛屿的洋面，就以假定的标志为界线。例如，北极圈是北冰洋与太平洋、大西洋的假定界线，通过塔斯马尼亚岛南角的经线是太平洋与印度洋的界线。

太平洋是面积最大、最深的大洋，其北侧以白令海峡与北冰洋相接，东边以通过南美洲最南端合恩角（Cape Horn）的经线与大西洋分界，西边以经过塔斯马尼亚岛的经线（东经146°51′）与印度洋分界。印度洋与大西洋的界线是经过非洲南端厄加勒斯角

（Cape Agulhas）的经线（东经20°）。大西洋与北冰洋的界线是从斯堪的纳维亚半岛的诺尔辰角（Cape Nordkinn）经冰岛、过丹麦海峡至格陵兰岛南端的连线。北冰洋大致以北极圈为中心，被亚欧大陆和北美大陆所环抱，是世界上最小、最浅、最寒冷的大洋。

太平洋、大西洋和印度洋靠近南极洲的那一片水域，在海洋学上具有特殊意义。它具有自成体系的环流系统和独特的水团结构，既是世界大洋底层水团的主要形成区，又对大洋环流起着重要作用。因此，从海洋学（而不是从地理学）的角度，一般把三大洋在南极洲附近连成一片的水域称为南大洋或南极海域（the Southern Ocean）。联合国教科文组织（UNESCO）下属的政府间海洋学委员会（IOC）在1970年的会议上，将南大洋定义为"从南极大陆到南纬40°为止的海域，或从南极大陆起，到亚热带辐合线明显时的连续海域"。

海是海洋边缘与陆地毗邻或交错的部分，隶属各大洋，以海峡或岛屿与洋相通或相隔；海离大陆近，深度较浅，一般在2 000 m以内；海的面积较小，约占海洋总面积的9.7%；海的水文状况受陆地影响，各种环境因子变化剧烈，并没有明显的季节变化；海的沉积物多为陆相沉积。海可以分为陆间海、内海和边缘海。陆间海位于相邻大陆之间，深度大，有海峡与相邻的海洋沟通，其海盆不仅分割陆地上部，而且分割陆地的基部，如欧洲和非洲之间的地中海、南美洲和北美洲之间的加勒比海。内海深入陆地之内，深度一般不大，虽与海洋有不同程度的联系，但受陆地影响更明显。有的内海与众多国家毗邻，如波罗的海；有的内海只是一个国家的内海，如我国的渤海。边缘海位于陆地边缘，不深入陆地，以半岛、岛屿或群岛与其他海洋分开，但可以自由地沟通，如东海、南海等。根据国际水道测量局的材料，全世界拥有54个海，面积约占世界海洋总面积的9.7%。

此外，海洋因其封闭形态不同还有海湾和海峡之分。海湾是海洋深入陆地，且深度、宽度逐渐减小的水域，如渤海湾、北部湾等。与大洋区的海洋环境相比，海湾水域有着截然不同的水动力学机制，同时海湾水域又是陆海相互作用剧烈的区域，尤其是受到人为因素的影响较大，故海湾生态环境也是海洋环境研究中的一个重要领域。海峡是两侧被陆地或岛屿封闭，沟通海洋与海洋之间的狭窄水道。海峡最主要的特征是水流急，特别是潮流速度大。海流有的上、下分层流入、流出，如直布罗陀海峡（the Strait of Gibraltar）等；有的分左、右侧流入或流出，如渤海海峡等。由于海峡往往受不同海区水团和环流的影响，故其海洋状况通常比较复杂。

1.1.2.2　中国海的分区

中国海域宽广、岸线曲折、岛屿众多、海洋资源丰富。中国海域濒临西太平洋，北以中国陆地为界，南至努沙登加拉群岛（the Nusa Tenggara Islands），南北纵越纬度44°，西起中国陆地、中南半岛（the China-Indochina Peninsula），东至琉球群岛（the Ryukyu Islands）、中国台湾和菲律宾群岛（the Philippine Islands），东西横跨经度32°。中国海域

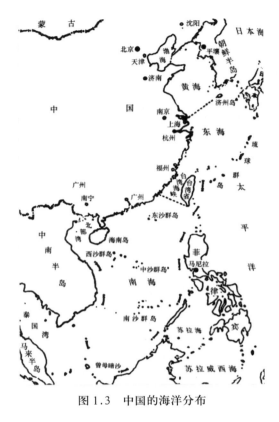

图 1.3 中国的海洋分布

自北向南跨越温带（Temperate zone）、亚热带（Subtropics）和热带（Tropics）3 个气候带，海岸类型多样化，海岸线长达 1.8 万 km，海域面积为 472.7×10^4 km²（图 1.3）。

中国海域内拥有岛屿超过 6 500 个，其中包括舟山群岛、万山群岛、台湾岛和海南岛等著名岛屿，总面积约为 8×10^4 km²，岛屿岸线约为 14 000 km；流入海域内的河流约有 1 500 条，其中包括黄河、长江、珠江等著名河流，年总径流量约为 1.8×10^{12} m³；海底地形复杂，受陆地的影响沉积物多为陆相沉积；潮汐类型主要有全日潮、半日潮和不规则潮汐等类型。中国海域划分为渤海、黄海、东海和南海 4 个海域。

渤海： 形似一个侧放着的葫芦，北至辽河口，南到弥河口，跨度约为 550 km，东西宽约为 346 km。渤海三面被陆地环抱，是以渤海海峡与黄海连通的半封闭性内海。在 4 个海域中，渤海的面积最小，只有约 7.7×10^4 km²；平均深度为 18 m，最大深度为 80 m，位于渤海海峡老铁山水道。流入渤海的河流较多，其中有黄河、海河和滦河等主要河流，黄河平均年径流量为 580×10^8 m³。渤海海域盐度较低，年平均为 30‰，近岸河口区为 22‰～26‰。水温变化较大，夏季为 24～28℃，冬季在 0℃左右，3 个海湾附近沿岸均有结冰现象，其冰冻范围为 1 km 左右，最大范围可达 20～40 km。以辽东半岛南端的老铁山角到山东半岛北端蓬莱角的连线作为渤海和黄海的分界线，过了渤海海峡的庙岛群岛便进入了黄海。

黄海： 位于中国与朝鲜半岛之间，北接中国辽宁省和朝鲜平安南、北两道，东以朝鲜半岛并经其西南的珍岛至济州岛西北角为界，西北经渤海海峡与渤海相通，西至中国山东半岛和江苏北部，南以中国长江口北岸启东嘴与济州岛西南角连线为界，与东海相连。黄海南北约长 870 km，东西宽约为 550 km，最窄处仅 180 km，面积约为 38×10^4 km²，平均深度为 44 m，最大深度 140 m，位于济州岛以北。

以山东半岛成山角至朝鲜半岛长山串一线为界，又将黄海划分为两部分，连线以北为北黄海，以南称南黄海，北黄海的面积约为 7.1×10^4 km²，南黄海的面积约为 30.9×10^4 km²。其地势特点是由于苏北沿岸平原是古黄河下游的三角洲，所以水深较浅，海底坡度十分平缓。流入黄海的河流在中国一侧主要有鸭绿江、淮河、灌河等，朝鲜半岛一侧有大同江、汉江等。

东海：东海是一个比较宽阔的边缘海。西北角接黄海，东北以韩国济州岛东端至日本九州长崎野母崎角一线、朝鲜海峡为界，东临日本九州、琉球群岛及中国台湾地区，西临中国上海市、浙江省、福建省，南至中国广东省南澳岛与台湾南端的猫鼻头的连线，面积约为 $77 \times 10^4 \, km^2$，平均深度为 349 m，最大深度为 2 719 m，位于八重山群岛以北。

东海海域内海峡较多。东北有朝鲜海峡，东海通过其与邻近海域及太平洋沟通，东有大隅、吐噶喇、冲绳等海峡与太平洋沟通，南有台湾海峡与南海沟通。流入东海海域内的河流主要有长江、钱塘江、瓯江和闽江等。世界著名的舟山渔场就位于东海，这里是中国近海海域黄鱼、带鱼的主要作业渔场。

南海：越过台湾海峡就进入了碧波万顷的南海。它北起中国台湾、广东、海南和广西，东至中国台湾、菲律宾的吕宋海峡、民都洛及巴拉望岛，西至中南半岛和马来半岛，南至印度尼西亚的苏门答腊岛与加里曼丹岛之间的隆起地带。南海面积约为 $350 \times 10^4 \, km^2$，约是渤海、黄海和东海面积之和的 3 倍。海域内有著名的北部湾和泰国湾。海域平均深度为 1 212 m，海域最大深度为 5 559 m，位于菲律宾附近。

流入南海的河流有中国沿岸的珠江、赣江以及中南半岛的红河、湄公河和湄南河等。浩瀚的南海海域拥有 1 200 多个大大小小的岛、礁、滩，并组成了著名的四大群岛，即东沙群岛、西沙群岛、中沙群岛和南沙群岛，亦称中国南海诸岛。

中国海域在海洋形态上属于边缘海类型中的纵边海，其形状为椭圆形，南北长、东西短。中国海域主要在大陆架以内，即在 200 m 等深线以内，但在东海东侧的琉球群岛和南海南端的菲律宾与加里曼丹岛沿岸超出了大陆架的范围，南海的中部到菲律宾的一半属大陆坡范围。渤海、黄海和东海属于温带海，一年中海况的季节变化比较大；南海属于热带海，其海况季节变化较小。我国四大领海的海域辽阔，资源丰富，有漫长的海岸线和众多的港湾，为我国发展海洋渔业生产提供了良好的条件。

1.1.2.3　海洋环境的划分

海洋学家和海洋生态学家为了研究工作的需要与统一，将海洋环境进行了划分。但是，应该指出的是目前的划分仍然存在着并非十分清楚的界线，这有待于人类在对海洋有进一步的了解认识和深入研究后，进行更准确和更客观的划分。

1）海洋环境的地理划分

海洋靠近陆地的部分一般都有大陆架（Continental shelf），其坡度仅为 1°～2°，最大深度为 200 m 左右，来自陆地的泥沙大抵至此为止，为近岸浅海渔业生产的主要区域。从大陆架向外倾斜度突然加大，一般为 4°～5°，在较深处可达 20°～30°，此处被称为大陆坡（Continental slope）或大陆边缘（Continental margin）。大陆坡以外即为大洋底部，深度为 2 000～10 000 m 以上。有些区域紧接大陆架边缘即为深度可达 10 000 m 以上的深海海沟（图 1.4）。

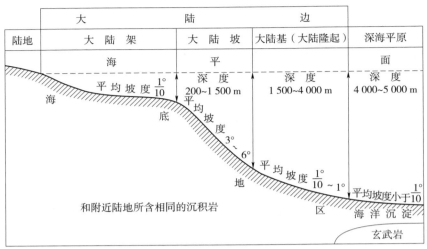

图 1.4　大陆架、大陆坡及大洋底部分示意图

2）海洋环境的区域划分

为评价区域海洋环境质量，按照海域与海岸线的距离，可将海域分为近岸海域（Nearshore area）、近海海域（Inshore area）和远海海域（Oceanic area）。近岸海域是指我国领海基线向陆一侧的全部海域，尚未公布领海基线的海域及内海，也指 -10 m 等深线向陆一侧的全部海域。近海海域是指近岸海域外部界线平行向外 20 n mile 的海域。远海海域是指近海海域外部界线向外一侧的全部我国管辖海域。

3）海洋环境的主权划分

内水（Internal waters），指国家领陆内以及领海基线向陆一面的水域。包括港口、河流、湖泊、内海、封闭性海湾和泊船处。沿岸国对这些水域拥有和自己陆上领土相同的完全主权。

领海（Territorial sea），是沿海国的主权管辖下与其陆地领土及内水邻接的一带海域。每一个国家有权确定其领海的宽度，从按照《联合国海洋法公约》确定的基线量起直至不超过 12 n mile 的界线为止。

毗连区（Contiguous zone），是指从领海基线量起，不得超过 24 n mile 以内的海域。

专属经济区（Exclusive economic zone），是领海以外并邻接领海的一个区域。专属经济区从测算领海宽度的基线量起，不应超过 200 n mile。

公海（High seas），是沿海国内水、领海、毗连区和专属经济区以外不受任何国家主权管辖和支配的所有海域。公海对所有国家开放。各国均可平等地享有航行自由、飞越自由、铺设海底电缆和管道自由、建造国际所容许的人工岛屿和其他设施的自由、捕鱼自由、科学研究自由等（图 1.5）。

随着社会生产力的发展，人类对海洋的开发利用大多经历了由近岸、近海到远海，由内海、边缘海到大洋的发展过程。我国海洋资源的开发利用至今主要集中于近岸海域，

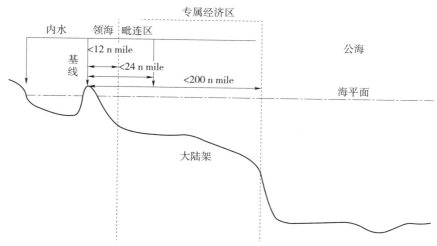

图 1.5　海洋环境的主权划分

如养殖、滨海旅游、港口建设、挖砂、填海造地等，对近海和远海海域的利用大多为非专项的捕捞、航运等。由于对海洋的开发向深度、广度扩展，在近海、远海的建设项目，如海上工程、油气勘探开采、水牧放流增殖等，已有增多趋势。

4）海洋环境的水层划分

从水平方向上，海洋水层环境可以分为近海带（Neritic）和大洋区（Oceanic）（图 1.6）。

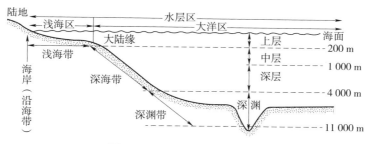

图 1.6　海洋环境的水层划分

近海带又称沿岸区或浅海区。浅海区的水平距离由于海底倾斜缓急程度的不同而具有明显差异。如中国的渤海、黄海和东海海域的大部分浅海区一般都在 200 m 等深线以内，所以面积相当广阔。有些海域，如日本的东海岸和南美的西海岸离岸不远处水深就超过 200 m，甚至达到数千米，这种情况浅海区的范围就相当小。而美国的东北部海域，海底坡度很小，大陆架很宽，因此浅海区的范围比较大。

近海带与大洋区在水层垂直方向的界线通常是在 200 m 等深线处。实际上，这一界线的深度一般是大陆架的外缘，同时也是水层环境中真光带和无光带的界线。近海带海水盐度的变化幅度较大，一般低于大洋区，有时可能很低（如波罗的海和亚速海）。环境的理化因素具有季节性和突然性的变化特点。由于受大陆径流的影响，浮游植物（主要是硅藻）的生产量很大。生活在近海带的生物有许多是属于广温性和广盐性的种类。与大洋区水域相比，近海带是底层鱼类的主要栖息、索饵场所，也是一些经济鱼类的重要产卵场，所以不少浅海海域成为重要经济鱼类的渔场。

大洋区又称远洋区，占了世界海洋的大部分。它的主要环境特点是空间广阔，垂直幅度很大。大洋区海水所含的大陆性的碎屑很少或完全没有，因而透明度大，并呈现深蓝色。海水的化学成分比较稳定，盐度普遍较高，营养成分较沿岸浅海低，因此生物种类和种群密度都较贫乏、较低。大洋区的理化性质在空间和时间上的变化不大，在深海水层下部的环境条件终年相对稳定，只有少量深海动物生活在其中。

大洋区在垂直方向上可以分为上层（Epipelagic zone）、中层（Mesopelagic zone）、深层（Bathypelagic zone）、深渊层（Abyssopelagic zone）和超深渊层（Hadal pelagic zone）。上层的上限是水表面，下限是在 200 m 左右的深度。上层亦称有光带（Lighted portion），即太阳辐射透入该水层的光能量可以满足浮游植物进行光合作用的需求。中层的下限是在 1 000 m 左右的深度。中层水域仍有光线透入，但数量相对较少，满足不了浮游植物进行光合作用的需求。深层的下限是在 4 000 m 左右，深层以下为深渊层，深渊层的下限为 6 000 m，深渊层以下为超深渊层。深层和深渊层统称无光带，或称黑暗带（Dark portion）。由于各种环境因素的干扰，大洋区上层的下限，即有光带的下限深度在不同海域是不尽一致的。

1.1.2.4 海洋环境的水底划分

海洋的水底环境，包括所有海底以及高潮时海浪所能冲击到的全部区域。栖息于这一区域的生物对海底的形成及其性质起着很大的作用。关于海洋水底环境划分的界限，一般采取以下的划分办法。

1）潮间带（Intertidal zone）

潮间带是指有潮汐现象和受潮汐影响的区域。其上限是大潮高潮时的最高潮线，下限是大潮低潮时的最低潮线；但也有学者认为，潮间带应包括从高潮线至水深 30～40 m 的整个沿岸水域底部。潮间带以上为潮上带（Supra-littoral）。潮间带有以下的环境特点：光线充足；潮汐和波浪的作用强烈；周年温度变化较大，并且有周日变化；底质性状复杂，可分为岩底、砾石底、沙底和泥底及其过渡类型；生物种类多样化、食物丰富；每天有一定时间交替浸没在水中和暴露在空气中；受大陆影响大。

根据潮汐活动的规律，潮间带有 4 条潮线，即大潮高潮线、小潮高潮线、小潮低潮线、大潮低潮线。根据这 4 条潮线，可以将潮间带分为 3 个区：高潮带、中潮带和低潮带（图 1.7）。

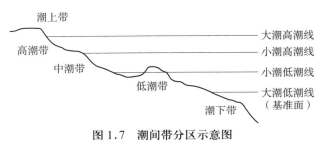

图 1.7　潮间带分区示意图

2）潮下带（Sbtidal zone）

潮下带是指从潮间带下限至水深 200 m 处这一区域；也有生态学家根据动物区系的分布特点，认为潮下带的下限应位于 200～400 m。在潮下带，光照强度和温度是决定该带下限深度的重要环境因素，所以在高纬度区域，该带下限的深度要比低纬度区域浅一些。由于光照条件的限制，致使在此处生活的植物种类趋向于大潮低潮线附近，即潮下带的上部，并以颇多数量成片生长。潮下带动物的种类和数量丰富。这一区域是海洋鱼类的主要栖息、索饵场所，同时也是某些经济鱼类的产卵场，所以在这一带有许多海区是重要的渔场。

3）深海带（Bathyal zone）和深渊带（Abyssal zone）

深海带是指水深 200 m 至 1 000～4 000 m 处这一区域，由此深度向下直至 6 000 m 深度处为深渊带，再向下至大洋最深的海底称为超深渊带（Hadal zone）。整个深海海底（包括超深渊带在内）的环境特点为：光线极微弱或完全无光；部分海底温度终年很低（-1～5℃），无季节变化，但在有热液喷口的海底水温变化急剧；海水很少垂直循环，仅有微弱的水平流动；没有任何依靠光合作用生长的植物，但有能依赖氧化硫化氢或甲烷以取得能量并进行碳酸固定的化学合成细菌，它们是最基础的生产者，因此这一区域栖息生活着不少种类的底栖生物。

1.1.3 海洋环境的梯度变化

覆盖在地球表面的海洋，虽然是一个连续的整体，但由于其所处的地理位置和深度的不同，在不同地点，其环境要素所表现出的特点是不一样的。一般来说，海洋具有三大环境梯度（Environmental gradient），海洋环境的这种梯度变化对海洋生物的生活、分布、生产力等各方面都有重要影响。

1.1.3.1 从赤道到两极的纬度梯度

主要因为太阳辐射具有明显的纬度梯度。在赤道地区，一天中白天与黑夜各约 12 h，光照强烈，总热量输入高；在温带海区，夏季光照时间超过 12 h，冬季则少于 12 h，接收的光照强度较低，总热量输入较少；而在极区，持续 6 个月的低能光照与持续 6 个月的黑暗交替，输入的总热量最少。因此，赤道向两极的太阳辐射强度逐渐减弱，季节差异逐渐增大，每日光照持续时间不同，这种光照时间和输入总热量的纬度梯度直接影响光合作用的季节差异和不同纬度海区在垂直方向上的温跃层模式。

1.1.3.2 从海面到深海海底的深度梯度

主要由于光照只能透入海洋的表层（最多不超过 200 m），其下方只有微弱的光或是无光世界，因此浮游植物只在真光带内有分布，生物有机食物在海水深层很稀少；压力随深度不断增加，深度每增加 10 m，压力增加 1 个大气压；温度也有明显的垂直变化，且不同纬度的海区温度垂直变化的特点明显不同（图 1.8），底层温度很低且较恒定。

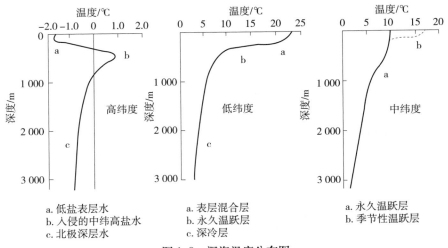

a. 低盐表层水　　　　　a. 表层混合层　　　　　a. 永久温跃层
b. 入侵的中纬高盐水　　b. 永久温跃层　　　　　b. 季节性温跃层
c. 北极深层水　　　　　c. 深冷层

图 1.8　深海温度分布图

　　在低纬度海区，表层海水吸收热量，形成了温度较高、密度较小的表层水，其下方出现温跃层（Thermocline），通常位于 100～500 m，温度随深度增加而急剧下降，这一水层即所谓不连续层（Discontinuity layer）；其上方海水由于混合作用而形成相当均匀的高温水层，称为热成层（Thermosphere）。温跃层的下方水温低，并且直到底层，温度变化不明显。由于低纬度海区太阳辐射强度常年变化不大，因此其形成的温跃层属永久温跃层（Permanent thermocline）。

　　在中纬度海区，夏季水温增高，接近表面（通常在深 15～40 m 处）处形成一个暂时的季节性温跃层（Seasonal thermocline）。到了冬季，表层水温下降，上述温跃层消失，对流混合可延伸至几百米深。在对流混合下限的下方（在 500～1 500 m 处）有一个永久性的但温度变化较不明显的温跃层。

　　在高纬度海区，热量从海水散发至大气，表层水冷却产生对流混合，从而与下层水温不同。从表层到底层的温度范围为 -1.8～1.8 ℃。在 1 000 m 以内深海处，通常有一个不规则的温度梯度，这是由于降水或融冰影响了表层温度，其下方是从较低纬度流入的温度略高、密度略大的水层。超过 1 000 m 直到底层，温度几乎是一致的，仅随深度增加而稍有下降。

1.1.3.3　从沿岸到开阔大洋的水平梯度

　　沿岸地区受大陆径流、人类活动等的影响强烈，加上海洋地理环境的影响，使得沿岸海区营养丰富，透明度低，生物密度高，混合作用强烈。因此，从沿岸向外延伸到开阔大洋主要涉及深度、营养物含量、海水混合作用等因素的梯度变化，也包括其他环境因素（如温度、盐度、透明度、pH 和生物量）的波动，呈现从沿岸向外洋减弱的变化。

1.1.4　海洋生态环境的服务功能

海洋生态环境的服务功能，是指特定海洋生态环境及其组分为人类提供赖以生存和发展的产品和服务。海洋生态环境主要包括以下的服务功能：初级生产、营养物质循环、生物多样性维持、食品生产、原料生产、氧气生产、提供基因资源、气候调节、废弃物处理、生物控制、干扰调节、休闲娱乐、文化价值、科研价值等基本功能。

根据这些服务功能的性质，可以将这些功能归为支持、供给、调节和文化四大类：① 支持功能。指为了保证海洋生态系统供给功能、调节功能和文化功能而提供必需的物种多样性维持和初级生产的功能。② 供给功能。指海洋生态系统为人类提供食品、原材料、基因资源等产品，从而满足和维持人类物质需要的功能。③ 调节功能。指人类从海洋生态系统的调节过程中获得的服务功能和效益。④ 文化功能。指人类通过精神感受、知识获取、主观印象、消遣娱乐和美学体验等方式，从海洋生态环境中获得的非物质利益。

这些海洋生态环境的服务功能是海洋生态系统及其生物多样性的整体表现，是海洋生态系统中生物与生物、生物与环境相互作用的结果，也是海洋生态系统对人类贡献的总和。

1.1.5　海洋环境概述

1.1.5.1　环境及其特性

任何事物的存在都要占据一定的空间和时间，并必然要和其周围的各种事物发生联系，与周围诸事物间发生各种联系的事物被称为中心事物，而该事物所存在的空间以及位于该空间中诸事物的总和称为该中心事物的环境。环境科学所研究的环境，是以人类作为中心事物的自然环境。环境具有以下基本特性：

（1）整体性：人与地球环境是一个整体，地球的任何一部分或任意一个系统，都是人类环境的组成部分。各部分之间存在着紧密的相互联系、相互制约关系，局部地区的环境污染或破坏，总会对其他地区造成影响和危害。所以人类的生存环境及对其的保护，从整体上看是没有地区界线、省界和国界的。

（2）完整性：环境作为生态系统的载体，具有完整性的特点。例如，海洋生态系统各个部分是相互联系、相互依存的，任何一部分的变化或丧失，必然会影响到其他部分的功能实现和发展变化。

（3）有限性：这不但是指地球在宇宙中独一无二，而且其空间也有限，有人称其为"弱小的地球"。这意味着人类环境的稳定性有限，资源有限，容纳污染物质的能力有限，或对污染物质的自净能力有限。在未受到人类干扰的情况下，环境中化学元素及物质和能量分布的正常值，称为环境本底值。环境对于进入其内部的污染物质或污染因素具有一定的迁移、扩散、同化、异化的能力。在保证人类生存和自然环境不致受害的前提下，环境可以容纳污染物质的最大负荷量，称为环境容量。环境容量的大小，与其组成成分和结构、污染物的数量及其物理和化学性质有关，任何污染物对特定的环境都有其确定的环境容量。由于环境的时、空、量、序的变化，导致物质和能量产生不同分布和组合，使环境容量发生变化，其变化幅度的大小，表现出环境的可塑性和适应性。污染物质或污染因素进入环境后，将引起一系列物理、化学和生物的变化，其自身逐步被清除出去，从而达到环境自然净化的目的，环境的这种作用，称为环境自净。人类发展活动产生的污染物或污染因素，进入环境的量超过环境容量或环境自净能力时，就会导致环境质量恶化，出现环境污染。

（4）不可逆性：人类的环境系统在运转过程中，存在两个过程，即能量流动和物质循环。后一过程是可逆的，但前一过程不可逆，根据热力学理论，整个过程是不可逆的。所以环境一旦遭到破坏，利用物质循环规律，仅可以实现局部的恢复，但不能彻底恢复到原来的状态。

（5）隐显性：除了事故性的污染与破坏（如森林大火、农药厂事故等）可直观其后果外，日常的环境污染与环境破坏对人类影响的后果显现要有一个过程，需要经过一段时间。如日本汞污染引起的水俣病，经过20年时间才显现出来；又如DDT农药，虽然已经停止使用，但已进入生物圈和人体中的DDT，还要再经过几十年才能从生物体中彻底排出去。

（6）持续反应性：环境效应不是短暂的，有些可以持续很长时间。事实告诉人们，环境污染不但影响当代人的健康，而且还会造成世世代代的遗传隐患。目前，中国每年新出生缺陷婴儿约300万人，其中残疾婴儿约30万人，这不可能与环境污染丝毫无关；历史上黄河流域生态环境的破坏，至今仍给炎黄子孙带来无尽的水旱灾害。

（7）灾害放大性：实践证明，某些不引人注目的环境污染与破坏，经过环境的作用以后，其危害性或灾害性，无论深度还是广度，都会被明显放大。如上游小片林地的毁坏，可能造成下游地区的水、旱、虫灾害。燃烧释放出来的二氧化硫、二氧化碳等气体，不仅造成局部地区空气污染，还可能造成酸沉降，毁坏大片森林，导致大量湖泊不宜鱼类生存；或因温室效应，使全球气温升高、冰川融化、海水上涨，淹没大片城市和农田。又如，由于大量生产和使用氟氯烃化合物，破坏了大气臭氧层，导致太阳光中能量较高的紫外线直接照射到地球上，不仅使人类皮肤癌患者增加，而且紫外线还杀死地球上的浮游生物和幼小生物，切断了大量食物链的始端，甚至有可能毁掉整个生物圈。以上例子足以说明，环境对危害或灾害的放大作用是何等强大。

1.1.5.2　海洋环境的特点

海洋是大气、海水、生物和岩石圈相互联系、共同作用的场所，是全球生态系统的重要组成部分。它不但是生命的摇篮、资源的宝库，也是地球气候的调节器，因此，海洋环境与人类息息相关。海洋环境作为海洋生态系统的支撑条件，对海洋资源的开发和持续利用起着至关重要的作用。

广义的海洋环境是指地球上连成一片的海和洋的总水域，包括海水，溶解和悬浮于水中的物质、海底沉积物，以及生活于海洋中的生物。海洋环境是一个非常复杂的系统，在不同的学科中，"海洋环境"一词的科学意义也不尽相同。

海洋环境作为环境的一种特殊类型，除了具有一般环境的一些基本特性之外，世界海洋中所发生的各种自然现象和变化过程还有其自身的特点。从环境的自然属性和功能考虑，海洋环境至少具有以下三大特性。

（1）整体性与区域性。海洋环境的整体性，指的是环境的各个组成部分或要素构成一个完整的系统，故又称系统性，系统内的各个环境要素是相互联系、相互影响的。海洋环境的区域性又称区域环境，指的是环境特性的区域差异，不同地理位置的区域环境各有其不同的整体特性。海洋环境的整体性和区域性特点，可以使人类选择一条包括改变、开发、调控在内的利用自然资源和保护环境的道路。

海洋生态环境是海洋生物生存和发展的基本条件，生态环境的任何改变都有可能导致生态系统和生物资源的变化。海洋环境各要素之间的有机联系，使得海洋环境的整体性、完整性和组成要素之间密切相关，任何海域某一要素的变化（包括自然的和人为的），都不可能仅仅局限在产生的具体地点上，都有可能对邻近海域或者其他要素产生直接或者间接的影响和作用。

生物依赖于环境，环境影响生物的生存和繁衍。当外界环境变化量超过生物群落的忍受限度，就会直接影响生态系统的良性循环，从而造成生态系统的破坏。

（2）变动性和稳定性。海洋环境的变动性是指在自然和人为因素的作用下，海洋环境的内部结构和外在状态始终处于不断变化之中。而稳定性是指海洋环境系统具有一定的自我调节能力。

全球海洋的容积约为 $1.37 \times 10^9\ km^3$，约占地球总水量的 97% 以上。海洋作为一个环境系统，其中发生着各种不同类型和不同尺度的海水运动过程。海水运动或波动是海洋污染物运输的重要动力因素，通过海洋环境自身的物理、化学和生物的净化作用，任何排入海洋的污染物都能逐渐降低浓度乃至消失。但海洋的这种净化作用也是有限度的，超过海洋生态系统的自净能力必然引起海洋生态系统的退化。

（3）资源性与价值性。资源性是指海洋环境为人类生存和发展提供了必需的资源存在和发展的空间、必需的物质和能量。价值性是指环境具有资源性，也就具有价值性。环境对于人类及人类社会的发展具有不可估量的价值。人类社会的发展必须以环境为依托，环境的破坏必然导致发展受阻，良好的环境条件是社会经济良好发展的必要条件。

1.2　海洋环境科学的形成与发展

1.2.1　海洋环境科学的形成背景

1.2.1.1　海洋环境问题

20 世纪以来，随着科学技术的发展，社会生产力迅速提高，人类活动对海洋环境的影响日益增大，每年都有数亿吨的各种废水废物排入海洋，致使一系列的海洋环境问题出现，导致海洋环境退化，影响海洋生态环境的持续发展。特别是第二次世界大战之后，随着社会经济的迅猛发展，人类对海洋环境的影响越来越大。现代海洋开发事业迅速发展，人们在开发利用海洋的过程中，没有同时顾及或不够注意海洋环境的承受能力和海洋环境的完整性，低估了自然界的反作用，致使海洋环境，尤其是河口、港湾和海岸带区域遭到严重破坏，海洋环境质量严重退化，不仅影响了海洋资源的进一步开发利用，也影响了海洋生态环境的持续发展，甚至对人体健康造成了损害。目前，海洋环境面临的问题主要有以下几个方面。

1）海洋环境污染

海洋处于生物圈的最低位置，有史以来人们就把各种废物直接或间接地排入海洋，初期排入量小，海洋净化废物的能力强，这种排放不足为害。随着工农业生产的发展，沿海国家人口向临海城市集中，大量生产和生活废弃物排入海域，以及海上油运和油田大发展所造成的污染，大大超过了海洋的自净能力，海洋富营养化严重，海洋环境遭到了污染损害（图 1.9）。

图 1.9　海洋污染

从全球角度来看，近 30 年来，随着现代工农业的迅猛发展和城市化进程的加快，人类活动对近海生态环境的影响迅速加大，海洋环境退化和生态破坏正以惊人的速度在加快，其中海洋环境污染是最受关注的问题之一，也是自 20 世纪中叶以来困扰全球的难题之一。世界资源研究所的一项研究显示，世界上 51% 的近海生态环境系统，因受到开发活动导致环境污染和富营养化的影响而处于显著的退化危险之中，其中 34% 的沿海地区正处于潜在恶化的高度危险中，17% 的沿海地区处于中等危险中。全世界有近 3/4 的大陆沿岸 100 km 以内的海洋保护区域或主要岛屿处于退化的危险境地。如波罗的海、濑户内海，在 20 世纪 60 年代后期都因污染而一度成为"死海"。有些海域因污染严重，还发生了公害事件，如轰动世界的 1953—1956 年水俣湾汞污染事件、因毛蚶引起的上海甲肝病事件等。

由于海洋污染具有污染源广、持续时间长、扩散范围大、危害程度大、污染控制难等特点，海洋污染导致的严重后果正在受到强烈的关注。1992 年联合国环境与发展大会通过的《21 世纪议程》将海洋资源的可持续开发与海洋环境保护和保全列为重要的行动。

2）海洋生境的破坏

海洋生境的破坏是指某些不合理的海洋和海岸工程兴建以及海洋污染造成的海洋生境的消失和损害。近 40 年来，由于人类活动的影响，世界近岸海域生态系统结构和功能都发生了不同程度的变化。

我国的海岸线曲折，海洋生态环境多样，为不同生物的繁衍生息提供了优越的环境条件。但近 40 年来，我国珊瑚礁面积已由中华人民共和国成立初期的约 5.0×10^4 hm^2 减少到约 1.5×10^4 hm^2；海滨湿地面积累计减少约 1.0×10^6 hm^2，相当于沿海湿地总面积的 50%。目前，围海造地使我国沿海湿地面积以每年 2.0×10^4 hm^2 的速度在减少，一些地区沿海防护林体系的破坏也非常严重。海洋自然景观和生态环境的破坏，造成了大面积海岸侵蚀、淤积，减少了物种资源，加剧了海洋灾害的危害。从 20 世纪 80 年代兴起的海水养殖热潮，已经使我国广阔的海洋环境遭到灭顶之灾，海洋生境大量丧失，海洋生物资源遭到严重破坏。我国有些海湾，由于盲目围垦，降低了纳潮量，加速了淤积过程，影响了航运业和养殖业。我国香港的大埔海湾，由于大规模围垦等，已使种类繁多的海洋动植物区系受到严重影响。另外，对水产资源的乱捕、热带红树林的滥伐以及珊瑚礁的乱挖滥采也严重地损害了海洋生物资源，危及生态平衡。

3）海洋生物资源严重衰退

海洋环境的退化直接导致海洋生态系统出现明显的结构变化和功能退化：生物资源衰退，鱼类种群结构逐渐小型化、低质化。据统计，由于乱捕滥杀已使至少 25 种有价值的渔获物严重衰竭，使鲸鱼、海牛和海龟面临灭种之危。研究表明，近几十年来，由于生境被破坏和过度采伐，海洋生物多样性正以空前的速度消失。联合国环境规划署的一份报告估计，1990—2000 年，地球上的物种（包括海洋生物物种）已有 10%～15% 灭绝；到 2050 年，地球上 25% 的物种将有灭绝的危险。

虽然我国沿海生物多样性丧失情况迄今尚无系统和全面的调查研究，但从一些研究报告来看，潮间带、近岸海域生物多样性的减少情况已相当严重。例如，青岛胶州湾沧口潮间带，在 20 世纪 50 年代生物种类约有 150 种；60 年代以后，因受附近化工厂建设和排污的影响，该海滩生物种类大大减少，到 70 年代初只采到 30 种，至 80 年代只有 17 种，大型底栖生物尚难发现。资料表明渤海水域环境遭受污染的面积，1992 年不足 26%，2002 年达到 41.3%，产卵场受污染面积几乎达到 100%。我国渤海现存的底层鱼类资源只有 20 世纪 50 年代的 10%，传统的捕捞对象如带鱼、真鲷等，有的枯竭，有的严重衰退。以带鱼为例，1956—1963 年的年渔获量可达 1 万～2.4 万 t，1982—1983 年中科院海洋所调查，仅捕获鱼类样品 200 余万尾，其中带鱼只有 18 尾；而且优势种群由过去的大型优质鱼类（如小黄鱼、带鱼、真鲷等）被现在的低质小型鱼类（如黄鱼、方鳞鱼）所代替，渤海从昔日的"鱼虾摇篮"逐渐走向海洋荒漠化，其他海域（如长江口、珠江口等）也出现了海洋荒漠化的现象。另外，外来物种入侵和引进对特定区域海洋生态系统结构、功能的危害也引起各国的普遍重视。

海洋荒漠化可以认为是海洋生态系统的贫瘠化，具体体现在海水水质恶化、海域生产力降低、海洋生物多样性下降、海洋生物资源衰退以及赤潮等生物灾害频繁暴发。海洋荒漠化从外观上一般难以察觉，由于海水和生物的流动性，往往是某个海域受到破坏，可以影响毗邻的甚至所有海域的生态环境。

造成海洋荒漠化的原因主要有：① 大量的围、填海工程导致的海洋生态环境和生物的直接丧失；② 水土流失加剧造成的港湾、滩涂淤塞，近海水下地形的平坦化等生态环境的改变；③ 日益增多的海洋污染对海洋生物生命活动造成的损害：富营养化导致的生态系统结构的改变，病原生物滋生导致的海洋生物病害；④ 过度的海洋捕捞造成的海洋生物量和生物多样性降低；⑤ 外来生物入侵引起的竞争压力。

4）有害赤潮时有发生

有害赤潮是随着世界范围的经济发展，沿海地区大量工业废水、农业废水、生活污水和养殖废水排放入海，导致近海富营养化日趋严重酿成的一种生态灾害（图 1.10）。它的发生不仅危害海洋渔业和养殖业、恶化海洋环境、破坏生态平衡，而且赤潮毒素还通过食物链导致人体中毒，赤潮灾害造成的巨大经济损失和对生态环境的严重破坏已使其成为世界三大海洋环境问题之一。中国也是世界上深受赤潮之害的国家之一。自 20 世纪 70 年代以后，赤潮的发生频率以每 10 年增加 3 倍的速度不断上升，每年赤潮灾害损失从 90 年代初期的近亿元增至 90 年代后期的 10 亿元左右。

5）全球环境变化影响到海洋环境

全球气候变化和温室效应等原因，引起海平面上升，造成沿海各地区普遍存在海岸侵蚀过程。侵蚀的危害后果是综合的，因为这不仅吞没了大量的濒海土地和良田，而且毁掉了众多的工程设施，甚至逼迫一些城镇搬迁。温室效应还会造成气候异常和海洋自然灾害的增加，会对海洋生态环境造成威胁，酸雨、臭氧层破坏引起的紫外线增强等也是海洋生态系统的潜在危险因素。据估算，如果平流层臭氧减少 25%，浮游植物的初级生产力将下降 10%，这将导致水面附近的生物（鱼、贝类）减少 35%。由于海洋环境在

图 1.10　海洋赤潮

人类生存中处于重要地位，同时，海洋环境又是海洋经济和海洋军事发展的重要保障，面对全球众多的海洋环境问题，许多国家政府和科学组织都逐渐重视和加强对海洋资源的合理开发利用和海洋环境保护的研究，预测未来人类活动对海洋生态环境和生物资源可能产生的影响和危害。

1.2.1.2　海洋环境科学的形成历程

　　海洋环境保护，就是利用现代环境科学和海洋环境科学的理论与方法，协调人类和海洋生态环境的关系，解决各种海洋环境问题，是保护、改善和创建可持续发展的海洋环境的一切人类活动的总称。海洋环境保护是一个范围广、综合性强、涉及众多自然社会科学的领域，同时它又是以人类与海洋环境为对象，有其独特体系的工作。

　　人类社会在不同历史阶段和不同国家或海区，有不同的海洋环境问题，因而海洋环境保护工作的目标、内容、任务和重点，在不同时期和不同国家不尽相同。人们对于海洋环境保护的认识，随着对整个地球环境保护认识的变化在不断地提高和深化。近半个世纪以来，特别是近二三十年以来，人类对海洋环境保护的认识发生了深刻的变化，经历了由量变到质变的过程，一门新的关于海洋环境的科学正在脱颖而出。

　　世界各国，特别是发达国家的海洋环境保护工作与陆域的环境保护工作相似，大致经历了 3 个发展阶段：

　　（1）第一阶段主要发生在 20 世纪 50—60 年代，由于工业污染物进入海洋造成海洋水产经济的损失，以及引发像水俣病一类严重的公害事件，一些国家不得不采取限制排污的措施，并对某些工业进行"三废"治理以减少污染。此阶段可称为"三废"限制和治理阶段。

　　（2）1972 年 6 月，联合国在瑞典斯德哥尔摩召开了人类环境会议，并通过了《人类环境宣言》。宣言指出，环境问题不仅仅是环境污染问题，还应包括生态环境的破坏问题；主张把环境与人口、资源和发展联系在一起，从整体上来解决环境问题；对于环境污染问题也从单项治理发展到综合防治。这次会议成为人类环境保护工作的历史转折点，它加深了人们对环境问题的认识，扩大了环境问题的范围。环境保护工作从此进入了第二个阶段——综合防治阶段。这次大会后成立了联合国环境规划署（UNEP）。在海洋环境保护方面，通过建立"海洋与海岸带规划行动中心"（OCAPAC）带动了一大批海洋环境保护机构的工作，在全球范围内形成了海洋环境保护网络系统。1974 年起，UNEP 从大环境观念出发，积极推动区域性海洋计划的实施，为全球海洋资源利用与保护做出了重要贡献。在此阶段某些国家已开始有了海洋环境影响评价制度，开展了污染物排海总量控制规划项目。与此相关的海洋环境质量评价、海洋环境自净能力以及环境容量的理论和方法研究，受到了高度的重视，发展迅速。

（3）20 世纪 80 年代以后，由于发达国家亟须协调发展、就业和环境三者的关系，并寻求解决的方法和途径，环境保护工作也开始过渡到一个新阶段，即规划管理阶段。该阶段环境保护工作的重点是制定经济增长、合理开发利用自然资源与环境保护相协调的长期政策。其特点是重视环境规划和环境管理，对环境规划措施，既要求促进经济发展又要求保护环境，既要求有经济效益又要求有环境效益，要在不断发展经济的同时，不断改善和提高环境质量。1992 年 6 月，在里约热内卢召开了联合国环境与发展大会，这标志着世界环境保护的工作又迈上了新的征途：一起探求环境与人类社会发展的协调方法，实现人类与环境的可持续发展。"和平、发展与保护环境是相互依存和不可分割的""环境与发展"成为世界环境保护工作的议题。《联合国海洋法公约》反映在《21 世纪议程》中的内容，是各国有能力和义务保证海洋环境资源的持续利用。因此，国家、区域和全球性的海洋环境管理与发展，必须以全新的观念认识和解决海洋环境保护问题。基于持续发展的基本原则，UNEP 着重于海洋环境保护区域行动中的陆源污染控制和海洋环境监测评价等工作内容，并制定了下列基本措施：① 努力尽早实现近岸海洋环境综合管理的战略目标，尤其要防治陆源污染源和沿岸人类活动对海洋环境的不利影响；② 实施海洋环境保护与经济同步发展的战略方针；③ 积极推行区域间的合作与协调工作，维持海洋环境质量的良好状态。

与其他学科相比，我国的海洋环境保护工作起步时间与其他国家的差距并不算太大。20 世纪 70 年代初，我国已在一些海区开展了大规模的海洋污染调查和海洋环境质量调查研究；随后政府有关部门又出台了一系列海洋环境管理的政策、法令，建立和完善海洋环境监测保护制度，开展了一系列的污染调查研究和防治项目。但在科研及管理水平上，我国与一些发达国家相比仍有相当差距。随着改革开放步伐的加快，我国海洋环境保护工作也正逐步与世界接轨。

海洋环境保护研究的目的是运用先进的科学和技术，在合理开发利用海洋自然资源的同时，深入认识并掌握造成海洋污染和破坏海洋生态系统平衡的根源与危害，寻找避免和减轻海洋环境破坏的途径和方法，有计划地控制污染对海洋生态环境的破坏，预防海洋环境质量的恶化，保护人体健康，促进海洋经济与海洋环境协调发展，保护海洋环境，造福人民、贻惠于子孙后代。

海洋环境保护研究的内容是极其广泛和深刻的，但一般都围绕以下两个方面：一是保护和改善环境质量，防止因污染和其他人为活动引起的海洋环境质量的恶化和退化，保护和维持海洋生态系统的平衡，保护人体生命的安全和健康；二是合理开发利用海洋资源，保护自然资源，维护生物资源的生产能力，减少或消除养殖业的自身污染，使生产能力得以恢复和扩大再生产。很显然，无论从海洋环境对人类生存发展的重要性，以及海洋自净能力的有限性和生态系统的脆弱性来看，还是从海洋环境质量已受到和可能受到的破坏来看，当前海洋环境保护研究的重点区域都应放在近岸区、封闭或半封闭的海湾区及河口区等。

第二次世界大战之后，由于海洋环境问题的增加，海洋环境保护工作不断深入，人们对海洋环境问题的认识不断深化，一门新的关于海洋环境的科学正在逐步形成，直至20 世纪 70 年代基本确定了本学科的地位。

海洋环境科学是研究海洋自然环境及其与人类相互作用规律的科学。邹景忠认为，本学科所研究的海洋环境主要是指受人类活动影响下生物生存的环境，包括人为影响下的自然环境（如受污染环境、退化环境等）和经人工建造的人工环境（如养殖生产环境、旅游环境等），并不泛指不受人为影响的生物周围的所有自然环境中的物理环境、化学环境、地质环境和生物环境的总体。海洋环境科学与环境保护所研究的环境问题是人为因素所引起的环境污染与生态破坏问题，而不是海洋自然灾害（如风暴潮、巨浪等）或一般生态变化问题。《中华人民共和国环境保护法》中明确指出：环境是指影响人类生存和发展的各种天然的和经过人工改造的自然因素的总体。这个自然因素的总体，一是包括了各种天然的和经过人工改造的自然因素；二是并不泛指人类周围的所有自然因素，而是指对人类的生存和发展有明显影响的自然因素。这就是海洋环境研究与海洋环境保护学家所说的海洋环境问题研究差别所在：不仅海洋环境的概念不同，研究思路和方法有差别，而且研究结果的服务对象也不同。

海洋环境因素都不是孤立存在的，各种环境因素之间往往是彼此联系、相互影响甚至是相互制约的，任何一个因素的变化，都可能引起其他因素不同程度的变化。我们研究受人类活动影响下生物生存的环境，也必然要先知道其本底环境状况下的物理环境、化学环境、地质环境和生物环境，本底环境因素的状态也主导着人类活动对海洋环境影响的发展方向。同时，全球气候变化也在影响着海洋环境的状况。因此，随着海洋环境科学的发展，海洋环境研究与海洋环境保护学家的研究视角已经深入海洋环境因素的各个方面。我们不仅要了解海洋环境要素的基本特点，也要了解海洋环境的主要生态过程；不仅要了解海洋环境的一些自然灾害和人为灾害，了解海洋污染的危害程度，也要了解海洋环境监测、海洋环境预警、海洋环境评价、退化海洋环境的修复、海洋环境质量的调控等一系列问题。

海洋环境科学与环境保护研究的现代概念及基本任务，是在人们亟待解决和预防严重的海洋环境问题的社会需求下迅速发展起来的。无论是旧有的海洋科学本身，还是其中任何一门经典的分支学科，都不能完成海洋环境科学研究的目标和基本任务，一门新的研究海洋环境保护的基础理论学科——海洋环境科学也就应运而生，并迅速兴起。尽管有关海洋环境科学的概念及其内涵还在日益丰富和完善之中，不同的人对它的认知程度也有差别，但海洋环境科学必然会成为整个现代环境科学中不可或缺的重要组成部分。因此，海洋环境科学研究的发展也就离不开现代环境科学以"人类—环境"系统为对象而逐渐形成的独特学科体系。

海洋环境科学是人类认识海洋自然环境及其与人类相互作用规律的科学，根据现代环境科学的定义，可以认为，海洋环境科学总体上应是一门研究人类社会发展活动与海洋环境演化规律之间相互作用关系、寻求人类社会与海洋环境协同演化和持续发展途径与方法的科学，是综合应用海洋科学各分支学科知识，运用环境科学的研究方法，结合社会、法律、经济因素，实施保护海洋环境及其资源的综合性新兴学科。其目的是要通过调整人类的社会行为，保护、发展和建设海洋环境，防止人与海洋环境关系的失调，维护海洋生态平衡，从而使海洋环境永远为人类社会持续、协调、稳定的发展提供良好的支持和保证。

1.2.2 海洋环境科学的研究内容与理论方法

1.2.2.1 海洋环境科学的研究内容

海洋环境科学是从研究海洋污染开始的，今后有关全球（或局部）海洋的污染状况、污染物入海途径、行为变化、影响以及防治，仍然是海洋环境科学的研究重点。随着海洋开发事业向纵深方向的发展，以及对海洋环境认识的不断加深，海洋环境科学研究的领域和内容势必不断扩大和深化。它是综合应用海洋科学各分支学科知识，结合社会、法律、经济因素，实施保护海洋环境及其资源的综合性新兴学科。就当前来说，海洋环境科学的研究内容主要包括以下几个方面。

（1）海洋环境的自然状况和演化规律。影响海洋环境的因素很多，这些环境因素相互影响，海洋环境就是由这些因素共同组成并相互作用的系统，它们决定着海洋环境的状态和演化。

（2）人类活动对海洋环境影响的途径、机制和规律，特别是污染物质在海洋环境中的行为及其对海洋生态环境产生破坏作用的效应。人类的活动（尤其是海洋资源利用、大规模的海洋工程、严重的污染事故）对海洋环境乃至全球环境（如气候等）演化的规律、规模和方向势必产生影响。为此，在了解海洋环境自然演化规律的基础上，通过不同规格的现场调查、室内模拟研究，探索人类活动对海洋环境影响的途径、机制和规律，为评价海洋开发活动对环境的影响提供科学依据。

（3）区域海洋环境系统污染物的环境容量及资源开发的承载能力。巨大的海洋空间成为净化处置废物的场所，海洋自净能力是一项特殊的宝贵资源，在利用时必须严格控制在其净化能力范围内，以防止造成污染损害。由于不同海区自然条件的差异，净化能力强弱不一。为此，要对各海区的物理自净、化学自净和生物自净的过程、机制和动力进行研究，为合理地利用海洋净化废物的能力创造前提条件。

（4）海洋环境变化对人类本身影响的研究。海洋环境受干扰，势必会反作用于人类本身。例如，食用受污染的海产品，会影响人体健康，甚至使人中毒、致癌、丧命。因此，研究各种污染物质入海后在生态系统中的迁移转化及其对人体产生的各种作用，可以为制定污染物向海域排放的标准、各项卫生和环境标准提供依据。

（5）当前海洋环境质量恶化、退化的程度和变化规律及其与人为活动关系的研究。

（6）防治海洋污染、改善区域海洋环境质量的途径和方法研究。影响海洋环境的因素很多，因此从区域环境整体出发，运用多种工程技术手段和管理手段，采取系统分析和系统工程的方法，寻找解决污染的最优方案，同时努力发展现代化的监测技术手段，也是海洋环境科学研究的重要任务。

（7）可持续发展的海洋环境伦理观研究。在强调人与海洋和谐统一的基础上，更应该承认人类对海洋的保护作用和道德代理人的责任；在共同承认海洋的固有价值和人类的实践能动作用的基础上，更应该强调人与海洋和谐统一的整体价值观。因此应该加强可持续发展的海洋环境伦理观研究，以对人类行为进行规范，自觉维护海洋环境。

上述任务，不仅要有生物学、化学、水文、气象、地质、水产、医学、海洋工程技术等学科的专家、技术人员齐心协力联合作战，而且还应当有从事法律、经济、管理等社会科学的研究人员参加。新的理论，新的技术，如系统工程原理、生态系统、数学模式、遥测遥感技术、电子计算机、各种微量和痕量物质的测试仪器和方法，以及遗传工程等在环境科学研究中的应用，都将继续对学科的发展起到很大的推动作用。

海洋环境科学的发展依赖于海洋科学各学科的全面发展。同样地，海洋环境科学的研究成果又不断地充实、促进海洋科学各有关学科的发展。如污染物入海后的稀释、扩散、迁移和转化规律的研究，对物理海洋学、海洋化学、海洋生态学、海洋微生物学的发展都起到了促进的作用。

海洋环境科学的发展，突出地表现在它本身又开始形成许多新的分支学科，如海洋环境化学、海洋环境生物学、海洋环境物理学、海洋环境工程学、海洋环境法学等。这些新的分支学科，在综合防治、评价海洋环境时，互相协作，互相渗透，又进一步推动了整个海洋环境科学的发展。海洋环境科学的兴起时间虽然很短，但显示了其蓬勃的生命力。例如，用海洋环境科学的知识改造濑户内海，已使"死海"恢复了生机；欧洲有些污染严重的河流和河口，经过治理，水质也开始好转，鱼虾重新"安家落户"。

1.2.2.2 海洋环境科学的理论方法

海洋环境保护的实际需求以及以"人类—环境"系统为特定研究对象的学科性质，决定了海洋环境科学逐步向多种学科相互交叉渗透的综合性学科体系发展的趋势。由于海洋环境科学既隶属现代环境科学体系，又是海洋科学中的一门新分支学科，所以研究海洋环境的保护与改善离不开海洋科学本身及其原有分支学科。事实上，在海洋环境科学形成过程中，许多从事海洋环境研究的工作者，原本就是从事海洋科学原有分支学科的，如海洋化学、化学海洋学、海洋地球化学、海洋生物学、海洋生态学、海洋物理和物理海洋学、海洋沉积学及海洋工程学等，他们都在应用本学科的理论和方法研究相应的海洋环境问题。这些研究的深入和发展，使一些学科经过分化、重组形成了一些新的分支学科，如海洋环境物理学、海洋环境化学或环境地球化学、海洋环境生物学等。这些新学科，已不同于原来的老学科，它研究的已不仅仅是自然规律本身，还包括了人类活动和海洋环境这一对矛盾体所产生的相互作用及其规律和机理；但它又是从原学科派生出来的，其理论体系及研究方法与原学科仍有一定从属关系。这些新学科现阶段主要任务和理论方法大致如下。

（1）海洋环境物理学。主要是运用海洋水动力学的理论和方法，研究和预测污染物的稀释扩散和宏观迁移过程；预测区域水环境的物理自净能力和环境容量；计算污染物的入海通量，建立污染物海洋迁移的数学模型等，为海洋环境影响评价、海洋环境功能区划和污染物排海总量控制等项目提供科学依据。

（2）海洋环境化学。应用海洋化学，特别是海洋地球化学的理论和方法，研究海洋环境中污染物种类、数量和存在形态，产生机理和迁移转化规律；研究海洋各介质的环境质量的演变规律和机理，建立确定海洋环境质量评定的基准和方法；研究运用化学方法防治海洋污染和改善海洋环境质量的方法和技术等。

（3）海洋环境生物学。应用海洋生物学、海洋生态学、生态毒理学、生物地球化学的理论和方法，研究海洋生物与受人为干扰的海洋环境之间的相互作用的机理和规律。它以海洋生态系统为核心，向两个方向发展：一方面，从宏观上研究海洋环境中污染物在海洋生态系统中的迁移、转化、富集和归宿，以及对海洋生态系统结构和功能的影响等，这就形成污染生态学的研究方向；另一方面，从微观上研究污染物对生物的毒理作用和遗传变异影响的机理和规律等，形成海洋生态毒理学这一研究领域。海洋环境生物学的研究与发展，为保护和建设海洋生态体系，保护海洋生物的多样性和实现海洋生物资源可持续发展提供了科学依据。

可以看出，虽然海洋环境科学及其分支学科离不开运用海洋科学各原有分支学科的研究成果，但原有学科的理论和方法又不能满足或替代海洋环境科学的要求。例如，许多污染物本身是人为合成的，在海洋环境中监测这些物质和研究它们在海洋环境中的特有行为，就需要建立新的化学分析方法；对于海洋自然环境中本来就存在的元素和物质，海洋环境科学要求判别出其人为增量，确定环境介质受陆源污染的程度。又如，海洋环境科学在研究化学物质的存在形态及界面交换等科学问题时，其出发点和目标往往与传统的地球化学有很大的差别。它研究这些问题的目标是要能说明化学物质的生物可给性、生态环境的效应及其对海洋环境质量的影响等；其研究要获取的结果，也不仅仅是定性的趋势和一般性的规律，而是要求能在复杂的自然和人为因素构成的海洋环境系统中，定量地表述对海洋环境质量影响的过程。显然，海洋环境科学的边缘学科性和跨学科性的特点更加突出。因此，海洋环境科学必然要创立新的研究方法，并在现代环境科学理论的总原理引导下发展和完善自己的理论体系。

海洋环境科学除上述一些基础性较强属于自然科学范畴的分支学科外，还包括若干直接应用的技术性分科和属于社会科学范畴的海洋环境管理科学。属于技术性科学的有海洋环境工程、海洋环境监测、海洋环境质量评价、海洋污染防治技术等；属于社会性科学的有海洋环境管理学、海洋环境经济学和海洋环境法学等。对于一些大的海洋环境保护科研项目来说，这些工作往往结合为一个有机的整体。这些分支尽管现阶段未形成独立的分支学科，但都是海洋环境科学的重要内容。

海洋环境科学既然是把人和海洋环境体系中若干相互作用和相互依赖的要素组成有机整体来研究，就要广泛应用现代科学中的系统论的原理和方法才能取得有效的结果，要在综合研究的基础上发展本学科特有的系统动力学理论和方法。与此同时，海洋环境科学研究中的各种信息系统的建设和应用对于学科的发展和海洋环境保护工作本身都有重要的意义。

为了研究指导和评价全球海洋污染，联合国 1969 年就成立了海洋污染科学问题联合专家组（GESAMP）。50 多年来，GESAMP 在应对海洋环境污染方面做了大量的工作，发表了许多技术报告。例如，轮船装载有害物质的评价、近岸经济发展与环境问题、海洋环境中的油类、生物监测、倾废区的划定标准和模型、海洋—大气之间污染物交换、制定近岸水质标准的原则、海底采矿的污染、海洋能发展前景、海洋环境容量、潜在危险品述评、污染物"陆—海"交换通量、微量污染物的长期效应等。GESAMP 的另一项工作是编制《海洋的健康》报告。第一篇报告完成于 1981 年，第二篇发布于 1990 年1 月。这两篇报告阐明了不少关于海洋环境保护研究的观点、理论和技术方法，成为全球海洋环境状况的权威性文献。

1.3　影响海洋环境的因素

海洋环境处于不断演变过程中，尤其自工业革命以来，海洋环境已经发生了巨大变化。引发海洋环境变化的因素很多，有些变化是由于海洋环境内部原因引起的自然变化，有些变化则是来源于海洋环境外部的影响，而气候变化和人类活动是引发海洋环境变化的最大的外在因素。

1.3.1　人类活动对海洋环境的影响

1.3.1.1　滩涂围垦

　　滩涂和港湾围垦利用有着悠久历史，其主要目的就是围垦造地，缓解农业、工业、地产业的土地紧张状况；通过围垦还可以建设盐田和海水养殖池塘；甚至有人认为通过围垦，还可以把弯弯曲曲的岸线整治好，为港口建设提供岸线资源。特别是沿海地区经济的快速发展，对土地需求日益加大，滩涂围垦的强度空前加大。有些地方不顾海洋环境的完整性和有限性，把滩涂围垦看作缓解土地紧张的有效途径、造福于民的"德政工程"，实行"谁投资谁受益"的原则，甚至制定奖励制度，鼓励围垦。但利用滩涂围垦造的田，由于沿海淡水严重缺乏，围垦后的滩涂都是盐碱地；现在围垦土地大多用作工业、房地产业用地。几十年来不曾停歇的围海造地所带来的生态教训和低效率的使用情况，似乎不曾起到明显的警示作用，而在国家加强土地监管力度的背景下，"向海洋要地"正在成为一些沿海地区心照不宣的"共识"。

　　海洋生态环境是海洋生物生存和发展的基本条件，沿海自然港湾和潮间带滩涂历来是生物资源丰富的地方。由于随意围垦导致的生态环境丧失，影响了海洋生态系统的完整性，对海洋生态系统造成了毁灭性的破坏，滩涂围垦甚至是一些海区发生荒漠化的元凶之一。滩涂围垦的泛滥导致海洋生态系统被破坏所引起的严重后果，引起国家和社会的强烈关注。为了加强海域使用管理，保证海域的合理开发，实现海洋资源与环境的可持续利用，我国于2002年1月1日施行了《中华人民共和国海域使用管理法》，该法对各类海域的使用包括滩涂围垦进行了严格的规定，特别是与之配套的海域使用论证制度，对于近海海洋环境特别是滩涂资源的保护起到了重要作用。

1.3.1.2　海洋污染

　　自20世纪50年代以来，随着各国社会生产力和科学技术的迅猛发展，海洋受到了来自各方面不同程度的污染和破坏。联合国专家组（1982年）把海洋污染定义为：由于人类活动直接或间接地把物质或能量引入海洋环境，造成或可能造成损害海洋生物资源、危害人类健康、妨碍捕鱼和其他各种合法活动、损害海水的正常使用价值和降低海洋环境的质量等有害影响。随着社会文明的发展，海洋污染已成为全球关注的问题。日益严重的海洋污染，导致海水富营养化严重、赤潮频发、海洋生物质量降低、物种消失、海洋初级生产力下降，影响到海洋生态系统持续发展。日本濑户内海、欧洲地中海、黑海等海域都曾面临严重的海洋污染。目前，我国渤海湾、东海长江口、南海珠江口等海域污染状况非常严重，影响了这些海区海洋生态环境的持续发展。海洋污染分为以下几方面：

1）海洋中的石油污染

石油烃（包括链状烃和多环芳烃）长久以来都是海洋环境中存在的一个严重问题。石油泄漏事故是触目惊心的，会造成相当大的损失，对生活在水面的海鸟和必须浮到水面呼吸的海洋哺乳动物的影响最为明显，而其他生活在较深海水中的生物也可能遭受慢性影响。石油会在海面形成一个薄层，污染相当大的一块海域，对环境产生非常严重的危害。意外进入海洋的石油主要来自油轮和输油管道，它们大约占漏油总量的70%，而近海钻井泄漏所占的比例相对较小。大多数石油泄漏事故的规模相对比较小，都由一些常规操作（如在港口或油库进行装卸等日常作业）引发；较大的石油泄漏事故是由装载大量石油的油轮发生搁浅或碰撞造成的。造成3万t以上石油泄漏的灾难性泄漏事件相对较少，但是一旦发生就会对海洋生态系统，尤其是对海鸟和海洋哺乳动物，造成重大伤害，并造成长期的环境破坏和重大的经济影响。1989年，发生在阿拉斯加威廉王子湾的"埃克森·瓦尔迪兹"号油轮石油泄漏事故引起公众的高度关注，这次事件对脆弱的北极生态系统造成了前所未有的破坏。近年来比较严重的石油泄漏事故就是英国石油公司在墨西哥湾的"深水地平线"钻井平台的井喷事故了，当时石油井喷持续了4个月之久。

2）海洋垃圾污染

约有80%的海洋垃圾是陆源性的，它们被倾倒入海洋或随着地表径流和雨水进入海洋。污水管溢流、垃圾填埋场或街道上的垃圾都有可能是这些陆源性海洋垃圾的来源，对固体废物的监管不力也是造成海洋垃圾问题的原因之一。非陆源性海洋垃圾的来源包括船舶、游艇、海上钻井平台以及钓鱼码头。船上和海洋平台上的物体可能会被倾倒、扫入或被风吹进海洋造成污染，向河流和小溪中倾倒垃圾、制造和运输过程中的材料泄漏也会造成海洋污染，商业捕捞是海洋垃圾中渔网和绳子的主要来源。被遗弃在港口和航道中的旧船为其他船只的航行埋下了很大的安全隐患。大部分被遗弃的船只会直接沉入水下，也有部分会沉入潮间带或搁浅在海岸线上。2011年日本发生的地震和海啸将房屋、码头、车辆连同它们所包含的其他物品都卷入太平洋中，产生了大量的海洋垃圾。

3）金属污染物污染

金属是地壳中自然存在的元素，但当工业活动将其浓缩到高于正常水平时，金属（主要是重金属）元素就会成为一种污染物。例如，以不同的化学形态存在的硒会通过生物积累作用在动物体中积聚，在某些条件下就会导致这些动物畸变。另外，硒还会影响动物的免疫系统，改变其遗传基因或损害其神经系统，尤其对发育中的动物胚胎具有特别大的毒性。甲基汞具有非常高的毒性，它能够损害生物体的神经系统，最严重的是脑组织，并且这种损伤是不可逆的。由于金属本身就是元素，所以它们不能再进行降解。虽然铜对一些生物来说非常重要，且通常不会对人类健康造成威胁，但对藻类和无脊椎动物的毒性却非常大。

人类生产、生活活动遗留的金属是海滩环境的主要污染物之一，这些重金属会在沿海生物和海底沉积物中积聚。人类的很多工业活动都会排放重金属。例如，燃煤会向大气层中排放汞，并且汞在沉降之前可以在大气层中扩散很远的距离。从大气层中沉降下来的汞是沿海水域中汞污染的重要来源，并占据了开放大洋中汞含量的90%。一个世纪以来，海洋表层的汞含量由于人类活动而增加了1倍以上。铅之前被用作汽油的添加剂，残留在路面的汽油会随着雨水进入地表径流，最终汇入海洋造成铅污染，虽然现在已经不再使用含铅汽油了，但残留在环境中的铅仍然对海洋环境产生影响。

虽然海洋中大部分金属污染都是陆源性污染，但也有部分来自船舶上的防污涂料。这些涂料含有铜、锡等重金属，随着涂料的剥离，这些重金属也会进入海洋当中。另外，来自铬化砷酸铜处理过的船舱和木桩中的汞、镉、铅和铜都会对海洋环境造成污染。

4）农药及工业有机化学品污染

农业、草坪、高尔夫球场和花园中的农药会随着雨水进入地表径流，最终到达河口。这些化学品原本是用来杀死陆地上的农业害虫（通常是一些昆虫），在陆地上喷洒农药以后，下雨的时候，雨水会将残留的农药带入水体从而影响水生动物。也有些地方直接将农药喷洒在沿海生物栖息地上，众所周知，像盐沼这样的环境中会有大量的蚊子、苍蝇和其他昆虫，所以这些地方是杀虫剂的直接施用场所。在美国西海岸，穴居虾被认为是牡蛎生长的河口区域的害虫，"西维因"就是用来对付这种虾的。人们还会在沿海的沼泽中使用除草剂来除掉不想要的植物，如美国东海岸常见的芦苇和西海岸常见的互花米草，这些除草剂同样会使河口和沼泽中的生物受到影响。除了直接应用于盐沼和河口的农药之外，还有些杀虫剂和除草剂会从高地地区被冲刷进来。

5）微生物污染

海洋中的微生物污染主要是人类向海洋中排放未经妥善处理过的污水所引起的。粪便污染是一个很令人担忧的问题，因为粪便中可能含有一些能引起疾病的微生物；缺少二级处理设施的污水处理厂排放出的污水中可能含有高浓度的病原体；采用合流制排水系统的老城区遇到暴雨时，雨水量超出了排水系统的容纳量，雨水、生活污水和工业废水就可能不经过任何处理而溢流出来。目前尚没有关于有多少疾病是由污水排放引起的权威记录数据，但是据估计，每年都有多达2 000万的人口因为饮用含有病原体的饮用水而患病。这些病原体主要是来自未经处理的污水，它们从污水中进入了饮用水水源的上游。非点源的地表径流也是沿岸海域中的病原体来源之一，这些病原体可能来自动物粪便、家畜养殖业或野生动物聚居区，人们已经在沿岸海域中发现了甲型肝炎病毒和其他致病细菌（如沙门菌、李斯特氏菌、霍乱弧菌和副溶血性弧菌）。当污水被排入或随着河流进入海滨水域之后，其产生的微生物污染可能会在海洋生物（如贝类）的体内积聚；来自人类和动物的细菌和病毒进入海滨水域之后通常会附着在细小的颗粒物上，这会影响海滨水域的水质，当人们在海滨游泳时，就非常容易感染疾病。一项研究表明，加利福尼亚州每年约有400万人因为在被污水污染的海水中游泳而患病。有人在纽约市附近的哈德逊河这样的城市河流中发现了对抗生素有耐药性的细菌。在河流中，污水产生细菌最多的河段通常包括了耐药性最强的细菌，这些耐药性细菌包括假单胞菌、不动杆菌、变形杆菌和大肠杆菌的潜在致病菌株。科学家们也已经从波罗的海的海水和沙子中分离出弧菌和其他细菌，并且发现了它们对许多抗生素都具有耐药性。不过，总体来说，随着近几十年来污水处理水平的提高，沿海水域的微生物污染情况一直在改善。

与陆地污染有所不同，海洋污染具有其特殊之处，主要包括以下几个特点：

（1）污染源广。人类所产生的废物不管是扩散到大气中、丢弃到陆地上还是排放到河水里，由于风吹、降雨和江河径流最后多半进入海洋。例如，在屋内喷洒的 DDT，有一部分挥发于空中，另一部分降落到地面上，空气中的 DDT 随着大气的飘移会沉降到海洋，降落到地面上的 DDT 随同垃圾移出室外后，经降雨、河水径流也会带入海洋。

（2）持续性强、危害大。来自大气和陆地的一些诸如多环芳烃、有机锡、农药等持久性有机污染物（Persistent Organic Pollutants，POPs）长期在海洋中蓄积着，并且随着时间的推移越积越多。例如，DDT 进入海洋后，经过 10～50 年，才能分解掉 50%。进入海洋的污染物通过海洋生物的摄取进入生物体内，由于海洋生物对污染物质一般都有富集作用，所以生物体内污染物质的含量比海水中的浓度大得多。例如，把一只正常的牡蛎放到被 DDT 污染的海水中，1 个月后其体内 DDT 的含量可比周围海水高 7×10^4 倍。而且还可以通过海洋食物链进行传递和富集造成更大的危害。

（3）扩散范围大。进入海洋的污染物，可以通过潮流进行混合，通过环流输运到很远的海域，扩散到外洋或邻国领海水域，造成环境纠纷。

（4）污染控制难度大。由于海洋污染的上述三个特点，决定了海洋污染控制的复杂性，因而要防止和消除海洋污染难度大，必须进行长期的监测研究和综合治理。

海洋污染导致海洋环境恶化，从而引起海洋生态系统结构的变化，影响海洋生态系统功能的实现。海洋环境恶化后直接受害的是海洋生物资源，现已成为制约海洋生物资源可持续利用的关键问题，同时也成为阻碍我国海洋经济发展的重要因素。据初步估算，海洋污染给我国生物资源造成的损失就达 100 亿元人民币。更令人担忧的是，经济鱼虾类的产卵场、索饵场和育肥场环境恶化，海洋生物资源得不到补充，许多海域的一些著名海洋经济生物已经绝迹，幸存的海洋生物质量不断下降。海洋污染引起的海洋生物结构的变化，可以改变海洋生态系统的生产过程、消费过程和分解过程，从而影响海洋环境的物质循环。海洋污染引起的海洋物理、化学和生物要素的变化，可以破坏海洋环境的平衡状态，致使海洋环境的自净能力受到影响。海洋污染可以改变海区的物理和化学状况，影响海洋环境中生物之间的信息传递。

1.3.2　气候变化对海洋环境的影响

1860 年以来，全球平均气温升高了 0.6℃。许多有力的证据表明，21 世纪全球将显著变暖。近百年的气候变化已给全球包括中国的自然生态系统和社会经济带来重要影响，由于温室效应等原因导致的全球气候变暖不仅对陆地生态系统造成了巨大影响，对海洋生态环境同样也产生了巨大生态效应。最明显的例子之一是，两极冰雪消融，地球上冰川覆盖的面积正在减小，同时，全球变暖将造成海洋混合层水温上升，升温造成的热膨胀能显著地造成海平面的上升。这两种效应最终都导致海平面上涨。全球海平面上升的平均速度约为每 10 年 6 cm，预计到 2030 年，海平面将上升 20 cm，到 22 世纪末海平面将上升 65 cm。海平面的这一变化将会给沿海地区带来如下的影响和灾难：① 部分沿海地区被淹没；② 海滩和海岸将遭受侵蚀；③ 地下水位升高，导致土壤盐渍化；④ 海水倒灌与洪水加剧；⑤ 损坏港口设备和海岸建筑物，影响航运；⑥ 沿海水产养殖业将受到影响；⑦ 破坏沿岸地区供排水系统。此外，气候变化还使海洋的气候模式与洋流发生了变化，从而加大了海洋灾害的程度，尤其是海水酸化后发生倒灌，进入陆地后会对河口、入海口等地生态系统造成重大影响。

海洋孕育了生命，造就了人类文明。我们既要充分利用海洋丰富的天然资源，开发海洋，为人类造福；又要尊重自然、尊重海洋，做到人与海洋自然环境和谐相处。毫无节制地向海洋索取、掠夺，一方面对海洋环境造成破坏性的灾难；另一方面也招致海洋对人类的报复与惩罚。人与自然的关系，归根到底，人类只是自然的子孙，而不是自然的主人。如果不能这样理解人与自然的关系，那就必然在破坏海洋自然环境的同时毁灭人类自己。

第2章 海洋环境要素

　　海洋是地球生态系统的重要组成部分，影响海洋生态环境的因素很多，有来自海洋环境外部的因素，也有来自海洋环境内部的因素。影响海洋环境的因素中，太阳辐射是最重要的环境要素之一，是海洋生产力的主要能量来源，同时太阳辐射还对海洋水体运动、物质循环、能量流动等海洋环境的生态过程产生重大影响，会直接或间接影响海洋环境的其他环境因素。此外，海洋本身所具有的特性，如温度、盐度、海浪、潮汐、海流等也都是重要的环境要素，对海洋环境，特别是海洋生物产生重要影响。

2.1　太阳辐射

　　太阳辐射，即光照，被认为是海洋环境中最重要的生态因素之一。光是海洋植物进行光合作用的能源，因而它直接影响着海洋中有机物质的生产。太阳辐射是海洋中热量的主要来源，不仅对海洋生物生活具有重要影响，而且由于它与其他环境因素的相互影响，对整个地球上的生命活动都具有直接或间接的重要作用。

　　太阳辐射能量的 99.9% 集中在 200～1 000 nm 的波段内，其中可见光（400～760 nm）部分的能量约占 47%，红外光部分（波长＞760 nm）约占 44%，紫外光部分（＜400 nm）约占 9%（图 2.1）。

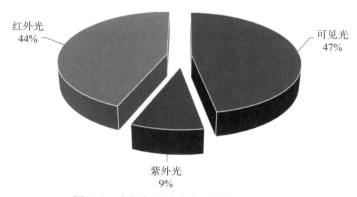

图 2.1　太阳辐射中各部分辐射光的能量

2.1.1 太阳辐射在大气中的传播

来自太阳的辐射在地球大气层外是连续和相当稳定的。太阳光在穿过大气时，由于大气的吸收和散射作用，使投射到大气上界的辐射不能全部到达地面。太阳辐射通过大气层到达地面的过程中，波长小于 290 nm 的太阳辐射能被氮气、氧气、臭氧分子吸收，并使其解离，故波长小于 290 nm 的太阳辐射不能到达地面；而波长为 800～2 000 nm 的长波辐射则几乎都被大气层中的水分子和二氧化碳所吸收；因此，只有波长为 300～800 nm 的太阳辐射光能透过大气到达地面。同时，天空中的云层对太阳辐射产生反射作用。这样，由于大气的吸收、反射、散射等作用的影响，太阳辐射只有大约 50% 到达地面。

2.1.2 太阳辐射在海洋中的传播过程

辐射到海水表面的太阳光，一部分被反射回空气中，一部分折射进入海洋。光进入海洋传播过程中，受到海水的作用将衰减，引起衰减的物理过程有两个：吸收和散射。

吸收是光能量在水中损失的过程。吸收存在不同的物理过程：有些光子是在它的能量变为热能时损失了，有些光子被吸收后由一种波长的光变为另一种波长的光。

散射导致水中准直光束能量衰减。海水中引起光散射的因素很多，主要有水分子和各种粒子，包括悬移粒子、浮游植物及可溶有机物粒子等。散射的机制主要有两种：瑞利散射和米氏散射。水分子散射遵从瑞利散射规律；粒子的散射则遵从米氏散射规律。清洁的大洋水主要是水分子散射，沿岸混浊水主要是大粒子散射。

由于太阳辐射透入海水以后，其能量有被吸收和散射的特点，因此在海水的不同深度处，光照强度是有差异的，光谱的组成也是不一样的，这主要取决于海水中溶解和悬浮的物质、纬度、时间和气候等因素。

2.1.3 太阳辐射对海洋水体结构和物质循环的影响

在透过海面的光辐射中，由于大约有 50% 是由波长大于 760 nm 的不可见红外辐射光所组成，这些大量的红外辐射在水表层几米处就很快地被吸收并转换成热能，其他波段的太阳辐射也不同程度地被海水吸收而转化为热能。因此，太阳辐射为海洋表层水体提供了大量的热量，使该水层水温上升，所以说太阳辐射是海洋的热源。

太阳辐射的变化直接导致了海水温度的变化，而海水的温度也是海洋环境的要素之一，它可以导致海洋水体的运动，影响海洋生物的生命活动，影响海洋生态系统的物质循环。由于光照时间和输入总热量的纬度梯度的变化，使不同海区形成了不同的温跃层模式，导致了不同的水体结构。进入海水表面的太阳辐射不仅可以直接对海水中的物质循环发生作用，同时还通过影响海水温度等海洋环境要素，对海洋环境中的物质循环产生间接影响。

2.2　海水环境要素

海水是一种溶解了多种无机盐、有机物质和气体以及含有许多悬浮物质的混合液体，这就使海水的一些物理性质同纯水相比有许多差异，表现出不同于纯水的一些特性。海水环境的许多要素对于海洋环境具有重要意义，例如海水的溶解性、透光性、流动性、浮力、缓冲性能以及温度、盐度、压力等特性，具有重要的生态学意义，这些海水特性为各种海洋生物提供了特定的生存条件。海洋环境中的各个环境因素相互影响、相互制约，众多海洋环境因素构成的环境复合体直接或间接影响着海洋生物的生存和发展。

2.2.1　海水温度

海水温度是度量海水热量的重要指标，以开尔文（K）或摄氏度（℃）表示。1 cm³ 海水温度升高 1℃ 时所吸收的热量称为海水热容量，单位是卡每立方厘米摄氏度 [cal/（cm³·℃）]*。海水温度的高低取决于太阳辐射过程、大气与海水之间的热交换、蒸发、海底地球活动、海洋内部放射性物质裂变以及一些生物化学过程等因素。

2.2.1.1　海水温度的分布

海水温度的分布，取决于海区的热量平衡的分布与变化状况、地理环境、海流强弱、气象条件等。世界大洋表层水温的水平分布特点可归纳如下：

（1）等温线大致呈东西向伸展，且冬季比夏季明显。

（2）无论冬夏，最高温度出现在赤道附近。

（3）水温由热赤道向两极逐渐降低，到极圈附近降至 0℃ 左右。

（4）在两个半球的副热带至温带海区，等温线偏离东西走向。

（5）在寒、暖流交汇海区，水温的水平梯度特别大。

（6）冬季表层水温的分布特征与夏季相似，但水温较低且在中纬度的海域南北方向梯度比夏季大。

水温的垂直分布受气象因素的影响很大，冬季主要受变性极地大陆气团的控制，海面经常遭到强劲的偏北风吹刮，海面失热，表层水温度冷却密度增大，产生上、下水层

---

*　卡（cal）——非法定计量单位。1 cal=4.184 J。

的对流混合。在混合所及的深度内，水温的垂直分布趋于均匀一致。冬季越冷，海面失热越大，垂直对流过程就越强，其混合所及深度也越大，因此使浅海区的水温自海面到海底呈均一状态。冬季过后，太阳辐射增强，天气变暖，表层水温逐渐升高，加上风力引起的海水混合往往不能到达下层，均匀一致状态渐渐消失，开始出现微弱的温度垂直梯度（跃层）。随着时间的推移，跃层逐渐增强，至 7—8 月温跃层达到最强。在跃层的上面，风的混合形成高温的上均匀层；跃层之下，因受跃层的屏障作用，太阳辐射热能不易往下传递，海水仍保留着冬季的低温特征。

2.2.1.2 海水温度的变化

海洋水温除有显著的地区差异外，还有明显的日变化、季节变化和多年变化。影响水温日变化的因素主要有太阳辐射、天气条件以及内波等。一般来说，在晴天风平浪静之时，表层水温的日变化与气温的日变化趋势一致，日最高水温出现在 13—15 时，日最低水温出现在日出前的 4—6 时。通常，沿岸浅水区水温的日变化较大，海区中央及深水区的水温日变化较小；表层的水温日变化大，深层日变化小；各层水温日变化的幅度随深度的增加而减小。

海水温度的年变化主要取决于太阳辐射、气象要素的年变化以及海流或水团的影响。依其影响因素，近海水温年变化可归纳为两类：第一类为太阳辐射和海面—大气间热交换引起的年变化，具有与气温变化相对应的年周期，水温年变曲线接近正弦曲线，但降温期比增温期短，海面冷却比升温要快；第二类是太阳辐射和平流引起的年变化，它是在第一类的基础上叠加了不同水团的消长，使正常的水温年变化遭到破坏，水温年变曲线显得不规则。

2.2.2 海水压力

海水流体静压是影响海洋生物生命活动的重要环境因素之一。海水深度每增加 10 m，流体静压即增大 1 个大气压（101.325 kPa）。目前，已知海洋深度可达 10 000 m 以上，压力应当在 1 000 个大气压（101 325 kPa）以上。

人在地球表面呼吸的空气是由几种气体混合在一起组成的，大约有 78% 的氮、21% 的氧、0.94% 的惰性气体、0.03% 的二氧化碳以及 0.03% 的其他气体和杂质。这些气体进入肺后，氧气便进到血液中，这个呼吸过程是在 1 个大气压力的条件下进行的。人在潜水时，呼吸的是大于 1 个大气压的高压空气，深度越大，所呼吸的空气压力也越高，此时，除了氧气以外，氮气等其他气体也会进入血液；当潜水员上浮时，水压减小，他所呼吸的空气压力也相应减小，血液里的氧气、氮气等就开始离开血液，如果他上升得过快，气体突然释放，就会形成小气泡，对健康造成危害。

2.2.3 海水盐度

海水是一种十分复杂的溶液，目前已知海水中的元素有 80 种以上。海水中的含盐量是海水浓度的一种表示方法，用一般的化学方法直接测定海水中的含盐量是十分困难的。为了解决这个问题，选用一个可以测定近似于含盐量的方法，这个方法测定的结果并不是真正的含盐量，而是接近于真实的含盐量的一个数值，海洋学上把这个测定的数值叫作盐度。盐度是海水含盐量的一个标度，指每千克海水中溶解固体物的总克数。

盐度可区分为绝对盐度和实用盐度。绝对盐度是指海水中溶质质量与海水质量的比值。由于绝对盐度不能直接测量，因而又定义了实用盐度。实用盐度是通过测量海水的电导率、温度和压强，根据经验公式，计算出的海水的盐度。目前，实用盐度的使用最为广泛。

2.2.4 海水密度

海水密度为单位体积内海水所含有的质量，国际单位为 kg/m^3。海水的密度取决于海水的温度、盐度和压强。通常情况下，海水的温度越高，密度越小；海水的盐度越高，密度越大；海水的压强越大，密度越大。海水密度与温度、盐度、压强之间的经验关系式称为海水状态方程。海水的比容等于密度的倒数，即

$$\alpha = 1/\rho$$

（2-1）

式中，α——海水的比容，m^3/kg。

2.2.5 海水黏滞性

当相邻两层海水做相对运动时，由于水分子的不规则运动或者海水块体的随机运动（漏流），在两层海水之间便有动量传递，从而产生切应力（摩擦应力），切应力的大小与两层海水之间的速度梯度成比例。海水的黏滞性，其实质就是海水对流的阻力。热带海域的黏滞性通常要比温带和极地海域要小。单纯由海水分子运动引起的黏滞数的量级很小，仅与海水自身的性质有关，随着盐度的增高略有增大，随着温度的升高则迅速减小。在描述海面、海底边界层的物理过程或很小尺度空间的动量转换时，应予考虑。研究大尺度湍流状态下的海水运动时，则必须考虑湍流的黏滞系数，它比前者大得多，且与海水的运动状态有关。

2.2.6 海水表面张力

在液体的自由表面上，由于分子之间的吸引力所形成的合力，使自由表面趋向最小，这就是表面张力。海水的表面张力随温度的增高而减小，随盐度的增大而增大，海水中

杂质的增多也会使海水表面张力减小。表面张力对水面毛细波的形成起着重要作用。海水的表面张力对生活或停留在水表面的漂浮生物来说是有意义的，它们靠水表面张力的支撑而不至于沉入海水中；对于运动于水表面的物体来说，可很轻易地流走并保持相当干燥的表面。

2.2.7 海水渗透压

如果在海水与淡水之间放置一个半渗透膜（水分子可以透过而盐分子不能透过），淡水一侧的水会慢慢地渗向海水一侧，使海水一侧的压力增大，直至达到平衡状态，此时膜两边的压力差称为渗透压。渗透压随海水盐度的增高而增大；低盐时随温度的变化不大，而高盐时随温度的升高增幅较大。海水与淡水之间的渗透压，依理论计算可达水位差约 250 m 的压力，可被视为一种潜在的能源。海水渗透压对海洋生物有很大影响，因为海洋生物的细胞壁就是一种半渗透膜，不同海洋生物的细胞壁性质有别，所以对盐度的适应范围不同。

2.2.8 海水透明度和水色

海水是一种相对透明的介质，但由于海水的成分比较复杂，它含有各种可溶性物质、悬浮物质、浮游生物等，这些物质对光有较强的吸收和散射作用，致使光在海水中只能穿透一定的距离，为了观测和研究的方便，人们提出了海水透明度的概念。早期观测透明度，是将透明度盘垂直地放入海水中，直到刚刚看不见时的深度为止，这个深度称为海水的透明度。实际上这是相对透明度，用透明度盘测量透明度十分简便、直观，但易受海面反射光的影响，还与观测者的视力有关，观测结果有失客观；另外，透明度盘只能观测垂直方向上的透明度，无法测出水平方向上的透明度。鉴于以上问题，国际上开始采用仪器来观测透明度，并对透明度做了新的定义：透明度指的是衰减系数的倒数——衰减长度。

水色是指海水的颜色，它是由水质点及悬浮物质散射和反射出来的光线决定的。将透明度盘提升至透明度一半深度处，俯视透明度盘之上水柱的颜色，然后与水色计比对确定海水的水色。水色是海水包括其中溶解和悬浮的有机和无机的物质，对入射光的选择性散射与吸收的综合作用的结果。

透明度与水色，两者都取决于海水的光学特性，是海水光学性质的两个基本参数。海水中光线越强，透入越深，透明度就越大，反之则越小。透明度与水色关系密切：透明度大，水色深；透明度小，水色浅。了解透明度、水色的分布与变化，对保证海上航运交通安全、海军舰艇活动、海洋捕捞等都有重要意义。透明度、水色也有助于识别洋流，甚至有助于判断鱼群。

2.2.9　海水热容和比热容

海水温度升高 1 K（或 1℃）时所吸收的热量称为热容，单位是焦耳每开尔文（J/K）或焦耳每摄氏度（J/℃）。

单位质量海水的热容称为比热容，单位为焦耳每千克开尔文 [J/（kg·K）]；在一定压力下测定的比热容称为定压比热容，记为 c_p；在一定体积下测定的比热容称为定容比热容，用 c_v 表示。c_p 和 c_v 都是海水温度、盐度与压力的函数。c_p 值随盐度的增高而降低，但随温度的变化比较复杂，大致规律是在低温、低盐时 c_p 值随温度的升高而减小，在高温、高盐时 c_p 值随温度的升高而增大。定容比热容 c_v 的值略小于定压比热容 c_p。

海水的比热容约为 3.89×10^3 J/（kg·K），海水密度为 1 025 kg/m³，而空气的比热容为 1×10^3 J/（kg·K），密度为 1.29 kg/m³。也就是说，1 m³ 海水降低 1℃ 放出的热量可使 3 100 m³ 的空气升高 1℃。由于地球表面积的近 71% 为海水所覆盖，可见海洋对气候的影响是不可忽视的。也正因海水的比热容远大于大气的比热容，因此海水的温度变化缓慢，而大气的温度变化相对比较剧烈。

2.3　波浪

2.3.1　波浪的形成

海洋中水体的波动现象是多种自然因素相互作用产生的，如风力、盐度梯度等导致的水体运动。波浪的产生主要由于风力，起风时平静的水面在摩擦力的作用下便会出现水波，随着风速增大，波峰随之增大，相邻波峰之间的距离也逐渐增大，当风速继续增大到一定程度时，波峰会发生破碎，这时便形成了波浪，如图 2.2 所示。

图 2.2　海洋中的波浪

海洋波动是一种十分复杂的自然现象，杂乱无章，最显著的特征是周期性的起伏，而正弦曲线或余弦曲线正好具有周期性的特点，所以常把许多个简谐运动叠加起来，近似地说明复杂的海洋波动。

2.3.2 波浪的分类

按照不同的标准，波浪可以分为多种类型。

2.3.2.1 不规则波和规则波

海面上的波浪是一种随机现象，其波浪要素是不断变化的，称为不规则波。为了研究波动规律，人们用一个理想的、各个波浪要素均相等的波浪来代替不规则波浪，这种理想的波浪称为规则波，如实验室内用人工方法产生的波浪。

2.3.2.2 风浪、涌浪和混合浪

风作用下产生的波浪称为风浪，其剖面是不对称的。风停止后海面上继续存在的波浪，或离开风区传播至无风水域上的波浪称为涌浪，涌浪的外形比较规则，波面光滑。风浪与涌浪叠加形成的波浪，称为混合浪。

2.3.2.3 二维波和三维波

在海面上，若波峰线是几乎平行的很长直线时，这种波浪称为二维波或长峰波，如涌浪。而在大风作用下，波浪线难以辨认，波峰和波谷交替出现，这种波浪称为三维波或短峰波，如风浪。

2.3.2.4 毛细波、重力波和长周期波

复原力以表面张力为主时称为毛细波或表面张力波，如风力很小时海面上出现的微小皱曲的涟波就是毛细波，其周期常小于 1 s。当波浪尺度较大时，水质点恢复平衡位置的力主要是重力，这种波浪称为重力波，如风浪、涌浪、船行波以及地震波等。长周期波主要指日、月引力造成的潮波，还包括大洋涌浪、海湾风壅振荡等周期较长的波动，其原复力是重力及科氏力。

2.3.2.5 深水波和浅水波

在水深大于半波长的水域中传播的波浪称为深水前进波，简称深水波。深水波不受海底的影响，波动主要集中于海面以下一定深度的水层内，水质点运动轨迹近似圆形，常称为短波。当深水波传至水深小于半波长的水域时，称为浅水前进波，简称浅水波。浅水波受海底摩擦的影响，水质点运动轨迹接近于椭圆，且水深相对于波长较小，又称为长波。

2.3.3　波浪与海洋生态环境

海洋波动，特别是波高较大的海浪携带着巨大的能量，海洋波动的传播也就伴随着能量的传播。因此，海浪所到之处，必然会对海洋环境造成影响。

波浪能够引起水体的运动，也能引起海洋水体温度、盐度、密度等结构发生改变。波浪能够将水体搅动，使深层较冷的水体连同其中的营养盐输送到海洋上层。波浪引起海水等密面的起伏，会使水上船舶和水下潜艇产生上下颠簸，影响海上交通运输安全和渔业生产。波浪除了对海上的航行船只、海岸、港口以及海岸工程、海洋工程等造成影响以外，对海洋生物，尤其是生活在沿岸一带的种类影响也是很明显的。

海上波高不小于 6 m 的灾害性海浪更是由于其携带着巨大的能量，对航海、海上施工、海上军事活动、渔业捕捞等带来灾害，甚至巨大灾难。一般来说，波高在 4～5 m 以上的海浪，就会容易造成恶性的海难。

2.4　潮汐

2.4.1　潮汐现象

海水有周期性的涨落现象：到了一定时间，海水推波助澜，迅猛上涨；过后一些时间，上涨的海水又自行退去，留下一片沙滩，如此循环重复，永不停息，海水的这种运动现象就是潮汐。潮汐是沿海地区的一种自然现象，潮汐现象是指海水在月球和太阳的引力作用下所产生的周期性运动，习惯上把海面在垂直方向的涨落称为潮汐，而海水在水平方向的流动称为潮流。古代称白天的潮汐为"潮"，晚上的潮汐为"汐"，合称为"潮汐"。

潮流方向指向海岸，海水面升高的过程称为涨潮；潮流背向海岸，海水面下降的过程称为落潮。海水面在垂直方向升降过程中的水位称为潮位。在每次涨潮中，海面上升到最高潮位时称为高潮；在每次落潮中，海面下降到最低潮位时称为低潮。从一次高潮（或低潮）到相邻的下一次高潮（或低潮）所经历的时间称为潮汐的周期。从涨潮（或落潮）转变为落潮（或涨潮）需要一段时间，即涨潮涨到最高水位（或落潮落到最低水位）时，潮位会持续一个短暂的时间，水面不升也不降，水位保持相对稳定。高潮时，潮位持续一段时间不变的现象称为平潮；低潮时，潮位持续一段时间不变的现象称为停潮。平潮的潮位高度（即高潮时的潮位高度）称为高潮高；停潮的潮位高度（即低潮时的潮位高度）称为低潮高，低潮高和高潮高之间的海面水位平均差值称为潮差。

海洋潮汐生成的最重要因素，除了月球、太阳引潮力外，还与地球上海洋的实际形态（即大陆的边界形态）和海洋盆地与周围海域内的水深相关（图2.3）。由于海水受边界的限制，使引潮力对水位的影响与平衡潮是大不相同的：海湾形态可能使潮差增大，在水深较浅的边缘海域，其自振周期与引潮力周期接近，可能发生引人注目的潮汐现象。

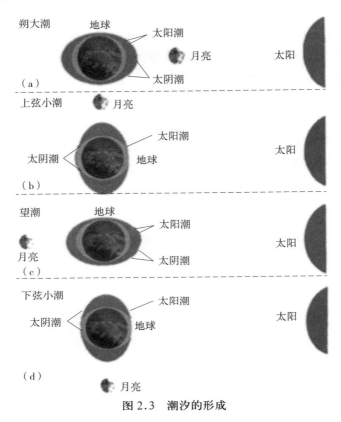

图 2.3　潮汐的形成

2.4.2　潮汐类型

海洋潮汐无论是涨潮还是落潮时，潮高、潮差都呈现出周期性的变化，随时间、地域的不同而呈现不同特点。根据潮汐涨落的周期和潮差的情况，可以把潮汐大体分为如下的4种类型。

（1）正规半日潮：在一个太阴日（约 24 h 50 min）内，发生两次高潮和两次低潮，从高潮到低潮和从低潮到高潮的潮差几乎相等，涨潮时和落潮时也基本相同，这类潮汐就叫作正规半日潮。

（2）不正规半日潮：在一个朔望月中的大多数日子里，每个太阴日内一般可有两次高潮和两次低潮，但是相邻的两个高潮或低潮的潮高相差很大，涨潮时和落潮时也不相等。而在少数日子（当月赤纬较大的时候），第二次高潮很小，半日潮特征就不显著，这类潮汐叫作不正规半日潮。

（3）正规日潮：在一个太阴日内只有一次高潮和一次低潮，这类潮汐就叫作正规日潮，或称正规全日潮。

（4）不正规日潮：这类潮汐在一个朔望月中的大多数日子里具有日潮型的特征，但有少数日子（当月赤纬接近零的时候）则具有半日潮的特征，这类潮汐叫作不正规日潮。

2.4.3　潮汐的不等现象

通过对潮汐观测发现，在潮汐的周期性变化过程中存在不等现象，主要有下列 5 种。

（1）日不等：指半日潮地区每天出现的两个潮的潮差不等，涨潮、落潮历时也不相等的现象。这是由于月球的赤纬变化引起的。

（2）半月不等：由月球引起的潮汐称为太阴潮，由太阳引起的潮汐称为太阳潮。在每月朔（初一）和望（十五）时，太阳、地球、月球处在同一直线上，月球和太阳的作用相互叠加，形成了朔望大潮。而每月的初七、初八（上弦）和二十二、二十三（下弦）时，地球与太阳、地球与月球的中心连线成直角，月球和太阳的作用相互抵消，形成半月中最小的潮差，即方照小潮。由此产生潮汐的半月不等现象。

（3）月不等：由于月球绕地球做椭圆形轨道公转，当月球位于近地点时潮差较大，位于远地点时潮差较小，产生潮汐的月不等现象。

（4）年不等：地球绕太阳公转的轨道是椭圆形。地球位于近日点出现的潮差大于地球位于远日点的潮差，形成潮差的年周期变化，称潮汐年不等现象。

（5）多年不等：月球绕地球运行的椭圆轨道长轴随着天体的运动不断变化，其近地点每年向东移动约 40°，每 8.85 年完成一周；黄道与白道的交点也存在自东向西的移动，周期为 18.61 年。由此产生潮汐的多年不等现象。

2.4.4　潮汐的变化

由于海洋潮汐的形成是在天体（主要是月球和太阳）引潮力作用下所产生的周期性升降运动和水平运动，潮汐的变化规律必然与月球、太阳引潮力的周期变化有关。首先是地球的自转，其次是地球、月球的相对运动，以及地球、月球相对太阳的运动。

地球自转一周的时间称为一日，又分太阳日和太阴日，由于自转的起点不同，两种周期的长短也不同。以太阳中心为地球自转的起点，即太阳中心连续经过地球头顶（上中天）或脚底（下中天）两次所需的时间称为一个太阳日。一年中各个太阳日并不相等，取其平均值为平太阳日，一个平太阳日为 24 h，是日常的计日单位。月球中心连续两次经过上中天（或下中天）所需的时间，称为一个太阴日。因为月球公转速度比地球公转速度快，地球自转一周后，月球在公转轨道上前进了约 12.3°，因此在地球上任意一点，每一次月球上中天（或下中天）到第二次上中天（或下中天）的时间比地球自转一周所需的时间要长一些。地球自转 1° 约需 4 min，多转 12.3° 约需要 50 min，于是一个太阴日应为 24 h 50 min，所以月球中天的时刻每天约延迟 50 min，每天的高潮时或低潮时也推迟 50 min。由于地球自转同时绕太阳公转，其公转轨道是椭圆的且做不等速运动，因此以太阳中心为起点的地球上某点上中天（或下中天）自转一周（360°）后，还要多转 50′才到第二个上中天（或下中天），故地球上某点的太阳日为地球自转 360°50′ 的时间间隔，且一年中各个太阳日并不相等。

由于月球运动平面和地球赤道平面夹角（月球赤纬）的变化，一天中第一次高潮或低潮与第二次高潮或低潮的潮位并不相等，这种一天两次高（低）潮位不等的现象称为日潮不等现象。一天内较高的高潮称为高高潮，较低的高潮称为低高潮，较低的低潮称为低低潮，较高的低潮称为高低潮。当月球赤纬最大时，日潮不等现象最显著，此时的潮汐称为回归潮；当月球赤纬为零时，一天内两个高（低）潮位大体相等，此时的潮汐称为分点潮。

潮差的大小还随月球与地球距离的变化而改变。当月球与地球间距离较近时，潮差变大，通常在月球通过近地点的后 2 d，潮差最大；反之，在月球经过远地点的后 2 d，潮差最小。这种不等现象称为视差不等。

太阳赤纬的变化、地球离太阳距离的变化和气候的季节变化产生潮汐的年周期变化。另外，月球的近地点和远地点以 8.85 年为一周期产生长周期的缓慢变化，黄道与白道的升交点以 18.61 年为周期做更缓慢的摆动。它们又构成了潮汐长周期变化的主要原因。由此可知潮汐的水位变化周期可分为半日、日、月、年和多年变化周期。

潮汐的日变化规律：

（1）当月球赤纬为零时，地球上任意一点的海面于一个太阴日内将发生两次高潮和两次低潮，相邻高、低潮的时间间隔为 12 h 25 min，涨潮、落潮时间各为 6 h 12.5 min；潮差相等，为典型的半日潮；地球上各点的潮汐高度从赤道向两极有逐减趋势，并以赤道为分界两侧对称。当太阳通过春分点、秋分点时，即太阳相对于地球赤道的纬度最小时，月球又在赤纬附近，此时太阴潮和太阳潮叠加，此时的潮汐称为分点潮，其潮差通常比赤纬潮大 10%。

（2）当月球赤纬不为零时，地球上各地的潮汐性质和潮差显著不同。于一个太阳日或一个太阴日内相邻的两个高（或低）潮位的高度不等，称为潮高日不等或潮汐日不等。当月球达到最大赤纬附近的日期，潮汐日不等现象最为显著，称为回归潮。因此，当月球赤纬不为零时，地球上不同纬度处的潮汐性质也不同，在高纬度（南极、北极范围）只有一次涨潮和一次落潮，形成全日潮性质；在中低纬度地带，除赤道区为半日潮外，其他纬度上的均为混合潮性质。当月球位于地球赤道以北，处于北半球中低纬度范围内，涨潮时大于落潮时；处于极地范围内，朝向月球时为涨潮，背向月球为落潮，南半球则相反；当月球位于地球赤道以南，则正与月球位于地球赤道以北的情况相反。

潮汐的月变化有半月周期和月周期两种，它们主要与月相有关。半月周期是月球相对于地球和太阳连线的位置变化产生的：当月球与地球和太阳连线在同一直线时，月球和太阳引潮力叠加，合成的引潮力最大，使潮汐发生的高潮最高，低潮最低，是潮差最大的现象，此时月球在朔望日后 2～3 d，故称为朔望潮；当月球与地球和太阳的连线呈 90° 相位差时，此时月球处于上、下弦日后 2～3 d，这时月球和太阳引潮力相互抵消掉一部分，合成引潮力为最小，使潮差最小，称为小潮。朔望潮（大潮）与小潮的出现仅与月球相对地球和太阳连线的相对位置有关，其时间间隔 7 d，潮差周期变化为 14 d。月周期潮汐是月球绕地球公转产生的，当月球运行到近地点，引潮力要大一些，发生的潮差较大，此时称近地潮；当月球运行到远地点，潮差值要小一些，此时称远地潮。这种变化要等 1 个月，故称月周期潮。

潮汐的年变化周期：虽然地球自转轴在年轨道上几乎不变，但地球自转轴偏离黄道面（太阳视运动的轨迹面）的垂线，其偏角为 23°27′，于是太阳相对地球赤道偏 23°27′ 范围；月球轨道平面与地球赤道面的夹角范围为 23.45° ± 5.15°（即在 18.30°～28.60° 之间变化），与黄道交角是 5°08′。因此受太阳偏角和月球偏角影响，随时间的变化产生了两个长周期潮：由太阳潮的日不等产生半年潮周期，它是由太阳赤纬随时间变化产生的半年潮周期；由地球绕太阳公转，使地球运行近日点的潮差比运行远日点的潮差大些，产生 1 年潮周期。

2.4.5　潮汐与海洋生态环境

潮汐与人类的关系极为密切，如水产养殖、航海、测量、海洋开发、环境保护以及军事活动等，都受潮汐现象的影响。

潮汐现象形成的潮流是海岸带沉积物迁移、沉积的重要动力，强大的潮流可以侵蚀松散沉积物，形成潮滩；细粒物质可以在潮流的作用下长期保持悬浮状态，并被携带到远处。潮汐也是海岸带的主要动力因素，它塑造了一系列的海岸地貌。潮汐现象还直接影响到潮间带生物的生存状态和生物多样性。潮汐可以通过改变潮间带的沉积状态，改变此区域的海洋生物组成和分布；潮汐可以使潮间带区域形成一定的干露时间，影响到潮间带生物的生存。在潮间带范围内不同高度的生物受潮汐的影响也不同。在高潮带（最高潮线附近），一年中仅在夏天的大潮时才被海水淹没，时间极短，平日的高潮涉及不到；稍向下（接近高潮线的地方），则每天高潮时都浸入水中，其他时间则都暴露在空气中；由此再向下每天浸入水中的时间也逐渐增长。在中潮带附近，则有一半的时间在水中，一半的时间暴露在空气中；到低潮线附近，则每天大部分时间都浸在水中，仅有很短的时间暴露在空气中；在最低低潮线外侧，一年中仅在冬季最低低潮时才露出水面。潮汐的最显著影响还表现在潮间带生物分布的分层现象上，植物和动物都有相似的现象。由于潮汐现象形成的潮间带具有良好的水体系统服务功能，对人类具有重要的生态价值和应用价值。

2.5 海流

2.5.1 海流及其成因

海流是指海水中的水团从一地流动到另一地，通常是指范围较大、相对稳定的水团的水平和垂直方向的非周期性流动，是海水运动的基本形式之一。

海流的形成原因有两方面：① 受海面风的作用而产生的海流，称为风海流或漂流。② 由于海面受热冷却不均、蒸发降水不均所产生的温度、盐度不均，从而使密度不均所造成的海流称为密度流。

海流一般是三维的，即不但水平方向流动，而且在铅直方向上也存在流动。当然，由于海洋的水平尺度（数百至数千千米甚至上万千米）远远大于其铅直尺度，因此水平方向的流动远比铅直方向上的流动强得多。尽管后者相当微弱，但它在海洋学中却有其特殊的重要性，习惯上常把海流的水平运动分量狭义地称为海流，而把其铅直分量单独命名为上升流或下降流。

2.5.2 海流的描述方法

描述海流的方法基本上有两种：① 拉格朗日法：随着水质点运动，确定它的时空变化，如用漂流瓶、漂流浮标以及中性浮子等跟踪流迹，可近似描绘出流场的变化。② 欧拉法：即在海洋中某些站点同时对海流进行观测，依测量结果，用矢量表示海流的速度大小和方向，绘制流线图来描述流场中速度的分布。如果流场不随时间而变化，那么流线也就代表了水质点的运动轨迹。

海流是矢量，海流流速的单位按 SI 单位制是米每秒，记为 m/s，也常用 kn 为单位，1 kn=1.852 km/h。流向指去向，与风向正好相反，以度（°）为单位，正北方向为 0°，按照顺时针计量。例如，海水以 0.10 m/s 的速度向北流去，则流向记为 0°（北），向东流动则为 90°，向南流动为 180°，向西流动为 270°。绘制海流图时常用箭矢符号，矢长度表示流速大小，箭头方向表示流向。

2.5.3 海流种类

近岸海水由于外海潮波、大洋水团的迁移、风和气压的影响以及河川泄流、波浪破碎、海底地形等诸多因素的影响而形成的流动，称为近岸海流。近岸海流通常分为潮流和非潮流。潮流是海水受天体引潮力作用而产生的海水周期性的水平运动。非潮流又可分为永久性海流和暂时性海流。永久性海流包括大洋环流、地转流等；暂时性海流则是由气象因素变化引起的，如风吹流、近岸波浪流、气压梯度流等。

海洋环流一般是指海域中的海流形成首尾相接、相对独立的环流系统或流旋，例如，风生大洋环流、热盐环流。就整个世界大洋而言，海洋环流的时空变化是连续的，它把世界大洋联系在一起，使世界大洋的各种水文、化学要素及热盐状况得以长期保持相对稳定。

1）潮流

潮流与潮汐相对应，存在半日潮流、日潮流、混合潮流，其周期是以一个太阴日来划分的。由于海底地形、海岸形状不同，潮流现象要比潮汐现象更加复杂。

涨潮时，海水的流动称为涨潮流；落潮时，海水的流动称为落潮流。潮流不仅流速具有周期性，流向也具有周期性。按照流向来分，潮流有两种运动形式：旋转流和往复流。

旋转流一般发生在外海和开阔的海区，是潮流的普遍形式。由于地球自转和海底摩擦的影响，潮流往往不是单纯往复的流动形式，其流向不断地发生变化。若以测流点为原点，把昼夜逐时观测的潮流矢量画出来，可以看到这些矢量随时间的变化，此图称为潮流矢量图（图 2.4）。

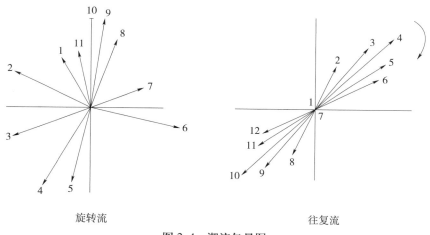

旋转流　　　　　　　　　　　　　往复流

图 2.4　潮流矢量图

往复流常发生在近海岸狭窄的海峡、水道、港湾、河口以及多岛屿的海区，由于地形的限制，致使潮流主要在相反的两个方向变化，形成海水的往复流动（图 2.4）。

由于海洋形态、深度、海底摩擦以及海水密度层结（尤其是跃层）等因素的影响，实际海洋中的潮流是十分复杂的，不仅不同地点的潮流不同，即使同一地点不同水层的流速和流向（包括旋转方向）变化也很大。

2）近岸波浪流

由于海底摩擦、渗透及海水涡动等造成能量损耗，使得波浪从深海传播到浅水区域时发生破碎，引起波浪能量的重新分布。波浪作用引起的近岸海流系主要由 3 部分组成：① 向岸的水体质量输送；② 平行岸边的沿岸流；③ 流向外海的裂流，亦称离岸流（图 2.5）。

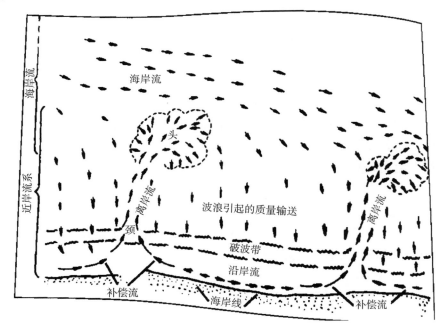

图 2.5　近岸流系

注：图中箭头的长度表示相对流速尺度。

　　波浪在向岸传播的过程中，根据斯托克斯高阶波浪理论，水质点的运动轨迹是不封闭的，在波向上存在着水体质量输送，致使波浪传至近岸，形成水体堆积，自由水面升高，从而形成方向的补偿流，重新进行水体的分配。裂流是近岸流系中最显著的部分，它是一束集中于表面的、狭窄的水流，穿过波浪破碎区流向外海，流速一般超过 1 m/s，最狭窄处称为"颈"部，此处流速最大；裂流的外端可能达到破波带以外 500 m 处，并产生扩散现象，称为"头"部，此处流速变小。离岸流靠沿岸流来维持，二者衔接之处，称为补偿流。沿岸流沿着岸线流动，平均流速可达 0.3 m/s，有时超过 1 m/s。沿岸流和裂流的流量是由向岸传播的波浪来提供的。由此可见，近岸流系在近岸区域的水体更换、污染物清除以及泥沙迁移方面起着重要作用。

　　3）风海流

　　风海流也称漂流，是风和海水表面摩擦作用引起的，其流向由于地球自转惯性力的影响，在北半球偏于风向的右方，在南半球偏于风向的左方。海水的摩擦使得表层海水运动的能量逐渐向深层传递。

　　为了研究漂流，艾克曼（V. W. Ekman）在 20 世纪初提出了漂流理论，主要结论如下：

　　（1）表层漂流的方向在北半球偏于风向右方 45°，在南半球则偏于风向左方 45°。这种偏转不随风速、流速、纬度的变化而改变。

（2）表层流速与风速的经验关系为

$$V_0 = \frac{0.012\,7}{\sqrt{\sin|\phi|}} W \qquad (2\text{-}2)$$

式中，W——风速，m/s；

　　ϕ——纬度；

　　0.012 7——风力系数。

4）地转流

在水平压强梯度力的作用下，海水将在受力的方向上产生运动，与此同时科氏力便相应起作用，不断地改变海水流动的方向，直至水平压强梯度力与科氏力大小相等方向相反取得平衡，海水的流动便达到稳定状态。若不考虑海水的满应力和其他能够影响海水流动的因素，则这种水平压强梯度力与科氏力取得平衡时的定常流动，称为地转流。

整个海洋中有内压场和外压场，导致了地转流的特定形式。由内压场导致的地转流有时称为密度流，其分布形式一般随深度的增加流速逐步减小，直到等压面与等势面平行的深度上流速为零，其流向也不尽相同。由外压场导致的地转流有时称为倾斜流，不随深度的变化改变，其流速流向相同。在实际海洋中，地转流往往是总压场作用下引起的稳定水平流。

5）上升流与下降流

因为海洋是有界的，且风场也并非均匀与稳定的，在风海流的体积运输过程中必然导致海水在某些海域或岸边发生辐散或辐聚。由于海水的连续性，辐散或辐聚又必然引起海水在这些区域产生上升或下沉运动，继而改变海洋的密度场和压力场的结构，从而派生出其他的流动。上升流是指海水从深层向上涌升，下降流是指海水自上层下沉的铅直方向流动。有人把上述现象称为风海流的负效应。

由无限深海风海流的体积运输可知，与岸平行的风能导致岸边海水最大的辐聚或辐散，从而引起表层海水的下沉或下层海水的涌升；而与岸垂直的风则不能。当然对浅海而言，与岸线成一定角度的风，其与岸线平行的分量也可引起类似的运动。例如，秘鲁和美国加利福尼亚沿岸分别为强劲的东南信风与东北信风，沿海岸向赤道方向吹，由于漂流的体积运输使海水离岸而去，因此下层海水涌升到海洋上层，形成了世界上有名的上升流区。上升流一般来自海面下 200～300 m 的深度，上升速度十分缓慢，通常为 10^{-5} 量级（m/s）。尽管上升流速很小，但由于它的常年存在，将营养盐不断地带到海洋表层，有利于生物繁殖。所以上升流区往往是有名的渔场，例如秘鲁近岸就是世界有名的鱼汤之一。

6）湍流

湍流是海水的一种流动状态。当海水流速很小时，海水分层流动，互不混合，称为层流（或片流）；当海水流速逐渐增加，流线开始出现波浪状的摆动，摆动的频率及振幅随流速的增加而增加，此种流况称为过渡流；当流速增加到一定程度时，流线不再清楚可辨，流场中有许多小旋涡，称为湍流（又称为乱流、扰流或紊流）。

海流的这种变化可以用雷诺数来量化。雷诺数较小时，黏滞力对流场的影响大于惯性力，流场中流速的扰动会因黏滞力而衰减，流体流动稳定，此时为层流；反之，雷诺数较大时，惯性力对流场的影响大于黏滞力，流体流动较不稳定，流速的微小变化容易发展、增强，形成紊乱、不规则的湍流流场。流态转变时的雷诺数值称为临界雷诺数。

2.5.4 海流与海洋环境

海流在海洋内部的能量、热量、质量输送以及污染物的漂移等方面起着"大动脉"的作用，它像人体血液循环一样，把世界各大洋联系在一起。大洋自表面至深、底层都存在着海流，其空间和时间尺度都是连续的，但其速度在不同海域各不相同。

海流在由一个海域向另一海域运动的过程中，可把温暖的海水带至较冷的海域，使海面气温增温；同样，也可以把较冷的海水带至较暖的海域，使海面气温降低，从而起着调节气候的作用。

不同源地的海流，其海水理化性质和生物特征也不相同，生活着不同的浮游生物和鱼类，不少经济鱼类还随着海流而洄游移动，因此在寒、暖流交汇之处，往往是良好的渔场。此外，海流对船舶运输、海上建筑物以及海军活动等有着重要的影响。因此，海流已成为海洋科学中最重要、最基础的研究内容之一，在海洋科学中扮演着重要的角色。

2.6 海洋环境的主要生物及生态类群

海洋是生物的摇篮，地球上最古老的化石生物都是起源于海洋。由于海洋环境和陆地环境的差异，海洋生境比陆地或淡水生境具有更多的生物门类和特有门类。1988年在玛格丽斯和斯沃兹列出的动物界33个门类中，海洋生境内共有32个门，其中15个特有门；陆生生境内为18个门，仅有1个特有门；在两种生境共有门类中有5个门所包含的物种总数的95%都是海洋特有种。表明海洋有比陆地大得多的物种多样性。最新世界海洋物种目录（World Register of Marine Species，WoRMS）的主要专家估计，目前科学界已知的海洋生物约有23万种，仍有相当于此3倍的物种尚未被发现，因此地球上共有超过100万的海洋物种。这些海洋物种包括海洋微生物、海洋植物和海洋动物。

海洋中生活的各种生物，为适应不同的环境条件，其生活方式既丰富又多样化。因此，在海洋空间的各个角落都有不同的生物类群存在。由于地球上生物种类繁多，对于某一些类群目前还缺乏深入的研究和了解，特别是随着技术的进步，新的分类标准不断提出。目前生物分类学上使用较广的是五界分类系统，它是由美国生物学家魏泰克在1969年提出的，他把生物界分成了原核生物界、原生生物界、真菌界、植物界和动物界。

对于海洋生物来说，世界海洋的生态环境差别较大，有些海洋生物是世界性的广布种，有些则仅分布在某些特定海域。本书根据目前比较通用的分类体系，对海洋生物的主要类群及中国海域的海洋生物做一概略介绍。

2.6.1　原核生物界

原核生物是一种无细胞核的单细胞生物，它们的细胞内没有任何带膜的细胞器。原核生物包括细菌、放线菌、蓝菌（藻）和原绿菌（藻）以及立克次氏体、支原体和衣原体等，是现存生物中最简单的一群，以分裂生殖方式繁殖后代。

在演化上，原核生物是最古老的，现今原核生物是数目最多的一类。海洋原核生物细胞分裂速度快，代谢具有多样性，长期适应复杂的海洋环境，表现出了与海洋环境相适应的一些特性。例如，海洋原核生物一般具有嗜盐性、嗜冷性、嗜压性、低营养性、趋化性与附着生长、多形性、发光性等特性，能生存于许多其他生物所不能忍受的环境中，例如南极的冰块中、海洋深处或者几近沸点的温泉中，有些种类能生存于缺乏游离氧的环境中，而以无氧呼吸的方式获得能量。海洋原核生物数量大、种类多、分布广。新的研究发现，在 1 L 海水中有超过 2 万种的微生物，海洋中微生物的总种类可能超过0.1 亿～2 亿种，其中多数是原核生物。

原核生物在自然生态系统中担任分解者的角色，有些则能够进行生物固氮作用，而近期研究证实，许多原核生物也进行生产作用。海洋原核生物是海洋生态系统中的重要组成部分，它们的分布特征及其在整个海洋生态系统中的功能与作用，对海洋生态环境具有重要的意义。

2.6.1.1　海洋细菌

海洋细菌是生活在海洋中的、不含叶绿素和藻蓝素的原核单细胞生物。它们是海洋微生物中分布最广、数量最大的一类生物。

细菌细胞无核膜和核仁，DNA 不形成染色体，无细胞器，具有细胞壁，属于原核生物（图 2.6）。个体直径一般在 1 μm 以下，呈球状、杆状、弧状、螺旋状或分支状，不能进行有丝分裂，以二等分裂为主，能游动的种类以鞭毛运动为主。

由于近岸海水中存在着众多暂时生长在海洋环境中的陆生细菌，因此严格地说，海洋细菌是指那些只能在海洋中生长与繁殖的细菌。

1）海洋细菌的特征

（1）至少在开始分离和初期培养时要求生长于

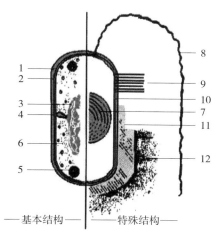

——基本结构——　　——特殊结构——

1—细胞壁；2—细胞膜；3—核质体；4—间体；
5—贮藏物；6—细胞质；7—芽孢；8—鞭毛；
9—菌毛；10—性菌毛；11—荚膜；12. 黏液层。

图 2.6　细菌细胞的构造

海水培养基中。

（2）生长环境中需要氯或溴元素存在，可在寡营养条件下存在。

（3）需生活于镁含量较高的环境中。

目前，大部分海洋细菌在已有的培养基中是不可培养的。

由于风浪、潮汐及径流等运动和人类及生物的活动，使陆源细菌进入近岸海域和远洋上层水，并适应生存，因此在这些环境中的海洋细菌的生理生化特性与陆生细菌相似。但在深海的细菌，因深海环境具有高盐、高压、低温、高温（部分区域）和低营养等特点，其生理、生态特性与陆源细菌迥然不同，主要体现在以下6个方面。

（1）嗜盐性：海水的显著特征是含有高浓度的盐分，嗜盐性是海洋细菌最普遍的特性。

（2）嗜冷性和嗜热性：在海洋中，由于海流不断运动以及海水巨大的热容量，因而海洋水温的变化范围比陆地小得多，90%以上水体的温度是在5℃以下，绝大多数海洋细菌都具有在低温下生长的特性。另外，海洋中有大量的热泉，有些海洋细菌可以在高温环境中生长。

（3）适压性：水深每增加10 m，静水压力递增1个标准大气压。压力增加导致一系列物理化学的复杂变化，包括pH、水的结构和气体溶解度的改变，深海嗜压细菌具有适应高压生长代谢的能力，能在高压环境中保持结构和酶系统的稳定性。

（4）低营养性：海水呈寡营养状态，营养物质较少，有机碳平均水平相当低，某些浮游型海洋细菌适应于低营养的海水，因此分离培养海洋细菌不用营养丰富的培养基。

（5）趋化性与附着生长：绝大多数海洋细菌具有运动能力，某些细菌还具有沿着某种化合物的浓度梯度而移动的能力，这一特点称为趋化性。海水营养物质虽然较少，但海洋中各种固体表面和不同性质的界面上却吸附积聚着相对丰富的营养物质，从而为海洋细菌的生长繁殖提供营养丰富的微环境。由于具有趋化性，细菌易于在营养水平低的情况下黏附到各种颗粒表面进行生长繁殖，营养物质缺乏时附着能力可不同程度地提高。

（6）发光性：少数海洋细菌属具有发光的特性，这类细菌可从海水中或者海洋动物（如鱼、虾）体表、消化道以及因感染细菌而发光的器官上分离，成为异养型海洋细菌。目前，这类细菌主要为发光杆菌属和射光杆菌属。

海洋细菌除以上特性外，多态性也是其常见的特性，同一株细菌的纯培养中，往往可观察到多种形态的细菌个体。

海洋细菌数量多、分布广。海洋细菌的种类、数量及分布与海洋环境密切相关。海洋细菌数量在平面分布上，沿岸地区由于营养盐丰富，数量较多；随着离岸距离加大，细菌密度呈递减趋势；内湾和河口细菌密度最大。在细菌的垂直分布上，基本是随深度增加而密度减小，但海洋底层却有大量的细菌。

多数海洋细菌到目前为止是不可培养的，也就是说在目前已有的常温常压培养基中不能生长。采用传统培养方法，在每毫升近岸海水中一般可分离到$10^2 \sim 10^3$个菌落，有时超过10^5个；而在每毫升深海海水中，有时一个细菌都分离不出。海洋底泥中由于含有相对较多的养分，细菌密度较高，每克底泥中细菌数量一般为 $10^2 \sim 10^5$ 个，甚至可高达 10^5 个以上。

海洋细菌较小，在培养基上生长较慢，相对于非海洋细菌，对糖的分解能力较弱，而对蛋白质分解能力较强。一般而言，在海水中，革兰氏阴性菌（G^-）占优势（有人认为可达 90% 以上），在大洋沉积物中，革兰氏阳性菌（G^+）居多。芽孢杆菌在海水中少见，但在大陆架沉积物中则最为常见；球菌在海水中也较少见；能游动的杆菌和弧菌在海洋水体细菌中占优势。

在海洋调查中，有时会发现某水层中的细菌数量剧增，出现不均匀的微分布现象，这主要是由于海水中有机物质分布不均匀，特别是由于浮游植物的爆发性生长（如赤潮），释放到海水中可作为营养物质的有机物增多，造成海洋细菌在某一深度出现一个密度高峰的现象。除有机物质外，季风、海流、温度及盐度等环境因素也可造成海洋细菌在某海域密集化。

2）海洋细菌的分类

根据生长所需要的营养物质的性质不同，海洋细菌一般分为自养和异养两种类型。

海洋自养细菌是指在海洋环境中能以简单的无机碳化合物（二氧化碳、碳酸盐）作为生长碳源的细菌。根据它们生长所需要的能源不同，又可分为海洋光能自养细菌和海洋化能自养细菌。海洋光能自养细菌因其含有细菌叶绿素等色素，能直接利用光能，以无机物如分子氢、硫化氢或其他无机硫化合物作为供氢体，使二氧化碳还原成细胞物质。海洋化能自养细菌生长所需的能量来自无机物氧化过程中放出的化学能。

海洋异养细菌是指在海洋环境中不能以无机碳化合物作为生长的主要或唯一碳源物质的细菌。通常指那些必须利用多糖作为碳源，利用蛋白质、氨基酸作为氮源的细菌。其中，海洋光能异养细菌需要有机体作为供氢体才能利用光能将二氧化碳还原成细胞物质；海洋化能异养细菌是从氧化某些有机化合物过程中获取能量，其碳源主要来自有机化合物，氮源可以是有机的也可以是无机的。根据其利用有机物的特性，海洋异养细菌又可分为腐生型和寄生型两种：腐生型以无生命的有机体作为营养物质；寄生型可以寄存在活的动植物中，从活的动植物体内获得生长所需的营养物质。

根据海洋细菌对氧的需要情况，可以分为海洋好氧细菌、海洋厌氧细菌和海洋兼性厌氧细菌。其中，海洋好氧细菌是指那些具有完善的呼吸酶系统，能够将分子氧作为受氢体进行氧化呼吸来获取能量，但在无游离氧的环境中不能生长的细菌；海洋厌氧细菌是指那些因缺乏完善的呼吸酶系统而不能利用分子氧，只能进行无氧发酵获取能量的细菌；海洋兼性厌氧细菌是指既可在有氧条件下进行新陈代谢，又可在无氧条件下进行新陈代谢的细菌。

2.6.1.2　古菌

古菌，大多数栖息于高温、高酸碱度、高盐或严格厌氧状态等极端环境中，这些环境与早期地球环境类似，故而得名。古菌个体微小，直径通常小于 1 μm，但形态各异，呈球形、杆状、叶片状或块状，也有三角形、方形或不规则形状的。

早期一直认为海洋古菌只存在于海洋极端生境（高温、高盐、厌氧）中。20世纪90年代开始，人们发现古菌广泛分布于大洋、近海、沿岸等非极端环境海域，对海洋生态系统具有举足轻重的作用。

古菌在海洋中的种类和数量分布极不平衡。一般而言，古菌大量存在于海水中，是海洋浮游生物的主要组成类群；而在海洋沉积物中，除极端环境外，古菌仅占沉积物中原核生物的2.5%~8%，甚至更少。在类群分布上，不同海域存在不同的分布特点。Karner等的研究表明，太平洋表层海水中多为广域古菌，随着深度增加，深层海水中泉生古菌所占比例高达39%，从而成为海洋浮游生物中最丰富的菌群代表；相反，南极极地深海处的浮游生物中，则存在数量较多的广域古菌。此外，无论是海水还是沉积物中，均存在海洋特有的古菌类群——类群Ⅰ、类群Ⅱ、类群Ⅲ、类群Ⅳ以及其他一些新的古菌系统类型，并已从各海域中分离获得了许多新属种的古菌。其中产甲烷古菌与硫酸盐还原古菌是海洋厌氧环境中碳和硫循环的主要贡献者。

目前，古菌域的系统发生树分为4个主要分支（门），即广域古菌门、泉生古菌门、初生古菌门和纳米古菌门。对许多海洋古菌的了解还仅限于分离自环境样品中的古菌基因序列，大部分海洋古菌还没有被培养出来。

广域古菌门包括甲烷产生菌、嗜热化能异养菌的热球菌属和火球菌属、极端嗜热的硫酸还原菌和铁氧化菌、极端嗜盐菌。广域古菌门的大多数成员在对有机物进行厌氧生物降解的最后过程中能够产生甲烷。甲烷产生菌一般是嗜温菌或嗜热菌，可以从动物消化道、缺氧沉积物和腐烂物等很多地方分离到；甲烷产生菌也作为厌氧原生动物的内共生体，被发现于白蚁的后肠中。能消化木材和纤维素的船蛆和其他海洋无脊椎动物的消化道中的纤毛虫很可能含有内共生古菌。嗜热产甲烷菌也是海底热液喷口处微生物的重要组成部分。产甲烷古菌是无氧海洋沉积物中产生大量甲烷的主要原因，其中很多甲烷以甲烷水合物的形式存在。甲烷水合物作为未来的能量来源，对全球具有重要意义。甲烷的去向也是非常重要的，因为它作为温室气体将影响气候变化。广域古菌门的嗜热化能异养菌是在热液喷口处发现的极端嗜热菌，其最适生长温度超过80℃，在古菌域系统发生树上，它们的位置与细菌域中产液菌属和热袍菌属的位置相似。热球菌是直径为0.8 μm、运动性很强、专性厌氧的化能异养球菌；古球状菌也是极端嗜热菌，被发现于热液喷口的浅沉积物处和海底火山口周围；铁球状菌属的成员也被发现于热液喷口处。极端嗜盐菌生活在NaCl浓度大于9%的环境中，目前已分离鉴定的约有20个属，大部分类型都可在高盐极端环境中发现。

2.6.2 原生生物界

原生生物界是真核生物域中的一界，包括一切真核的单细胞生物和没有典型细胞分化的多细胞生物。因此，原生生物界的生物都是有细胞核的，大部分的原生生物为单细胞，少数为群体。原生生物常被认为是最原始、最简单的一群真核生物。原生生物也是五界中在形态、解剖、生态和生活史上变异最大的一界。

此界的界限不很明确，有些原生生物的演化分支很显然地延伸入植物界、真菌界和动物界中。例如，某些真核原生生物像植物（如硅藻、衣藻、团藻等），某些像动物（如变形虫、纤毛虫、草履虫），某些既像植物又像动物（如眼虫）。魏泰克认为，这些生物处于进化的低级阶段，它们之间是没有清楚界限的，因此可以放在一个界中。但是，有些分类学家则主张将它们分别放到动物界或植物界中，对于那些同时具有动物和植物两方面特征的生物，可以既收入植物界，也收入动物界，承认它们的"双重身份"。

有些原生生物的细胞非常复杂，虽然只是单细胞的个体，但必须像植物体或动物体那样执行所有的新陈代谢。由此可知，真核生物的起源是生物演化史上的重要突破。

大部分的原生生物在其生活史中的某一阶段具有鞭毛或纤毛，纤毛较鞭毛短且数目多，它们像船桨一样划动，有规律地移动细胞。原核生物的鞭毛与细胞表面相接触（如细菌），而真核生物的鞭毛和纤毛则为细胞质的延伸，由微细管成束组成，外覆细胞膜，它们具有 9+2 型微细管排列的基本构造。原生生物一般都很微小，需用显微镜观察，它们是海洋中重要的浮游生物，也有些底栖、附着生活。它们多为自由生活，有些是共生或寄生生活。能进行光合作用的浮游原生生物成为其他原生生物的食物来源。

几乎所有的原生生物都进行有氧呼吸。它们的营养方式也是真核生物中变异最大的，有些为自养，有些为异养，还有些为混合营养。因此可用营养方式将原生生物分为 3 类：类似植物的藻类、类似菌类的原生菌类和类似动物的原生动物类。

中国记录的海洋原生生物包括硅藻门、金藻门、隐藻门、黄藻门、甲藻门、裸藻门、黏体门、纤毛虫门及肉足鞭毛虫门等。

2.6.3 真菌界

真菌界为真核生物，不含叶绿素，没有根、茎、叶的分化，其营养体除少数低等类型为单细胞外，大多是由纤细管状菌丝构成的菌丝体，以孢子方式进行无性或有性繁殖，具有细胞壁，细胞壁主要成分为几丁质，以吸收方式获取营养。低等真菌的菌丝无隔膜，高等真菌的菌丝都有隔膜，前者称为无隔菌丝，后者称为有隔菌丝。在多数真菌的细胞壁中最具特征性的是含有甲壳质，其次是纤维素。真菌的营养菌丝常发生多种变态，从而更有效地获取养料，以满足生长发育的需要。常见的变态菌丝有吸器、压力胞、菌网和菌套等结构。

从死有机体中吸取养料的真菌叫作腐生菌。能侵害活的有机体，而不能生活在死有机体上的真菌叫作绝对寄生菌。寄生和腐生并不是绝对的，在一定条件下，一些真菌既能侵害活有机体又能生活在死有机体上，这种真菌叫作兼性寄生菌或兼性腐生菌。有许多真菌一方面从活有机体摄取养料，另一方面又向同一活有机体提供养料或好处，这是一种共生现象，具有共生关系的真菌称共生菌。

真菌的营养方式是"吸收异养型"，主要作用是分解环境中的各种有机物质。真菌能产生各种水解酶，将糖类、淀粉、纤维素、木质素等碳水化合物以及蛋白质和脂肪分解，当作食物。大多数真菌能利用无机或有机氮以及各种矿物元素来合成自己的蛋白质。真菌的繁殖方式包括无性生殖、有性生殖和准性生殖。真菌广泛分布于土壤、水体、动植物及其残骸和空气中，营腐生、寄生和共生生活。海洋真菌多集中分布于近岸海域的各种基底上。

2.6.3.1 壶菌门

壶菌门菌体十分微小，能够产生游动细胞（游动孢子和游动配子）并能在水中游动，是真菌中唯一能在生活史中产生运动细胞的种类。其营养体复杂多样，低等的为单细胞，稍进化的为单细胞具须，较高等的营养体为无隔多核具分枝的根状菌丝，细胞壁为几丁质。无性繁殖能够产生游动孢子，有性繁殖产生游动配子。壶菌多为水生，大多为淡水生，少数海生。它们是环境中有机物质包括几丁质、角蛋白、纤维素和半纤维素的最初侵染者和分解者。

2.6.3.2 接合菌门

绝大多数接合菌都有发达的菌丝体，大多为无隔多核菌丝，有些菌丝特化为假根和匍匐丝。无性繁殖产生球形、梨形或圆桶形的孢子囊，内生不动的胞囊孢子；有性生殖产生接合孢子。接合菌多为腐生菌，分布于土壤、动植物残体上，少数为寄生菌。

2.6.3.3 子囊菌门

子囊菌是真菌中最大的类群，它们与担子菌被称为高等真菌。子囊菌的营养体可以是单细胞、菌丝体或同时具有双型，除酵母是主要的单细胞外，一般都是菌丝体。菌丝体被隔膜分成许多小室，隔膜中间有一小孔，为菌丝各部分之间的通道。菌丝细胞为单核或多核，细胞壁为几丁质。子囊菌的无性繁殖是通过裂殖、芽殖、断裂、粉孢子、厚垣孢子、分生孢子等方式进行，有性繁殖是通过产生子囊和子囊孢子进行。子囊菌广泛分布于陆地、各种水体、动植物等各种环境中，子囊菌是各种动植物的病原菌，与人类关系密切。子囊菌也是自然界中有机物质的重要分解者，子囊菌可以与绿藻、蓝藻共生形成地衣，也可以与其他动植物形成共生关系。海洋子囊菌正在日益受到关注，它们可能腐生在海水中的各种有机物上，或寄生、附生、内生于各种海洋生物上，可能是许多海洋活性物质的真正来源。

2.6.3.4 担子菌门

担子菌是真菌中最高等的类群，其营养体由发达的隔菌丝组成，菌丝体通常呈白色、淡黄色或橙黄色，向外扩展成扇状。生活史中菌丝可以分为初生菌丝、次生菌丝和三生菌丝。担子菌的菌丝有单核和双核之分。担子菌的隔膜有些是简单的中央穿孔，多数是桶孔隔膜。担子菌少数是无性繁殖，多数行有性繁殖，担子菌的有性生殖产生担子和单倍体的担孢子。担子菌数量大、种类多、分布极为广泛，有些是很多植物的病原菌，有些是木材腐朽菌，也有些是有毒真菌；担子菌也是自然界中有机物质的重要分解者，有些是重要的食用菌和中药材。

2.6.4　植物界

植物界是能够通过光合作用制造其所需食物的生物总称。在五界分类系统中，植物界仅包括多细胞的光合自养的类群，而菌类、单细胞藻类以及原核的蓝藻则不包括在内。植物界的主要特点是含有叶绿素，能进行光合作用，自己可以制造有机物。此外，它们绝大多数是固定生活在某一环境中，不能自由运动（少部分低等藻类例外），细胞具有细胞壁，具有全能性，即由 1 个植物细胞可培养成 1 个植物体等。

植物界的分类体系如下：① 低等植物：红藻门、褐藻门、绿藻门。② 高等植物：苔藓植物门、蕨类植物门、裸子植物门、被子植物门。

海洋植物主要分布在红藻门、褐藻门、绿藻门及蕨类植物门、裸子植物门和被子植物门中。

2.6.4.1　红藻门

红藻门色素体所含色素不仅具有叶绿素 a、叶绿素 d、叶黄素、胡萝卜素，还含有辅助色素藻红素和藻蓝素，通常呈现特殊的红色。由于各种类生活的水层不一，所含辅助色素的比例不同，颜色从鲜红色到深红色不等。红藻多数海产，多数阴生，生长于低潮线附近或潮下带，甚至 200 m 海底，也有的生活于潮间带中（如紫菜、海萝）。红藻生长的基质主要是岩石，也有一些附生或寄生。

单细胞的红藻门只有个别物种（如紫球藻属），群体种类也不多（如角毛红藻属），绝大多数是多细胞藻体。藻体有的是简单的丝状体（如红毛藻属），多数是由许多丝状体组成的圆柱状或膜状藻体，外形呈圆柱形膜状体、分枝或不分枝的丝状体。红藻多数为顶端生长，少数居间生长和散生长。

红藻繁殖过程中没有游动细胞阶段，繁殖方式少数行细胞直接分裂的无性繁殖，有性繁殖都是复杂的卵式生殖，产生精子和果孢子。红藻的生活史可归纳为两种类型，即无孢子体型和有孢子体型。已知红藻 3 740 种，我国记录海产种类 576 种，钱树本等学者将红藻门分为原红藻纲和真红藻纲。

（1）原红藻纲。本纲藻体简单，多为单细胞、丝状体、膜状体，生长方式为散生长。多为无性生殖，直接分裂或产生单孢子。

（2）真红藻纲。真红藻纲是红藻门的主要组成。少数种类个体较微小，多数种类为中小型，个体很大的类型也很少。藻体形态多样，有单轴丝状体、多轴丝状体、叶片状、壳状，还有外表钙化的物种。生长方式为顶端生长，单轴分枝或合轴分枝。繁殖方式包括无性生殖和有性生殖。大多数海生，多数生长于岩石上，少数附生于其他藻体。

2.6.4.2 褐藻门

褐藻门的物种色素体内具有叶绿素 a、叶绿素 c1、叶绿素 c2，α-胡萝卜素、β-胡萝卜素、叶黄素、菜黄素、岩藻黄素、叶黄氧茂素，即除含有叶绿素类、胡萝卜素类色素外，还含有大量的叶黄素类色素，使藻体呈褐绿色、棕褐色或褐色。褐藻多数海生，以阴生为主，多数固着生长于低潮带和低潮线以下的岩石上，或附生于其他大型藻体上；少数生在中、高潮带，个别的营漂浮生活，有些生活于半咸水或淡水中。

褐藻门的物种都是多细胞藻体，无单细胞或群体。藻体形态较大，最大可达 100 m以上，固着生活的种类有"固着器"的分化。藻体形态多样，有异丝体、假膜体和膜状体（叶状体），最简单的藻体外形为分枝丝状体，最复杂的藻体外形有"叶""茎"分化，并生有气囊，成熟的藻体还能分化出"生殖托"。多数行有性生殖，有同配、异配和卵配等方式，无性生殖方式是营养繁殖和孢子繁殖；无论是配子还是孢子，外形都是梨形或梭形，侧生 2 根不等长的鞭毛。大多数种类都有世代交替现象。

2.6.4.3 绿藻门

绿藻门种类细胞内的色素体所含色素为叶绿素 a、叶绿素 b、叶黄素及胡萝卜素，其藻体通常呈草绿色。色素体内还含有淀粉核，光合作用产物为淀粉，这些特征与高等维管束植物相似，因此被藻类学家认为是与高等维管束植物亲缘关系最为接近的藻类。绿藻绝大多数生长于淡水中，仅有 10% 生活于海水中，有些甚至生活于阳光充足、潮湿的土壤中和其他潮湿环境中。水中生活的绿藻有的漂浮生活，有的附生于其他植物体上，有的固着在岩石上生活，还有一些绿藻寄生于其他植物体内，更有一些绿藻与真菌共生形成地衣，甚至还有一些绿藻与动物共生。海产绿藻属于阳生植物，多生长在潮间带的岩石上。

绿藻门的物种形态多样，有能够游动的单细胞或群体，不能游动的单细胞或群体，丝状体、膜状体（叶状体）、异丝体、管状多核体等。能够游动的绿藻生殖细胞都具有 2 根、4 根或多根鞭毛，能够游动的单细胞和群体类型一般具有眼点，多细胞物种的孢子和配子也有眼点。绿藻的繁殖方式包括无性生殖和有性生殖。生活史类型复杂，有单元单相式、单元双相式、双元同形、双元异形等。已知绿藻门 8 600 余种，多数为淡水生，我国记录的海产绿藻种类有 193 种。

绿藻通常分为两纲：绿藻纲和接合藻纲。其中只有绿藻纲有海水生活类型，接合藻纲全部为淡水生活。

绿藻纲的藻体形态多样，有单细胞的游动型和不游动型、群体的游动型和不游动型、丝状体的分枝型和不分枝型、叶状体和管状多核体等。运动细胞一般具有 2 根顶生等长鞭毛。无性生殖产生游孢子、不动孢子、厚壁孢子或营养生殖；有性生殖多数为同配、异配，少数为卵配生殖。

2.6.4.4 蕨类植物门

蕨类植物有根、茎、叶的分化，出现初生结构的维管组织，木质部含有运输水分和无机盐的管胞，韧皮部中含有运输养料的筛胞；少数具假根，多数均生有吸收能力较好的不定根；茎通常为根状茎，少数为直立的地上茎；叶有小叶型和大叶型，分为营养叶和孢子叶，孢子叶能够产生孢子囊和孢子。蕨类植物生活史中有孢子体和配子体，其中孢子体占优势，日常所见的即为孢子体，而配子体为微小的原叶体，配子体受精时不能脱离水环境。

2.6.4.5 裸子植物门

裸子植物孢子体发达，大多数为单轴分枝的高大乔木。胚珠（大孢子囊）裸露，产生种子。配子体简化，寄生于孢子体上。裸子植物除少数种类外，精子都不具鞭毛，受精作用是通过花粉管来完成，真正摆脱了水对受精的限制。

2.6.4.6 被子植物门

被子植物具有真正的花，由花萼、花冠、雄蕊和雌蕊 4 个部分组成。孢子体高度发达，配子体进一步退化。孢子体具有根、茎、叶的分化。生活史具有明显的世代交替现象。

2.6.5 动物界

动物界是指不能进行光合作用，其生活所需营养全来自其他生物的总称。在五界分类系统中，原生生物（原生动物）不包括在动物界中。

动物界的主要特点是所有的动物都营异养生活，自己不能制造有机物。它们一般能够自由运动或生活史中的某一时期可以自由运动，能够对外界环境做出反应。

2.6.5.1 多孔动物门

本门动物又称为海绵动物门，是生活在水中的最原始的多细胞动物，成体固着生活，曾被认为是植物。本门动物的主要特征如下：① 少数淡水生活，大部分海生且营固着生活；② 单体或群体，不对称或辐射对称；③ 体壁具有两层细胞但不构成两个胚层；④ 体表多孔，具有特殊的沟系；⑤ 具有特殊的领细胞；⑥ 大多具有钙质、硅质或蛋白质的海绵骨针或骨架；⑦ 滤食性，靠扩散行气体交换；⑧ 多雌雄同体，可以无性生殖和有性生殖，有浮游生活的两囊幼虫和中实幼虫，成体具有很强的再生能力。

细胞虽有分化，但不构成组织；细胞可排列为两层，但不分化为内外两个胚层；体内有管道系统，由水中获得食物；还有骨针以支持和保护身体。

2.6.5.2　肛肠动物门

因本类动物具特殊的刺细胞，又称刺胞动物门。本门主要特征如下：① 水生，多海生；② 单体或群体，触手位于口或口端，辐射对称、二辐射对称或四辐射对称；③ 体壁由两层细胞分别组成内胚层和外胚层，组织分化简单，以上皮组织为主，两层细胞层间具有含或不含细胞的中胶层；④ 内部空腔为消化循环腔或称为原肠，具有消化兼循环功能，仅具有一个对外的开口；⑤ 具有特有的刺细胞，可放射刺丝泡；⑥ 有的具有几丁质、角质或钙质骨骼；⑦ 有网状或扩散式神经系统，无神经中枢；⑧ 有性生殖具有浮浪幼虫阶段；⑨ 多为肉食性，靠扩散进行气体交换；⑩ 生活史中具有水螅体和水母体，分别适应于有水底附着或水层浮游的生活。

2.6.5.3　扁形动物门

扁形动物门动物一般身体扁平，又称为扁虫。其主要特征如下：① 自由生活或寄生生活，自由生活者多海生；② 两侧对称，背腹扁平，具有简单的前端；③ 三胚层，具有中胚层的间质，无体腔；④ 常以动物组织为食，若具有消化道则常有口无肛；⑤ 无特殊的呼吸器官和循环系统；⑥ 多具有排泄和调渗功能的原肾；⑦ 具有梯形神经系统；⑧ 多雌雄同体，生殖系统发达，发育具有多个幼虫时期。

2.6.5.4　线虫动物门

线虫动物又称圆虫，与人类关系密切。本门动物主要特征如下：① 蠕虫状，两侧对称，不分节，无附肢；② 三胚层，具有假体腔，体腔液饱满，横切面圆形；③ 体壁无环肌，具有角皮，表皮在身体的背、腹和两侧向内加厚形成4条表皮索，将纵肌分割为4条纵向的肌肉带；④ 消化管完全，口位于身体的最前端，肛门位于尾部腹面；⑤ 没有专门的呼吸和循环系统；⑥ 排泄系统不具有焰茎球，而是由1～2个腺肾细胞或1套排泄管组成；⑦ 神经系统具有1个围咽神经环和4条或更多条纵神经；⑧ 头部常具有辐射排列的头部感器和1对化感器，有些种类尾部具有1对尾感器；⑨雌雄异体，两性形态常有所不同；⑩ 多数直接发育，具有4个幼体期；⑪数量众多，分布广，自由或寄生。

2.6.5.5　环节动物门

环节动物身体分节，又称为环虫。其主要特征如下：① 水生或陆栖，常穴居或生活于管中；② 体有分节现象；③ 头部形成，常具有感觉器官或摄食器官；④ 大多具有刚毛和光足；⑤ 裂生真体腔，常分节排列；⑥ 有直形完全的消化管，肛门位于虫体末端；⑦ 大多具有闭管式循环系统；⑧ 原肾或后肾，多按节排列；⑨链式神经系统，主要由咽上神经节或脑、围咽神经环和腹神经索组成；⑩ 生殖腺发生自体腔上皮。直接发育者多雌雄同体，常具卵茧；间接发育者多雌雄异体，多经螺旋卵裂和担轮幼虫时期，常在卵膜中被囊发育。

2.6.5.6　软体动物门

软体动物门俗称贝类。主要特征如下：① 两侧对称或次生不对称，除双壳类头部退化外，皆具发达的头部；② 内脏常集中为内脏团；③ 外套膜为体壁的延伸，覆盖体外；鳃、嗅检器、肾孔、生殖孔、肛门常位于外套腔中；④ 外套膜分泌钙质壳、壳板或骨针；⑤ 常具有大而扁平的肌肉足；⑥ 次生体腔常退化为围心腔、肾腔、生殖腔，初生体腔为血腔；⑦ 完整的消化系统、口区常具有齿舌，常具有大的消化盲囊或消化腺；⑧ 心脏位于围心腔内，具有心室、心耳和血窦，系开放式循环系统；⑨具有结构复杂的后肾；⑩ 典型的胚胎发育，螺旋卵裂，具有担轮幼虫和面盘幼虫期。

2.6.5.7　节肢动物门

节肢动物门是动物界中最大的一门，因其附肢具有关节而得名。其主要特征如下：① 两侧对称，体分节，部分体节愈合；② 每节常具有关节的附肢；③ 体外具有几丁质和蛋白质组成的外骨骼；④ 肌肉有横纹，成束排列；⑤ 成体真体腔退化，与初生体腔共同形成混合体腔；⑥ 开管式循环系统，无微血管，动脉开放于混合体腔；⑦ 以体表、鳃、气管、书肺或书鳃等呼吸；⑧ 无真正的后肾，通过绿腺、马氏管和蜕皮等执行排泄功能；⑨链式神经系统；⑩ 体内外器官皆无纤毛或鞭毛。

2.6.5.8　棘皮动物门

本门动物中胚层形成的内骨骼常于皮下向外突出成棘刺，故名棘皮动物。其主要特征如下：① 海生，多底栖，无群体及寄生种类；② 成体多为五辐射对称，无明显的头部，具有交替排列的步带区与间步带区，个别多辐射对称；③ 真体腔发达，部分体腔形成发达的水管系统与围血系；④ 具有特殊的运动器官——管足和腕，管足还兼行呼吸、排泄、摄食和感觉功能；⑤ 具有来自外胚层的钙质骨板或纤维骨片及其向外突出的疣或棘刺；⑥ 消化道为囊状或管状，囊状者有的无肠及肛门；⑦ 神经系统原始，无明确的脑，感觉器官不发达；⑧ 多雌雄异体，生殖系统简单，体外受精；⑨辐射卵裂，幼虫两侧对称。

2.6.5.9　脊索动物门

本门动物背部都具有棒形脊索，它们是动物界最高等的一门动物。其主要特征如下：

① 在其个体发育全过程或某一时期具有棒状脊索，位于消化道和神经管之间，具有支持功能；② 脊索背面具有管状中空的背神经管；③ 咽部两侧具有一系列成对的咽鳃裂，直接或间接与外界相通，低等脊索动物及鱼类的鳃裂终生存在，其他脊椎动物仅在胚胎期有鳃裂；④ 具有肛后尾，即位于肛门后方的尾，存在于生活史的某一阶段或终生存在；⑤ 具有密闭式的循环系统（尾索动物除外），心脏如存在，总是位于消化管的腹面；⑥ 具有胚层形成的内骨骼；⑦ 脊索动物还具有三胚层、后口，存在次级体腔、两侧对称的体制，身体和某些器官的分节现象等特征。

2.6.6 海洋环境的生态类群

2.6.6.1 海洋生物的主要生态类群

海洋面积广阔，空间巨大。虽然世界海洋依据各种海流系统可以相互连通，但从海的表层、中层、深海层到超深渊层海水域以及从有潮汐现象的潮间带到超深渊带海底，海洋形成了不同的生境，在这些生境中各自栖息着具有共同生态习性的不同类别的生物。因此，根据海洋生物的运动方式、生活习性等生态习性及其生存的海洋环境的不同，将其分为底栖生物和水层生物。水层生物又可以进一步区分为漂浮生物、浮游生物和游泳生物3个类群。

1）底栖生物

从潮间带到深海海底，环境因素变化巨大，底栖环境差别明显，栖息的生物在形态构造和生活习性上都有着巨大差异。底栖生物是指在海洋基底表面或沉积物中生活的一切生物，包括底栖植物和底栖动物，因此底栖生物中包括生产者、消费者和分解者。

底栖植物包括被子植物（如红树植物、沼泽植物和海草）、大型藻类（绿藻、褐藻和红藻）和小型藻类（主要是底栖硅藻）。底栖植物由于对光线的依赖性，因此都分布在浅海海底。

底栖动物中，各大门类的动物几乎都有在海洋底栖生活的种类。依据底栖动物的生活方式，可以将其划分为以下几种：① 底表生活型：包括各种固着生物（如牡蛎、藤壶）、附着生物（如贻贝、扇贝）和匍匐生物（如石鳖、海星）；② 底内生活型：包括各种管栖动物（多毛类）、埋栖动物（贝类）、钻蚀生物（海笋、船蛆）；③ 底游生活型：具有一定运动能力，常在水底短距离游动的底栖动物，如一些底栖的甲壳类和某些鱼类。

底栖动物中有很多种类是以从水层中沉降下来的有机碎屑为食物，有些可以过滤水中的有机碎屑和浮游生物为食，有些靠捕食其他小动物为食，许多底栖生物还是其他大型动物的饵料。许多底栖动物为滤食性，具有很强的滤水能力，如扇贝、贻贝、蛤和牡蛎的滤水率均可达到 5 L/（g·h），它们能够过滤大量细小的颗粒物质，包括浮游动物、浮游植物、微生物、贝类幼虫和中型浮游动物等，还包括来源于其他动物的排泄物、水中悬浮的有机碎屑等。在许多温带浅海以及河口区，贻贝床、牡蛎礁是具有重要生态功能的特殊生境，这些生境在净化水体、提供栖息生境、保护生物多样性和耦合生态系统能量流动等方面均具有重要的功能，对控制滨海水体的富营养化具有重要作用。

通过底栖生物的营养关系，水层中和水层沉降的有机碎屑得以充分利用，并且促进了各种有机物质的分解，因此底栖生物对于海洋环境中的能量流动和物质循环有着非常重要的作用，对于海洋生态系统的稳定具有重要意义。

2）漂浮生物

漂浮生物生活于海水表面膜和海水最表层中。这类生物一般具有特殊的形状和结构，再加上海水的表面张力，使其能够支撑在相对比较稳定的海水表面。

漂浮生物生活的海—气界面及表层水域是一个非常独特的环境，这里环境因素变化急剧，漂浮生物在身体结构、体形、体色等方面，都表现出了对这个环境强烈的适应性。

营漂浮生活的生物既有植物，也有各种动物的浮性卵、漂浮幼体以及动物成体。

3）浮游生物

浮游生物是指运动能力较弱，不能自主定向运动，只能随水流而被动地营漂浮生活的一群生物。浮游生物种类繁多，数量很大，一般个体小，分布广泛，隶属不同的门类。按照营养方式的不同，浮游生物可分为浮游植物和浮游动物两大类。海洋浮游植物是海洋中的主要生产者，多为单细胞植物，具有叶绿素或其他色素体，是能通过光合作用制造有机物的种类，主要包括硅藻、甲藻、绿藻、蓝藻、金藻和黄藻等。海洋浮游动物是异养型生物，自己不能制造有机物，只能通过已有的有机物质作为营养来源。浮游动物又是很多较大型经济动物的食物，是海洋生物中重要的能量转换器。海洋浮游动物种类繁多，结构复杂，包括原生动物、腔肠动物、浮游甲壳动物、毛颚动物、水母类动物及各种海洋动物的浮游幼体等。

按浮游生物的体形大小可分为以下几类：巨型浮游生物（体长 20～200 cm，主要是真水母、管水母类）、大型浮游生物（体长 2～20 cm，主要是水母、栉水母、甲壳类、软体类）、中型浮游生物（体长 200～2 000 μm，主要是小型甲壳类、箭虫等）、小型浮游生物（体长 20～200 μm，主要是较大的浮游植物、较小的浮游动物、动物幼体等）、微型浮游生物（体长 2～20 μm，主要是细菌、鞭毛虫、较小的浮游植物等）、超微型浮游生物（体长小于 2 μm，主要是超微型藻类、浮游细菌、病毒等）。

4）游泳生物

游泳生物是在水层中生活、运动能力较强的一类动物。它们具有发达的运动器官，一般个体都较大，是海洋生物一个重要的生态类群。游泳动物大多以其他动物为食物，也有一些依靠摄食植物而生活。游泳生物种类繁多，组成复杂，主要包括海洋中的头足类体动物（如乌贼、章鱼等）、甲壳动物（如对虾）、鱼类、爬行动物（如海龟和海蛇）、鸟类（如企鹅等）、哺乳动物（如鲸类）等。

根据游泳动物的生活环境和对水流阻力的适应性，将游泳动物分为 4 个类群：底栖性游泳动物（如灰鲸属、儒艮属、鲽形目和一些深海虾类）、浮游性游泳动物（如灯笼鱼科、星光鱼科的一些种类）、真游泳动物（如大王乌贼科、鲭亚目、须鲸科的种类）和陆缘游泳动物（如海龟总科、企鹅目、鳍脚目、海牛属的种类）。

很多游泳动物有周期性的洄游现象，如产卵洄游、索饵洄游、越冬洄游等。

2.6.6.2 海洋生物对海洋环境的适应策略

广阔的海洋空间是海洋环境多样性的基础，在每一种特殊环境类型中都有生物生活在其中，海洋生物为了能够适应其生活的环境状况，在进化过程中往往通过在形态、生理、行为、生活方式等方面做出适应性反应，形成不同的适应策略。

1）浮游生物的适应策略

浮游生物在生活过程中面临的一个突出问题是如何保持身体不下沉，以维持在特定的水层中生活。浮游生物在进化过程中，产生了一些适应浮游生活的机制。

（1）主动运动。

浮游生物的运动能力虽然很弱，但可以帮助浮游生物保持在一个特定的水层，对浮游生物仍然具有重要意义。

浮游生物的主动运动主要有 3 种方式：① 依靠体表的纤毛或鞭毛的划水运动，使浮游生物保持在一个特定水层。这种运动方式主要是微小的浮游生物采用，如原生动物、软体动物和蠕虫类的幼虫、栉水母等。② 依靠身体肌肉的收缩运动，使浮游生物保持在一个特定的水层。③ 依靠附肢的划水运动，使浮游生物保持在一个特定的水层。

（2）减少超额体质量。

浮游生物之所以会下沉，就是因为其身体的密度大于海水的密度。因此减少身体的密度以减少超额体质量就成了浮游生物进化过程的一个重要选择。

减少超额体质量主要有下列几种方式：① 增加体内水分的含量，使身体的密度接近于海水的密度，如水母；② 改变骨骼的质量和成分，例如有孔虫的壳具有较多的孔、浮游软体动物壳退化、浮游甲壳类壳的含钙量降低；③ 体内贮存密度比水的密度小的物质，主要是贮存空气（如管水母具有气囊）和贮存油滴（如哲水蚤具有油囊）；④ 体表产生黏液膜，如有些浮游硅藻。

（3）增大体阻。

浮游生物在进化过程中，还通过改变身体的形态和结构，以增大身体下沉的阻力，减慢下沉的速度。

增大体阻的方式主要有：① 缩小体积以增大相对表面积，从而增加抵抗下沉的阻力，所以大多数浮游生物体型微小；② 以各种不同的体形来增大体阻，主要有球形和鼓形（如夜光藻、团藻等）、盘状或碟状（如圆筛藻、水母等）、针状或棍状（如根管藻、海毛藻、菱形藻等）；③ 具有刺毛、突起或连接成群体，以增大体阻，例如角毛藻属、辐杆藻属等具有刺毛，星杆藻属等形成群体，桡足类等具有长的触角、尾叉、刺毛等。

2）游泳生物的适应策略

游泳生物一般体形较大，它们需要在很大的空间内寻找食物，这要求它们必须具有快速的运动能力。不同的海洋环境区域在光线、水温、压力、盐度等方面都会有较大差异。同时游泳生物在静止时需要克服重力的影响。游泳生物游泳能力强，速度快，受到海水的运动阻力也大，因此游泳生物在体型构造、生活方式和运动形式等方面具有多样化。

从运动形式来看，游泳生物主要有 3 种运动方式：① 整个身体或尾部以蛇状弯曲摆动而前进（鱼类）；② 以成对的附肢或单一附肢（鳍）的运动而前进（主要是甲壳类）；③ 以身体的全部或部分的伸缩做反射运动而前进（如乌贼）。

游泳生物为适应游泳生活，体型一般也趋于向减少运动阻力的方向发展。尤其是快速游泳的类别，身体呈流线型。典型游泳生物——鱼类的体型可以划分为鲹型（大多数鱼类，运动能力强）、鳗型（如鳗鲡等）、箱鲀型（如角箱鲀）。

游泳生物为适应不同的生活环境，其生活方式也有不同的选择。有些运动能力弱的在海底游泳生活，有些只在沿岸浅水生活，大多数游泳生物生活在水体的各个水层。游泳生物停止运动时为了保持身体处在特定水层，必须具有某些浮力调节机制，大部分鱼类具有鳔，是进行空气呼吸的种类，具备肺这种充气腔。有些游泳生物在体内增加比水轻的脂肪类物质。生活在海洋深处的游泳生物，由于光线很弱，因此视觉器官特别发达或极度退化。一般深海鱼的眼睛特别大或向外突起（如灯笼鱼、深海乌贼等）；有些鱼类适应深海无光的环境，眼已退化变小，甚至成为盲鱼；大多数种类依靠发光器（如灯笼鱼等）捕食猎物。

游泳动物适应海洋不同层次的光线状况，在体色上也表现出了一定的适应特征，例如，海洋中层的鱼类一般为银灰或深暗色，大洋深处的鱼类一般为无色或白色，并且一般背面体色较深，腹面体色较浅。

海水具有巨大的压力，游泳生物体软、少钙或无鳔，为了适应不同的水层生活，有些种类表皮多孔而有渗透性，海水可直接渗入细胞里，以保持身体内外压力平衡。游泳生物体外能分泌大量黏液，在体表形成一个黏液层，使身体润滑，减少与水的摩擦力，有助于游泳前进，又能使皮肤不透水，维持体内渗透压的恒定。

3）底栖生物的适应策略

海洋底部生活着众多的底栖生物，由于海底环境多种多样，底栖生物的种类和数量变化很大，其体型和生活方式也多种多样。根据不同的海底区域进行划分，可分为浅海底和深海底两个主要的海底环境类别，海洋底栖生物根据不同的环境条件，进化出了不同的适生策略。

浅海底栖生物，主要包括由潮间带至大陆架边缘内侧海底部的所有生物。浅海区域温度、光照、盐度、潮汐和波浪等因素变化巨大，此区还受到陆源和季节气候等的影响，环境因素的变化强烈而复杂，这一地带的生物分布、形态和生活方式呈现多样化。浅海底栖生物中的植物主要是大型海藻类，此外还有微小的底栖性硅藻。大型藻类在浅水区主要是绿藻，稍深处是褐藻，红藻则多生活在潮下带。在深海区海底由于缺少足够的光线，没有藻类分布。在热带和亚热带潮间带，还有红树类植物的分布。

浅海区由于潮汐、波浪作用明显，在这一地带有很多的固着和附着种类牢固附着于海底上；匍匐生活的种类则多躲藏在狭窄的岩缝和岩石的底部，如扁形动物、纽虫、环节动物等；很多活动性大的种类则具有吸附用的吸盘，生活在沿岸的岩石、海藻之上，随着深度的增大和能够作吸附用的固体物的减少，吸盘也就相应地减少了；生活在裸露而又受波浪冲洗的那些岸边的软体动物，往往具有结构比较坚硬的壳。

深海区海底海洋环境温度低、压力大、光线微弱甚至无光，海洋环境相对稳定。深海的底栖生物多数是栖息在泥沙表面和内部的一些种类，它们以各种各样的方式来适应这种生活方式。相当多的种类以延长的附肢来适应静止海水和柔软底泥中的生活，而海绵和水螅虫则具有突出物、刺或根状结构作为附着和支持之用。生活在运动缓慢海水中的种类并不一定要有坚固的构造或流线型的体形，大多数的深海动物都有缺少钙质的骨骼或骨骼非常脆薄。深渊底带，包括深海底带以下所有的底栖区域，自然条件比较一致，自氧菌在有机物制造上起作用，这里的底栖动物以有机质碎屑为食。

第3章 海洋环境的主要生态过程

经过漫长的自然环境演变和生物进化，海洋已建立起和谐的生态系统。海洋生态系统作为地球生态系统最主要的组成之一，在调节全球气候、提供可再生资源和维持全球生态平衡等方面起着举足轻重的作用，海洋这些功能的实现依赖于海洋环境中一系列的生态过程的正常进行。

3.1 海洋环境的主要化学过程

3.1.1 海水的化学组成及特点

3.1.1.1 海水的化学组成

海洋是地球水圈的主体，是全球水分循环的主要起点和归宿，也是各大陆外流区岩石风化产物最终的聚集场所。海水的历史可追溯到地壳形成的初期，在漫长的岁月里，由于地壳的变动和广泛的生物活动，使得海水的某些化学成分发生了改变。1872—1876年，"挑战者"号进行了首次大规模海洋科学调查，第一次测定了海水的化学组成。20世纪以来，分析化学以及海水采样技术的快速进步，给海洋环境化学的发展带来极大的推动力，海洋环境化学在20世纪获得迅速发展。

目前，海水中已发现80多种化学元素，但其含量差别很大。海水中含量最多的元素含量约占全部海水化学元素含量的99.8%以上，被称为常量元素，这些元素分成A和B两类，其中含量大于50 mmol/kg的称为A类，含量为0.05～50 mmol/kg的称为B类；元素含量为0.05～50 μmol/kg的称为微量元素，为C类；痕量元素分成D和E两类，其含量分别为0.05～50 nmol/kg和小于50 pmol/kg（表3.1）。

表 3.1　海水中化学元素含量与类别

类别		含量	主要元素
常量元素	A 类	>50 mmol/kg	钠、镁、氯
	B 类	0.05～50 mmol/kg	硼、碳、氧、氟、硅、硫、钾、钙、溴、锶
微量元素	C 类	0.05～50 μmol/kg	锂、氮、磷、铷、钼、碘、钡

类别		含量	主要元素
痕量元素	D 类	0.05～50 nmol/kg	铝、钒、铬、锰、铁、镍、铜、锌、镓、锗、砷、硒、钇、锆、镉、锑、铯、钨、铊
	E 类	<50 pmol/kg	铍、钴、铌、银、铟、锡、金、汞、铅、铋

3.1.1.2 Marcet-Dittmar 恒比定律

早在 1819 年，Marcet 根据全世界各大洋不同海域的分析结果，提出"全世界所有的海水水样都含有同样种类的成分，这些成分之间具有非常接近恒定的比例关系，而这些水样之间只有含盐量总值不同的区别"。此后，Dittmar 仔细地分析和研究了英国"挑战者"号调查船在环球海洋调查航行期间从世界各大洋中不同深度所采集的 77 个海水水样，证实了 Marcet 观测的普遍真实性，此即"Marcet-Dittmar 恒比规律"，对于研究海水浓度具有重要意义。

表 3.2 海水中主要溶解成分（盐度 S=35‰）

主要溶解成分	主要化学物种存在形式	含量 /（g/kg）	氯度比值
Na^+	Na^+	10.76	0.555 56
Mg^{2+}	Mg^{2+}	1.294	0.066 80
Ca^{2+}	Ca^{2+}	0.411 7	0.021 25
K^+	K^+	0.399 1	0.020 60
Sr^{2+}	Sr^{2+}	0.007 9	0.000 41
Cl^-	Cl^-	19.35	0.998 94
SO_4^{2-}	SO_4^{2-}，$NaSO_4$	2.712	0.140 00
HCO_3^-	HCO_3^-，CO_3^{2-}，CO_2	0.142	0.007 35
Br^-	Br^-	0.067 2	0.003 74
F^-	F^-，MgF^+	0.001 30	0.000 067
H_3BO_3	$B(OH)_3$，$B(OH)_4^-$	0.025 6	0.001 32

但需要注意的是，在某些海洋环境中的异常条件下，可能会出现海水中主要元素与氯度的比值变化很大的情况。例如，在河口区或内陆海区（封闭海区）常会受到来自大陆径流的影响。河水中 SO_4^{2-}/Cl^-、HCO_3^-/Cl^-、K^+/Na^+、Mg^{2+}/Na^+ 和 Ca^{2+}/Mg^{2+} 的值通常比海水高；在某些缺氧海盆的深水中组成也发生变化，如黑海的卡里亚科海沟和挪威的一些峡湾，由于从表层落下来的有机物质的分解，消耗了大量的溶解氧，引起氧化还原电位的急剧下降，使附着在沉积物上的硫酸盐还原细菌迅速繁殖，这些细菌把硫酸盐转化成硫化物，导致 SO_4^{2-}/Cl^- 值下降。此外，碳酸盐的溶解、结冰和火山活动等都会引起海水组成比值的变化。恒比定律也不适用于少量成分，例如，营养盐（如 PO_4^{3-}、NO_3^- 等）、

海水中微量元素（如 Hg、Cu、Pb、Zn、Cd 等）、海洋生物密切相关的"生命元素"（溶解气体 O_2 和 CO_2）等。

3.1.1.3　海水化学组成的特点

① 海水中常量元素占化学元素总量的 99% 以上，即使仅以 Na、Mg、Cl、SO_4^{2-} 计算亦占总量的 97% 以上。一种最简单的人工海水就是由 "$NaCl+Mg_2SO_4$" 配制而成。

② 海水是电中性的。海水中正、负离子的浓度相等。

③ 海水中主要成分含量比值恒定。

④ 海水的 pH 是 8.0 左右，近似中性。海水的主要成分 H^+、Na^+、K^+、Ca^{2+}、Mg^{2+}、Cl^-、SO_4^{2-}、PO_4^{3-}、CO_3^{2-}、F^- 等，它们与海底沉积物中的矿物相平衡，海水中元素的浓度由这种平衡关系所决定，同时使海水中的 pH 为 8.0 左右。

3.1.2　海水中的溶解气体

海水中除含有无机盐和有机物外，还有许多溶解气体。海水中的溶解气体以空气中的成分为主，大气中所有的气体成分，如氮、氧、惰性气体、二氧化碳和人类生产过程中释放到大气中的气体成分，都会通过海—气界面的扩散作用，在海水中形成一定的溶解度。在海洋中的化学过程、生物过程、地质过程和放射性核素衰变过程中，也会产生一些气体，如一氧化碳、甲烷、氢、硫化氢、氧化亚氮、氨和氡等。所有这些气体在海洋中的含量、分布、来源、在海洋和大气的界面上的通量等，都是海洋化学所研究的问题。在这些气体中，对氧研究得比较多，其次是氮，而微量气体，虽然分析方法相当复杂，但已受到重视。

当大气气体在大气和海水之间达到平衡时，海水中溶解的各种气体的浓度取决于它们的性质、在水面上的分压、海水的温度和盐度。海水中溶解气体的浓度单位为微摩尔每立方分米 [$\mu mol/dm^3$（以往曾用 cm^3/dm^3、cm^3/kg 或者 $\mu mol/kg$）]。对某一特定气体而言，如果采用标准压力，则气体的分压就已经确定，因此气体的溶解度可以表示为海水的温度和盐度的函数。

3.1.2.1　海水中的溶解氧

常用的氧在海水中溶解度的公式最初是 Fox（1909 年）提出的：

$$CF=10.291-0.280\ 9t+0.006\ 009t^2-0.000\ 063\ 2t^3-(0.116\ 1-0.003\ 922t+0.000\ 063\ 1t^2) \cdot Cl$$

$$（3-1）$$

式中，CF——氧的溶解度，cm^3/dm^3；

　　　　t——海水温度，℃；

　　　　Cl——氯度。

海水中的溶解氧对海洋生物的生命活动和海洋中的生态过程至关重要，海水中溶解氧的含量还与海洋生物的活动密切相关，海洋植物通过光合作用产生氧气，所有海洋生物进行呼吸作用时都要消耗水中的氧气。海水中溶解氧的含量受多种因素的影响：表层海水与大气接触，溶解有充足的氧气；由于海流的存在，在几千米的深海也不缺乏氧气；水中有机物质的分解也要消耗溶解氧。因此，海水中的氧气受物理、生物、化学过程的共同影响。一般海水中溶解氧的含量低于淡水中的含量。

3.1.2.2　海水中的二氧化碳体系

通常情况下，气体在海水中的溶解度与其在大气中的分压成正比，但二氧化碳是个例外。二氧化碳可以与水发生反应，提高了它在海水中的浓度。

溶解二氧化碳可以与大气中的二氧化碳进行交换，这个过程起着调节大气二氧化碳浓度的作用。海水中的二氧化碳含量约为 2.2 mmol/kg。二氧化碳的各种形式随 pH 的变化而变化。海水的 pH 约等于 8.1，以 HCO_3^- 形式为主；其次是 CO_3^{2-}，而二氧化碳 + 碳酸含量很低。

海水中的二氧化碳体系对于海洋环境，甚至全球生态系统都产生着重要影响，主要体现在以下 3 点。

1）调节海水的 pH

海水的二氧化碳体系是海水有恒定酸度的重要原因。在海水中存在下列平衡：

$$CO_2(g)+H_2O \rightleftarrows H_2CO_3 \rightleftarrows H^+ + HCO_3^- \rightleftarrows 2H^+ + CO_3^{2-}$$

$$Ca^{2+} + CO_3^{2-} \rightleftarrows CaCO_3(s)$$

这个平衡过程控制着海水的 pH，使海水具有缓冲溶液的特性。可以看出，随着大气二氧化碳含量的增加，海水中无机碳总量也增加了，同时增加海水的缓冲容量，引起海水酸度增加，结果会不利于更多的二氧化碳进入海水。

海水的 pH 约为 8.1，其值变化很小，因此有利于海洋生物的生长；海水的弱碱性有利于海洋生物利用海水中的 Ca^{2+} 形成碳酸钙质介壳；海水的二氧化碳含量足以满足海洋植物光合作用的需要，因此海洋成为生命的摇篮。

海水的 pH 一般为 7.5～8.2，其值大小主要取决于二氧化碳的平衡体系。在温度、盐度、压力一定的情况下，海水的 pH 主要取决于碳酸各种离解形式的比值；反过来，当海水的 pH 测定后，也可以推算出碳酸盐各种形式的比值。

2）控制海水的缓冲容量

海水具有一定的缓冲能力，这种缓冲能力主要是受二氧化碳体系控制的。缓冲能力可以用数值表示，称为缓冲容量，定义为使 pH 变化一个单位所需加入的酸或碱的量：

$$\beta = dC_b/dpH \tag{3-2}$$

海水的 pH 在 6～9 时缓冲容量最大。大洋水的 pH 变化主要是由二氧化碳的增加或减少引起的。海水的缓冲容量除与二氧化碳有关外，还与硼酸有关。由于离子对的影响，海水的缓冲容量比淡水和氯化钠溶液大。

3）引发温室效应

工业革命以来，由于大量使用矿物燃料，排放大量二氧化碳，使大气二氧化碳浓度上升，形成温室效应（Greenhouse effect），影响了全球的气候变化。

而二氧化碳—碳酸盐体系是海洋中重要而复杂的体系之一，它涉及许多海洋化学、物理学、生态学、气象学、地质学等诸多学科。同时，海水中的二氧化碳—碳酸盐体系也参与大气—海洋界面、海洋沉积物与海水界面以及海水介质中的化学反应，它控制着海水的 pH 并直接影响着海洋中许多化学平衡。由于碳是重要的生源要素，所以碳酸盐体系的化学反应和平衡是影响海洋生物活动的重要因素，在形成和维持生命的起源、循环以及海洋生态环境方面发挥着不可或缺的重要作用。近年来，各国对大气与海洋的二氧化碳交换过程十分重视，开展了广泛的国际合作，进行了大量研究工作。

海洋可作为大气二氧化碳的调节器，在控制全球性大气二氧化碳的浓度升高和温室效应所导致的气候变暖方面起着至关重要的作用。大气中过多的二氧化碳会通过海—气界面进入海洋，海洋中的浮游植物和大型藻类能够从海水中吸收二氧化碳，通过光合作用将其转化为碳水化合物，然后通过浮游动物和其他植食性动物向更高营养级传递，这些藻类、浮游动物和其他动物的代谢（排泄）产物、死亡的残骸就会向下沉降到海洋深处而沉积。真光层内光合作用吸收的二氧化碳就会以颗粒有机碳（POC）的形式离开真光层下沉到海底沉积，构成所谓的海洋生物泵（Biological pump），从而减少大气中二氧化碳的含量，进而降低二氧化碳增多所带来的温室效应。

然而近年来的研究却表明，海洋吸收二氧化碳的能力正在逐渐下降，原因可能为：一方面大气中持续上升的二氧化碳排放量造成了海水酸性增强，而酸性越高的海水越不容易分解二氧化碳，同样二氧化碳在温度升高的水中也不易分解；另一方面，浮游植物和大型藻类在变得更酸的海水中光合作用速率降低，最终使越来越多的二氧化碳留在大气中。一旦海洋失去了吸收二氧化碳的功能，不仅会让地球急速升温，也会影响到海洋自身的循环周期，后果将会不堪设想。

3.1.3 海—气界面的气体交换

溶解在海水中的气体，通过海洋与大气的界面，不断进行交换。总的效果是：海洋一方面吸收空气中那些含量不断增加的气体成分，如二氧化碳和有机氟等；另一方面，海洋向大气释放一氧化碳、甲烷、氢、氧化亚氮、碘甲烷等气体。因此，海洋是多种气体的源和汇。气体在海洋与大气界面上的交换速率和通量，都是重要的研究课题。

气体在海—气界面上的交换，不仅取决于气体在大气与海洋之间的分压差，而且取决于气体的交换系数，还与海面状况等因素有关。

3.1.3.1 海—气界面气体交换的模式

海—气界面气体交换的模式有薄层模式、海—气交换的双膜模型等，其中薄层模式是气体交换的主要模式（图 3.1），即气相与液相的界面上都存在一个很薄的扩散层，气

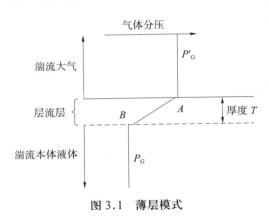

体的交换速率主要取决于气体在这两个扩散层之间的扩散速度。气体在气相中扩散系数比在液相中大得多，故可认为液相扩散层是控制交换速率的主要方面。

图 3.1 中，P'_G 为涡动的气相分压，P_G 为混合均匀的液相分压，两相之间由一个扩散层隔开，扩散层厚度为 T，这个厚度随表面扰动情况不同而变化，一般为 $5 \times 10^{-3} \sim 0.1$ cm。如果 $P'_G > P_G$，气体由气相进入液相，反之，气体逸出海面进入大气。

图 3.1 薄层模式

3.1.3.2 影响气体交换速率的因素

海面风速的大小必然影响气体交换速率，风速增加会使扩散层厚度减少，加大了气体的交换率，其影响近似为气体交换速率与风速的平方成正比。气体交换速率也与温度有关，当温度为 5~25℃时，气体交换速率大致增加 2 倍。气体交换速率与气体的种类也有关，例如，在相同的分压情况下，氧气的交换速率比氮气快 1 倍。

3.1.3.3 海—气界面气体的通量

依现场测定的气体在气相和液相的分压数据，可以对气体的海—气交换通量进行估算。例如在南黄海地区，通过测定得到，在 3—8 月随着海水温度的升高，海水中溶解氧向大气释放，平均速率为 5.2×10^{-7} cm³/（cm² · s）；9 月—翌年 2 月海水降温冷却，大气的氧气溶解于海水，吸收氧气的平均速率与释放的速率大致相等。由此计算，整个黄海地区的年氧气交换量为 3.3×10^{13} dm³。依照同样的方法，可以计算出二氧化碳、甲烷、二氧化氮、二甲基硫等气体的通量。

3.1.4 污染物质在海洋环境中的主要生态过程

随着社会工业化进程的不断加快，工农业和生活污水不断排入海洋，造成近岸海域污染严重，导致了近岸海域的环境质量下降。

进入海洋环境中的污染物质发生的生态学过程主要包括混合、扩散、溶解、沉淀、吸附、络合、转化、降解、生物吸收等过程。

化学污染物质在海水中发生的溶解与沉淀过程是生态系统中发生的最普遍、最基本

的过程，相对比较简单。当化学污染物质进入海洋环境，会发生溶解与沉淀过程，这种过程受污染物本身的理化性质和海洋环境中的温度、压力、盐度、pH、氧化还原条件、溶解性有机物质（DOM）等因素的影响。

吸附是化学污染物质在生态系统中一种常见的反应过程。海洋中的吸附是指进入海水中的化学污染物质，通过液—固界面进入海水中的固体颗粒或底质沉积物并使固相中浓度升高的过程。大量的研究表明，吸附作用并不是一个简单的过程，吸附载体与化学污染物之间的结合可以是多种作用力综合作用的结果。例如，污染物质在海水中存在时在热力学上是不稳定的，导致海水中的化学污染物质倾向于从水相渗透到有机相中；污染物质可以取代矿物质表面水分子的位置，以范德华力或其他弱分子间作用力方式与矿物质表面结合；对于离子型有机污染物及无机污染物，它们还可以通过静电作用与相应的吸附位点结合。在自然环境中，以上过程可以同时存在，但对于特定的污染物，上述某一过程可能占据主导地位，这取决于化学污染物质的物理化学性质、分子构象以及海洋环境的理化特性。

污染物质在海水中的络合过程也是生态系统中发生的最基本、最普遍的过程之一，海水中许多金属元素的分布和行为在相当大的程度上受到水体中络合作用的控制。海水中有很多无机和有机配位体，配位体的分子或离子上至少有一个原子具有一对或一对以上的孤对电子，或分子中有 n 电子，它们能与金属离子结合形成络合物。一般水体中络合物最常见的配位数是 6，也有 4 和 2 的。环境中的络合物大致可分为两类，一类是易变形的络合物，如 EDTA 与各种金属形成的络合物，水体 pH 的微小变化都会显著影响其稳定性；另一类是非易变性的络合物，如铁色素、细胞色素、叶绿素和维生素 B_{12} 等，它们都是由有机大分子与金属离子形成的一种笼式结构，从而具有非常高的稳定性。

一般环境中络合物的稳定性取决于 3 个因素：配位体的性质、金属离子的电荷和半径、金属在元素周期表中的位置。海洋环境中汞、镉、铝等重金属能够与细胞内酶结构中的金属竞争结合位，从而形成相应的络合物，改变酶的功能。其中汞与某些配位体的结合比其他金属强得多，因此汞在海洋环境中的危害程度比其他重金属要大。海洋环境中还常有几种配位体同时存在的情况，它们可能同时与水中某一金属离子络合，形成混合配位体络合物。

进入海洋环境中的许多污染物在一定条件下可以转化为毒性更大的化合物，这一转化使污染物的生物毒性得以提高。例如，重金属汞的烷基化（甲基化）就是一个非常有害的转化过程。

海洋污染物质在海洋中的降解比较复杂，不同污染物的降解过程和降解时间差别较大。在海洋环境中它们在物理、化学和生物因素的作用下，会逐步降解；在海洋生物特别是海洋微生物作用下，发生降解作用，转化为毒性不同的其他化学物质。

有机化合物污染物在环境中可通过多种途径得以降解，包括挥发、光氧化、化学氧化、生物富集、土壤颗粒吸附、浸滤作用及微生物的降解等。其中微生物降解是有机化合物污染物降解的最主要的途径之一。

海洋中的污染物质可以通过海洋生物的生命活动进入生物体内，例如通过海洋植物的叶片和根系，海洋动物的皮肤、鳃、摄食活动等进入。许多化学污染物在自然环境中和生物体内难以降解，特别是一些持久性有机污染物质，它们被海洋生物吸收后，极易在生物体内某些组织和器官中积累。有许多污染物质被称为环境激素（Environmental hormones），它们能够对海洋生物体内的分泌系统产生影响，干扰正常的代谢活动。经研究，目前大约有 70 种化学物质显示出不同的雌激素活性，被初步认定为环境激素。特别是进入海洋生物体内的难以降解的污染物质会沿着食物链传递，一些污染物质在低营养级生物体内含量不高，但在高营养级生物体内其含量会达到很高的浓度，被称为生物放大作用。例如，有研究表明，海水中汞的浓度为 0.000 1 mg/L 时，浮游生物体内含汞量可达 0.001～0.002 mg/L，小型鱼类体内可达 0.2～0.5 mg/L，而大型鱼类体内可达 1～5 mg/L，大型鱼类体内汞比海水含汞量高 1 万～6 万倍。

3.2 海洋中的能量流动与物质循环

3.2.1 海洋初级生产力

3.2.1.1 海洋初级生产力结构

尽管有科学家曾发现在初级生产力中存在着两个部分，而且是由不同类群的初级生产者所提供，但是很长一段时期以来，科学家们还是认为海洋初级生产力是以个体大小为 0.2～20 μm 的单细胞藻类为主提供的，其所提供的初级生产量占海洋总初级生产量的 90%～95%，其余部分是由其他自养生物完成的。

随着观测技术和分析方法的发展，尤其是微型海洋生物的发现以及对其在生态系统中的重要作用的了解，科学家们提出了新生产力概念，更进一步清楚地了解到海洋初级生产力不仅取决于初级生产者类群的不同，同时还与初级生产者个体大小（不同粒级）有关。这些初级生产者可以分为<2 μm、2～20 μm、>20 μm 的微型和微微型生物。这些个体极小的微微型生物，由于其具有营养吸收半饱和常数小、在能量转换中效率高的特点，使其在营养竞争中处于有利位置，在海洋初级生产力中占有重要比例，从而构成生物量优势，在生态系统能量转换中处于非常重要的一环。

在海洋生态学迅速发展与推动下，新生产力、海洋初级生产力结构概念相继提出。新生产力是总初级生产力的一部分，彼此有着必然的联系但两者又各有其特有的变化规律。

初级生产力结构通常划分为：① 组分结构，即不同类群初级生产者（浮游植物、自养微生物）初级生产力贡献的比例，② 粒级结构，即不同粒级（<2 μm、2～20 μm、>20 μm）生产者对初级生产力贡献的比例，③ 产品结构，即初级生产产品中颗粒有机碳（POC）和溶解有机碳（DOC）的分配比例，④ 功能结构，即新生产力占总初级生产力的比例。

新生产力、初级生产力结构概念的提出，实际上也是初级生产力物种多样性和功能多样性的划分。新生产力水平在很大程度上代表了海洋净固碳的能力，即海洋对大气中二氧化碳的吸收能力，进而代表对全球气候变化的调节能力。所以初级生产力物种多样性和功能多样性的划分具有非常广泛而深刻的意义。

研究表明，物种多样性和功能多样性与初级生产力之间的关系十分密切。通常，随着物种多样性的增加，初级生产力或许会随之增高；而功能多样性与初级生产力则呈负相关。功能多样性并非随物种多样性而变化，因此物种多样性不等于功能多样性，两者在一定程度上是相互独立作用于初级生产力的。由于组成群落物种间的差异，其共存机制并不能解释物种间功能多样性的分化，或许可以认为物种多样性和功能多样性是群落性的两个不同的问题，所以，在进行海洋新生产力和海洋初级生产力结构研究中应予以分别考虑。

3.2.1.2　海洋初级生产力测定

下面介绍两种海洋浮游植物初级生产力的测定方法。对于大型藻类和维管束植物的产量估计，目前尚无统一的方法。

1）^{14}C 示踪法

^{14}C 示踪法是丹麦科学家 Steemann-Nielsen 在 20 世纪 50 年代首先应用于海洋初级生产力方面的研究，目前是《海洋调查规范》（GB/T 12763.6—2007）规定的海洋初级生产力测定方法。其主要原理是把一定数量的放射性碳酸氢盐 $H^{14}CO_3^-$ 或碳酸盐 $^{14}CO_3^{2-}$ 加入已知二氧化碳总量的海水样品中，经过一段时间培养，测定浮游植物细胞内有机 ^{14}C 的数量，即可以计算出浮游植物通过光合作用合成有机碳的量。

2）叶绿素同化指数法

这种方法是 Ryther 和 Yantsch 最早提出来的，其根据是在一定条件下，植物细胞内叶绿素含量和光合作用产量之间存在一定的相关性，从而根据叶绿素和同化指数（Q）来计算初级生产力（P）。同化指数（Assimilation index）或称同化系数（Coefficient of assimilation），是指单位叶绿素 a 在单位时间内合成的有机碳量。初级生产力的计算公式如下：

$$P = \text{Chl-a} \times Q \tag{3-3}$$

式中，P——初级生产力，mg/（m³·h）；

　　　Chl-a——叶绿素 a 含量，以分光光度法测定，mg/m³；

　　　Q——同化指数，以 ^{14}C 测定，mg/（mg·h）。

此方法的最大优点是在同一海区调查时，不必每个测站都采用 ^{14}C 示踪法，而是取几个代表性站位用 ^{14}C 测得 Q 值，其余站位只测叶绿素 a 含量，即可应用上式估算各站的初级生产力。

需要注意的是，海洋初级生产力的大小随研究手段和研究方法而有差异。过去认为，大洋区海洋初级生产力的主要贡献者为网采浮游植物，而随着聚球藻和原绿球藻等微型和超微型浮游生物的发现，现在认为这些个体微小、数量巨大的微型和超微型浮游生物对海洋初级生产力的贡献也是非常大的。同时，研究表明海洋初级生产的产品不仅以 POC 的形式存在，还有相当部分（5%～50%）是直接以 DOC 的形式释放到水中，这种光合作用过程中释放的 DOC 被称为 PDOC。目前通用的 ^{14}C 示踪法，只测定初级生产者 POC 而漏掉了 PDOC。这部分 PDOC 可通过自由生活的异养微生物再次转化为 POC（异养微生物二次生产），从而使这部分有机碳可进入较高层次营养级。因此，测定生产力过程中 PDOC 被忽略是海洋初级生产力被低估的又一原因。

3.2.1.3　海洋初级生产力的影响因素

光合作用是海洋初级生产的基本过程，在海洋中有不少因素影响着光合作用的量和速率。太阳辐射、温度、pH 和营养盐类（无机氮、无机磷、二氧化碳、硅酸盐）等，都直接或间接地影响到海洋初级生产力；浮游动物的摄食也是一个因素。另外，海洋病毒是海洋中最小、最丰富的微型生物，浓度为 10^3～10^9 个 /mL，主要集中在近表层水域。实验研究表明，病毒病原菌能够感染海洋细菌和浮游植物（包括硅藻和蓝藻），影响其群落组成种类并显著地减少海洋初级生产力。在特定海域水质污染也是一个不可忽视的影响因素。

1）光照

太阳辐射极大地影响着光合作用的量和速率，藻类的光合作用与光照强度的关系虽然因种而异，但是一般都呈抛物线关系（图 3.2）。在低的辐照度下是倾斜的直线，说明由于光线有限，光合作用速度被光化学反应所制约，光合作用生产与光强成正比。在稍强的辐照度下，曲线弯曲，逐渐变成与横轴平行，这时光合作用被酶促反应的速度所制约，光合作用达到饱和。如果继续增加辐照度，光合作用中暗反应不能跟上光化学反应，后者会导致光氧化，从而破坏叶绿体中诸如酶那样的化合物，因此光合作用的总速率下降。此外，强光下光合作用的下降还可能由于光线刺激呼吸作用加强，或者高光能是出现在光合作用所需营养物发生短缺时，已固定的产物从细胞内向外渗透的速率加大

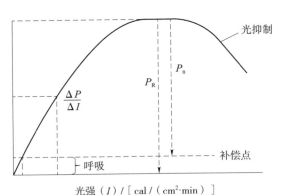

光强（I）/［cal/（$cm^2 \cdot min$）］

图 3.2　光合作用对不同光强的反应

所引起的。

由于光合作用会因光照过强而受到抑制，同时表层光合作用还受紫外光的抑制，因而在自然海区最旺盛的光合作用常常不是在海洋的最表层内进行的。光在海水的传播过程中由于受到散射、反射和吸收等作用的影响，随着深度的增加光照强度越来越弱，因此在海水某一深度层，植物 24 h 中通过光合作用所产生的有机物质全部用来维持其生命代谢消耗，没有净生产量（P=R），我们称这样的深度为补偿深度（the Compensation depth）。补偿深度处的光强称为补偿光强（the Compensation light intensity）。在补偿深度的上方，光合作用率超过呼吸作用率，所以有净生产；而在补偿深度的下方，则没有净生产。

应当指出，补偿深度是会变化的，它不仅取决于纬度、季节和日光照射角度，也受天气、海况和海水混浊度的影响。在近岸区，补偿深度仅十几米至几十米，而在大洋区，补偿深度可能超过 100 m。但当海面有强烈的海风存在或者上层海水的密度大于下层海水密度时，海水就会发生垂直方向上的对流（Convection），造成垂直混合。垂直混合对海洋初级生产力的影响，一方面可能通过补充上层的营养盐类而提高生产力；另一方面在混合的过程中，也可能把上层海水中的浮游植物细胞带到无光区而不能进行光合作用。当垂直混合的范围仅限于透光层时，植物细胞仍能进行充分的光合作用，并超过呼吸作用的消耗，从而出现有机物的积累，表现出有净产量；如果海水混合延伸到更深处时，浮游植物可能大部分时间是生活在补偿深度下方，因为它们在光照区的时间短，所合成的有机物就不足以供给长时间处在补偿深度下方的呼吸消耗，就没有净产量了。科学家们根据这种垂直混合效应而提出临界深度的概念，所谓临界深度，是指在这个深度上方整个水柱浮游植物的光合作用总量等于其呼吸消耗的总量，或者说在这个深度之上，平均光强等于补偿光强。临界深度通常大于补偿深度（图 3.3），与补偿深度上方和下方浮游植物的数量比例有关，并取决于垂直混合的深度。

2）温度

海洋生物的生长、发育、代谢等生命活动与温度关系密切，因此温度对海洋环境的初级生产有着重要影响。但一般认为，光照条件很差时，光合作用主

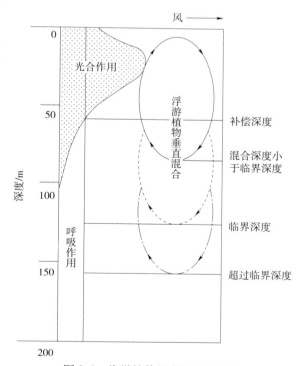

图 3.3　海洋补偿深度与临界深度

要受光反应的影响，只有当光照强度达到光饱和值后，温度本身才显示出对光合作用的明显影响。在这种情况下，光合作用速率随温度的升高而增加，开始时光合作用迅速提高，然后增加得比较缓慢，最后光合作用率迅速下降。在最适温度范围内，光合作用速率是温度的函数，随着水温升高，光合作用率也随之提高。

浮游植物对温度变化有一定的适应性，在光饱和条件下，不管藻类处在最适温度或是亚最适温度下，其光合作用速率几乎一样。温度对藻类光合作用的影响机制比较复杂，研究认为，之所以在亚最适温度条件下浮游植物光合作用速率较高，是因为细胞内二磷酸核糖羧化酶的活性比较高，或者是由于细胞内酶的含量增加。

在自然海区，虽然温度提高有助于加速生产速率，但相对于光照和营养盐条件的影响，温度似乎不是控制初级生产的主要因素，同样的产量水平在不同纬度的广阔海区都可能找到。但是由于温度原因而引起海水的分层现象，却会间接地影响到初级产量。在热带大洋区，海水存在分层现象，水体呈稳定状态，虽然有海浪和其他力量所造成的垂直运动，但主要是影响上部的温暖水层，因而温跃层成为营养物质从深层水进入上面光照层的障碍，表层水中营养物质易于耗尽，这是导致生产力较低的原因。但表层水中的生产力并不因此而降到零，因为大部分营养物质在透光层内存在再循环利用，因而维持一种稳定的低水平状态。在温带海区，海水温度的季节变化明显，夏季临时性发生的海水上层分层现象对浮游植物的生长繁殖也有影响，这种临时发生的分层现象能够防止藻类细胞下沉到透光层下方的水层，同时又不是营养元素补充的常年性障碍，夏季过后分层现象被打破，海水发生垂直混合，下层水体中的营养盐会不断涌升上来。

3）二氧化碳和营养物质

海洋自养生物在进行物质合成过程中要从环境中吸收大量的二氧化碳和多种营养物质，被海洋浮游植物所利用的二氧化碳可以是游离溶解的分子态，或是结合态的碳酸氢根和碳酸根离子。氮通常以溶解态的硝酸盐、亚硝酸盐和铵盐的形式被浮游植物细胞所吸收。磷通常以溶解态的无机形式（正磷酸根离子）被吸收，但有时也以溶解态的有机磷形式被吸收。除了这些常见的营养元素之外，浮游植物也需要其他的一些元素，如溶解态的硅，对硅藻形成硅质壁是不可或缺的。此外，浮游植物也需要一些维生素和微量元素，所需的这些化合物和元素种类与数量取决于浮游植物的种类。

大洋水中二氧化碳总量（所有 3 种形式）大约是 90 mg/L，这一浓度对浮游植物的光合作用不起限制作用。大部分营养物质在海水中的含量也不会构成限制因子，例如镁、钙、钾、钠、硫和氯等的浓度对浮游植物的生长都是足够的。但是其中某些无机物质（如 NO_3^-、PO_4^{3-} 等）的含量是影响初级生产力的重要因素，铁和锰等微量元素在某些海区的含量不足也可能限制初级生产，还有某些海区硅酸盐的缺乏可能是硅藻生长的限制因素。

海洋中的一些海洋学过程，例如大洋环流、上升流等会影响到海区营养物质的分布与状态，从而影响到自养生物对营养物质的吸收利用。应当指出，与陆地比较，海洋中营养盐类的总量比陆上耕地土壤少几个数量级，更重要的是海水中营养盐的含量分布很不均匀。由于浮游植物主要分布在表层水域，这里的营养盐被植物所吸收，容易形成缺营养盐的状态。因而，海洋表层营养盐的补充情况就成为决定初级生产量的重要条件。如果透光层营养盐能及时得到补充，产量就高；反之，产量就低。

4）浮游动物对浮游植物的摄食作用

海洋中浮游植物形成的初级生产量会被浮游动物直接摄食转化，因此浮游动物可以直接对海区的初级生产力进行控制。自然海区中会存在各种营养盐充足而浮游植物生物量却不高的现象，这往往是由于海区中浮游动物的快速摄食，影响了浮游植物的生长和数量。浮游动物的摄食不仅可以影响浮游植物的细胞丰度进而影响初级生产力，还可以通过选择性摄食，控制浮游植物的群落结构而影响初级生产力。实际海区中浮游动物通过摄食影响浮游植物的初级生产力受到诸多因素的影响，同时，不同海区浮游动物对浮游植物的摄食效应也是有差异的。应当指出，浮游植物和浮游动物之间的营养关系并不是单向的，浮游动物在消耗浮游植物的同时，通过新陈代谢释放出它们所需的营养物质（还有细菌的作用），从这个意义上说，上述消费者对初级生产力的消耗与对初级生产力的支持同样重要。

3.2.2　海洋中的次级生产

初级生产者生产的有机物质，扣除被其自身生长发育和呼吸代谢消耗掉的部分，所剩余的产量为净初级生产量，净初级生产量是生产者以上各营养级动物所需能量的唯一来源。净初级生产量中被消费者吸收用于器官组织生长与繁殖新个体的部分，称为次级生产量。各级消费者直接或间接利用初级生产者生产的有机物质经同化吸收，转化为自身物质（表现为生长与繁殖）的速率即为次级生产力（Secondary productivity）。有机物质（能量）从一个营养级传递到下一个营养级时往往损失很大，对一个动物种群来说，其次级生产量等于动物吃进的能量减掉粪尿所含的能量，再减掉呼吸代谢过程中的能量损失。

在所有生态系统中，次级生产量都要比初级生产量少得多。海洋生态系统中的植食动物（主要是浮游动物）有着极高的摄食效率，海洋动物摄食海洋植物的效率约相当于陆地动物摄食陆地植物效率的 5 倍。因此，海洋初级生产量总和虽然只有陆地初级生产量的 1/3，但海洋次级生产量总和却比陆地高得多。据估计，海洋总计年净次级生产量（以碳计）达 $1\,376 \times 10^6$ t/a，而陆地只有 372×10^6 t/a，考虑到超微型生物和 DOC 因素，实际产量可能更多。

海洋次级生产量的影响因素众多，任何能影响动物新陈代谢、生长和繁殖的因素都可能影响到动物的产量。其中，温度、食物和个体大小是影响动物种群产量的重要因素。温度与动物的新陈代谢速率有密切关系，在适温范围内，温度提高虽然会增加呼吸消耗，但同时也加速生长发育，从而提高产量，特别在最适温度范围内，动物有最高的生长率。但是当自然海区出现反常的高温时，可能造成动物大量死亡。食物的质量与动物的同化效率有密切关系，食物质量越高，动物的同化效率也随之提高，其生长效率就高。再者，消费者个体大小与产量有关，一般的规律是较小的个体有较高的相对生长率，因为大个体用于维持代谢消耗的食物能量比例较高，而小个体的相对呼吸率较小。此外，从 P/B 值（或称周转率）来看，个体越小的种类，P/B 值越大，虽然生物量小，但周转时间短，结果产量高，意味着其是重要的次级生产者。除上述 3 个因素之外，初级生产量、营养级数目和生态效率等食物网结构对次级生产量也有影响。

次级生产量的测定比较复杂，尚未找到简便而有效的直接测定群落次级生产量的方法。淡水次级生产力的研究较为成熟，有几种方法可以借鉴应用于海洋生物次级生产力的研究。例如，运用种群动态参数计算次级生产量（主要有差减法、累加法、瞬时增长率法、Allen 曲线法、体长频度法、线性法、指数法等）、生理学方法、P/B 系数法等。

3.2.3 海洋生态系统的生物地球化学循环

3.2.3.1 生命元素与物质循环

海洋中的自养生物从环境中吸收各种营养物质作为生产的物质和能量，通过食物链形成能量和物质的流动，向高营养级转移。同时各种生物在生活过程中，不断产生死的有机物质，包括排泄废物和各种死亡后的残体，这些有机物质也贮存一定的潜能，在生态系统中通过分解者的生物作用逐渐降解，最终无机元素从有机质中释放出来（矿化作用，Mineralization），同时能量也以热的形式逐渐散失，这个过程就是生态系统的分解作用（Decomposition）。正是由于分解作用的存在，被自养生物固定的各种营养元素才能重新回到环境中去，使得自养生物所需的营养物质再生和循环，为自养生物的继续生产提供营养保证，维持生态系统中的平衡。

在参与生态系统物质循环的物质中，以氧、氮、氢和碳最为重要，它们是生物体的主要组成成分，生命系统的整个过程都取决于这些元素的供给、交换和转化，因而被称为生命元素或能量元素。在海洋生态系统中，这些元素通过以浮游植物为代表的绿色植物吸收利用，沿着食物链在各个营养级之间进行传递、转化，最终被微生物分解还原并重新回到环境中，然后再次被吸收利用，进入食物链进行再循环，通过有机体和非生命环境之间不断进行的物质循环过程即为生态系统的物质循环（Cycling of material）。

海洋环境中物质的再循环在真光层进行的速度相当快，但是，对难以分解的并已下沉聚积在海底的有机碎屑，其再循环的速度则非常缓慢。

3.2.3.2 生物地球化学循环

生态系统中的物质循环又称生物地球化学循环（Biogeochemical cycles），它是指生态系统内的各种化学元素及其化合物在生态系统内部各组成要素之间，以及在地球表层生物圈、水圈、大气圈和岩石圈等各圈层之间沿着特定的途径从环境到生物体，再从生物体到环境，不断进行着反复循环变化的过程。从整个生物圈的观点出发，生物地球化学循环可以分为水循环（Water cycle）、气体型循环（Gaseous cycle）和沉积型循环（Sedimentary cycle）3 种类型。

1）水循环

水是地球上含量最丰富的无机化合物，是生物组织中含量最多的一种化合物，也是生态系统中生命活动所需的各种物质得以不断循环的介质。水以液态、固态和气态分布于地面、地下和大气中，形成河流、湖泊、沼泽、海洋、冰川、积雪、地下水和大气水等水体，构成一个浩瀚的水圈。地球上各部分的水量分布是通过降水、径流和蒸发所构成的水循环而维持相对的稳定。生态系统中所有的物质循环都是在水循环的驱动下完成的，水循环是物质循环的核心。

2）气体型循环

气体型循环中物质的主要储存库是大气和海洋。物质的气体型循环将大气和海洋紧密地联系起来，因此这种循环具有明显的全球性，是最完善的循环。凡是气体型循环的物质，如氧、二氧化碳、氮等，无论是分子还是其他化合物，常以气体形式参与循环。气体型循环速度快，物质来源充沛。

3）沉积型循环

岩石圈、沉积物和土壤是沉积型循环物质的主要储存库。这类物质有磷、硫、硅、钙、铁、钾、钠、碘和铜等，其中磷的循环为典型的沉积型循环。它们主要是通过岩石的风化和沉积物的分解，转变为可被生态系统生物成分利用的营养物质。海底沉积物转变为岩石圈成分则是一个缓慢、单向的物质转移过程，时间需要以地质年代计。

生态系统中物质循环的动力来自能量。生态系统中的物质既是保证和维持生命系统进行新陈代谢的基础，也是在循环过程中将能量从一种形式转变为另一种形式并成为能量流动的载体。如果不是这样，能量就会自由散失，生态系统将会不复存在。所以，生态系统中的物质循环和能量流动之间的关系是紧密联系在一起的，缺一不可，不可分割。

从生态学观点来看，在海洋中最重要的是限制生长的营养物质再循环的速率。例如，硝酸盐、磷酸盐、可溶性硅、铁离子在海水中的浓度很低，往往低于浮游植物生长最快时所需要的半饱和浓度的一半，因此会成为浮游植物进行初级生产的限制因素。

硅对浮游植物中的硅藻、硅鞭藻和浮游动物中的放射虫的主要作用是形成骨骼。硅的循环相对简单，因为它只有无机形式，生物利用可溶性硅去制造它们的骨骼，而这些骨质材料又随着生物的死亡而被溶解。

通常在碱性的海水中，有机磷酸根相对容易被水解成无机磷，然后被浮游植物重新吸收利用，由于磷的循环在食物链中能迅速地通过，所以磷在海洋环境中很少有限制作用。与硅和磷比较，氮的再循环显然要复杂得多，是气体型循环的典型实例。

3.3　海洋环境污染的生态效应

3.3.1　海洋污染生态效应的定义

生态效应应包括两方面的含义，一方面指有利于生态系统中生物体生存和发展的变化，即良性的或有益的生态效应；另一方面是指不利于生态系统中生物体生存和发展的变化，不利于生态系统功能实现的变化，即不良生态效应。目前通常把不利于生态系统中生物体生存和发展的现象称为生态效应。

污染物质进入海洋环境后，必将对海洋生态系统（包括其中的生物和环境）产生影响，海洋生态系统也必然会对这种影响做出反应及适应性变化，海洋生态系统的这些反应和变化被称为海洋污染生态效应（Ecological effects of marine pollution）。通常，将污染物对海洋中的生物造成的不良影响称为海洋污染的生物效应（Biological effects of marine pollution）。

海洋生态系统通过海洋生物的新陈代谢与周围的无机环境不断地进行物质和能量交换，使其保持动态平衡，从而维持生命的正常活动。当污染物进入海洋环境后，参与海洋生态系统的物质循环，势必对生态系统的组分、结构和功能产生某些影响，在短时间内改变或破坏海洋环境的理化条件，从而干扰或破坏生物与环境之间的动态平衡，引起生物或生态系统发生一系列改变。

海洋污染的生态效应与造成海洋污染的污染物数量和性质有关，同时亦因生物种类的不同而表现出差异。海洋污染的生态效应有直接的，也有间接的；有急性危害，也有亚急性或慢性危害。污染物浓度与效应之间的关系有线性和非线性的。海洋污染对海洋生物的危害与特定海域的环境特点以及生物对污染物的富集能力等有关。总之，污染物对生物的危害影响是一种综合的、复杂的作用过程，即使同一污染物，在不同的环境条件下，生物的适应程度和反应特点也各不相同。

这种响应的主体既包括海洋生物个体（微生物、植物、动物），也包括生物群体甚至整个生态系统，通常把海洋污染生态效应分为以下 3 个层次。

（1）海洋生物个体污染效应。指海洋环境污染对生物的影响，表现在海洋生物个体层次上的一些形态、结构和生命活动的改变，是污染物质对海洋生物的生理、生化过程影响的必然结果。不同的污染物质、污染物质浓度的大小对海洋生物造成的影响是不同的。例如，在重金属含量较高的沉积物中，旗语蟹（*Heloecius cordformis*）出现二态性，雄性蟹有较宽和较长的甲壳、较长的螯，总体生物量也是雄性蟹大于雌性蟹。紫贻贝（*Mytilus edulis*）在受石油污染的条件下，其生理反应（如氧耗率、摄食率、分泌率）、细胞反应（消化细胞大小、溶酶体潜伏期）和生化反应（几种酶的比活性）等方面均出现了异常变化，而且生长速度明显降低。

（2）海洋生物群体污染效应。指海洋环境污染在生物种群以上层次上的反应。如污染物在海洋环境的长期暴露对海洋环境中物种的分布、种群数量的变化、海洋生物群落结构的变化与演替、生态型的分化等的影响。Warwick 曾用反映生物群落健康状况的方法——丰度 / 生物量比较曲线（Abundance Biomass Comparison，ABC 曲线）对不同海域、不同生境的大型底栖动物的实验数据进行验证，结果表明，ABC 曲线对任何物理性、生物性的自然扰动及污染引起的扰动都很敏感，而对未污染的地区和群落稳定的地区，此法从没有反映过群落被干扰的状况。在有机污染严重的海域，大多数海洋生物逐渐消失，而多毛类小头虫（*Capitella capital*）的种群数量就会明显增多，可占污染海区总生物量的 80%～90%，致使生物群落组成的生物多样性明显降低，生态平衡失调。

（3）海洋生态系统污染效应。指海洋环境污染对生态系统结构与功能的影响，包括生态系统组成成分、结构以及物质循环、能量流动、信息传递和系统动态进化过程的影响。在中国的渤海湾，大型底栖动物物种数、丰富度、均匀度、香农—威纳多样性指数与沉积物和底层水体环境（如油类、重金属、总碳、总氮和水体磷酸盐等）往往呈显著或极显著的负相关性。海洋富营养化造成的赤潮可以使海域海洋生物大量死亡，导致该海域生态系统的崩溃。在美国的切萨皮克湾（Chesapeake Bay），曾经由于大量营养物质的输入，导致湾内富营养化，使这里由以底栖双壳类占主导地位的生态系统转向以水体生产为主导、底栖双壳类资源贫乏、有害藻类大量繁殖的混浊的生态系统。目前我国沿海每年有大量的污染物质被排入海洋，使我国的近海生态系统遭到严重破坏，许多水域处于劣 V 类水质，已经严重影响到我国海洋事业的持续发展。

3.3.2　海洋污染生态效应的发生机制

污染物进入海洋环境后，污染物与污染物之间、污染物与海洋环境之间相互作用，最后可能转化为能够对海洋生物、海洋生态系统产生作用的状态，进而被海洋生物体吸收，并随食物链传递，在海洋生态系统中产生各种复杂的生态效应。由于污染物的种类不同，生态环境条件与生物个体千差万别，所以海洋污染生态效应的发生及其机制也多种多样。

3.3.2.1　物理机制

污染物质可以在海洋生态系统中发生沉降、吸附、解吸、凝聚、扩散、稀释、混合、气化、放射性蜕变等许多物理过程。伴随着这些物理过程，海洋生态系统的某些因素的物理性质发生改变，从而影响到海洋生态系统的稳定性，导致各种生态效应的发生。例如，热电厂在向沿岸水域排放冷却水的过程中，导致水体温度上升，是一个在海洋生态系统中发生的物理过程，通常被称为热污染。热污染导致水体温度升高，致使海水中溶解氧浓度下降；海水温度升高进一步增加海洋生态系统中的各种化学反应和生化反应的速率，导致海水中有毒物质的毒性作用加大；海水温度的变化还会引起局部海域海洋生物群落结构的变化。

3.3.2.2　化学机制

化学机制主要指化学污染物质与海洋环境中的无机环境各要素之间发生的化学作用，导致污染物的存在形式不断发生变化，其对生物的毒性及产生的生态效应也随之不断改变。例如，普通无机汞的毒性较低，但在海洋生物体内会转化为具有剧毒的甲基汞（CH_3HgCl），著名的"水俣病事件"就是由此引起。砷在海洋生物体内的价态也决定其毒性，如亚砷酸盐的毒性明显高于砷酸盐；即使同为砷酸盐，由于所结合的金属离子的不同，毒性也有很大差异；有机砷毒性较低。无机态的磷可以作为海洋植物的营养盐存在，但农药中的有机磷却对海洋生物具有强烈的毒害作用。

一般对于重金属来说，不同形态具有不同的毒性，如 Cr（Ⅲ）是人体必需的，而 Cr（Ⅵ）却具有高毒性；As（Ⅲ）比 As（Ⅴ）的毒性大；游离的或结合不稳定的铜离子，对水生生物的毒性就比与有机配体结合的铜的络合物毒性大，而且铜的络合物越稳定，毒性就越低。其他许多海洋污染物质也具有类似的特性。

3.3.2.3　生物学机制

生物学机制指污染物进入海洋生物体后，对生物体的生长、新陈代谢、生理生化过程所产生的各种影响。

1）海洋生物体的累积、富集机制

很多污染物质进入海洋生态系统后即被一些生物直接吸收，在生物体内累积起来，有的通过不同营养级的传递、迁移，使顶级生物的污染物富集达到严重的程度，使生物体发生严重的疾病。如"骨痛病"是由海洋生物镉富集引起的人类疾病，"水俣病"是人类食用了富集大量甲基汞的鱼类引起的疾病等。

海洋鱼类体内重金属的来源途径简单分为以下几种：① 来自海水中的重金属离子通过鱼鳃的呼吸作用进入鱼体内并富集在不同部位；② 来自海洋藻类所富集的重金属（主要是以藻类为食物的鱼类）；③ 通过复杂的食物链迁移和富集到其他鱼体内。

2）海洋生物吸收、代谢、降解与转化机制

很多污染物质能被海洋生物吸收，这些物质进入生物体后在各种酶的参与下发生氧化、还原、水解、络合等反应。有的污染物经过这些反应转化、降解成无毒物质，如苯酚；有些污染物质在海洋生物作用下会使其毒性增强，如多环芳烃本身对生物负效应较小，它们只有在被生物体内的酶系统代谢转化为多种代谢产物后，代谢产物与 DNA 结合才会具有致癌作用。

3.3.2.4　综合机制

污染物进入海洋环境产生的污染生态效应，往往综合了多种物理、化学和生物学的过程，并且是多种污染物共同作用，形成复合污染效应。复合污染生态效应发生的形式与作用机制多种多样，主要包括以下几种性质的相互作用。

1）协同效应

一般来说，协同效应（Synergism）是指一种污染物或者两种以上污染物的毒性效应因另一种污染物的存在而增加的现象。如铜、锌共存时，其毒性为它们单独存在时的 8 倍。协同效应的发生不仅与污染物有关，也与生物种类有关。

2）加和效应

加和效应（Additivity）是指两种或两种以上的污染物共同作用时，产生的毒性或危害为其单独作用时毒性的总和。一般化学结构相近、性质相似的化合物，或作用于同一器官系统的化合物，或毒性作用机理相似的化合物共同作用时，其污染生态效应往往出现加和作用，如稻瘟净与乐果对海洋生物的危害，铜和锌对组囊藻（*Anacystis nudulans*）生长的影响。

3）拮抗效应

拮抗效应（Antagonism）是指生态系统中的污染物因另一种污染物的存在而使其对生态系统的毒性效应减小。例如，锌和铜对组囊藻的生长具有拮抗效应，锌还可以抑制镉的生物毒性。又如，在一定条件下硒对汞能产生拮抗作用。污染物之间生物拮抗效应的产生，主要是由于它们在有机体内相互之间的化学反应、蛋白质活性基因对不同元素络合能力的差异、元素对酶系统功能的干扰、相似原子结构和配位数的元素在有机体中的相互取代等多种原因造成的。

4）竞争效应

竞争效应（Competitive effect）是指两种或多种污染物同时从外界进入海洋生态系统，一种污染物与另一种污染物发生竞争，而使另一种污染物进入生态系统的数量和概率减少；或者是外界来的污染物和环境中原有的污染物竞争吸附点或结合点的现象。例如，在生物体内血液中，一种物质由于取代了在血浆蛋白结合点上的另一种物质，从而增加了有效的血浓度。

5）保护效应

保护效应（Protective effect）是指海洋生态系统中存在的一种污染物对另一种污染物的掩盖作用，进而改变这些化学污染物的生物学毒性，改变它们对生态系统一般组分的接触程度。

6）抑制效应

抑制效应（Inhibitory effect）是指海洋生态系统中的一种污染物对另一种污染物起作用，使之生物活性下降，不容易进入生物体产生危害的现象。

7）独立作用效应

独立作用效应（Independent effect）是指海洋生态系统中的各种污染物之间不存在相互作用的现象。也就是说，两种物质同时存在时对生态系统的毒性与该两种污染物各自单独存在时的毒性大小相等，它们各自之间不发生相互影响作用。

3.3.3 海洋污染生态效应的基本类型

污染物质进入海洋环境后，与生态系统的一般组分发生相互作用，使生态系统的组成、结构和功能发生相应的变化，表现为生物种类变化（生物多样性减少）、系统的相对稳定性减弱、食物链变短。对于生物个体而言，生物的个体遭受毒害、生理指标发生变化，有些污染物还诱发个体基因突变。这就是说，污染生态效应有许多不同的类型。

3.3.3.1 组成变化类型

污染物进入海洋生态系统后，常常导致生态系统中的某些因素发生变化，使生态系统的组成发生变化，主要包括以下 3 个方面。

1）非生物环境组成的变化

就非生物环境而言，污染物质本身的进入就造成了非生物环境组成的改变。同时，污染物质进入海洋生态系统后，一方面与生态系统中非生物组分发生化学反应，使环境的组成发生变化；另一方面，污染物质对某些生物体产生毒性作用，使这些生物的新陈代谢及其产物发生改变，从而改变了非生物环境的组成。

2）生物体内成分的变化

海洋动植物体受一些污染物质的影响，其体内的组成成分会发生改变。海洋生物的富集效应可以使难降解的污染物质在海洋生物体内积累，引起海洋生物体内成分的改变。

3）群落生物种类组成的变化

污染物质通常对海洋生态系统中的生物个体具有毒性，大量污染物进入生态系统时，或者长期作用于生态系统时，有可能造成生态系统中某些生物种类的大量死亡甚至消失，导致生物种类的组成发生变化，使海洋生物多样性降低。

3.3.3.2 结构变化类型

生态系统的结构包括物种结构、营养结构和空间结构。物种结构是指生态系统中生物的组成。营养结构是指生态系统内食物网及其相互关系。空间结构是指生物群落的空间格局状况，包括群落的垂直结构（成层现象）和水平结构（种群的水平配置格局）。污染物质进入海洋环境后，经常会导致海洋生态系统的结构及组成成分内部发生变化。以有机锡对海洋浮游植物群落的影响为例，李正炎等的研究结果表明，有机锡污染会破坏海洋浮游植物群落的正常结构，金藻类等对有机锡敏感的种类首先遭到毒害，优势地位降低甚至消失，而硅藻类等对有机锡污染耐受性强的种类优势地位逐渐上升，久而久之，一些种类的微藻逐渐遭到淘汰，群落组成也变得更加单一。如果有机锡污染继续加剧，硅藻类也将受到明显毒害，整个海洋生态系统的初级生产过程将会受到严重干扰，系统可能出现崩溃。

3.3.3.3　功能变化类型

能量流动、物质循环与信息传递是生态系统的基本功能。污染物质进入生态系统后，由于生态系统的组成与结构发生了变化，生态系统的能流、物流、信息流也发生相应的变化；另一方面，污染物作用于生态系统，也会直接引起生态系统的能流、物流、信息流发生变化，导致生态系统的功能发生改变。例如，"环境激素"在海洋环境中的存在可能会干扰某些海洋动物之间的信息传递。

3.3.3.4　基因突变类型

基因突变包括 DNA 分子中碱基对的增加或缺失或错误碱基对的置换，基因突变是致突变物与生物的遗传物质相互作用的结果。虽然自然突变和自然选择是生物进化的主要方式，但是 99% 以上的基因突变对生物个体是极为有害的。当基因发生突变时，蛋白质的氨基酸编码序列发生改变，直接导致蛋白质生物学特性的改变。近几十年来，已经发现许多污染物具有致突变性，多数致突变物是致癌物，尤其是有机有毒污染物以及放射性污染物质，如多种多环芳烃、二噁英以及多种放射性元素等。这些污染物进入生态系统，经常诱发生物个体发生基因突变。

3.3.3.5　个体毒害类型

污染物质进入海洋生态系统后，与海洋生物个体某些作用器官的特定部位（即受体）之间发生相互作用，产生一系列反应，生物体细胞发生变性，甚至坏死，生物个体遭受毒害。对于海洋动物而言，根据污染物（毒物）种类的不同，靶器官也有所不同，呼吸系统、循环系统、神经系统、消化系统以及其他系统都可能成为受毒害的对象。

3.3.3.6　生理变化类型

污染物对海洋动植物的危害，往往在未出现可见症状之前就引起了生理、生化过程的变化。例如，当重金属等污染物浓度过高时会影响细胞膜的透性，从而影响生物的正常代谢，使糖的转移和碳水化合物累积受到影响，导致生物体对营养元素吸收的异常。

3.3.3.7 综合变化类型

海洋污染生态效应的发生往往是一个综合过程。一方面，污染生态效应不仅体现在上述内容的某个单一方面，而且同时体现在几个方面，即污染物造成生态系统组成的变化，也带来生态系统结构和功能的变化，还会造成生物个体的生理变化、个体毒害乃至诱发基因突变。另一方面，单一污染物对海洋生态系统的效应在实际应用中比较少见，海洋生态系统所面临的大多是由多种污染物共同作用而形成的复合污染效应，或协同，或拮抗，或加和，或独立，或以其他方式相互作用。通过大量研究证明，海洋环境的复合污染效应不仅取决于化学污染物或污染元素本身的化学性质，还与其浓度水平有关；甚至污染物本身的化学性质对复合污染效应所起的作用，要比其浓度组合关系的影响要小得多，而污染物暴露的浓度组合关系更为直接，在一定条件下甚至起决定性作用。复合污染效应还与海洋生物种类有关，特别是与生态系统类型有关，也与污染物作用的生物部位有关。复合污染生态效应的研究，已经成为生态学研究的前沿领域与研究热点。

3.4 海洋环境的自净能力

海洋环境存在着许多因素，能对进入海洋环境中的污染物通过物理的、化学的和生物的作用使其浓度降低乃至消失，达到自然净化的过程，即称为海洋环境的自净能力（Marine environmental self-purification）。海洋环境自净能力对合理开发利用海洋资源、制定海洋环境污染物排放标准以及监测和防治海洋污染具有重要意义。

海洋环境自净能力按发生机理可以分为物理净化、化学净化和生物净化。

（1）物理净化是海洋环境中最重要的自净过程。它通过扩散、稀释、沉淀和混合等降低污染物的浓度，从而使水域得到净化。物理净化能力的强弱取决于海洋环境中温度、盐度、酸碱度、海风力、潮流和海浪等物理条件和污染物的形态、比重等理化性质。如温度升高可以有利于污染物的挥发、海面风力有利于污染物的扩散、水体中黏土矿物颗粒有利于对污染物的吸附和沉淀等。

（2）化学净化是指通过氧化和还原、化合和分解、吸附、凝聚、交换和络合等化学反应实现的海水自净。影响化学净化的环境因素有酸碱度、氧化还原电势、温度和化学组分，污染物本身的形态和化学性质对化学净化也有重大影响。

（3）生物净化是指通过微生物和藻类等生物的代谢作用将污染物质降解或转化为低毒或无毒物质的过程。如将甲基汞转化为金属汞，将石油烃氧化成二氧化碳和水。

3.4.1 物理净化

物理净化（Physical self-purification）是海洋环境中最重要的自净过程，在整个海域的自净能力中占有特别重要的地位。它通过沉降、吸附、扩散、稀释、混合、气化等过程，使海水中污染物的浓度逐步降低，从而使海洋环境得到净化。

海洋环境物理净化能力的强弱取决于海洋环境条件，如温度、盐度、酸碱度、海面风力、潮流和海浪等物理条件，也取决于污染物的性质、结构、形态、比重等理化性质。如温度升高可以有利于污染物的挥发、海面风力有利于污染物的扩散、水体中黏土矿物颗粒有利于对污染物的吸附和沉淀等。

海水的快速净化主要依靠海流输送和稀释扩散。在河口和内湾，潮流是污染物稀释扩散最持久的动力。如随河流径流进入河口的污水或污染物，随着时间和流程的增加，通过水平流动和混合作用（主要是湍流扩散作用）不断向外海扩散，使污染范围由小变大，浓度由高变低，可沉性固体由水相向沉积相转移，从而改善了水质。

在河口近岸区，混合和扩散作用的强弱直接受河口地形、径流、湍流和盐度较高的下层水体卷入的影响。另外，污水的入海量、入海方式和排污口的地理位置，污染物的种类及其理化性质（如比重、形态、粒径等），风力、风速、风频率等气象因素对污水或污染物的混合和扩散过程也有重要作用。

物理净化能力也是环境水动力研究的核心问题，研究物理净化的方法通常采用现场观测和数值模拟方法。近年来，欧美、日本和中国学者曾分别对布里斯托尔湾和塞文河口、切萨皮克湾、大阪湾、东京湾、渤海湾和胶州湾等做了潮流和污染物扩散过程的数值模拟。

3.4.1.1 海洋污染物稀释扩散过程

污染物进入水体以后在水体中发生的物理行为，包括稀释、扩散、沉淀等过程。所谓稀释扩散主要是指污染物进入海洋后，由于水体的流动性使得污染物不断与海水发生混合作用，最终水体中污染物的浓度逐渐降低的过程。研究表明，海流输送和湍流扩散是污染物快速物理自净的主要机制。

海流输送过程相对简单，当污染物排入海洋后，海流（近岸海域主要表现为浅海陆架环流和潮流）将污染物从高浓度区输送至低浓度区；而湍流扩散是由于湍流流场中质点的各种动力状态（如流速、流向等）瞬时值相对于其时均值的随机脉动而导致的分散现象。湍流扩散的一个主要特征是由于水体不断从外界获得能量，使流体中污染物的扩散过程显著增强（比分子扩散过程强得多）。

随着对海洋环境保护研究的深入，人们已经认识到长期被当作天然纳污场的海洋，其环境容量终究是有限的，不同水域对污染物质的净化能力不同，即使同一水域，其自净能力也会随环境条件的改变而改变。对海洋环境问题日益增长的关注，极大地推动了海洋环境水动力研究的加速和发展。从研究内容来看，目前海洋环境水动力研究的焦点集中在诸如河口、海湾及边缘海等近岸海域中的环流及其对污染物的输运规律，以及对污染物在特定海域浓度分布场的影响等问题；从研究手段来看，除现场观测和模拟实验外，依靠计算机技术开展海水动力数值模拟已成为当前的主要发展方向。

3.4.1.2 海湾物理自净能力

对于比较封闭的海湾，诸多动力因素（如潮流、余流、风暴流和海浪）对湾内水动力交换起作用，其中潮汐是制约湾内海水运动和污染物迁移扩散的主要动力因素。海水在潮汐的作用下通过湾口往复运动，使湾内水与外海水得到交换，潮位与污染物浓度呈反相关。涨潮时，流入的外海水在水动力作用下与湾内原有海水混合，使湾内海水中污染物浓度降低，当潮位最高时浓度最低；退潮时，则潮位最低时污染物浓度最高。而且退潮时伴随海水的流出，湾内一定数量的污染物被搬运到湾外。所以，通过计算海湾内海水交换率，初步估算潮汐对污染物的搬运能力，并进一步确定污染物输送与海水运动之间的定量关系，是研究沿岸海域物理自净能力的重要研究内容之一。

3.4.2 化学净化

海洋环境的化学净化（Chemical self-purification）能力是指通过海洋环境的氧化和还原、化合和分解、吸附、凝聚、交换和络合等化学反应实现对污染物的降解，达到海洋环境的自净。影响化学净化的海洋环境因素有溶解氧、酸碱度、氧化还原电位、温度、海水的化学组分及其形态。其中，氧化还原反应起重要作用，而海水的酸碱条件影响重金属的沉淀与溶解，酚、氰等物质的挥发与固定，以及有害物质的毒性大小，在很大程度上决定着污染物的迁移或净化，是化学净化的重要影响因素。污染物本身的形态和化学性质对化学净化也具有重大影响。海洋环境的化学净化中各个因素的影响不是完全独立的，有时是在多个因素共同作用下进行的，甚至是与物理、生物的过程同步进行。特别是海洋生态系统是由海洋环境要素和生物要素组成的互为存在条件的体系，水体中化学净化能力的强弱，是多方面因素的总和作用的结果。下面分别讨论影响海洋环境化学净化的因素。

3.4.2.1 溶解氧（DO）

作为水体氧化剂的溶解氧，其含量的高低对化学净化过程具有举足轻重的作用，水体中溶解氧含量越高，对水体化学自净作用的贡献越大，自净效果越好。

在海洋环境评价中，溶解氧含量的高低是判断水质好坏的重要指标。在化学净化过程中，溶解氧含量高低则是衡量水体自净能力强弱的先决条件。因为溶解氧含量的高低不仅直接影响海洋生物的新陈代谢和生长，还直接影响水体中有机物的分解速率及水体中正常的物质循环。若水体中的溶解氧含量高，既对海洋生物的繁殖生长起促进作用，又能加快有机物的分解速度，使生态系统中的物质循环，尤其是氮的循环达到最佳循环效果，提高海水的自净能力。与此相反，则会减缓有机物的氧化分解速度，使有机物的积累增多，从而导致水环境质量下降，直接影响海洋生物的繁殖和生长。氧含量丰富的海湾，为化学净化过程提供了极为有利的条件。

化学需氧量（COD）是反映水体有机污染程度的一个重要指标，其含量的高低最能体现海域水体质量的好坏。一般来说，若水体中的 COD 含量高，一方面表明该湾的有机污染比较严重；另一方面则表明该湾的水体自净能力较差，缺乏将复杂组分的有机物分解成简单组分无机化合物的环境功能。

海域化学自净能力的高低还反映在营养盐的形态转化及消减程度上。由于水体自净过程实际上是相互影响并同时发生的过程，所以化学净化过程不仅体现在有机物的氧化分解能力上，同时也体现在营养盐的形态转化及消减程度上。利用三态氮含量的变化来判断港湾水体的自净能力早已有过研究报道，其基本点是基于河口港湾水域的污染物是以生活污水、工业废水和养殖废水为主要补充源，其中含有大量的含氮有机物，当这些有机物进入水体后，在好氧微生物的作用下，逐渐被分解为适合浮游生物吸收的无机态氮化合物。若水体的自净能力较强，则可将它们转化为 NO_3-N、NO_2-N 或 NH_4-N，一般来说，转化为 NO_3-N 的程度越高，即表明水体的自净能力越强。但是，衡量一个海域化学净化能力的强弱，不能仅从单方面去考虑，而应根据具体情况做具体分析。对于中营养或富营养水域，通过三态氮的转化程度进行判断是恰当的；但对于贫营养水域，除需从溶解氧含量的高低、有机污染物量值的多少去衡量外，还需从三态无机氮的形态转化及营养盐的消减程度加以综合考虑。若水体中营养盐的消减程度已接近零值，而 COD 含量又不高，那么三态无机氮的比例分配应该是以浮游植物的吸收消耗控制为主，而不是由有机物的氧化分解速率所决定。例如，铁山港湾虽然从三态无机氮的形态转化上体现不出其较强的化学净化能力，但水体中富足的溶解氧供应源、明显偏低的 COD 含量和营养盐水平说明了该湾仍具有较强的化学净化能力。

3.4.2.2　酸碱度（pH）

海水的酸碱性是水体全部化学活动的总和，表示水的最基本性质，它可以影响水体的弱酸、弱碱的离解程度，影响水中氯化物、氨、硫化氢等的毒性，影响底泥重金属的释放。它对水质的变化、生物繁殖的消长等均有影响，是评价水质的一个重要参数。

汞、镉、铬、铜等金属，在海水酸碱度和盐度变化的影响下，离子价态可发生改变，从而改变毒性或由胶体物质吸附凝聚共同沉淀于海底。价态的变化直接影响这些金属元素的化学性质和迁移、净化能力，大多数重金属在强酸性海水中形成易溶性化合物，有较高的迁移能力，而在弱碱性海水中易形成羟基络合物，如以 $Cu(OH)^+$、$Pb(OH)^+$、$Cr(OH)^+$ 等形式沉淀而利于净化。海水中几乎所有的生物都是酸碱性的，海水酸碱度的变化必然会引起海洋生物的生理、生化变化，从而间接影响到海洋环境的自净能力。海水中的许多因素会影响到海水的酸碱度。

3.4.2.3 氧化还原电位（Eh）

氧化还原电位是水中多种氧化物质与还原物质发生氧化还原反应的综合结果。这一指标虽然不能作为某种氧化物质与还原物质浓度的指标，但能帮助了解水体的电化学特征，分析水体的性质，是一项综合性指标。水体的氧化还原电位必须在现场测定。

氧化还原电位对变价元素的净化有重要影响；氧化还原电位还可以影响海水中含有的各种配合体或螯合剂，影响它们与污染物发生络合反应的能力。

酶的活性、细胞同化能力、微生物的生长发育等也有受氧化还原电位影响的情况。一般生物体内的电子传递是从氧化还原电位低的方向朝氧化还原电位高的方向。

3.4.2.4 温度

温度是海洋环境的一个重要环境要素，它影响着许多物理、化学、地球化学和生物学过程。温度控制着化学反应的速率，海洋生物的生命活动（如代谢、性成熟、发育、生长以及数量分布和变动等）都与温度有着密切的关系。海水中的溶解气体（如氧、二氧化碳）的含量均受温度的影响，这些溶解气体又与生物过程紧密相连。所以，温度对海水中化学和生物学过程的发生与变化起着重要的作用。温度升高可加速化学反应，在湿热环境中有机质的分解更为激烈。同时，在一定范围内温度升高，海洋生物的代谢活动旺盛，海洋生物的净化作用也会明显。此外，温度还可以通过影响其他环境因素（如海水的溶解气体含量、黏度的变化等）而间接影响海洋环境的化学净化能力。

3.4.2.5 海水的化学组分及其形态

海水的化学组分是海洋环境化学自净能力的物质基础，海水化学组分的存在形态决定着海洋环境化学自净能力的高低。

3.4.3 生物净化

海洋环境的生物净化（Biological self-purification）是指通过各种海洋生物的新陈代谢作用，将进入海洋的污染物质降解、转化成低毒或无毒物质的过程。如将甲基汞转化为金属汞、将石油烃氧化成二氧化碳和水等。进入海洋环境中的污染物质，入海后经物理混合稀释、对流扩散、吸附沉降以及化学净化等作用，污染物浓度明显降低，但还需要海洋生物如微生物的直接作用和浮游动植物等的间接作用，实现海洋环境的最终净化。进入海洋中的一些致病微生物，一方面由于海水的环境不适合其生存；另一方面，海水中存在的一些由海洋生物产生的活性物质，可以抑制这些陆源性微生物在海洋环境中生存，从而起到净化效应。

影响生物净化的海洋环境因素有生物种类组成、生物丰度以及污染物本身的性质和浓度等。不同种类生物对污染物的净化能力存在着明显的差异，如微生物能降解石油、有机氯农药、多氯联苯以及其他有机污染物。其降解速度又与微生物和污染物的种类和环境条件有关，如某些微生物能转化汞、镉、铅和砷等金属。微生物在降解有机污染物时需要消耗水中的溶解氧，因此，可以根据在一定期间内消耗氧的数量多少来表示水体污染的程度。

生物净化最重要的是微生物净化，其基础是自然界中微生物对污染物的生物代谢作用。微生物在自然界中虽是个体极小的生物，但其分布最广、种类最多、数量最大。其最重要的一点是以影响海水质量好坏的有机物作为其营养来源，在生物净化过程中起直接作用。此外，微生物的代谢又具有氨化、硝化、反硝化、解磷、解硫化物及固氮等作用，能将有害物质分解为二氧化碳、硝酸盐、硫酸盐等，不仅净化了水质，且能为单细胞藻类的繁殖提供营养物质，促进藻类繁殖（杨清良等，1998），在生物净化过程中起间接作用。一般来说，在溶解氧丰富的海域，微生物的数量越多，对水体的自净效果越好，尤其在河口港湾海域，凡是进入湾内的污染物质，最终都参与河口港湾的生物地球循环。

微生物在有氧条件下，可以通过分泌氧化酶实现对多种化学污染物质的逐步降解。然而大部分有机物富集的海洋沉积环境处于无氧条件，越来越多的研究者对多环芳烃在无氧条件下分解感兴趣。研究表明，在反硝化的条件下，多环芳烃可以发生无氧降解，以硝酸盐作为电子受体。在硫酸盐还原环境中，多环芳烃的微生物降解仍然存在，以硫酸盐作为电子受体，可以降解萘、菲、荧蒽等。Hayes 研究表明，微生物暴露于污染物环境中时间的长短是多环芳烃能否发生无氧降解的关键因素。

海洋浮游植物是一类微小的单细胞藻类，在生物净化过程中扮演着双重角色。某些藻类具有异养能力，可直接利用水中有机物作为氮源，在生物净化过程中起直接作用；而多数藻类则是通过光合作用，大量摄取二氧化碳，为海洋生物的呼吸及有机物的分解提供氧气，既促进了海洋生物的繁殖和生长，又可加快有机物的分解速度。此外，浮游植物吸收大量的无机营养盐作为基础养分，不仅促进了其自身的繁殖和生长，为水体提供更多的氧源，而且可以减少水体中营养盐的负荷量，防止海湾富营养化的发生，使水体始终保持良性循环状态，在生物净化过程中起间接作用。

自然海域生长的大型海藻是海区重要的初级生产者，生命周期长、生长快，能通过光合作用吸收固定水体的碳、氮、磷等营养物质来合成自身，同时增加水体溶解氧。大型海藻组织中具有丰富的氮库，可以高效地吸收并储存大量的营养盐，当这些海藻被收获时，营养盐就从海水中转移到陆地。因此，通过大型海藻对污染物的吸收、降解和转移等作用，将可达到减少或最终消除海水环境污染的目的，使受损海洋生态系统得以恢复。同时，大型海藻的存在还为海区提供了海洋生物生存的天然场所，许多附生生物、游泳生物、底栖生物聚生，因此在大型海藻类存在的海域，海洋生物多样性和生物量往往非常高，生态系统的功能非常强，且可显著提高海区自然净化能力。另外，大型海藻对赤潮生物具有抑制作用，一般认为是由于它们对海水中的营养盐的竞争所致，也有人认为是由于大型海藻生活过程中的代谢产物对赤潮生物具有强烈的抑制效应所引起。有些水生植物如大叶藻类对海水中的有机污染物、重金属等也具有吸收作用，吸收的污染物如重金属可以向其根部转移，并通过其根系向底泥转移，达到净化海水的目的。

许多海洋动物可以直接摄食海水中和海底沉积物中的有机物质，使海洋环境中的有机污染物质通过碎屑食物链的途径直接重新进入物质循环，减少了这些有机物质对海洋环境的污染。例如，许多杂食性的动物，像海洋贝类、多毛类中的许多种类，既可以摄食浮游植物，也可以摄食水中的有机碎屑。

在海洋环境中，由于生物净化过程是一个与物理、化学净化过程同时发生，又相互影响的过程，因此研究海域生物自净能力的强弱在很大程度上取决于该海域物理、化学自净能力的强弱。因为生物净化过程既体现在微生物对有机物的氧化分解能力上，也体现在浮游植物的光合作用及其对营养盐的吸收能力上，同时还体现在浮游动物对浮游植物的摄食压力以及由此产生的海洋生物资源量的高低程度上。浮游生物的生命活动还可以影响海洋环境中 DO、pH、Eh 等因素，从而间接影响到海洋环境的自净能力。

3.4.4 海洋环境容量

在讨论人类活动对海洋环境造成污染时，必然会涉及海洋环境容量和海洋环境自净能力。所谓海洋环境容量（Marine environmental capacity）是指特定海域对污染物质所能接纳的最大负荷量。通常，环境容量越大，对污染物容纳的负荷量越大；反之越小。环境容量的大小可以作为特定海域自净能力的指标。

环境容量的概念主要应用于环境管理。污染物浓度控制的法令只规定了污染物排放的容许浓度，但没有规定排入环境中污染物的数量，也没有考虑环境的自净和容纳能力。因此，在污染源比较集中的海域和区域，尽管各个污染物源排放的污染物达到（包括稀释排放达到的）浓度控制标准，但由于污染物排放总量过大仍然会使环境受到严重污染。因此，在环境管理上只有采用总量控制法，即把各个污染源排入某一环境的污染物总量限制在一定数值之内，才能有效地保护海洋环境，消除和减少污染物对海洋环境的危害。

某一特定的环境（如一个自然区域、一个城市、一个水体等）对污染物的容量是有限的，其容量大小与环境空间各环境因素特性以及污染物的物理、化学性质有关。从环境空间来看，空间越大，环境对污染物的净化能力就越大，环境容量也越大。对污染物来说，其物理、化学性质越不稳定，环境对它的容量也就越大。

环境容量包括绝对容量（W_Q）和年容量（W_A）两个方面。

绝对容量是指某一环境所能容纳某种污染物的最大负荷量。它与环境标准的规定值（W_S）和环境背景值（B）有关。数学表达式可以用浓度单位和质量单位两种表示形式。以浓度为单位表示的环境绝对容量的计算公式为

$$W_Q = W_S - B \tag{3-4}$$

以质量单位表示的计算公式为

$$W_Q=M(W_S-B) \tag{3-5}$$

式中，M——某环境介质的质量。

年容量是指某一环境在污染物的积累浓度不超过环境标准规定的最大容许值的情况下，每年所能容纳某污染物的最大负荷量。年容量除了与环境标准的规定值和环境背景值有关外，还与环境对污染物的净化能力有关。如某一污染物对环境的输入量为 A（单位负荷量），经过一年以后被净化的量为 A'，$(A'/A) \times 100\%=K$，K 为某污染物在某一环境中的年净化率。以浓度单位表示环境年容量的计算公式为

$$W_A=K(W_S-B) \tag{3-6}$$

年容量与绝对容量的关系：

$$W_A=K \cdot W_Q \tag{3-7}$$

由于污染物不同，对某一特定海域环境容量，通常是依据污染物的地球化学行为进行计算。

（1）可溶性污染物是以 COD 或生化需氧量（BOD）为指标计算其污染负荷量。通常采用数值模拟中的有限差分法，即通过潮流分析计算 COD 浓度场。

（2）重金属的污染负荷量是以其在沉积物中的允许累积量 M_1 表示。即

$$M_1 = (S_i - S_o) \cdot A \cdot B \cdot W_c \tag{3-8}$$

式中，S_i——沉积物中重金属的标准值；

S_o——沉积物中重金属的本底值；

A——重金属在沉积物中的扩散面积；

B——沉积物的沉积速率；

W_c——沉积物的干容量。

（3）轻质污染物（如原油）的环境容量 M_2 则通过换算水的交换周期求得。即

$$M_2 = \frac{1}{T}q \cdot S_i+C \tag{3-9}$$

式中，T——海水交换周期；

q——某海域水深 1～2 m 的总水量（油一般漂浮于 1～2 m 水深）；

S_i——海水中油浓度的标准；

C——同化能力（指化学分解和微生物降解能力）。

第4章　海洋营养盐污染与防治

4.1　海洋营养盐

广义地说，海水中的主要成分和微量金属也是营养成分，但传统上在海洋化学中一般只指氮、磷、硅元素的盐类为海水营养盐，也称为生源要素或生物制约要素。海水营养盐的来源十分广泛，陆地径流带来的岩石风化物质、生物有机物腐解的产物及排入河川中的废弃物，极区冰川作用、火山及海底热泉，甚至大气中的灰尘，都为海水提供营养元素。由于海流的搬运和生物的活动，加上各海域的特点，海水营养盐在不同海域中有不同的分布。海水营养盐含量的分布和变化，还因营养盐的种类不同而不同。下面分别叙述海水中氮、磷和硅的存在形式、分布变化及生物地球化学循环的特点。

4.1.1　海洋营养盐的种类、来源及分布

在已发现的100多种化学元素中，已有80多种在海水中检出。海水中的许多元素是海洋生物生长所必需的，如H、C、O、N、P、Si、Mg、Cl、S、Ca、K、Fe、Co、Cu、Zn、Se等（表4.1）。在天然海水介质中，CO_2、SO_4^{2-}、HBO^{3-}、Mg^{2+}、Cl^-、K^+、Ca^{2+}等的含量很高，它们不会限制海洋生物的生长（表4.2），为方便起见，通常不将其称为营养盐。一些痕量元素，如Fe、Mn、Co、Zn、Se等由于在海水中的含量很低，一般称为痕量营养盐。

表 4.1　海洋植物与动物生长所需的元素

所有生物必需元素	部分生物必需元素	少量生物必需元素
H、C、N、O、Na、Mg、P、S、Cl、K、Mn、Ca、Fe、Co、Zn、Se	Si、V、Co、Mo、I、B、F、Cr、Br、Ru、Sn	Li、Al、Ni、Sr、Ba

表 4.2　海洋生物与海水中元素的比较

元素	海洋生物体 /（g/100 g）	海水 /（g/m³）	海水 / 生物体
H	7	—	—
Na	3	10 750	36 001
K	1	390	390

续表

元素	海洋生物体 / (g/100 g)	海水 / (g/m³)	海水 / 生物体
Mg	0.4	1 300	3 300
Ca	0.5	416	830
C	30	28	1
Si（硅藻）	10	0.50	0.05
Si（其他浮游植物）	0.5	0.50	1
N	5	0.30	0.06
P	0.6	0.030	0.05
O（O₂+CO₂）	47	90	2
S	1	900	900
Cl	4	19 300	4 800
Cu	0.005	0.010	2
Zn	0.005	0.020	4
B	0.002	5	2 500
V	0.003	0.000 3	0.1
As	0.000 1	0.015	150
Mn	0.002	0.005	2.5
F	0.001	1.4	14 00
Br	0.002 5	66	26 000
Fe（硅藻）	0.03	0.050	1.3
Fe（其他浮游植物）	1	0.050	0.05
Co	0.000 05	0.000 1	2
Al	1	120	120
Ti	0.100	—	—

在海洋中，无机氮、磷和硅是海洋生物生长繁殖不可缺少的化学成分物质。氮和磷是组成生物细胞原生质的重要元素，并为其物质代谢提供能源，而硅则是硅藻等海洋浮游植物的骨架和介壳的主要组成成分。在海洋学上，由于各类营养元素在海水中含量很低，在海洋表层常常被海洋浮游植物大量消耗，甚至成为海洋初级生产力的限制因素，所以把氮、磷和硅称为生源要素或生物制约元素。此外，海水中 Fe、Mn、Cu 和 Mo、Co、B 等元素对海洋植物的生长起着促进作用，但因它们在海水中含量很少，故被称为微量营养元素。

海水中营养盐的来源包括大陆径流的输入、大气沉降、海底热液作用、海洋生物的分解等，大致分为以下几种：

（1）大陆径流带来的岩石风化物质、排入河川中的废弃物。

（2）海中风化、极区冰川作用、火山及海底热泉、大气中的灰尘。

（3）海洋生物的腐败与分解、有机质腐解的产物。

由于这些元素大部分都会参与生物生命活动的整个过程，它们的存在形态与分布在受到生物制约的同时，还会受到化学、地质和水文因素的影响，因此，它们在海洋中含量和分布既不均匀也不恒定，有着明显的季节性和区域性变化。研究它们的存在形态与分布变化规律，对研究海洋生物和开发海洋水产资源是很有现实意义的。

对于大洋水来说，营养盐的分布可分为4层：

（1）表层，营养盐含量低，分布比较均匀。

（2）次层，营养盐含量随深度的增加而迅速增加。

（3）次深层，500～1 500 m，营养盐含量出现最大值。

（4）深层，厚度虽大，但磷酸盐和硝酸盐的含量变化很小，硅酸盐含量随深度的增加而略微增加。

近岸的浅海和河口区与大洋不同，海水营养盐的含量分布，不仅受浮游植物的生长消亡和季节变化的影响，还和大陆径流的变化、温跃层的消长等水文状况有很大的关系。海水营养盐含量的分布和变化，还因营养盐的种类不同而有所不同。

4.1.2 氮

海水中的氮主要有溶解氮气（N_2）和氮的化合物，海水中的溶解氮气几乎处于饱和状态，但它们不能被绝大多数的海洋植物所利用，只有转化为氮的化合物后才能被绝大多数植物利用。海水中的氮化合物是海洋植物最重要的营养物质。氮化合物在海水中存在的形态较多，主要以溶解态的无机氮化合物、有机氮化合物和不溶于水的颗粒氮等多种形式存在。溶解性无机氮包括硝酸盐（NO_3^--N）、亚硝酸盐（NO_2^-）和铵盐（NH_4^+或NH_3）；溶解性有机氮主要为蛋白质、氨基酸、脲和甲胺等一系列含氮有机化合物；颗粒氮包括活的生物组织及碎屑物质、黏土矿物吸附的溶解无机氮。如表4.3所示，这些氮化合物处在不断地相互转化和循环过程之中。

表 4.3　海洋中氮的存在价态与形态

价态	分子式	名称
+5	NO_3^-	硝酸盐
+4	NO_2	二氧化氮
+3	NO_2^-	亚硝酸盐

续表

价态	分子式	名称
+2	NO	一氧化氮
+1	N_2O	氧化亚氮
0	N_2	氮气
-1	NH_2OH	羟胺
-2	N_2H_4	肼（联氨）
-3	NH_3	氨气
-3	NH_4^+	氨盐
—	RNH_2	有机胺

　　海洋中某些蓝藻类、细菌及酵母都有固氮作用，大洋中生物固氮每年为 $3 \times 10^{13} \sim 1.3 \times 10^{14}$ g，某些海域就是由于固氮蓝藻等大量繁殖而导致富营养化，甚至发生赤潮现象。氮气在大气中被雷电或宇宙射线所电离，使降雨中含有氮的化合物，每年由大气降雨向海洋输送 $1.5 \times 10^{13} \sim 8.3 \times 10^{13}$ g 氮。同时，河流的径流每年向海洋输送 $1.3 \times 10^{13} \sim 3.5 \times 10^{13}$ g 氮。除氮气外，海洋中的氮绝大多数存在于溶解态中，主要以 NO_3^- 和腐殖质的形式存在于深海中。海洋生物体内所含的氮占海洋总氮量的份额不足 0.002%，且它们几乎均匀地分布于植物、动物和微生物中。海洋中氮在各储库的数量见表 4.4。

表 4.4　海洋中氮在各储库的数量

储库	氮储量 /（$\times 10^{15}$ g）	约占份额 /%
海洋植物	0.30	0.001
海洋动物	0.17	0.000 7
微生物	0.02	0.000 06
无生命的溶解有机物	530	2.3
无生命的颗粒有机物	3～240	0.01～0.1
氮气	22 000	95.2
氮氧化物	0.2	0.009
硝酸盐	570	2.5
亚硝酸盐	0.5	0.002
氨盐	7	0.03
合计	23 111.19～23 348.19	100

　　在海洋的不同区域，各种形态氮的含量及其之间的分配是不同的（表 4.5、图 4.1），在开阔大洋深层水中，氮主要以 NO_2^-、NO_3^- 形式存在，其比例占到 92%；而在开阔大洋表层水中，氮主要存在于 DON 中（83%），其次是 PON（7%）、$NO_2^- + NO_3^-$（5%）和 NH_4^+

（5%）。图4.1还列出了沿岸海域和河口区各形态氮的分配情况。

表4.5　海水中各种形态氮的典型浓度　　　　　　　　　　单位：$\mu mol/dm^3$

氮形态	开阔大洋表层水	开阔大洋深层水	沿岸区域海水	河口水体	潟湖水体
N_2	800	1 150	700～1 100	700～1 100	—
NO_3^-	0.2	35	0～30	0～350	0.1～2.7
NO_2^-	0.1	<0.1	0～2	0～30	0.02～0.16
NH_4^+	<0.5	3	0～25	0～600	0.02～1.7
DON	5	3	3～10	5～150	2～70
PON	0.4	0.1	0.1～2	1～100	—

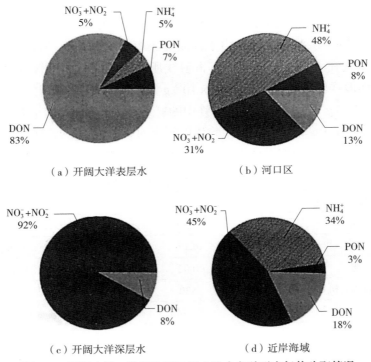

（a）开阔大洋表层水　　　　　　　（b）河口区

（c）开阔大洋深层水　　　　　　　（d）近岸海域

图4.1　开阔大洋、沿岸和河口区水体中各种形态氮的分配情况

4.1.3　磷

磷酸盐是海洋生物所必需的营养盐之一。对于脊椎动物来说，磷（或钙）是构成其骨骼的主要成分。因此，海水中磷酸盐是海洋动植物生产量的控制因素之一。研究海洋中磷的存在形态与分布变化规律，不仅对于了解海水中磷的海洋化学、生物化学和地球化学行为极为重要，而且对于开发海洋水产资源具有重大意义。

海水中的总磷（TP）可分为颗粒磷（PP）和可溶解磷（TDP），即

$$总磷（TP）= 颗粒磷（PP）+ 可溶解磷（TDP） \tag{4-1}$$

在大多数开阔的海洋环境中，TDP 储库一般远远超过 PP 储库。颗粒磷和可溶解磷均包括无机和有机的磷组分，因此，

$$颗粒磷（PP）= 颗粒无机磷（PIP）+ 颗粒有机磷（POP） \tag{4-2}$$

$$可溶解磷（TDP）= 可溶解无机磷（DIP）+ 可溶解有机磷（DOP） \tag{4-3}$$

4.1.3.1　无机磷酸盐的存在形态

海水中磷的化合物有多种形式，通常以溶解态无机磷酸盐为主。海水中的无机磷酸盐存在以下的平衡：

$$H_3PO_4 \rightleftharpoons H^+ + H_2PO_4^- \rightleftharpoons 2H^+ + HPO_4^{2-} \rightleftharpoons 3H^+ + PO_4^{3-} \tag{4-4}$$

在海水和纯水中，由于离子强度不同，在相同温度下，H_3PO_4 的三级离解常数有显著差异，在 25℃时，pK_1 在海水中为 1.6，纯水中为 2.2；pK_2 在海水中为 6.1，纯水中为 7.2；pK_3 在海水中为 8.6，纯水中为 12.3。H_3PO_4 为弱三元酸，其各种形式在水溶液中的分布受 pH 控制（图 4.2）。由图 4.2 可见，在海水（pH=8.0，S=33‰，t=20℃）中，约 87% 的 DIP 以 HPO_4^{2-} 形式存在，其次为 PO_4^{3-}（12%）。H_3PO_4 和 $H_2PO_4^-$ 所占的比例很低。

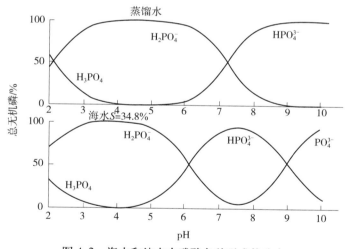

图 4.2　海水和纯水中磷酸各种形式的分布

此外，海水中还存在一类由 PO_4^{3-} 聚合而成的多磷酸盐（polyphosphate），其中，两个或两个以上的磷酸根基团通过 P—O—P 键结合在一起，形成链状或环状结构。多磷酸盐仅占海水总磷含量的一小部分，它们能和多种金属阳离子形成溶解态络合物。

海洋中 PIP 主要以磷酸盐矿物存在于海水悬浮物和海洋沉积物中。其中丰度最大的是磷灰石（Apatite），约占地壳总磷量的 95% 以上，磷灰石是包括人在内的各种生物体的牙齿、骨骼、鳞片等器官的主要成分。

4.1.3.2　海洋中的有机磷化合物

海洋中 POP 指生物有机体内、有机碎屑中所含的磷。前者主要存在于海洋生物细胞原生质，例如，遗传物质核酸（DNA、RNA）、高能化合物三磷酸腺苷（ATP）、细胞膜的磷脂等。所有生物细胞中都含有有机磷化合物，所以，磷是生物生长不可替代的必需元素。在海洋生物体中，C/P 原子比为（105～125）：1，而陆地植物由于没有含磷的结构部分，C/P 原子比高得多，约为 800：1。

海水中还存在 DOP。在真光层内，DOP 含量可能超过 DIP。研究发现，某些不稳定的溶解有机磷化合物是海洋循环中十分活跃的组分。

浮游植物通常吸收溶解态的无机磷，但当溶解态的无机磷酸盐缺乏时，某些藻类可以利用部分溶解有机磷。海洋中磷的浓度一般随纬度的增大而增大，随深度的增加而增加。无机磷酸盐在太平洋和印度洋一般平均含量为 2.5 μmol/L，在大西洋为 1.7 μmol/L。

4.1.4　硅

海水中硅主要以溶解态硅酸盐和悬浮二氧化硅两种形式存在。硅酸是一种多元弱酸，在水溶液中有下列平衡：

$$H_4SiO_4 \rightarrow H^+ + H_3SiO_4^- \rightarrow H^+ + H_2SiO_4^{2-} \tag{4-5}$$

在海水 pH 为 7.8～8.3 时，约 5% 溶解硅以 $H_3SiO_4^-$ 形式存在。通常把可通过 0.1～0.5 μm 微孔滤膜，并可用硅钼黄比色法测定的低聚合度溶解硅酸等称为活性硅酸盐，这部分硅酸盐易于被硅藻吸收。

硅酸脱水之后转化成为十分稳定的硅石（SiO_2）：

$$H_4SiO_4 \rightarrow SiO_2 + 2H_2O \tag{4-6}$$

硅是海洋植物，特别是海洋浮游植物硅藻类生长必需的营养盐，硅藻吸收蛋白石（Opal，$SiO_2 \cdot 2H_2O$）用以构成自身的外壳。含硅海洋生物的残体沉降到海底后，形成硅质软泥，是深海沉积物的主要组分。

4.1.5　海洋中硝酸盐、磷酸盐、硅酸盐的分布及变化

海水中无机氮、磷、硅是海洋生物繁殖生长不可缺少的成分，是海洋初级生产力和食物链的基础。反过来，营养盐在海水中的含量分布明显地受到海洋生物活动的影响。浮游植物的生长和繁殖需要不断地吸收营养盐，浮游植物又被浮游动物所吞食，它们代谢过程中的排泄物和生物残骸经分解又重新溶入海水，由于这些元素参与了生物生命活动的整个过程，它们的存在形式和分布受到生物的制约，同时受到化学、地质和水文因素的影响，它们在海水中的含量和分布并不均匀也不恒定，有着明显的季节性和区域性变化。

4.1.5.1　平面变化

受生物活动、大陆径流、水文状况、沉积作用、人为活动等各种因素的影响，海洋中微量营养盐的平面分布通常表现为沿岸、河口水域的含量高于大洋，太平洋、印度洋高于大西洋，开阔大洋中高纬度海域高于低纬度海域。但有时因生物活动和水文条件的变化，在同一纬度上，也会出现较大的差异。

以磷酸盐为例，在海洋浮游植物繁盛季节，沿岸、河口水域表层海水中含量可降到很低水平（0.1 μmol/dm³）。而在某些受人为活动影响显著的海区，当磷、氮等营养盐大量排入并在水中积累时，则可能造成水体污染，出现富营养化，甚至诱发赤潮。

大洋表层水中，DIP 含量远低于沿岸区域，并且不同区域的含量存在一定差异。在热带海洋表层水中，磷含量低，DIP 通常仅为 0.1～0.2 μmol/dm³，而北大西洋和印度洋表层水中 DIP 含量则可达 2.0 μmol/dm³。总体来说，大洋表层水中 DIP 分布比较均匀，变化范围一般不超过 0.5～1.0 μmol/dm³。

大洋深层水中，由北大西洋向南，经过非洲周围海域、印度洋东部到太平洋，DIP 含量平稳地增加，最终富集于北太平洋深层水中。营养要素在大洋深层水中的这种分布，与大洋深水环流和海洋中营养要素的生物循环作用有关。起源于北大西洋的低温、高盐、寡营养的表层水在格陵兰附近海域沉降，形成北大西洋深层水（NADW），途经大西洋，进入印度洋，最后到达北太平洋。在深层水团这一运动过程中，不断地接受上层沉降颗粒物质分解释放的营养要素，营养盐不断得以富集。图 4.3 是大洋 2 000 m 深处 DIP 的分布。由图可见，大洋 2 000 m 深处水中 DIP 含量由北大西洋的 1.2 μmol/dm³ 逐渐升高到北太平洋的 3.0 μmol/dm³。不仅 DIP 如此，深层大洋水中，DIN 和溶解硅也有类似的分布，当然不同元素的富集程度有所差异，对氮和磷来说，约富集 2 倍，而硅则富集 5 倍左右。这可能与海洋生物残体中含硅的硬壳组织比含氮、磷的软组织能够更快地从表层沉降到深层有关。

图 4.3　大洋 2 000 m 深处磷的分布

注：等值线间隔为 0.25 × 10⁻⁶ mol/dm³。

4.1.5.2 铅直分布

由图 4.4 可见，3 种营养盐在大洋中铅直分布呈现类似的特点。在大洋真光层，由于海洋浮游生物大量吸收营养盐，致使它们的含量都很低，有时甚至被消耗降低至分析零值。被生物摄取的氮、磷、硅等营养盐转化为生物颗粒有机物，生物新陈代谢过程的排泄物和死亡后的残体在向深层沉降的过程中，由于微生物的矿化作用和氧化作用，有一部分重新转化为溶解无机氮、DIP 和溶解态硅酸盐，释放回水中，因而随深度的增大其含量逐渐增大，并在某一深度达到最大值，此后不再随深度变化而变化。

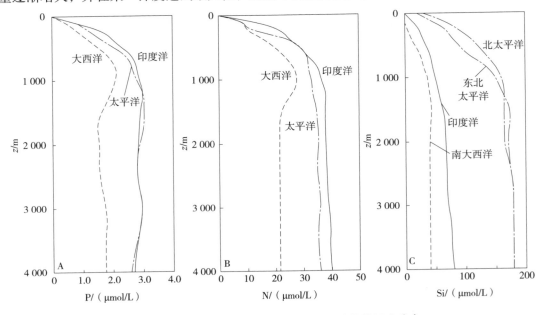

图 4.4　世界大洋中硝酸盐、磷酸盐、硅酸盐的铅直分布

当然，在各大洋中不同深度处，硝酸盐、磷酸盐和硅酸盐的含量有一定差异。对硝酸盐来说，表现为印度洋＞太平洋＞大西洋；磷酸盐为印度洋＝太平洋＞大西洋；硅酸盐则与前两者有较明显的不同，太平洋和印度洋的深层水中含量比大西洋深层水高得多。在河口、近岸地区，营养盐的铅直分布明显受生物活动、底质条件与水文状况的影响。若上下层水体交换良好，铅直含量差异较小，但是在某些水体交换不良的封闭或半封闭海区，上、下层海水难以对流混合，在 200 m 以下因水体缺氧，硝化作用减弱，NO_3^--N含量下降，而 NH_4^+-N 含量增加。在上升流海区，由于富含氮、磷的深层水的涌升，也会影响它们的铅直分布。

4.1.5.3 季节变化

关于海水中营养盐的季节变化，已有不少研究。结果表明，中纬度（温带）海区和近岸浅海海区的季节变化较为明显，而且与海洋浮游植物生物量的消长有明显的关系，反映了生命过程的消长（图 4.5）。

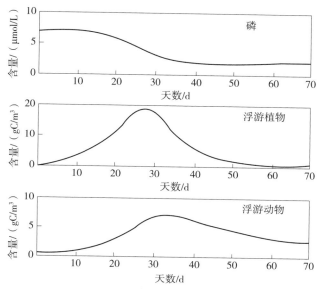

图 4.5　春季繁盛时期，真光带中浮游动植物炭含量与营养盐浓度变化的关系

图 4.6 是在英吉利海峡普里茅斯港对表层和底层海水中 NO_3^--N、NO_2^--N、NH_4^+-N 含量进行周年观测所得的结果。图 4.7 是英吉利海峡表层和底层海水中磷酸盐的季节变化。夏季（7 月）浮游植物繁盛期间，无机氮被大量消耗，加上温跃层的存在，妨碍了上、下层海水的混合，它们的含量都降低到很低的数值，特别是在表层，NO_3^--N 和 NO_2^--N 几乎消耗殆尽。进入秋季后，浮游植物繁殖速率下降，生物残体中的有机氮化合物逐步被微生物矿化分解，加上水体混合作用，其含量逐渐上升并积累起来。到冬季，表层和底层海水中无机氮含量都达到最大值；春季，浮游植物生长又开始进入繁盛期，海水中无机氮含量再次下降，到 6 月，表层 NO_3^--N 几乎耗尽，仅有少量 NH_4^+-N 被检出。相比之下，底层海水中 NO_3^- 并未枯竭，仍保持一定含量。

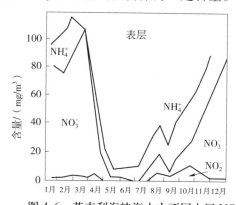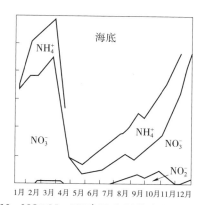

图 4.6　英吉利海峡海水中不同水层 NO_3^--N、NO_2^--N、NH_4^+-N 含量的变化

资料来源：Cooper，1933。

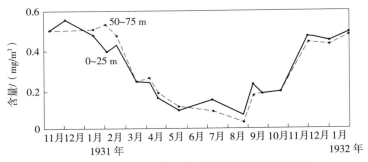

图 4.7　英吉利海峡海水中磷酸盐含量的季节变化

　　对比图 4.6 和图 4.7，可以看出英吉利海峡海水中磷酸盐的季节变化规律与无机氮基本类似。

　　硅酸盐的季节变化与磷酸盐、硝酸盐的季节变化有密切关系，但也有其特点。主要表现在海洋浮游植物繁盛季节，尽管溶解硅被大量消耗，但其在海水中的含量仍保持一定水平，而不像氮、磷那样可降低至分析零值（图 4.8）。这是因为每年有相当大量的含硅物质由陆地径流和风带入海洋，使海水中的溶解硅得以补充。

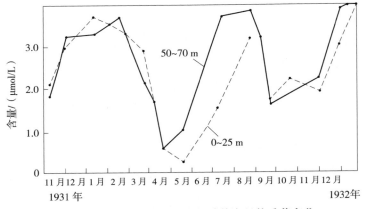

图 4.8　英吉利海峡海水中硅酸盐含量的季节变化

4.2　海洋营养盐污染的产生与传输特征

4.2.1　海洋营养盐的产生

　　营养盐作为水域浮游植物进行光合作用以及生长繁殖的必要元素，影响着藻类的生物量、群落结构和生产力。近岸水体中的营养含量分布与变化除了对全球气候变化有耦合与反馈作用之外，也影响着海洋生物的生产力和资源量、固碳效率和鱼类生态环境，因此是海域生态系统研究的基础与关键。海洋营养盐的产生主要包括以下 5 个来源。

4.2.1.1 地表径流

在中国沿海海域，海水基本处于富营养化的水平，其中一个重要的原因就是，由于地理、自然条件，使得内陆的大量河流都趋向于集中在一个区域，如海。由于河流携带了大量的营养物质，这样就使得该海域的营养物质得到不断地补充、不断地累积。地表径流携带的营养物质来源有以下几种：陆源工业污染物、生活污水、畜禽养殖废水、农业污染、水土流失等，含有大量营养盐的这些水体，通过河流直接排入海洋环境。

以渤海为例，环渤海地区拥有黄河、海河、辽河等 80 多条河流。据王修林（2006 年）报道，渤海 DIN（溶解无机氮）排海总量由 20 世纪 70 年代末的 25×10^4 t/a 左右增至 90 年代初的 40×10^4 t/a，到 2005 年有所减少，达到 35×10^4 t/a。分析来源发现，陆源排放占总量的 76%，而河流入海量又平均占陆源的 77%，这说明，排放到渤海的 DIN 中河流来源占绝大多数。以渤海地区海河流域的黄骅赤潮检测区为例，该区降雨集中在夏季的 7—8 月，在这期间雨水以及来自邯郸等近海县市的工业废水、生活污水、地面沥水、农田肥料随着沧浪渠、南排河等河道流入海中，检测发现，8 月 NH_3-N 超标 10^5 倍。每年通过沧浪渠入海的含高浓度污染物的工业及生活污水就有 26×10^6 t，这种灾害性的集中排污，使近岸海域富营养化不断加重。

大量陆源污染物通过地表径流或河流排入近海环境，除此之外，还有近海的直排口、混排口、市政下水道、地表漫流等途径。这些点源以及非点源污染物来源，导致了海洋环境的严重富营养化。

4.2.1.2 养殖废水

我国是水产养殖大国，沿岸水域已经形成了密集的海产养殖产业。在水产养殖生产过程中，会向养殖水体中投入大量饵料、渔药物等，由于生产操作缺乏严格规范，特别是过量施用或不合理施用时，养殖水体中残饵、排泄物、生物尸体、渔用营养物质和渔药等大量增加，造成氮、磷、渔药以及其他有机或无机物质在封闭或半封闭的养殖生态系统中超过了水体的自然净化能力，从而导致对水体环境的污染，造成水质恶化。有些地方的养殖业仍沿袭传统的养殖方式，向养殖水体投入有机肥，甚至是未发酵的有机肥，这些有机肥在养殖水体中分解要消耗大量氧气，往往又产生一些铵态氮、亚硝酸盐、沼气等有害物质，并造成水体富营养化，使得水体营养盐升高，下层水体缺氧。残饵及鱼类排泄物沉入水底后，还会造成沉积环境中硫化物、有机质和还原物质含量升高。

据彭明 2009 年报道，养殖鱼类的排泄物、残饵等沉降的负荷量为投饵的 10%～20%，投饵后立即溶入水中的悬浮物量接近投饵量的 10%，这些固态有机物质有的分解到水体中，有的沉降堆积在底泥中。根据养殖水域环境容量的不同，在开放性、水体交换良好的养殖场，每年沉积在底泥的有机物残留约20%，而在相对封闭性的水体中，却有50%的有机物积存下来，这就形成水产养殖环境的有机污染。水产养殖过程中产生的污染主要表现在悬浮物、总氮、总磷、高锰酸盐指数、生化需氧量、硫化物、非离子氨、铜、锌、活性氯等方面。

正是由于缺乏科学和规范的管理，导致了养殖密度的过高，过量的投饵和排泄物的增加使得养殖海区有机污染加剧，造成了海洋的富营养化。这也是养殖海域赤潮发生频率较高的根本原因之一。

4.2.1.3 底质中的营养盐溶出

我们知道，入海的河流都携带大量泥沙、有机质和营养盐。注入渤海的黄河、注入东海的长江等，它们都携带有大量的泥沙和雨水冲洗出来的营养盐与有机物，尤其是在每年7—8月的雨季，当汇入近海之后，沉积在海底底部，于是就使得近海海域底质中含有十分丰富的营养盐和各类有机物。随着时间的推移，它们将不断地从底质中溶出，使海水中的营养盐含量增加，或者不断补充由于赤潮生物繁殖消耗的营养盐。

4.2.1.4 海域食物链缩短，营养盐周转加快

近岸海域及其生物生产有机物的能力，在海洋生态系统的物质循环和能量流动中起着重要作用。正常情况下，经济鱼、虾、蟹类会在近海海域产卵，并充分利用饵料生物进行育幼；幼体长大后，洄游到远岸深海中越冬，再利用那里的饵料继续生长，如深圳海域的鱼、虾等在该海域和南海深海之间的洄游。由于洄游性鱼、虾等周期性的迁移，就等于把该海域营养物质周期性地带走，使其不至于无限地积累，从而处于一个收支相对平衡之中。

但是，自从人为地将大量营养盐类输入海域后，使原本营养盐类较为丰富的这些海域盐类更加丰富。另外，由于人为原因，大量的营养盐类排入海中的同时，一些有害有毒物质也排入海中，结果导致海区耐污种类（包括赤潮生物）数量明显增多，而敏感种类（包括多数经济鱼、虾、蟹类）数量明显减少或消失。

这种变化，使得食物链中高营养级生物大大减少，使海域食物链缩短，进而又使营养盐周转加快；同时，这些耐污优势种类中的多数种类便是赤潮生物种类，因此，这类海域实际上又成了一个赤潮生物的高生产力区；另外，敏感种类的减少，使得向深海输出的营养盐相应减少，于是营养盐类在这些水域中不断积累，富营养化更加严重。这是多数人为富营养化海域（包括深圳海域）频繁发生赤潮的一个重要原因。

4.2.1.5 大气中营养物质的沉降

大气中氮的沉降，也是引起近海海水富营养化的一个重要因素。大气沉降的氮包括无机氮、铵氮和硝氮几种形式，可以直接沉降于近海环境中，也可以沉降于地表上，然

后通过地表径流排入近海。沉降的过程可分为湿沉降（随雨雪下降）和干沉降（吸附于气溶胶及大气颗粒物后下降）。洪华生 2008 年报道，在九龙江流域，大气氮湿沉降 9.9 kg/hm²，干沉降 5.0 kg/hm²，全流域大气氮沉降为 18 089 t。同时，该流域的化肥施用、饲料输入等也很严重，导致九龙江通过河流输出无机氮 16 989.5 t，总氮达到 26 138 t，而这仅仅是 1.88 km² 流域面积的氮输出，如果再加上海域上空的氮沉降，可想而知，这对近海海洋环境富营养化的影响有多严重。

4.2.2　海洋营养盐污染的传输特征

营养盐在海洋中迁移的途径主要包括物理迁移、化学（或含化学作用的）迁移以及生物（作用的）迁移；营养盐的转化主要包括生物转化和化学转化两种。营养盐的迁移转化受季节、海水盐度、海水动力等因素的影响，并且各种营养盐之间也有相互作用。营养盐在海洋中的迁移水平方向比垂直方向更有效，海洋中水平方向的迁移是污染物扩散的有效途径。关于季节的影响，在春季营养盐的迁移速度会比秋季高。海水中氮的扩散主要与海水的垂直湍流扩散和硝酸盐变化梯度有关。营养盐的沉积速度与其附着的沉降颗粒沉降速度有很大关系，生物作用对营养盐的迁移作用与海水深度有关，浮游生物对营养盐的主动运输随海水深度增加而增强。营养盐在海洋中的转化与海洋表面、海水动力以及海洋中含氧量有关，而营养盐的生物转化与物种与海洋环境有关，可以在不同营养级生物体内进行。海洋可以通过光合作用和新陈代谢等作用使营养盐发生转化，在微生物作用下，水体氮、磷可以转化。海水中氮以氧化作用、硝化作用和同化作用相互转化，系统中输入的氮大约 19% 残留在鱼体内，4% 沉降下来，61% 以溶解无机物形式流出。营养盐的化学转化过程会受到海洋表面以及海水动力的影响，氮的转化率为 0.03%～0.4%。对于氮的研究是比较困难的，不仅因为它是海湾生态系统最主要的限制营养盐，更因为它在海水中的存在形式多样，而且彼此间既可以相互转化又存在着相互制约作用。

4.2.2.1　沉积相中的营养盐

沉积物是大多数海洋污染物的最后归宿和储藏库，在这个界面发生着复杂的物理、化学和生物过程，其中微生物氧化还原作用是重要因素。到达海底的颗粒态污染物也可以由于底层流和波浪的作用再悬浮而回到水体，或被底层流搬运而再迁移，再迁移的污染物在底层流减弱后可以在另一地点再沉积，进入沉积物的部分污染物经过长期的成岩作用可以最终埋藏在沉层沉积物中。表层沉积物中有机结合态污染物可被氧化、分解而进入间隙水，由于污染物浓度在间隙水中高于上覆水，浓度梯度产生的扩散作用可使污染物从间隙水向上覆水扩散而形成对水体的二次污染。沉积物的缓慢蓄积过程还受到底栖生物（如掘穴动物）扰动作用的影响。底栖动物不仅可以搅动沉积物改变理化环境，如改变溶解氧含量和氧化还原电位；而且可以泵吸海水，增强沉积物—间隙水间的交换作用；底栖动物对某些污染物的摄入、积累和排泄作用也是深海污染物的一种重要迁移过程。

沉积后的污染物和营养盐一方面可以供给动植物生长需要，通过食物网参与生态系统的物质循环；另一方面，污染物进入沉积相后并不是永久固定的，当外部水文条件、pH、温度等外部环境因素发生变化的时候，已沉积的污染物会二次释放进入水体中，从而形成二次污染。由于污染的累积作用，沉积物中污染浓度相比于水体中浓度要高出数百倍或万倍，这一特点也将导致二次释放存在更大的环境风险。

4.2.2.2　海洋中的氮循环

海洋中不同形式的含氮化合物，在海洋生物特别是某些特殊海洋微生物的作用下，经历着一系列复杂的转化过程，处于相互转化和循环之中（图4.9）。

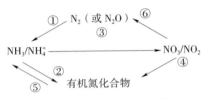

图 4.9　海洋中氮的转化

氮输入海洋途径主要包括：① 火山活动（NH_3）：各种无机（NO_3^-、NO_2^-、NH_4^+）和有机形态（DON、PON）氮。② 河流：各种无机（NO_3^-、NO_2^-、NH_4^+）和有机形态（DON、PON）氮。③ 大气：N_2。

海水中氮的相互转化和循环如图4.10所示。海洋中各种形态氮的分布受物理、化学、生物等过程控制。在真光层中，氮的分布受控于如下过程：

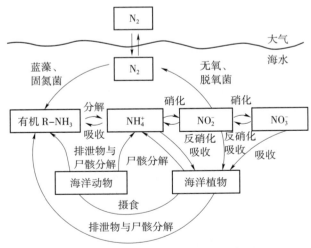

图 4.10　海水中氮化合物循环示意图

（1）生物固氮作用（Biological nitrogen fixation）：分子态氮在海洋某些细菌和蓝藻的作用下还原为 NH_3、NH_4^+ 或有机氮化合物的过程。

（2）氮的同化作用（Ammonia assimilation）：NH_4^+ 或 NH_3 被生物体吸收合成有机氮

化合物，构成生物体一部分的过程。

（3）硝化作用（Nitrification）：在某些微生物类群的作用下，NH_4^+ 或 NH_3 氧化为 NO_3^- 或 NO_2^- 的过程。

（4）硝酸盐的还原作用（Assimilatory nitrate reduction）：被生物摄取的 NO_3^- 被还原为生物体内有机氮化合物的过程。

（5）氨化作用（Ammoniafication）：有机氮化合物经微生物分解产生 NH_4^+ 或 NH_3 的过程。

（6）反硝化作用（Denitrification）：NO_3^- 在某些脱氮细菌的作用下，还原为气态氮化合物（N_2 或 N_2O）的过程。

氮在海洋的中层、深层水体中，硝化与反硝化作用是控制氮循环的主要过程，颗粒有机氮可使 NH_4^+ 通过硝化作用转化为 NO_3^-；而在低氧水体中，NO_2^- 或 NO_3^- 可通过反硝化作用转化为 N_2。在沉积物中，有机氮的埋藏通量决定着脱离海水氮循环的份额。海洋生物活动是导致海洋中的氮在各种形态之间相互转化的重要影响因素，其中生物固氮作用、氮的生物吸收、硝化作用和反硝化作用会导致海洋氮存在形态的变化。图 4.11 为海洋氮循环过程，以及海洋生物过程导致的氮形态转化。

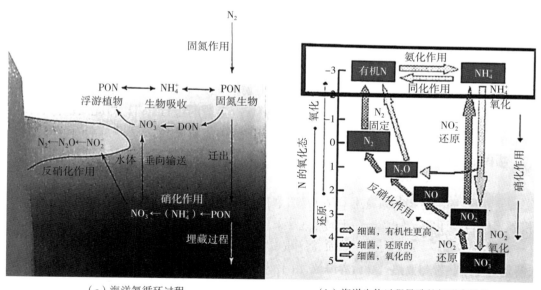

（a）海洋氮循环过程　　　　　　　（b）海洋生物过程导致的氮形态转化

图 4.11　海洋中的氮循环

4.2.2.3　海洋中的磷循环

磷等营养元素在整个海洋中进行着大范围的迁移和循环。浮游植物通过光合作用吸收海水中的无机磷和溶解有机磷，几乎所有浮游植物都被浮游动物所吞食，其中一部分成为动物组织，再经代谢作用还原为无机磷释放到海水中；部分未被动物完全消化的，有些经植物细胞的磷酸酶作用而还原为无机磷，有些则分解为可溶性有机磷，有些则形成难溶颗粒状磷，所有这些过程都通过动物的排泄释放到海水中。溶解有机磷和颗粒磷再经细菌吸收代谢而还原为无机磷，但也有部分磷在生物尸体沉降过程中，没有得到再生，而随同生物残骸沉积于海底，在沉积层中经细菌的作用，逐步得到再生而成为无机磷。如中等深度海区的海底，有些贝壳含 0.3% 的磷；太平洋海底沉积物的表层，平均每年每平方米聚积 0.5～4.0 mg 磷。这些在沉积层和底层海水中的无机磷又会由于上升流、涡动混合和垂直对流等水体运动而被输送到表层海水，再次参加光合作用。海洋中的磷循环可以用图 4.12 表示。

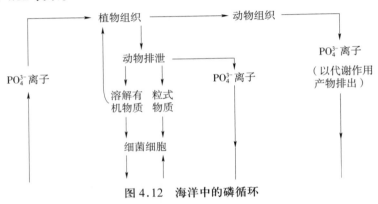

图 4.12　海洋中的磷循环

海水中的磷由于沉积作用而损失的量，可从河水流入的磷得到补充，大陆径流和大气沉降是补充海洋磷的主要方式，如图 4.13 所示，分为以下几种：

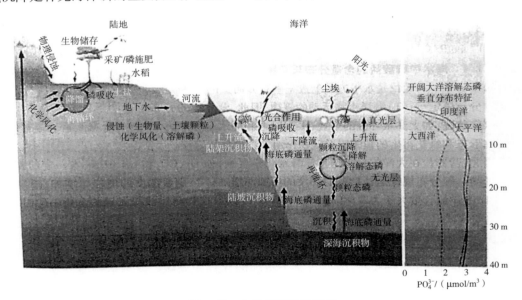

图 4.13　全球海洋磷的循环

（1）陆地径流输入：磷输入海洋的主要路径是通过河流，而河流中的磷主要来自陆地岩石和土壤的风化。由于所输送的总磷主要以颗粒态存在，大多在近海沉降迁出，所以进入海洋磷循环的主要是溶解态磷。目前估计工业革命前进入海洋的总溶解态磷通量为（3～15）$\times 10^{10}$ molP/a。

（2）大气沉降：目前估计大气沉降输入总磷通量为 4.5×10^{10} molP/a，其中活性无机磷占 25%～30%。由于气溶胶磷的溶解度受来源颗粒大小、海表面气象条件、生物学状况等影响，估算大气输入海洋磷循环的通量约为 1×10^{10} molP/a（假设气溶胶磷溶解度为 22%）。

（3）火山活动：火山喷发是区域性的，仅在有限时空尺度上产生影响。少量研究显示，对于区域海洋，火山活动输入的 DIP 可能要远高于大气沉降输入的量。

4.2.2.4　海洋中的硅循环

海洋中的溶解态硅主要来自河流输送、沉积物间隙水的扩散作用、海底热液作用。河流输送到海洋的悬浮矿物质将是决定海洋中硅含量高低的主要因素。

海水中去除硅酸的重要途径是借助硅不可逆地进入硅质生物体（如硅藻、有孔虫和硅海绵）中，使大量的硅迁入沉积物中。然而，许多海洋学者研究发现沿岸通常呈现低盐度而高硅量的现象，主要是由于硅酸的非生物移出过程，即化学沉析过程。河水中溶解的 Fe、Al、Mn 等在河口与海水混合所形成的 pH、Eh 和电解质浓度条件下，能生成水合氧化物及其胶体沉淀 $[Al(OH)_3、Fe(OH)_3]$。这些新生物质化学吸附海水中的活性硅，形成铁、铝硅酸盐，成为多相矿粒，然后沉积到海底。图 4.14 为海洋硅的循环路径。表 4.6 给出了海洋中溶解态硅的收支平衡状况。

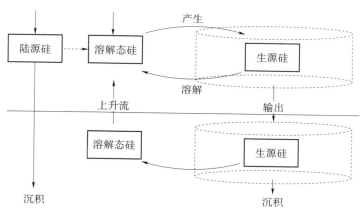

图 4.14　海洋硅的循环路径

海洋中的生物过程与非生物过程均可通过硅酸盐分子的聚合产生无定形的固体，称为蛋白石。所有的海水对于蛋白石来说都是不饱和的，所有的硅质外壳在沉降至海底期间都倾向于溶解，但溶解速率很慢，仍有一部分被埋藏于沉积物中。非生物沉淀过程仅在区域海域比较重要，如溶解态硅酸盐含量很高的沉积物间隙水和河口区。

表 4.6　海洋中溶解态硅的收支平衡状况　　　　　　　　单位：$\times 10^{14}$ g/a

输入 SiO₂		迁出 SiO₂	
过程	速率	过程	速率
河流输送的溶解态硅	4.3	蛋白质外壳的埋藏	10.4
海底风化作用	0.9	河口区的无机吸附	0.4
沉积物间隙向上扩散	5.7	—	—
合计	10.9	—	10.8

　　海洋中的生物硅由隶属浮游植物的硅藻和硅质鞭毛虫，以及隶属原生动物的放射虫产生；一些海绵动物有少量贡献。沉积物的硅质外壳形状多样，直径一般小于 100 μm。硅藻种类超过 10 000 种，其无机组分 60% 以上为 SiO₂，硅藻干重 50% 以上为 SiO₂，该比例与硅藻种类有关。科学界对于硅藻如何吸收硅酸盐并产生蛋白石的机制了解很少，有研究显示，蛋白质参与了细胞原生质膜对硅的吸收。

　　硅藻生产力受溶解态硅酸盐影响，在溶解态硅酸盐含量高的海域，硅藻通常是优势种，因为它们吸收营养盐的速率比其他种类的浮游植物更快。溶解态硅酸盐含量在赤道亚极地海域与边界海域等风生上升流区比较高（图 4.15），这些海区中硅藻吸收上层水体的硅酸盐是非常有效的，硅酸盐浓度限制着浮游植物的生长。

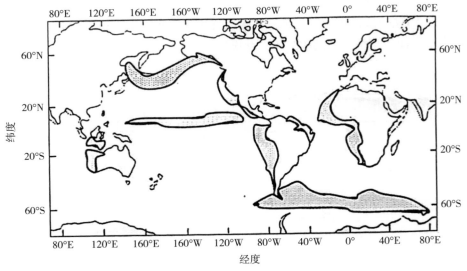

图 4.15　海洋风生上升流存在海域

4.3　海洋富营养化与赤潮的关系

　　水体富营养化（Eutrophication）是指在人类活动的影响下，生物所需的氮、磷等营养物质大量进入湖泊、河湖、海湾等缓流水体，引起藻类及其他浮游生物迅速繁殖，水体溶解氧量下降，水质恶化，鱼类及其他生物大量死亡的现象。水体出现富营养化现象时，浮游藻类大量繁殖，形成水华（淡水水体中藻类大量繁殖的一种自然生态现象）。因占优势的浮游藻类的颜色不同，水面往往呈现蓝色、红色、棕色、乳白色等。例如赤潮，又称红潮，国际上也称其为"有害藻类"或"红色幽灵"。赤潮是在特定的环境条件下，海水中某些浮游植物、原生动物或细菌爆发性增殖或高度聚集而引起水体变色的一种有害生态现象。

4.3.1 海洋富营养化

海水中的营养物质（如氮、磷、硅等），是海洋生物尤其是浮游植物和微生物生长、发育、繁殖等各阶段所必需的。但是，如果水体中营养物质的输入量超过了输出量，营养物质就会在水体中蓄积，结果就造成了水体富营养化。

富营养化是指海洋生态系统中限制性营养盐的自然增加和人为增加所引起生态系统的相应变化。因此，对于水体富营养化来说，可分为自然富营养化和人为富营养化两种。自然富营养化是由于自然因素引起的一种缓慢变化过程，时间尺度一般为 $10^3 \sim 10^4$ 年，这种富营养化对生态系统中各物种的影响很小，各物种有足够的时间适应这种变化。人为富营养化是由于人类活动引起的一种突变性过程，时间尺度较短，这种富营养化破坏水域生态平衡，对环境和生物资源造成危害。现在人们所说的富营养化，一般都是指人为富营养化。

4.3.1.1 海洋富营养化评价

究竟什么样的水体是富营养化的水体呢？实际上，这是一个很难给出确切答案的问题。在富营养化评价标准方面，尽管已有不少学者提出了各自的见解，但是迄今在国际上尚未有一个统一的认识。

根据《海洋灾害调查技术规程》一书，判断海水水质的单项指标见表 4.7。

表 4.7 评价海水水质的单项指标

富营养化指标	临界值
化学需氧量 /（mg/dm^3）	1～3
无机氮 /（mg/dm^3）	0.2～0.3
无机磷 /（mg/dm^3）	0.045
叶绿素 a/（mg/m^3）	1～10
初级生产力 /［mg/（m^3·h）］	10

也有人提出运用综合指标来判断海水的水质。主要包括以下几种方法：

1）营养指数（E）法

依据水体中 COD、无机氮（N）和无机磷（P）的关系，有如下富营养化判断式：

$$E = \frac{COD \times N \times P}{4\,500} \times 10^6 \tag{4-7}$$

式中，COD、N、P 的单位均为 mg/dm^3，如果 $E \geqslant 1$，则水体为富营养化；E 值越大，富营养化越严重。

2）营养状态质量指数（NQI）

作为海区营养状态分类的另一依据，其计算式如下：

$$NQI = \frac{C_{COD}}{C'_{COD}} + \frac{C_{T\text{-}N}}{C'_{T\text{-}N}} + \frac{C_{T\text{-}P}}{C'_{T\text{-}P}} + \frac{C_{Chl\text{-}a}}{C'_{Chl\text{-}a}} \tag{4-8}$$

式中，C_{COD}、$C_{T\text{-}N}$、$C_{T\text{-}P}$、$C_{Chl\text{-}a}$——化学需氧量、总氮、总磷和叶绿素 a 的测定浓度；

C'_{COD}、$C'_{T\text{-}N}$、$C'_{T\text{-}P}$、$C'_{Chl\text{-}a}$——化学需氧量、总氮、总磷和叶绿素 a 的评价标准。它们的数值分别是：C'_{COD} 为 3.0 mg/dm^3、$C'_{T\text{-}N}$ 为 0.6 mg/dm^3、$C'_{T\text{-}P}$ 为 0.03 mg/dm^3、$C'_{Chl\text{-}a}$ 为 10 μg/dm^3。

根据 NQI 的值，将海域营养水平分为三级，见表 4.8。

表 4.8　海水营养等级

NQI 范围	营养等级
NQI＞3	富营养水平
NQI = 2～3	中等营养水平
NQI＜2	贫营养水平

3）生物多样性指数（H）

Mitchell 等根据水体富营养化程度与浮游植物多样性的关系，提出了用多样性指数作为富营养化指标，其计算公式为

$$H = -\sum_{i}^{n} P_i \lg P_i \tag{4-9}$$

式中，$P_i = \dfrac{N_i}{N_a}$，N_i 为第 i 种浮游植物的总数，N_a 为全部浮游植物的总数，n 为浮游植物种类数目。水体富营养化阶段用 H 值（0～1）来评价，H 值越小，富营养化程度越高。

4.3.1.2　海水富营养化的影响

海水富营养化对海洋藻类群落会产生深远的影响。海水中营养盐增加能够大大增加生态系统内浮游植物群落和大型底栖藻类的初级生产力，从而促进系统生产力的极大提高，使系统内生物群落的生物量增加。

在海水富营养化初期，由于充足的营养盐供应，大型藻类可能会快速生长，提高空间可用性，使群落内的动物数量也大量增加，可以增加动物区系的多样性和丰富度，但这时动物区系的种类组成与正常营养水平状态下是有很大差别的，通常状态下底栖群落的优势种会发生转移。

虽然伴随浮游植物增加浮游动物密度也会增加，浮游动物的摄食会对浮游植物起到一定的抑制作用。但海水富营养化导致的海洋浮游生物密度和生物量的增加，使海水中漂浮的有机碎屑也大量增加，群落生物量的增加也提高了海底的有机物质供应，有机碎屑的积累会改变海底的质地构成，有机物质的分解又降低了该区域的氧气含量。这些因素都降低了海水透明度，使到达海底的光强降低，阻碍了海底大型藻类进行光合作用，从而影响到海底大型藻类的种类组成和深度分布范围。

由于海底多年生大型藻类是光限制者，而浮游植物和漂浮藻类是营养盐限制者，因此，富营养化的最终结果会使海底大型植物群落退化甚至消失，这种效应对海底多年生大型藻类的影响更为明显，结果会导致在富营养化海区，仅有水体中的浮游植物和柔软短生存期藻类进行初级生产。由于短生存期的藻类对碳的固定作用更快，因此群落组成结构从大型藻类向浮游植物等短生存期藻类的转变，可能会从整个食物网水平上对生态系统产生影响。

富营养化导致浮游植物和悬浮有机碎屑的增加，滤食性动物（如藤壶、贻贝等）大量增加，会占据海底基质，减少大型藻类的附着基，空间竞争加剧。

富营养化对海洋大型藻类的影响是复杂的，并且随着海区状况的不同而各不相同。一般情况下，对于水体交换率小的海域，富营养化的影响更为明显。例如，在水体较深的河口附近海域，浮游植物的生物量与营养盐输入密切相关，营养盐输入越多，缺氧水体特别是底层水体的缺氧水也越多。在浅海海域，营养盐输入产生的影响又与营养盐输入量和富营养化水体驻留时间相关，低营养盐输入及短时间驻留一般会导致大型藻类和浮游植物生物量的增加；高营养盐输入及长时间驻留，如前所述，由于生物量的增加对光线的遮挡以及沉积速度的改变，则必然会导致大型底栖藻类的消失。

4.3.2　赤潮

4.3.2.1　赤潮的基本特征及危害

赤潮是伴随着浮游生物的骤然大量增殖而直接或间接发生的现象。赤潮一词本来是渔业方面的用语，并没有严格的定义。水面发生变色的情况甚多，厄水（海水变绿褐色）、苦潮（即赤潮，海水变赤色）、青潮（海水变蓝色）及淡水中的水华，都是同样性质的现象。构成赤潮的浮游生物种类很多，但甲藻、硅藻类大多是优势种。当发生赤潮时，浮游生物的密度一般是 $10^2 \sim 10^6$ 细胞 /mL。

　　赤潮形成后，其主要危害包括破坏生态平衡、破坏渔业和影响人类健康。在植物性赤潮发生初期，由于植物的光合作用，水体会出现高叶绿素 a、高溶解氧、高化学需氧量。这种环境因素的改变，致使一些海洋生物不能正常生长、发育、繁殖，导致一些生物逃避甚至死亡，破坏了原有的生态平衡。赤潮发生时可使鱼类等水生动物遭受很大危害：首先，渔场的饵料基础被破坏，造成渔业减产；其次，引起鱼、虾、贝等经济生物窒息；再次，赤潮后期，赤潮生物大量死亡，在细菌分解作用下，可造成环境严重缺氧或者产生硫化氢等有害物质，使海洋生物缺氧或中毒死亡；最后，有些赤潮的体内或代谢产物中含有生物毒素，能直接毒死鱼、虾、贝类等生物。有些赤潮生物分泌赤潮毒素，当鱼、贝类处于有毒赤潮区域内，摄食这些有毒生物，虽不能被毒死，但生物毒素可在体内积累，其含量大大超过人体可接受的水平。这些鱼、虾、贝类如果不慎被人食用，就会引起人体中毒，严重时可导致死亡。

4.3.2.2　赤潮的形成原因

　　赤潮是一种极其复杂的生态异常现象，其成因及形成机制十分复杂。研究表明，其成因涉及生物因素、物理因素、水文条件、气象条件及海底的地形、地貌、底质等多方面。

　　1）赤潮生物

　　赤潮生物是指在全球海域范围内曾经引发过赤潮的生物种类。赤潮生物包括浮游微藻、原生动物、蓝细菌等（表 4.9），其中，浮游微藻和蓝细菌是主要的赤潮生物。浮游微藻主要包括甲藻门（Pyrrophyta）、硅藻门（Bacillariophyta）和着色鞭毛藻门；蓝细菌包括红海束毛藻、薛氏束毛藻和汉式束毛藻。目前为止涉及赤潮的原生动物仅红色中缢虫一种。

表 4.9　赤潮生物列表

原核细胞型生物
细菌 Bacteria——大部分为厌氧性光能自养细菌，含叶绿素或胡萝卜素
着色菌属 *Chromatium* Perty 1852
绿菌属 *Chlorobium* Nadson 1906
囊硫菌属 *Thiocystis* Winogradsky 1888
红假单孢菌属 *Rhodopseudomonas* Kluyver & Yan Niel in Czrda & Maresch 1937
荚硫菌属 *Thiocapsa* Winogradsky 1888
蓝藻门 Cyanophyta（Cyanobacteria）——含藻青蛋白和藻红蛋白
蓝藻纲 Cyanophyceae
念珠藻目 Nostocales Hoek 1997
颤藻科 Oscillatoriaceae
束毛藻属 *Trichoidesmium*
色球藻目 Chroococcales
念珠藻目 Nostocales Vaucher 1803

真核生物 —— 具有真正的细胞核

　　硅藻门 Bacillariophyta —— 含叶绿素 a、叶绿素 c、硅藻素等，富含胡萝卜素

　　　中心硅藻纲 Centrical Simonsen 1979，Von Stosch 1982

　　　　盒形藻目 Biddulphiales Tomas 1997

　　　　　圆筛藻亚目 Coscinodiscineae Klitzing 1844

　　　　　　海链藻科 Thalassiosiraceae Lebour 1930，E. Hasle 1973

　　　　　　　小环藻属 *Cyclotella* Kutzing 1833，Brebisson 1838

　　　　　　　骨条藻属 *Skeletonema* Greville 1865

　　　　　　　海链藻属 *Thalassiosira* Cleve 1873，E. Hasle 1973

　　　　　　直链藻科 Melosiraceae Kutzing 1844

　　　　　　　帕拉藻属 *Paralia* Heiberg 1863

　　　　　　　冠盖藻属 *Stephanopyxis* Ehrenberg 1845

　　　　　　细柱藻科 Leptocylindraceae Lebour 1930

　　　　　　　细柱藻属 *Leptocylindrus* Cleve 1889

　　　　　　圆筛藻科 Coscinodiscaceae Kutzing 1844

　　　　　　　圆筛藻属 *Coscinodiscus* Ehrenberg 1839，E. Hasle & Sims 1986

　　　　　盒形藻亚目 Biddulphineae Tomas 1997

　　　　　　纹藻科 Eupodiscaceae Kutzing 1849

　　　　　　　齿状藻属 *Odontella* C.A. Agardh 1832

　　　　　　　双尾藻属 *Ditylum* J.W. Bailey ex L.W. Bailey 1861

　　　　　　角毛藻科 Chaetocerotaceae Ralfs in Prichard 1861

　　　　　　　角毛藻属 *Chaetoceros* Ehrenberg 1844

　　　　　　半管藻科 Hemiaulaceae Jouse Kisselev & Poretsky 1949

　　　　　　　弯角藻属 *Eucampia* Ehrenberg 1839

　　　　　根管藻亚目 Rhizosoleniineae P. Silva

　　　　　　根管藻科 Rhizosoleniaceae De Toni 1890

　　　　　　　根管藻属 *Rhizosolenia* Brightwell 1858

　　　　　　　指管藻属 *Dactyliosolen* Castracane 1886

　　　　　　　几内亚藻属 *Guignardia* H. Peragallo 1892

　　　羽纹硅藻纲 Pennataes Schutt Round et al. 1990

　　　　棍形藻目 Bacillariales Anonymous 1975，Roud et al. 1990

　　　　　脆杆藻亚目 Fragilaruuneaea Tomas 1997

　　　　　　脆杆藻科 Fragilariaceae Greville 1833

　　　　　　　拟星杆藻属 *Asterionellopsis* Round et al. 1900

　　　　　　海线藻科 Thalassionemataceae Round 1990

　　　　　　　海毛藻属 *Thalassiothrix* Cleve & Grunow 1880

　　　　　　　海线藻属 *Thalassionena* Grunow ex Mereschkowsky 1902

　　　　　棍形藻亚目 Bacillariincae Mann 1978，Round et al. 1990

　　　　　　棍形藻科 Bacillariaceae Ehrenberg 1831

　　　　　　　棍形藻属 *Bacillaria* J.F. Gmelin 1791

　　　　　　　拟菱形藻属 *Pseudo-nitzschia* H. Peragallo in H.& M. Peragallo 1908

　　　　　　　菱形藻属 *Nitzschia*（Incertae sedis）Tomas 1997

甲藻门 Pyrrophyta——具叶绿素 a、叶绿素 c、β – 胡萝卜素和四种叶黄素

甲藻纲 Dinophyceae Christensen 1962，1966

　纵裂甲藻亚纲 Haplodiinophycidae

　　原甲藻目 Prorocentrales Lemmermann 1910

　　　原甲藻科 Prorocentraceae Stein 1883

　　　　原甲藻属 *Prorocentrum* Ehrenberg 1833

　横裂甲藻亚纲 Dinokontae

　　裸甲藻目 Gymnodiniales Lemmermann 1910

　　　裸甲藻科 Gymnodiniaceae Lankester 1885

　　　　前沟藻属 *Amphidinium* Claparede & Lachmann 1859

　　　　旋沟藻属 *Cochlodinium* Schutt 1896

　　　　裸甲藻属 *Gymnodinium* Stein 1878

　　　　环沟藻属 *Gyrodinium* Kofoid & Swezy 1921

　　　　下沟藻属 *Katodinium* Fott 1957

　　　　凯伦藻属 *Karenia* Daugbjerg 2000

　　　　哈卡藻属 *Akashiwo* Daugbjerg 2000

　　　多沟藻科 Polykrikaceae Kofoid & Swezy 1921

　　　　多沟藻属 *Polykrikos* Butschli Kofoid & Swezy 1873

　　　　尖尾藻属 *Oxyrrhis* Dujardin 1841（Uncertain Taxa）

　　夜光藻目 Noctilucales Haeckel 1894

　　　夜光藻科 Noctilucaceae Kent 1881

　　　　夜光藻属 *Noctiluca* Suriray 1836

　　鳍藻目 Dinophysiales Lindemann 1928

　　　双管藻科 Amphisoleniaceae lindemann 1928

　　　　双管藻属 *Amphisolenia* Stein 1883

　　　鳍藻科 Dinophysiaceae Stein 1883

　　　　鳍藻属 *Dinophysis* Ehrenberg 1839

　　　　秃顶藻属 *Phalacroma* Stein 1883

　　膝沟藻目 Gonyanlacales F.J.R. Taylor 1980

　　　屋甲藻科 Goniodomataceae Lindeman 1928

　　　　亚历山大藻属 *Alexandrium* Halim 1960

　　　　冈比甲藻属 *Gamibierdiscus* Adachi & Fukuyo 1979

　　　膝沟藻科 Goniodomataceae Lindemann 1928

　　　　膝沟藻属 *Gonyaulax* Diesing 1866

　　　　舌甲藻属 *Lingulodinium*（Stein）Dodge 1989

　　　　斯克里普藻属 *Scrippsiella* Balech ex Loeblich Ⅲ 1965

　　　角藻科 Ceratiaceae lindemann1928

　　　　角藻属 *Ceratium* Schrank 1793

　　　原多甲藻科 Protoperidiniaceae F.J.R. Taylor 1987

　　　　原多甲藻属 *Protoperidinium* Bergh 1881

续表

着色鞭毛藻门 Chromophyta——具类胡萝卜素（黄色 / 褐色色素）

隐藻纲 Cryptophyceae Fritsch 1927

隐鞭藻目 Cryptomonadales Engler 1903

Hilleaceac Butcher 1967

Hemiselmidaceae Butcher 1967，ex Silva 1980

隐鞭藻科 Cryptomonadaceae Ehrenberg 1831，Pascher 1913

隐藻属 *Rhodomonas* Karsten 1898

针胞藻纲 Raphidophyceae Chadefaud ex Silva 1980=Chloromonadoplyceae Papenfuss 1955

卡盾藻目 Chattonellales ord. nov.

卡盾藻科 Chattonellaceac fam. nov

异弯藻属 *Heterosigma* Hada 1968

卡盾藻属 *Chattonella* Biecheler 1936

金藻纲 Chrysophyceae sensu Christensen 1962

赭单胞藻目 Ochromonadales Pascher 1910

黄群藻目 Synurales Andersen 1987

金球藻目 Chrysosphacrales Bourrelly 1957a

叠金藻目 Sarcinochrysidales Gayral & Billard 1977

定鞭金藻纲 Prymnesiophyceae Hibberd 1976=Haptophyceae Christensen 1962

定鞭金藻目 Prymnesiales Papenfuss 1955

定鞭金藻科 Prymnesiales Conrad 1926

定鞭金藻属 *Prymnesium* Massart ex Conrad 1926

棕囊藻科 Phaeocystaceae Lagerheim 1896

棕囊藻属 *Phaeocystis* Lagerheim 1893

硅鞭藻纲 Dictyochophyceae Siva 1980

硅鞭藻目 Dictyochales Haeckel 1894=Silicoflagellatales

硅鞭藻科 Dictyochaceae Lemmermann 1901

硅鞭藻属 *Dictyocha* Ehrenbeerg 1837

醉藻目 Ebriida Poche 1913

醉藻科 Ebridae（Lemmermann）Deflandre 1950

醉藻属 *Ebria* Borgert 1891

绿藻门 Chlorophyta——具有叶绿素 a、叶绿素 b

绿藻纲 Chlorophyceae sensu Christensen 1962

团藻目 Volvocales Dltmanns 1904

绿球藻目 Chlorococcales

青绿藻纲 Prasinophyceae Moestrup & Throndsen 1988（non Silva 1980）

裸藻纲 Euglenophyceae Schoenichen 1925

裸藻目 Euglenales Engler 1898

裸藻科 Euglenaceae Dujardin 1841

裸藻属 *Euglena* Ehrenberg 1838

动鞭门 Zooflagellates（Zoomastigophora）——无色素体、表膜和副淀粉体等
醉藻纲 Ebriidea Lee et al. 1985
醉藻目 Ebriida Poche 1913
醉藻科 Ebriidac（Lemmermann）Deflandre 1950
醉藻属 *Ebria* Borgert 1891
原生动物 Protozoa——真核单细胞动物
纤毛虫门 Ciliophora Daflein 1901
纤毛虫纲 Ciliatea Patterson 1999
棒柄目 Rhabdophorina
栉毛虫科 Didiniidea Poche 1913
中缢虫属 *Mesodinium*（Claparede & Lachmann 1858）Kahl 1930

2）理化条件

赤潮的发生、发展、维持及消亡，都需要特定的理化条件，包括温度、盐度、pH、DO、COD、氮、磷、硅等。

3）营养物质基础

赤潮生物，无论是自养还是异养种类，都直接或间接吸收着海水中的营养盐来进行自身生长和繁殖，因而营养盐是赤潮发生时物质基础的重要组成部分。氮、磷、硅是主要的营养盐，另外 S、K、Mg、Ca、Na 等作为大量营养元素，细胞生长所需浓度在 $10^{-3}\sim10^{-4}$ mol/L；微量元素如 Fe、Cu、Zn、Mn、Co 等，所需浓度为 $10^{-6}\sim10^{-8}$ mol/L。

氮、磷对浮游植物、赤潮起作用时，具有共同性。海水中的氮、磷含量往往较高，是浮游植物生命活动必需的主要元素，也是造成近海水体富营养化的主要组分，对赤潮生消起着重要作用。因此，氮、磷在海洋环境中的含量、形态构成、数量变动不仅影响着赤潮生物的生理、生化组成，而且决定了赤潮形成的规模和程度。

一般认为，富营养化与赤潮关系极为密切，对于单指标而言，富营养的阈值是无机磷 0.045 mg/L，无机氮 0.2～0.3 mg/L。在赤潮形成的各个阶段，海水中的氮、磷浓度呈规律性变化，在赤潮形成的初始阶段，海水中一般含有较高的无机氮和无机磷，为藻细胞生长提供物质基础；在发展及维持阶段，由于海水中藻细胞大量增加，氮、磷夜间大量消耗，含量因此明显下降；消亡期又有所回升。但不同的藻细胞对氮、磷需求量不同，因此氮、磷浓度变化亦有差异。

不仅是氮与磷的绝对含量影响着赤潮的发生，氮磷比（N/P）也是赤潮发生过程中一个重要参数。它标志着水体中赤潮生物是受氮还是受磷的限制，高 N/P 值（＞30）意味着受 P 限制，低 N/P 值（小于 5）则认为受 N 限制。N/P 值不仅可影响环境中浮游植物的种群结构，也是特定海区赤潮发生的限制因素，从而为赤潮监测提供指示因素。还有一点值得关注，海洋环境中的无机氮具有多种形态，不同形态氮在海水中的含量比，对赤潮生物的营养生理、赤潮发生时的规模程度也有着重要的影响。一般海洋中的无机氮以 NO_3^--N 为主，其他形式的无机氮只占辅助地位，但由于沿岸海水的有机质污染越来越严重，特定海域（如人工养殖港湾）的无机氮中，NH_4^+-N 有时占了主要的部分，而大多赤潮藻优先利用 NH_4^+-N，因此，NH_4^+-N 在特定海域的赤潮发生过程中可能有更为重要的意义。

　　水体中硅的含量，主要影响的是硅藻类赤潮。硅是硅藻细胞外壳的主要成分，也是绝大部分浮游硅藻光合作用所必需的主要元素之一。海洋硅藻类对硅的需求量与氮元素的原子比约为 1：1。虽然在海洋环境中硅酸盐含量对赤潮生物的数量影响不会很明显，但是硅酸盐在浮游植物群落由硅藻型向鞭毛藻型演变的过程中起着十分重要的作用。水域中硅酸盐起始浓度水平不仅决定了硅藻类生产量的最大值，而且制约着这一优势种群的可能持续时间，有时可能成为硅藻赤潮的限制因素。张传松报道，通过对东海 DIN、PO_4-P、SiO_3-Si 的调查发现，调查海域较高的硅酸盐含量、较高的磷硅比和氮硅比是 2005 年该海域春季优先暴发硅藻赤潮的重要原因。

　　如前所述，营养盐是富营养化的主要成因，在赤潮发生过程中起重要作用。但不可否认的是，一些微量营养物质与赤潮生物生长、发育和繁殖也有着密切的关系，有时甚至是必需的。微量营养物质包括前面提到的微量元素，如 Fe、Mn、Zn 等，它们之所以重要，是因为这些元素可构成多种酶的辅助因子或者酶的激活剂，如细胞色素、Fe 氧化还原蛋白、Fe 硫蛋白、Mn 能激活藻类非光合成酶的活性等；还包括一些维生素，如维生素 B_1、B_{12} 等。虽然蓝藻和硅藻中需要维生素的种类不多，但是涡鞭毛藻和黄色鞭毛藻中绝大多数种类都需要维生素作为辅助营养元素，如几乎所有种类的赤潮鞭毛藻都需要维生素 B_{12}。

　　据张有份收集的资料称，在赤潮生物的培养液中加入 Fe、Mn 溶液，硅藻（如骨条藻）生长率可提高 400%，相反，在没有它们的海水中，即使在最适宜的温度、盐度、pH 和基本营养盐条件下，也不会增加赤潮中种群的密度。雷强勇报道，维生素 B_1 对米氏凯伦藻细胞增殖有显著影响；葛蔚报道，B_1、B_{12}、V_H 混合维生素是赤潮异弯藻生长的重要影响因素之一，高浓度的维生素有利于该藻的增殖。

　　另外有实验表明，向海水或培养液中加入一些特殊微量有机物质（如四氮杂茚、间二氮杂苯、酵母、蛋白质的消化分解液等）都可以促进某些赤潮生物急剧增殖。例如，用无机营养盐培养简裸甲藻（*Gymnodinium simplex*）生长不明显，但当加入酵母提出液后，其生长显著增加。有些赤潮生物还可以利用腐殖质中的氮和磷作为其增殖的氮源和磷源。所有的嘌呤、嘧啶植物激素都能提高卵甲藻（*Exuviella* sp.）的生长率，特别是鸟嘌呤、黄嘌呤、胸腺嘧啶、吲哚基醋酸和赤霉酸的效果尤为显著。

　　4）水文气象条件

　　水文条件，主要包括波浪、潮汐与潮流、余流、海水交换能力等，是赤潮发生的重要因素。它们能加强水体交换，促进营养物质的扩散，为赤潮生物的繁殖、聚集提供条件。同时，赤潮生物缺乏运动器官，水体运动为赤潮生物的分布、扩散提供条件。气象条件如气温、气压、风、降雨、辐照（时间及强度）等，也能影响赤潮生物的繁殖、聚集，从而影响赤潮的形成、扩散与消失。

5）海底条件

近来有专家和学者提出一个新的推论：地幔流体上涌引起地球磁场异常进而导致赤潮灾害，并指出地磁异常与中国沿海发生的赤潮存在着极为密切的关系。20世纪90年代，国际地学界利用地震资料发现地核与地幔间存在幔羽现象。幔羽中的流体物质螺旋上涌至地壳的底部，并形成"蘑菇云"，此流体可以使固体地幔、地壳发生弱化、变软、熔融和排气，同时还会使地壳中的孔隙和裂缝增多，形成流体通道，导致地下磁场异常以及电导率增大，最后在岩石应力集中的地区使岩石破裂。沿海和河流入海处正是构造断裂的发育地带，当受到来自地下深部的地幔流体的高压作用时，这些地方也是最容易破裂的。地幔流体从海底地壳裂隙中溢出后，使近海富营养化的海水（含碳、氮、磷、硅）上升，并提供了诱发赤潮的重金属铁和锰，最终导致赤潮的频繁发生。

4.3.2.3　赤潮的辨别方法

海水中引起赤潮的生物（赤潮生物）要达到多大数量才能使水体变色，才能称之为赤潮呢？这就涉及赤潮判断的问题。判断赤潮发生的指标很多，但目前尚无统一标准，一般来说可以概括为感官指标、理化指标和生物量指标。

1）感观指标

海水的颜色、透明度、嗅味等是初步判断是否发生赤潮的最直观指标。海水颜色变化，包括海水出现红色、红褐色、黑褐色、棕黄色、绿色、黄褐色、乳白色等赤潮颜色，以及海水发黏等物理性状是发生赤潮的特征；海水透明度降低，如当虾池中透明度在20~30 cm、水色为19~20时，就有可能发生赤潮，透明度20 cm、水色20以上，就可能发生严重赤潮；海水产生恶臭，海面上出现死的鱼、虾、贝等，也是赤潮发生的重要表征。

2）理化指标

海水的pH、溶解氧、COD、温度、盐度、硝酸盐、亚硝酸盐、氨盐、活性磷酸盐、活性硅酸盐等理化指标，在赤潮发生的前后都会有巨大的变化，因此也可以成为赤潮发生与否的判断标准之一。高温能刺激赤潮生物和微生物大量繁殖，如果一周内水温突然升高超过2℃，是赤潮发生的征兆；高COD、高营养盐是赤潮形成的物质基础，它们都是诱发赤潮的重要理化指标，并且还可用在赤潮的预警、预报方面。

3）生物量指标

是否发生赤潮，通常以该海域水体的生物量来确定。生物量指标是指测量赤潮生物的体长并且计算其在单位水体中的细胞个数，然后与参考指标做对比，以此来衡量赤潮发生与否。表4.10为形成赤潮的赤潮生物个体和赤潮生物量标准的参考指标。

表 4.10　赤潮生物个体和赤潮生物量标准（国家海洋局 Y/T 069—2005）

赤潮生物体长 / μm	<10	10~29	30~99	100~299	300~1 000
赤潮生物密度 / (cells/dm³)	>10^7	>10^6	>2×10^5	>10^5	>3×10^5

作为判断赤潮的生物量依据，还包括叶绿素 a、初级生产力、生物多样性指数等。植物性赤潮的叶绿素 a 含量通常超过 10 mg/m³，有的可以达到数百毫克每立方米；生物多样性指数 $d<6$ 时就可能发生赤潮，d 值越小，赤潮发生的可能性越大。同样，因为这些指标的测定较为方便，可用在赤潮的预警、预报方面。

4.3.3　我国水体富营养化与赤潮的相关性

21 世纪以来，我国沿海地区人类活动日益增强，导致沿海地区赤潮灾害频发，已成为海洋地区主要的生态灾害之一。我国近海主要分为渤海区、黄海区、东海区和南海区四大海域，沿海区域具有经济发达、人口稠密和污染物排放量大等特点，对海洋的生态环境造成较大压力。人类活动排放的废水主要包括工业废水、农业施肥过程中的废水、城市生活污水和水产养殖废水等，其中含高浓度的 COD 和氮、磷等营养物质，通过河流汇入海洋，是近海海域发生富营养化，从而引发赤潮的主要原因。

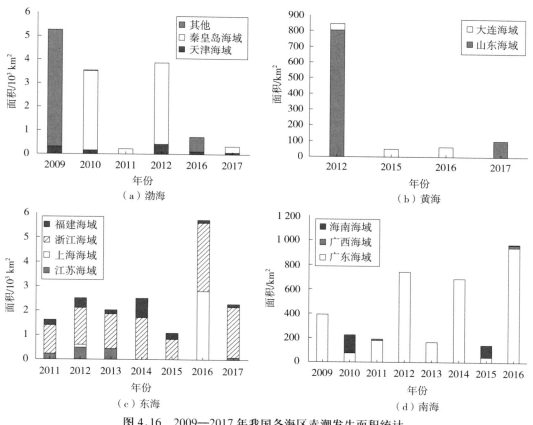

图 4.16　2009—2017 年我国各海区赤潮发生面积统计

2002—2017 年，我国共发生赤潮 1 177 次，涉及海域面积 161 526 km²。2001—2005 年，全国海域范围内发生赤潮的面积大幅增加，2006—2017 年赤潮面积则呈明显减少的趋势。赤潮发生频次也与赤潮面积的变化基本上一致。同期，我国东海区、南海区、渤海区和黄海区分别发生赤潮 718 次、202 次、133 次和 124 次。东海区发生赤潮的频次远高于渤海区、黄海区和南海区。就时间变化趋势而言，东海区赤潮发生频次呈明显下降趋势，于 2015 年达到最低值，之后又有上升趋势；渤海区和南海区的赤潮频次无明显的变化，黄海区的赤潮频次波动地下降。同期，我国赤潮累计影响海域面积为 161 526 km²，其中东海区、渤海区、黄海区和南海区分别有 103 776 km²、34 729 km²、13 302 km² 和 9 719 km² 海域受到影响。东海区每年的赤潮面积呈明显的下降趋势；黄海区的赤潮面积波动上升；南海区和渤海区的赤潮面积变化无明显规律。

表 4.11 1999—2018 年山东海域赤潮发生状况统计

年份	总次数 / 次	发生区域	面积 /km²	赤潮物种及发生次数
2018	1	烟台	5	夜光藻（1）
2017	2	日照	0.000 92	夜光藻（2）
2014	4	青岛	0.01	夜光藻（1）
		烟台	975	海洋卡盾藻（2）；夜光藻（1）
2013	3	青岛	0.039	夜光藻（1）
		潍坊	80	中肋骨条藻（1）；大洋角管藻（1）
2012	5	日照	790	夜光藻（2）
		青岛	10.4	夜光藻（1）；螺旋环沟藻（1）
		烟台	5	红色裸甲藻（1）
2011	4	烟台	2.516	夜光藻（4）
2010	3	烟台	12.47	海洋卡盾藻（1）；中肋骨条藻（1）；赤潮异弯藻（1）
2009	5	威海	200	海洋卡盾藻（1）；夜光藻（2）
		烟台	44.8	红色裸甲藻（1）；赤潮异弯藻（1）
2008	2	威海	100	海洋卡盾藻（1）
		青岛	0.000 5	夜光藻（1）
2007	3	威海	8	具刺膝沟藻（1）
		烟台	8.76	红色裸甲藻（1）
		青岛	70	赤潮异弯藻（1）
2006	1	烟台	2.37	塔玛亚历山大藻（1）
		滨州	4	微小原甲藻（1）
2005	8	东营	260	夜光藻（2）；球形棕囊藻（3）
		青岛	80	赤潮异弯藻（1）
		烟台	223	丹麦细柱藻（1）；红色裸甲藻（1）

续表

年份	总次数 / 次	发生区域	面积 /km²	赤潮物种及发生次数
2004	5	青岛	120	诺氏海链藻（1）；红色中缢虫（1）
		东营	1 863	球形棕囊藻（1）
		滨州	50	球形棕囊藻（1）
		烟台	1 197	红色裸甲藻（1）
2003	4	青岛	456.5	红色中缢虫（1）；具刺膝沟藻（1）；夜光藻（1）
		烟台	0.000 5	球形棕囊藻（1）
2002	4	滨州	50	中肋骨条藻（2）
		青岛	60	红色中缢虫（1）
		威海	10	夜光藻（1）
2001	3	青岛	9.8	红色中缢虫（2）
		东营	5	夜光藻（1）
2000	1	青岛	2	夜光藻（1）
1999	5	青岛	86	红色中缢虫（1）；中肋骨条藻（1）
		烟台	60	夜光藻（1）
		威海	160	夜光藻（1）
		东营	400	夜光藻（1）

赤潮发生需要一定营养物质基础，这是符合物质守恒和能量守恒定律的，就是说如果海洋环境中没有足够的营养物质，赤潮生物就不可能大量增殖，因此也不可能达到使海水变色的相应密度，也就不会引起赤潮的发生。虽然诸多研究表明，赤潮发生时，海水中的营养物质不一定很高，并且垂直和水平的集聚可弥补海水营养盐类的不足，但是，如果赤潮生物的现存量太低，即使存在集聚机制，也是不可能达到高密度而呈现出赤潮表观特征的。因为聚集的同时，也有扩散的负影响。因此，充足的营养物质是赤潮发生的物质基础。

皮尔逊相关性分析常用来评价海水营养盐和赤潮的关系（表4.12）。研究表明：2002—2017 年，渤海区赤潮面积变化与营养盐和总氮显著正相关；东海区赤潮面积变化与营养盐、总氮、总磷和亚硝态氮显著相关，赤潮次数与营养盐、总氮和总磷显著相关；南海区赤潮面积变化则与污染物入海量和 COD_{Cr} 显著正相关（$P < 0.05$）。因此，在不同海区应该采取不同的管理措施来控制赤潮面积。渤海区应优先控制总氮的排放量，东海区应优先控制总氮和总磷的排放量，南海区应优先控制 COD_{Cr} 的排放量，东海区和渤海区在控制总氮和总磷的同时，也应注意控制氮磷比。

表 4.12　各海区皮尔逊相关性分析结果

影响因素	渤海		黄海		东海		南海	
	赤潮面积	赤潮次数	赤潮面积	赤潮次数	赤潮面积	赤潮次数	赤潮面积	赤潮次数
COD_{Cr}	0.213	−0.295	0.095	0.517	−0.084	−0.372	0.578*	0.289
营养盐	0.599*	0.266	0.092	0.590	−0.687**	−0.563*	0.068	0.231
污染物入海量	0.271	−0.247	0.095	0.519	−0.248	−0.484	0.599*	0.364
总氮	0.902**	0.141	0.057	0.509	−0.792**	−0.601*	−0.186	−0.110
总磷	0.107	0.144	−0.460	−0.424	−0.769**	−0.600*	0.316	0.368
氮磷比	0497	−0.261	0.211	0.612	−0.165	−0.052	−0.417	−0.348
亚硝态氮	0.511	−0.003	−0.191	−0.113	0.872*	0.483	−0.411	−0.089
硝态氮	0.613	−0.444	−0.264	−0.425	0.380	0.295	0.331	0.556
氨氮	0.719	−0.746	−0.338	−0.358	−0.240	0.443	−0.321	0.070

注：** 表示在 0.01 水平（双尾）相关性显著；* 表示在 0.05 水平（双尾）相关性显著。

4.3.3.1　渤海

渤海赤潮灾害发生频次日益增加（表 4.13），自 20 世纪 90 年代以来，渤海赤潮发生次数增长迅速，且赤潮灾害面积增大，最大的一次达到 6 300 km²，成为我国近岸海域仅次于长江口赤潮高发区的第二大赤潮高发区。

表 4.13　渤海赤潮发生次数年代记录

年份	赤潮次数／次
1960 之前	1
1960—1969	1
1970—1979	1
1980—1989	1
1990—1994	5
1995—1999	10
2000—2004	65
2005—2009	32
2010—2012	28

无机氮、磷是赤潮灾害发生的物质基础，而富营养化是用来表征无机氮、磷污染程度的重要参数之一。流域输入的营养盐总量越大，水体富营养化程度就越高，从而导致赤潮暴发的可能性越大。因此，富营养化往往与赤潮发生具有较好的一致性。由图 4.17

可以看出，渤海赤潮高发区主要集中在三大湾及河北秦皇岛近岸海域，这与水体富营养化区域的时空分布相一致。

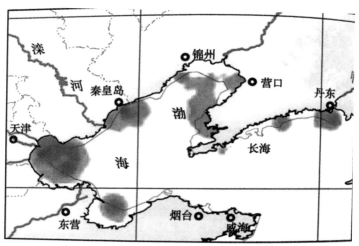

图 4.17　渤海赤潮灾害时空分布状况（2000—2009 年）

需要说明的是，辽东湾和莱州湾湾顶最严重富营养化区域并非赤潮高发区，反而富营养化程度相对较低的海湾中部海域赤潮频发，这与长江口外赤潮高发区的成因相似：由于辽河和黄河输入了大量泥沙，使得近岸海域水体浑浊度较大，从而影响浮游植物光合作用；泥沙大部分沉降在河口，但富含无机氮、磷营养盐的水体可以通过水平输运到达离河口较远的区域，使得这一区域无机氮、磷营养盐含量仍较高，为赤潮灾害暴发提供了物质基础。

秦皇岛附近海域在 2000 年之后成为赤潮频发的海域，2000 年以来至少监测到了 30 次的赤潮事件发生，其中有 3 次赤潮面积超过 1 000 km²；2008 年以来更是连年发生"微微藻"赤潮。2000 年以前，秦皇岛近岸海域氮磷含量较低，但近年来秦皇岛近岸海域海水养殖业发展迅速。滦河口—北戴河生态监控区数据表明：海水养殖产生的氮、磷污染物可能是秦皇岛近岸海域赤潮频发的主要物质来源。但是陆源输入在某个特殊时期可能也有较大的贡献，如 2012 年强降水使得秦皇岛近岸氮、磷污染加剧，其间发生 2 次赤潮灾害的面积均大于 2011 年。

渤海湾是渤海近年来赤潮发生频率最高、累计面积最大的海域。渤海湾沿岸无大河流输入，但是中小型河流及排污口分布密集，上游流域人口密集、城镇化程度高，为渤海湾提供了巨大的营养物质来源，使得渤海湾富营养化严重，且这些河流和排污口含沙量较低，水体透明度较高，浮游植物生长不受光照限制，因而整个海湾赤潮灾害均较严重。

综上所述，渤海赤潮频发的物质来源主要是流域营养盐输送。

4.3.3.2 黄海

赤潮是山东省黄海近岸海域重要的生物灾害之一。据不完全统计，截至 2018 年年底，山东海域近 20 年来共发现赤潮 69 起，累计赤潮发生面积 7 141 km²。赤潮藻主要包括夜光藻（*Noctiluca scintillans*）、红色裸甲藻（*Akashiwo sanguinea*）、球形棕囊藻（*Phaeocystis globosa*）、红色中缢虫（*Mesodinium rubrum*）、海洋卡盾藻（*Chattonella marina*）、中肋骨条藻（*Skeletonema costatum*）、赤潮异弯藻（*Heterosigma akashiwo*）、具刺膝沟藻（*Gonyaulax spinifera*）、大洋角管藻（*Cerataulina pelagica*）、螺旋环沟藻（*Gyrodinium spirale*）、塔玛亚历山大藻（*Alexandrium tamarense*）、微小原甲藻（*Prorocentrum minimum*）、丹麦细柱藻（*Leptocylindrus danicus*）和诺氏海链藻（*Thalassiosira nordenskioldii*）等，其中夜光藻引发的赤潮为首要种类，共发生 25 次，占总发生次数的 36%；其次是红色裸甲藻，共发生 7 次，占总发生次数的 10%；红色中缢虫、海洋卡盾藻、中肋骨条藻和赤潮异弯藻分别发生了 6 次、5 次、5 次和 4 次，其余藻类均发生 1 次。

绿潮是指在特定的环境条件下，海水中某些大型藻类爆发性增殖或高度聚集的一种生态异常现象。自 20 世纪 70 年代起，法国等欧洲国家沿海开始出现绿潮。近年来，我国沿海多个地区亦发生过不同规模的绿潮灾害，绿潮已成为我国沿海的新型海洋生态灾害之一。2007 年以来，南黄海海域连年发生大规模浒苔（*Ulva prolifera*）绿潮，截至 2018 年已连续出现 12 年。每年 5 月下旬至 6 月初，绿潮越过北纬 35° 线进入山东省管辖海域，其后在风和海流共同作用下向偏北方向漂移，漂移过程中分布面积和覆盖面积逐渐扩大，并向近岸逼近。一般情况下，6 月下旬，绿潮先后在青岛市、日照市、海阳市、乳山市、文登市及荣成市登陆上岸；7 月初，山东省管辖海域绿潮覆盖面积和分布面积均达到峰值；7 月下旬，绿潮进入消亡阶段，其分布面积和覆盖面积迅速减小，岸边堆积的浒苔开始腐烂分解；8 月初，海上漂浮浒苔基本消失。

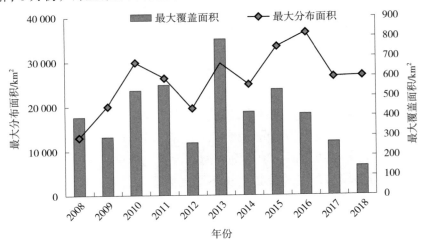

图 4.18　山东海域浒苔最大覆盖面积和最大分布面积统计图

4.3.3.3　东海

东海是世界上最大的大陆架边缘海之一，平均深度为 349 m，最深位于冲绳海槽，为 2 719 m，总面积约为 77×10^4 km²。东海海域存在多种水团的相互作用。其中，最大的海流是经东海东南部流入的高温高盐的黑潮水及其分支台湾暖流；其次是在东海西侧由长江水注入而形成的低温低盐的长江冲淡水。另外，东海北部的苏北沿岸流及南部的浙闽沿岸流也是重要的水团之一。长江口及其邻近海域是东海重要的组成部分，大体位于东经 121°～124°、北纬 27°～32°，由于受长江径流携带大量的营养物质进入该海域的影响，长江口及其邻近海域已成为世界上受富营养化污染程度最大的海域之一，并受到国内外高度关注。

我国沿海、港湾是赤潮的高发区和重灾区，其中长江口及其邻近海域更是重灾区中的重灾区。20 世纪 50 年代，东海赤潮事件被发现；自 70 年代起，赤潮发生的频率以每 10 年增加 3 倍的速度不断上升；进入 21 世纪以来，赤潮发生更是呈现出增加的趋势。例如，2003 年东海赤潮暴发的次数为 119 次，面积达到 12 900 km²；2005 年东海赤潮暴发的次数达到 51 次，面积超过 15 000 km²。据统计，21 世纪之前，东海海域赤潮暴发的次数为 117 次，约占全国沿海赤潮总数的 35%。21 世纪的前 13 年，东海海域发生赤潮总数为 624 次，累计受害面积为 130 323 km²，分别约占全国发生次数和面积的 60.3% 和 73.3%。东海已然成为中国赤潮区的重点预防和防护对象。

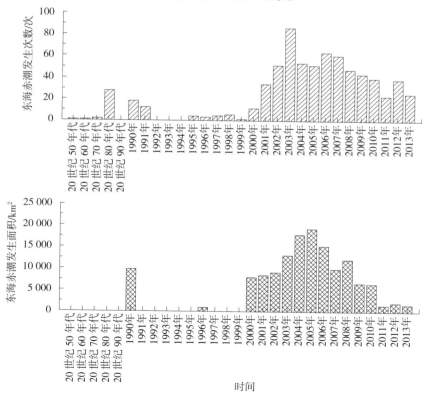

图 4.19　20 世纪 50 年代到 2013 年东海赤潮发生的频率和面积

在我国东海海域，随着富营养化问题不断加剧，导致了东海近岸海域赤潮频发。2000 年以来，每年东海海域的赤潮发生频率和面积都居四大海区之首。一般认为，海水的富营养化是赤潮发生的物质基础。针对该海域海水中富营养化物质与赤潮发生之间关系的研究也屡见报道。如洪君超等认为海水中 PO_4^--P 浓度是 1991 年 8 月嵊山海域中肋骨条藻赤潮发生的限制因子，与 DIN 的相关性不大，这与 Huang 等通过对 1990 年 6 月长江口中肋骨条藻赤潮逐步回归分析得到的结果一致。但蒋国昌对 1990 年春季南麂列岛附近夜光藻赤潮的研究却得到了相反的结果，他认为海水中的 DIN 是导致该赤潮发生的因素，并得到谷颖、蔡燕红等研究结果的支持。而姚炜民等对浙江海域 2005 年 5 月的米氏凯伦藻赤潮进行的监测结果则表明，海水中 DIN 和 PO_4^--P 均是该海域赤潮发生的限制因素。此外，某些研究表明海水中 COD 也是赤潮发生的影响因素。虽然上述关于富营养化物质与赤潮发生的研究中，基于不同海域、不同肇事藻种的研究结果之间存在差异，但结果均提示 DIN 和 PO_4^--P 是赤潮发生的控制因子，同时，COD 可能也是影响赤潮发生的主要因素。

在对东海赤潮暴发过程期间的环境因子监测过程中，许多研究者注意到了伴随着赤潮的发生，往往出现海水中 COD 升高的现象，并有研究指出海水表层 COD 浓度与 Chl-a 之间存在明显的线性正相关。这样，关于海水中 COD 与赤潮之间的关系，有学者认为是赤潮发生的原因，也有学者认为是赤潮发生的结果，二者之间的因果关系不甚明确。此外，也有研究者注意到在赤潮发生过程中，底层溶解氧有降低的情况，而且低值区往往对应着表层的 Chl-a 高值区，浮游植物茂盛增殖伴随产生的大量海源有机物的耗氧分解，被部分研究者认为是产生这一现象的原因。有研究表明：在长江口及邻近海域赤潮发生期间，浮游植物光合作用对 POC 产生的直接或间接贡献已远远超过长江等陆源的输运及底层有机碳的再悬浮，是赤潮发生区域主要的 POC 来源。在长江口外低氧区，当初级生产产生的 POC 由表层沉降到底层后，其中易分解的成分（如色素）发生了降解，表现在 DO 较低的水域对应于较高的 POC/Chl-a，并且底层 AOU 与以 POC 为代表的有机物质的分解矿化及水体的层化均密切相关。

4.3.3.4 南海

南海近岸的赤潮暴发情况也比较严重，2009—2016 年共发生赤潮 100 次，累计面积 3 506 km^2。出现的种类有 24 种（含未知种），出现次数最多的是夜光藻，截至 2012 年每年都有出现且呈上升趋势。深圳大鹏湾 2009—2016 年暴发的 20 次赤潮，全为甲藻赤潮，其中夜光藻引发的赤潮有 10 次。大鹏湾内水体中可溶解性无机氮和可溶解性无机磷的含量都不高，大多数月份都未达到富营养化阈值。夜光藻是混合营养型的异养海洋浮游生物，主要靠摄食其他浮游藻类和有机碎屑生存，郑向荣等的研究表明：营养盐与夜光藻密度的关联度较弱。大鹏湾水体中较低的氮、磷含量正好印证了这一观点。

南海共发生 11 次中肋骨条藻赤潮（含 2 次混合赤潮），其中有 8 次发生在广东湛江港附近海域，而且湛江港附近海域截至 2009 年共发生了 8 次赤潮，均出现了中肋骨条藻赤潮。湛江港水体中可溶性无机氮的含量较高，参照《海洋赤潮监测技术规程》，其水体中可溶性无机氮的含量在大部分时间都超过了 $0.2\sim0.3$ mg/L 的富营养化阈值，而可溶性无机磷在湛江港内不同年份间波动很大。海水中氮磷比在磷含量异常低的年月可以达到 285，而水体中可溶性无机磷含量达到富营养化水平时，海水中氮磷比维持在 $4\sim37$。根据文世勇等的研究，中肋骨条藻增殖的最佳氮磷比为 $10:1\sim32:1$。可见，由于湛江港海水中氮的含量较高，氮磷比较适合中肋骨条藻。此外 Gedaria 的研究表明，温度可以通过影响藻细胞对营养盐的吸收和利用过程影响藻细胞的各种生长，因此湛江港在春夏季水温较高的时候，中肋骨条藻容易引发赤潮。

4.4　近岸海域营养盐污染现状及其防治对策

中国沿海地区，原有工业基础较好，改革与开放又注入了新的活力，致使经济高速发展，工矿企业发达，交通运输繁忙，城镇人口剧增，兴起并形成了一大批"城市群"。依托且服务于城市群的蔬菜林果业，乡镇企业，水产养殖、加工业，以及旅游观光业等，纷纷应运而崛起。交通运输的需要，激发了各地开辟和打建港口的热情，近海海底油气田的开发也加快了步伐。然而，在这百业繁荣的同时，也出现了污染海洋环境的新问题。事实上，对海洋环境的污染，已呈现范围扩大、危害加重、影响深远等趋势，从而引起了人们的极大关注。

4.4.1　近岸海域营养盐污染现状

4.4.1.1　渤海湾近岸海域环境污染现状

渤海是我国近岸海域富营养化最为严重的区域之一，富营养化海域的空间分布与入海河流的分布具有很好的一致性（图 4.20）。受沿岸陆域营养盐大量输入的影响，渤海的辽东湾、渤海湾和莱州湾近岸海域基本处于严重富营养化状态。其中，辽东湾严重富营养化区域主要集中在湾顶及沿岸海域，湾顶富营养化区域与辽河淡水的影响范围一致，辽东湾沿岸的其他富营养化区则主要分布在大连营城子湾、金普湾和锦州湾近岸，这些区域同时也是沿岸排污负荷较大的区域；渤海湾整个区域富营养化都比较严重，沿岸河流以及穿插其间的排污口密集分布，高污染程度的污水和高污染负荷的污染物输入是富营养化的主要物质来源；莱州湾主要集中在湾顶海域，主要受山东半岛诸河水系污染物输入的影响。

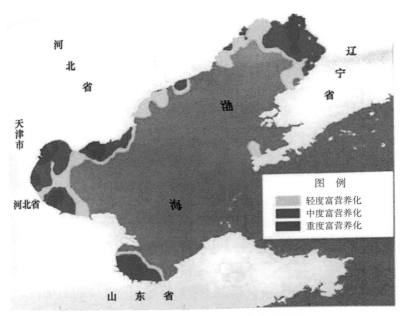

图 4.20　渤海富营养化及赤潮发生状况

1）葫芦岛市近岸海域环境污染现状

葫芦岛市是辽宁省的重要工业基地之一，是以石油化工、有色金属冶炼、船舶和机械设备制造加工、火力发电四大支柱产业为龙头的新兴沿海工业城市，在经济发展的同时也为近岸海域带来了一系列环境问题。研究表明，污染海域主要分布在连山湾海域。主要污染物为无机氮、活性磷酸盐、生化需氧量和铅，砷、镉含量超过海水沉积物一类标准。

表 4.14　葫芦岛市近海海域主要环境质量评价指标　　　　　　　　　单位：mg/L

	总汞	铜	镉	铅	砷	硫化物
含量（×10⁻⁶）	0.22	11.10	11.30	9.58	79.8	19.40

陆源污染物排海是造成葫芦岛市近岸海域环境污染的主要原因之一。葫芦岛市城市生活污水排放量逐年增多，目前仍有部分未经处理的生活污水直接排河入海。葫芦岛市的入海河流中有 5 条河流的源头皆距岸几十千米（五里河、连山河、茨山河、塔山河和周流河），河流沿岸区域分布有石油开采、石油加工、有色金属、电镀等许多大型企业，它们进行生产的同时也排放了大量的污染物，对周边大气、水、土壤环境等影响很大，长期以来排放的污水经河入海，对周边海域的水质环境造成严重的影响，这是葫芦岛市近岸海域的主要污染源。由于多数陆源排放口的长期大量超标排放，导致葫芦岛市河口、海湾和湿地等典型生态系统环境恶化的趋势加剧。排海污水中营养盐的高浓度导致海域水体富营养化及营养盐失衡，无机氮和活性磷酸盐含量超标是造成近岸海域赤潮发生的

主要原因。

葫芦岛市海上或沿岸从事的各种生产活动的污水有一部分采取就地排放，也是海上污染物的来源，如港口码头排放的含油污水和工业废水、渔船排放的含油污水和生活污水、潮间带养殖排放的养殖废水和养殖废料等。

2）秦皇岛近岸海域环境污染现状

2013 年夏季，DIN 是秦皇岛近岸海域最主要的污染物，劣 Ⅳ 类水体主要分布在秦皇岛市汤河河口附近海域、抚宁区近岸海域（洋河和戴河河口）以及滦河河口附近海域（图 4.21）。陆源排污压力可能是造成 DIN 含量较高的主要原因。活性磷酸盐含量普遍低于一类海水水质标准，仅汤河河口外和抚宁区养殖区内部分站位超过一类海水水质标准。

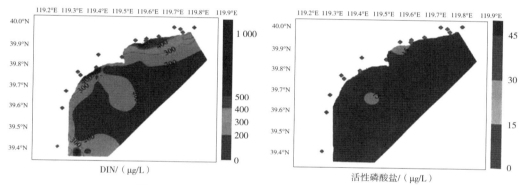

图 4.21　2013 年夏季营养盐污染海域空间分布

秦皇岛地区氮磷类污染物指标主要包括总氮、总磷、氨氮、无机氮、磷酸盐五大指标。各污染物的含量统计结果列于表 4.15 中，其中总磷、氨氮采用的统计资料为历史数据资料，而其他指标由于缺少历史数据资料，采用本北戴河海域环境综合整治与修复示范工程的补充调查资料进行统计。由于硝酸盐氮、亚硝酸盐氮主要受自然环境条件影响，非人为排污的主要污染物；且《海水水质标准》（GB 3097—1997）中只有无机氮（硝酸盐氮、亚硝酸盐氮和氨氮之和），因此本标准制定中考虑指标包括总氮、总磷、氨氮、无机氮、磷酸盐 5 个指标。

表 4.15　氮磷类污染物指标统计分析结果　　　　　单位：mg/L

污染物指标	含量范围	均值	均值 95% 置信区间	中位数值	中位数值 95% 置信区间
总氮	0.74～23.0	7.30	4.96～9.64	5.07	3.28～7.88
总磷	0.001～40.2	2.18	1.44～2.91	0.49	0.42～0.60
氨氮	0.01～21.8	8.46	4.9～12	1.01	0.84～1.28
无机氮	0.43～21.9	6.23	3.98～8.48	3.77	2.57～6.46
磷酸盐	0.005～1.07	0.36	0.25～0.48	0.25	0.18～0.40

基于对历史数据及现场补充调查数据资料的统计分析，结合秦皇岛地区主要污染源

水质分布情况及《污染物综合排放标准》中对于其他一切排污单位的限值标准，本标准对氮磷主要污染物指标的限值标准见表 4.16。

表 4.16 氮磷主要污染物指标的限值标准 单位：mg/L

主要污染物	一级标准	二级标准
总氮	15	25
总磷	0.5	2.0
氨氮	8.0	15
无机氮	10	20
磷酸盐	0.5	1.0

4.4.1.2 东海近岸海域环境污染现状

福建海域地处我国东南沿海的台湾海峡西岸，位于北纬 23°37′～27°10′、东经 117°11′～120°26′。全省海域总面积 13.6 万 km²；海岸线长度为 3 324 km，居全国第二；岸线曲折率为 1∶6.2，居全国首位。全省沿海设有福州、厦门、莆田、泉州、漳州和宁德 6 市，沿海地区人口为 1 915.59 万人，占全省总人口的 55.3%。随着海岸带区域社会经济的快速发展以及人类海洋活动的不断增加，每年有大量的沿岸工农业废水和生活污水入海。

福建省近岸海域污染源主要由陆源污染源和海上污染源两部分组成。陆源污染源包括工业、农业、生活污水和经河流输入海洋的污染物；海上污染源包括港口和海上船舶污染源、水产养殖污染源、海洋倾废污染源等。污染物进入近岸海域的主要途径有河流输送、港口船舶直（混合）排入海、污水排放口、海水养殖、大气输送等。近几年来养殖业发展迅速，水产开发居全国沿海省份的前列。截至 2003 年年底，全省海水养殖面积已接近 14×10^4 km²。海水养殖污染物的排放加剧了近岸海域的有机污染，造成养殖区水体富营养化并诱发赤潮的发生，使海域生态受到损害，已成为近岸海域一个新的污染源。

全省近岸海域水质受到一定程度污染，水质超国家海水二类水质标准的项目为无机氮、活性磷酸盐与石油类等，部分海区铜出现超标（表 4.17），其中无机氮、活性磷酸盐超标较为普遍，是影响福建省近岸海域海水水质的主要污染因素。

表 4.17 福建省近岸海域主要污染物浓度统计 单位：mg/L

主要污染物	宁德市	福州市	莆田市	泉州市	厦门市	漳州市	全省平均值
无机氮	0.347	0.350	0.192	0.488	0.321	0.197	0.314
活性磷酸盐	0.037	0.026	0.015	0.021	0.026	0.025	0.024
石油类	0.023	0.076	0.026	0.029	0.026	0.055	0.042
铜	0.003	0.008	0.004	0.006	0.013	0.004	0.006

无机氮是影响福建省近岸海域海水质量的主要污染物之一，全省无机氮浓度范围为 0.009~2.643 mg/L，平均值为 0.314 mg/L，超过二类海水水质标准（二类标准值为 0.30 mg/L）。最高值点位为泉州湾（晋江口，5 月），超过二类海水水质标准 7.8 倍，最低值点位为宁德市沙埕港内湾（11 月）。

各海区无机氮浓度从高到低排序依次为泉州市、福州市、宁德市、厦门市、漳州市、莆田市，其中泉州市、福州市、宁德市和厦门市的平均浓度值均超过二类海水水质标准。超标率最高的是厦门海区，为 62.7%。全省活性磷酸盐浓度范围为 0.002~0.252 mg/L，平均值为 0.024 mg/L（二类标准值为 0.030 mg/L）。最高值点位为福清湾（7 月），超过二类海水水质标准 7.4 倍。各海区活性磷酸盐浓度从高到低排序依次为宁德市、厦门市、福州市、漳州市、泉州市、莆田市，其中宁德市的平均浓度值超过二类海水水质标准。超标率最高的是厦门海区，为 45.1%。石油类浓度范围为 0.002~0.850 mg/L，平均值为 0.042 mg/L（二类标准值为 0.050 mg/L）。最高值点位为福清湾（10 月），超过二类海水水质标准 16 倍。各海区化学需氧量浓度从高到低排序依次为厦门市、福州市、泉州市、漳州市、莆田市、宁德市，其中福州市和漳州市海区平均浓度值超过二类海水水质标准。超标率最高的是福州海区，为 17.2%。

4.4.2　近岸海域营养盐污染防治对策

4.4.2.1　渤海湾入海污染源综合管控策略及措施

1）管控重点和管控级别

对比入海河流、入海排污口和沿岸非点源对渤海的影响，河流入海的 COD_{Cr} 和无机氮占陆源排海总量的比重达 80% 左右，总磷所占比重约 50%，因此要做好渤海陆源入海污染源的综合管控，入海河流是重点。入海排污口的贡献率虽然不高，但由于所排废水通常水质较差，对邻近海域小范围区域的影响严重，社会影响力大。因此，陆源污染源综合管控要河流与排污口两手抓，河流是重点。

从管控区域的优先度来说，以区域排污压力、近岸水质污染现状、环境承载力状况及变化趋势等为主要判据，并考虑近岸海域主导使用功能和社会关注度，对于辽东湾、渤海湾和莱州湾 3 个污染最严重的区域，在同等排污压力的情况下实施相对严格的管控级别。渤海的 24 个陆源排污管理区，8 个需要实行一级管控，9 个需要实行二级管控，7 个需要实行三级管控，详见表 4.18。

2）分级管控措施

根据渤海的污染现状和环境压力，将环渤海的陆源污染源分为三级管控分级。其中一级为污染压力较大，需采取最严格的管控措施；二级为污染压力较大，需采取较严格的管控措施；三级为污染压力一般，采取最常规的管控措施。

表 4.18 环渤海各污染源排污管理区的管控级

序号	陆源排污管理区名称	区（县）信息	主要入海点	污染物入海量占总量比例 /%	管控级别
1	大连—普兰店陆源排污管理区	大连、普兰店	鞍子河	5.0	一级
2	瓦房店市陆源排污管理区	大连瓦房店	复州河	1.2	三级
3	熊岳市陆源排污管理区	营口市熊岳市	熊岳河	0.5	三级
4	盖州市陆源排污管理区	营口市盖州市	大清河	0.7	三级
5	营口市大辽河陆源排污管理区	营口市站前区	大辽河	18.3	一级
6	盘锦市辽河陆源排污管理区	盘锦市大洼区	双台子河	10.4	一级
7	锦州市大凌河陆源排污管理区	葫芦岛市凌海市	大凌河	4.1	一级
8	锦州市小凌河陆源排污管理区	葫芦岛市凌海市	小凌河	2.2	二级
9	葫芦岛市陆源排污管理区	葫芦岛市龙岗区	连山河	4.1	一级

注：1. 本表中统计的污染物入海量包括点源和非点源排放的 COD、DIN 和 DIP。

2. 分级原则：三大湾周边，区域污染物入海量占入渤海总量比例 3% 以上为一级，1% 以下为三级；其他区域，5% 以上为一级，2% 以下为三级。

3. 考虑秦皇岛北戴河近岸海域的主导功能和社会关注度，将其从三级管控区提升为二级管控区。

三级管控适用于所有管控级别区域的陆源入海污染源，基本要求如下：

（1）严格管理入海排污口的设置，保护重要海洋功能区环境。海洋自然保护区、重要渔业水域、海滨风景名胜区和其他需要特别保护的海域严禁新设入海排污口。已设置在以上区域的排污口严格控制达标排放，连续出现两次超标排放勒令关停排污口。

（2）入海排污口排放浓度达标。排污口污水中各类污染物的排放浓度必须满足《污水综合排放标准》（GB 8978—1996）或相应行业排污标准的相关要求。

（3）河流入海断面水质达标。由沿海省市核定河流入海断面位置及断面水质要求，定期开展河流入海断面水质监测和评估，实行河流入海断面水质达标责任制。

二级管控在满足三级管控要求基础上的基本要求如下：

（1）实施污水综合生物毒性风险管控。对二级管控区的入海排污口实行污水综合生物毒性风险管控，严格禁止高毒性风险污水排放入海。

（2）对设闸河流实施排污风险管控。加大对区域内设闸河流所蓄水体的水质水量监测频率，根据监测结果评估排污风险，提出排海流量调控方案，避免瞬时大量污（河）水的集中排放对河口及邻近海域生态环境造成污染危害。

（3）控制和减少含磷农药和化肥的使用。

一级管控在满足三级和二级管控要求基础上的基本要求如下：

（1）实施区域排污总量控制制度。对区域内入海河流和入海排污口主要污染物的排放量实施总量控制制度，主要污染物排放量及时空分布不能超过规定的控制指标。

（2）调整入海排污口布局，核定入海排污口的允许混合区范围。对位于水交换能力较差海域且造成邻近海域环境质量无法满足海洋功能区要求的入海排污口，调整排污口位置或将排污口深海设置，实行离岸排放。

对于所有入海排污口，按要求核定其在邻近海域的允许混合区范围，混合区的划定应符合海洋功能区划和海洋环境保护规划，不得损害相邻海域的使用功能和生态功能。

4.4.2.2　东海近岸海域环境对策与建议

1）制定全省污染物排海总量控制规划

近岸海域的污染物主要来源入入海河流，因此，要加强对入海河流流域的污染防治与生态保护，制定全省河流流域污染物排海总量控制规划，限制陆源污染物排入海洋，这对于改善海域环境质量、减轻海域环境压力有着举足轻重的影响。

2）加强近岸海域监测能力

海洋环境管理必须有对海洋环境质量恰如其分的科学评价的基础，因此，应加强近岸海域的监测能力。应根据各海区的不同情况，在一些主要河流入海河口设水质自动监测站，在定点海区建设海上自动监测站，逐步实现监测自动化，为海域的科学管理和决策提供及时、全面和准确的监测依据。

3）合理规划海水养殖，严格控制在敏感区域的海水养殖

海水养殖造成的局部海域环境污染已不容忽视，对于海水养殖应进行合理的规划。首先要搞好水产养殖结构调整工作，扩大藻类生产面积，减少贝类和鱼类养殖面积，实行多品种兼轮作和单一品种适度规模；其次要加强对养殖区的布局管理，对水产养殖品种进行总量与种类的宏观控制；最后要合理开发浅海滩涂水域资源，减少水产养殖生产对海洋造成的污染，确保海洋生态平衡。

4）加强城市污水处理达标排放，减少氮、磷的排海总量

城市生活污水与工业废水中的氮、磷等营养物质大量入海，是造成海域水质恶化、氮、磷指标严重污染和不断增加的主要原因之一。目前全省投入运行的大部分污水处理厂，均为二级处理或一级处理，不能去除氮、磷，输入海域的氮、磷严重影响了海域的环境质量，并且随着污水量的增多还有增加的趋势。因此，城市污水处理厂应进一步考虑进行深度处理去除氮、磷，有效地削减氮、磷的排海总量。

5）加强农业耕作的科学管理，严格控制化肥、农药的使用量

农业化肥、农药无节制地大量使用以及水土流失的日益加剧，使农业面源也成为海域水污染的重要来源之一。必须结合生态农业建设，建立农田污染防治生态示范区，采用配方施肥、增施有机肥等科学施肥方法，运用生物防治技术，减少农药使用量。

6）制定全省污染物排海的总量控制规划

海域的主要污染物绝大部分来自入海河流，河流入海水质的好坏直接关系到它对海域污染负荷贡献大小，对海域的环境质量有着举足轻重的影响。因此，加强对入海河流流域的污染防治与生态保护，加快制定全省河流流域污染物排海总量控制规划，逐步减少河流入海污染物的总量已是当务之急，这是减轻海域环境压力的关键。

第5章 海洋溢油污染与防治

随着人类物质需求的增加和对地球资源开发的加剧，海洋生态环境也正遭受到越来越严重的污染。在众多海洋污染源中，油气田勘探开发、原油开采及其运输过程中的溢油污染表现得尤为突出。然而在油气开采技术迅猛发展的同时，相应的环境安全措施、生态污染源处理技术及相关的法律、法规并未跟上，导致了近年来海洋石油开采过程中的溢油事故不断发生，溢油污染程度越来越严重，对海洋环境尤其是近海生态系统造成了极大的且不可逆转的破坏。因此，对海洋污染的认识及污染处理方法亟待发展。

5.1 概述

随着石油业和海上运输业等行业的发展，海洋溢油事故不断发生，这成为威胁海洋环境和社会发展的巨大隐患。我国不仅是一个陆地大国，也是一个海洋大国，管辖的海域总面积达到 300 万 km^2，大陆海岸线长达 1.8 万 km。国家的强大需要海洋的强大，海洋战略是国家战略的重要组成部分，发展海洋产业正是建设海洋强国的战略需要，因此也是国家战略利益的需要。进入 21 世纪以来，中国的海洋经济活动也由传统海洋资源利用逐步转向以海洋技术为主要手段的综合性海洋资源开发利用，海洋石油业、海洋生物制药业、海水化学工业、海洋能源利用和海洋空间利用等海洋新兴产业更是迅速兴起。海洋油气产业是海洋产业的一个重要组成部分，海洋油气产业实力的增强是建设海洋强国的一个重要体现。

海洋石油工业开辟了一个海洋经济发展新时代的同时，也为海洋生态环境带来了巨大的挑战。伴随着全球经济一体化进程的加快，能源需求日趋紧张，也促使我国的海洋石油工业得到了迅速发展。海上交通运输业的发展和海洋油气资源的进一步开发导致了海上溢油事故的不断增加，海洋石油开采对海洋生态环境的污染状况日趋严峻。海洋石油资源的开发与利用是海洋经济的重要组成部分，但石油开采导致的溢油污染事故是海洋经济的重要破坏因素之一。溢油事故一旦发生，养鱼场网箱里的鱼、近岸养殖的扇贝及海带等海产受溢油污染后将不能被食用，用于养殖的网箱受油污染后很难清洁，更换的费用十分昂贵；码头和游艇停泊区对溢油也是非常敏感的，溢油事故发生后，需要对港区水域被污染的游艇和船舶进行清理，清理过程中势必会影响船舶的正常进出港，需花费昂贵的操作费用；如果岸线设有工厂取水口，溢油一旦进入工厂设备系统，造成设备毁坏，甚至可能造成一个工厂的关闭；基于近岸海域的盐业和海水淡化业等都会受到溢油污染的直接危害，造成重大经济损失；溢油事故治理过程中，海面上使用的大量围油栏将占用航道或锚地海域，通行的船舶只能停留或绕道而行，从而对海上运输业带来一定程度的影响；浅水域通常是海洋生物活动最集中的场所，包括贝类、幼鱼、珊瑚、海草，这些海洋生物对溢油污染异常敏感，溢出原油及消除溢油污染使用的分散剂都会给这些脆弱的生态环境带来灾难；溢油对岸线沙滩的污染会直接影响到旅游业。

国家海洋局发布的《2013 年中国海洋环境状况公报》显示，我国海洋环境质量状况总体较好，符合第一类海水水质标准的海域面积占我国管辖海域面积的 95%。但近岸局部海域污染严重，44 340 km² 的近岸海域水质劣于第四类海水水质标准。劣四类海域面积主要分布在黄海北部、辽东湾、渤海湾、莱州湾、江苏盐城、长江口、杭州湾、珠江口的部分近岸海域。其中，近岸海域主要污染要素为无机氮、活性磷酸盐和石油类。

面对资源不合理开发导致的严重环境污染和生态系统退化等严峻形势，党的十八大报告提出了要将生态文明建设放在突出地位，融入经济建设、政治建设、文化建设、社会建设的各方面和全过程中，努力建设美丽中国，实现中华民族的永续发展。进入 21 世纪以来，中央领导多次对海洋经济的发展做出重要指示，政府也制定规划了指导性文件以促进海洋经济的发展，并不断完善和规范海洋经济发展的相关法律，在多方关注之下，我国海洋经济取得了长足发展。海洋经济是开发利用各类海洋产业及相关经济活动的总和。海洋产业是人类开发利用海洋资源所形成的各类行业的总和，是海洋经济的构成主体和基础，是海洋经济存在和发展的前提。

综上所述，海洋石油经济的发展壮大能积极促进海洋经济的腾飞，而海上石油开发的安全性则是发挥这个促进作用的基本前提和保障。海洋是潜力巨大的资源宝库，是人类赖以生存和发展的蓝色家园。

5.2 海洋石油开采污染的类型及其环境影响

5.2.1 海上石油污染的主要因素

工业的快速发展总会增加环境污染的风险，造成生态的破坏，石油工业也不例外。原油成分中含有大量有害物质，这些都会对海洋生态系统产生负面作用。原油中含有毒害作用的化合物主要是挥发性有机物（VOCs）和多环芳烃（PAHs）。VOCs 的种类繁多，成分复杂，是臭氧和二次有机颗粒物的重要前体物，部分组分还具有毒性、刺激性和致癌作用。PAHs 是石油中含有的挥发性碳氢化合物，是重要的环境和食品污染物。迄今已发现有 200 多种 PAHs，其中有相当一部分具有致癌性，如苯并［a］芘、苯并［a］蒽等，若其在环境中长期存在，会造成水生生物物种多样性降低的严重后果。

随着石油勘探开发的范围和深度不断增加，尽管已经采取了很多切实可行的措施来确保生产的安全并降低环境的污染，但石油开采的污染问题从未得到根本的遏制，不论是陆地还是海洋，石油工业对环境的污染都是全世界的共同问题。

随着石油勘探开发的工作重心逐渐由陆地向海洋、深海转移，石油开采已逐渐成为海洋生态环境污染的主要源头之一，并对海洋及近岸环境造成了严重的危害。

海洋石油污染的因素包括自然因素和人为因素。

5.2.1.1　自然因素

自然因素往往随机发生，造成污染的过程非常漫长，因此往往被人们所忽略。

（1）海底地层的剧烈自然运动：例如地震形成的断裂带刚好劈开储集原油的地层，导致蕴藏在海底地层深处的原油通过断裂缝渗入海洋水体，渗出量和影响范围与油藏原始压力、溢出过程的地层通道、原油的性质及洋体流动环境等因素有关。资料显示，已经发现在美国加利福尼亚海岸、阿拉斯加海岸、阿拉伯湾、红海、南美东北沿岸和中国南海的海底均存在原油的聚集，据资料估算，世界范围内由于海底石油渗出而直接输入海洋环境的石油大约每年有 250 万 t。

（2）外部河流的输送：河流从陆地含油沉积岩侵蚀下来的石油输入海洋，据资料估算，通过这种途径输入海洋的原油每年约为 5.3 万 t。

（3）新生原油：尽管油气藏的形成需要经历漫长的地质年代，但只要环境适合，油气的生成就会持续，如果不具备运移成藏的条件，通常就会直接进入海洋水体，成为自然因素导致的石油污染，例如陆地及海洋生物遗体合成的生源烃。

5.2.1.2　人为因素

人为因素是众多石油污染事故中的主要因素，来源包括海上石油生产、海洋运输、大气输送、城市污水排放等。

海洋石油勘探开发及生产运输过程中溢油事故的治理难度非常大，因此，从减少发生溢油事故的风险及事故发生后制定治理事故的有效措施的角度来看，十分有必要对海洋石油开发过程中可能发生溢油的环节、原因进行分析，以期最大限度地减少损失和危害。

5.2.2　海洋石油污染的类型

5.2.2.1　按照石油开发的过程分类

海洋石油开发的完整步骤包括海底油气勘探、钻井、测井、井下作业、采油、采气、油气集输等多个环节。按石油开发的过程环节，海洋石油污染包括 6 种类型。

（1）石油勘探、钻井平台施工过程：主要污染源是地下爆破的震源和噪声，产生的污染物有冲击波、有机氮、悬浮物等。

（2）钻井过程：主要污染源是钻井设备和钻井平台施工现场。钻井过程中不仅会产生废气、废水，还会产生废渣和噪声。废气主要来自柴油机排放的废气和烟尘；废水主要包括柴油机冷却水、废弃泥浆、洗井液及平台生活污水；废渣主要有钻井岩屑、废弃钻井液及钻井污水处理后的污泥。

（3）测井过程：随着测井技术的发展，伽马源、中子源和放射性同位素等放射性物质被广泛地应用于生产过程中，由此带来的放射性污染成为海洋油气开发过程中放射性污染的主要来源。污染源主要是放射性"三废"物质，因操作不慎而溅、洒、滴入海洋中的活化液，挥发进入空气中的放射性气体以及被污染的井管和工具等。

（4）井下作业过程：由于工艺复杂、施工类型多，其形成的污染源比较复杂。在压裂施工中，会产生大量的废弃压裂液；平台发电机组、高压泵产生废气、噪声和振动；在酸化施工中，酸化液与硫化物积垢作用后可产生有毒气体硫化氢，造成大气污染，酸化排出的污水含有各种酸液；在注水和洗井施工中产生的洗井污水。

（5）采油（气）过程：油气开采是海洋油气开发过程中的重要环节，主要污染源包括在作业过程中产生的大量含油废水；由于生产事故或井喷产生的废气、落海石油；油砂以及噪声。

（6）运输过程：海洋采油平台远离大陆，开采出的油气通过管道或油轮运输。由于自然因素、操作失误、管道腐蚀老化等原因造成输油管道破裂泄漏，油轮在运输过程中触礁、碰撞搁浅或沉没，均会导致大量石油的泄漏；油轮在运输过程中产生的压舱水、洗舱水均含有石油，如果直接排放也会对海洋造成污染。船舶碰撞是我国海洋溢油事故发生的主要原因，触礁和沉没也是船舶溢油事故发生的常见原因，其中碰撞事故导致的溢油总量最大，触礁次之。阶段调查结果显示，船舶溢油发生次数均呈现先增后减的态势，非船舶性海洋溢油发生次数较少但更难控制，给社会经济带来严重损失。

5.2.2.2　按照污染物的形态分类

在海洋油气田开发生产的整个过程中，产生的污染物按其形态可分为 6 类：① 海下爆破产生的污染物；② 海洋水体污染物；③ 大气污染物；④ 固体污染物；⑤ 噪声；⑥ 放射性污染。

5.2.2.3　按照污染物的影响时间分类

按照对渔业资源的污染影响期限，污染物可以分为 3 类：

（1）暂时污染：包括地震噪声、作业噪声、气体排放噪声等，在施工和作业时产生，施工停止即消失。

（2）短期污染：数量有限的废弃物，如钻井废水、废弃的岩屑、油砂等，经过净化处理后少量排放，由于海水的自洁作用，污染作用逐渐减少并在较短时间内消除。

（3）长期污染：连续排放的含油废水在油气田生产过程中持续产生，大量的落海原油对渔业资源的危害是长期性的。

5.2.2.4 按照石油输入类型分类

海洋石油污源染按石油输入类型，可分为突发性输入和慢性长期输入（表5.1）。

表 5.1 按照输入类型分类的海洋石油污染

突发性输入	慢性长期输入
油轮事故：油轮事故、违章排污	天然来源：海底渗漏、剥蚀
海上石油开采：储油泄漏、井喷事故	工业民用废水：沿海工业民用废水、内陆工业民用废水沿河流入海
	含油大气：工业含油废气的沉降、车船含油废气的沉降

5.2.3 海洋溢油的侵害过程

溢出的原油在进入海洋水体之后，会发生以下一系列的复杂变化。

（1）扩散：通常原油比海水轻，会有一些原油漂浮到海洋水体的表面。漂浮的石油在惯性力、摩擦力和表面张力的共同作用下，迅速扩展成薄膜。在风浪和海流的作用下，这些薄膜被分割成大小不等的块状或带状油膜，随风漂移扩散。扩散是局部海域石油污染自主降低的主要过程，但随之而来的则是污染面积的进一步扩大。

（2）蒸发：在油膜扩散和漂移过程中，石油中的轻质组分将通过蒸发逸入大气。蒸发的速率随分子量、沸点、油膜表面积、厚度和海况的不同而不同。蒸发是海上油污自然消失的一个重要途径，大约能消除泄入海中石油总量的 $1/4 \sim 1/3$。

（3）氧化：油膜会在光和微量元素的催化下，发生自身氧化和光化学氧化反应。扩散和蒸发都属于物理过程，而氧化则是石油化学降解的主要途径，其速率取决于石油烃的化学特性。石油入海后的初期阶段，扩散、蒸发和氧化这3个过程对水体中石油的消散起着重要作用。

（4）乳化：石油乳化有两种形式，包括油包水乳化和水包油乳化。油包水乳化的产物较稳定，聚成冰激凌状的块或球形后，能较长期在水面漂浮；而水包油乳化的产物较不稳定，容易消失。当石油入海后，由于海流、涡流、潮汐和风浪的搅动，很容易发生乳化作用。溢油后如使用分散剂，将有助于水包油乳化的形成，从而可加速海面油污的去除。

（5）溶解及海洋生物对石油烃的降解和吸收：石油中的低分子烃和一些极性化合物

会继续落入海水中，广泛分布在海水和海底淤泥中的烃类氧化菌对降解石油烃起到重要作用。浮游海藻和定生海藻可直接从海水中吸收或吸附溶解的石油烃类。此外，一些海洋植物和动物也能吸收和降解石油。由于石油烃是脂溶性的，因此海洋生物体内石油烃的含量一般会随着脂肪的含量增大而增高。石油的有害物质不仅危害到海洋生物，也会随着食物链继续威胁到人类。

（6）沉降：海面的石油经过蒸发和溶解后，会聚合成沥青块或吸附于其他颗粒物上，最后沉降到海底或漂浮到海滩上。

5.2.4　海洋溢油的影响及危害

5.2.4.1　生态危害

（1）影响海气交换：油膜覆盖于海面，阻断氧气、二氧化碳等气体的交换。气的交换被阻碍将导致海洋中的氧气被消耗后无法从大气中补充，二氧化碳交换失衡首先破坏了海洋中的二氧化碳平衡，妨碍海洋从大气中吸收二氧化碳形成 HCO_3^{2-}、CO_3^{2-} 缓冲海洋 pH 的功能，从而破坏了海洋中溶解气体的循环平衡。

（2）影响光合作用：油膜阻碍阳光射入海洋，使水温下降，加上油膜的阻断作用破坏了海洋中氧气、二氧化碳的平衡，从而破坏了光合作用的客观条件。同时，分散和乳化油侵入海洋植物体内，破坏叶绿素，阻碍细胞正常分裂，堵塞植物呼吸孔道，进而破坏光合作用的主体。

（3）消耗海水中溶解氧：石油降解大量消耗水体中的氧，而海水恢复氧的主要途径之一——大气溶氧——又被油膜阻碍，直接导致海水的缺氧。

（4）毒化作用：石油中的稠环芳香烃会使生物体含有剧毒，毒性与芳环的数目和烷基化程度有关，大分子化合物的绝对毒性很高。而在水中，由于低分子类具有很强的水溶性及后续的很大生物可利用率，也表现出较强的毒性影响。烃类经过生物富集和食物链的传递能进一步加剧危害，从而影响到其他物种（包括人类）。烃类有致基因突变和致癌的作用，而慢性石油污染的生态学危害更难以评估。

（5）全球温室效应：大洋是大气中二氧化碳的汇聚地，石油污染影响海气交换，也必将加剧温室效应，促进厄尔尼诺现象的频繁发生，从而间接加重全球问题。

（6）破坏滨海湿地：石油开发等人为活动导致滨海湿地丧失严重。据估算，中国累计丧失滨海湿地面积约 219 万 hm^2，占滨海湿地总面积的 50%。

受到溢油污染后海洋生物群落会进行恢复，在恢复过程中，幸存下来的生物首先进行繁衍，由于其他物种受到污染数量急剧减少，幸存生物的种群数量会增加，吸引大量物种从其他地区迁移而来，种群内物种相互作用，引发剧烈震荡。后期群落波动不断，引发物种相互作用减弱，其间伴随着大量外来物种的大规模迁入，经过长期过程后，最终群落的时间、空间变化恢复正常。从这一群落恢复规律中我们也可以看出，受到石油溢油污染的海洋生物群落如果想要恢复正常状态，需要经过复杂且长期的恢复过程，溢油污染对于海洋生物多样性、海洋生物群落的演化发展都是极大的打击。

5.2.4.2　社会危害

（1）危害渔业：由于石油污染抑制光合作用，降低溶解氧含量，破坏生物生理机能，海洋渔业资源正逐步衰退。海上溢油污染可能造成鱼卵、仔鱼因高浓度的油含量而全部死亡，幼鱼因为具有一定的游泳能力，所以死亡率估计占70%，成鱼绝大部分可以回避；还可造成油污在潮流作用下，黏附在岛礁、岸滩，使潮间带底栖动物受到严重污染而导致死亡或失去使用价值。

（2）加剧赤潮：数据表明，在石油污染严重的海区，赤潮的发生概率增加。虽然赤潮发生机理尚无定论，但石油烃类的污染无疑在其中起了积极作用。

（3）影响工农业生产：石油易附着在渔船网具上，加大清洗难度，降低网具使用效率，增加捕捞成本，造成经济损失。此外，海滩晒盐厂难以使用受污海水，受污海水必然大幅增加海水淡化厂和其他需要以海水为原料的企业生产成本。

（4）影响旅游业：海洋石油极易贴岸而玷污海滩等极具吸引力的海滨娱乐场所，影响滨海城市的形象。在《溢油污染对滨海旅游业的损害研究》一文中，倪国江等学者以分析导致滨海旅游业受损的溢油污染来源为前提，全面剖析溢油污染对滨海旅游业的损害。综合文章内容来看，溢油污染主要造成生态环境损害、经济损害和社会损害三大类损害。

首先，海上溢油污染易造成生态环境损害。第一，海水损害。溢油污染降低海洋的自净能力，将降低海水观赏价值，破坏海水浴场的游泳功能。第二，海底沉积物损害。受到海上溢油污染的海底沉积物会随着海流移动，间接扩大污染范围。第三，生物损害。溢油污染会破坏生物生存的环境和食物源，而它们正是沿海的滨海旅游景区赖以生存的生物资源，受到污染的环境和食物将会对沿海旅游区造成极大损害。第四，岸滩和礁石损害。在风和潮汐的作用下，海面浮油或油水的混合物涌到岸上，损害沙滩和礁石作为滨海旅游组成元素的观赏价值。

其次，海上溢油污染易造成经济损害。第一，景区观光娱乐设施损害。第二，景区门票收入损害。在受到溢油污染威胁和破坏的状况下，景区游客数量减少。第三，相关服务业损害。滨海旅游景区因溢油污染导致的游客减少，造成相关服务业营收损失。第四，政府损害。政府所做的污染后处置工作，需要投入大量的人财物资源。

最后，海上溢油污染易造成社会损害。溢油污染给滨海旅游业带来的社会损害，表现为对相关人员身心和生活的损害、对景区社会美誉度的损害、对政府声誉的损害等情况。

5.3 海洋溢油风险分析及预防措施

5.3.1 地质溢油风险评估简述

地质溢油风险评估，其最主要的目的是定量评价溢油在海洋环境中发生的可能性，有针对性地制定防范措施，减少发生溢油事故。通过对系统的风险评估，可认定在哪些区域进行干预会更有效，以减少特殊事件发生的可能性或事件后果。进行海上溢油风险分析，旨在降低海上溢油的可能性。近年来，海洋溢油事件不断发生，石油泄漏被称为海洋污染的超级杀手。海洋溢油事件对自然环境、水产养殖、浅水岸线、码头工业等都会造成不同程度的危害。如何对海洋溢油事故进行风险评估并寻找适宜的风险评估方法，有着重要性和紧迫性。

5.3.2 船舶溢油风险评估

据统计，我国沿海近 40 年来（1973—2011 年）发生船舶溢油事故约 3 000 起，平均 4～5 d 发生一起污染事故。其中，一次性泄漏 50 t 以上的溢油事故 95 起，年均 2.5 起，平均每起污染事故溢油量为 537 t，溢油总量达 38 500 t。这些事故的发生概率虽小，但由于突发性强、破坏性大，一旦发生其影响程度往往是巨大的，通常会对事故周围海域生态环境造成严重破坏，产生巨大的经济损失，导致区域的生态失衡，甚至造成长期的危害，致使海洋生态环境难以恢复。

5.3.2.1 船舶溢油风险评价指标体系

根据对海上船舶溢油风险的源相分析，对可能影响海上船舶溢油风险的各种客观因素进行了归纳，筛选出以下几点主要影响因素：

1）船舶状况

船舶类型、船舶吨位、船舶设备状况、船龄。

2）船员因素

操船水平、对规章制度的执行程度、行为道德规范。

3）气象因素

风、降水、雾霾。

4）水文条件

海况、洋流。

根据内容的分析，建立如表 5.2 所示海上船舶溢油风险综合评价指标体系。

表 5.2 海上船舶溢油风险综合评价指标体系

目标层	准则层	指标层
海上船舶溢油风险	船舶状况	船舶类型
		船舶吨位
		船舶设备状况
		船龄
	船员因素	操船水平
		对规章制度的执行程度
		行为道德规范
	气象因素	风
		降水
		雾霾
	水文条件	海况
		洋流

5.3.2.2 船舶溢油风险评价指标标度

海上船舶溢油风险综合评价考虑了多个影响因素，将其中每个影响因子的风险程度分为 5 个等级，其风险程度评价标准见表 5.3。

表 5.3 船舶溢油风险程度评价标准

	低风险	较低风险	中等风险	较高风险	高风险
船舶类型	客船/滚装船	散装杂船	集装箱船	液货船	油轮
船舶吨位/DWT	≤10 000	10 000～30 000	30 000～60 000	60 000～100 000	≥100 000
设备状况	很好	较好	中等	较差	很差
船龄/a	≤5	5～10	10～15	15～20	≥20
操船水平	很好	较好	中等	较差	很差
对规章制度的执行程度	严格执行	较严格执行	执行	部分执行	不执行
行为道德规范	很好	较好	中等	较差	很差
风速	≤10	10～20	20～25	25～35	≥35
降水	微雨	小雨	中雨	大雨	暴雨
雾霾/m	≥4 000	2 000～4 000	1 000～2 000	500～1 000	≥500
波高/m	≤2.5	2.5～5.0	5.0～7.5	7.5～10.0	≥10.0
洋流/（m/s）	≤0.25	0.25～1.0	1.0～2.5	2.5～3.5	≥3.5

5.3.3　溢油风险分析及预防措施

5.3.3.1　溢油风险的分析

（1）在溢油源里增加工作液（随原油同时溢出的液体，如压裂液、回注水、钻井泥浆、完井液等）；回注岩屑的浓度、粒径分布；回注岩屑及回注水中添加物及对环境损害风险的说明；对回注工艺流程的详细说明。

（2）对所有生产环节、交叉作业（包括岩屑回注、注水等工艺流程）中可能导致溢油风险的因素分析、防范措施、定期监测（监测手段、评估方法）及应急响应计划、后期定期评估制度等进行详细说明。

（3）注水开发阶段溢油事故源分析中，补充完善注水井的井身结构、注水工艺流程、注水层位、注入水水质分析、注入水的地层配伍性分析、注水改变地层流动条件的预评估、注水参数分析、注水井吸水剖面测试计划、生产井转注的产液剖面测试计划、注水井及生产井转注的固井质量评价。

（4）补充完善对注水方式（注水工艺流程、注入水添加剂成分、井位、层位分层注采比、注水井压力变化情况）的风险评估及突发事故的应急计划。

（5）分析注水目标地层（必须细化到吸水层，而不是整个目标地层）的压力监测计划，包括测压点、测压方式、测试频率、数据异常预警机制及责任人等。

（6）钻井阶段溢油事故源分析中，详细介绍钻井井位、钻井计划，并评估钻井遇高压层的风险。

（7）补充完善对输油管线破损、操作失误等造成溢油风险的分析。

（8）补充完善各种地质灾害导致溢油的风险分析。

5.3.3.2　溢油事故的处置

（1）需要对溢油应急结束条件进行定义及详细说明。

（2）补充完善应急计划中对各部分溢油回收、处理的说明。

（3）补充完善对溢油通道（软地层、海底淤泥、水体、水面）存油量的估算方法。

（4）溢油防治措施中，补充完善如何从源头上防治溢油的措施策略，并列出详细的应急措施（如如何切断源头或泄压），包括详细的施工步骤、保障措施、责任人等。

5.4　海洋环境污染防治的措施

治理海洋石油污染的方法一般可分为物理法、化学法和生物修复法三大类，前两种修复方法一般用于大量石油泄漏事故的初步治理，生物修复则适用于去除物理和化学方法处理之后的残余浮油，或者石油泄漏量较少的情况等。

5.4.1 物理方法

目前利用物理方法和机械装置消除海面及海岸带油污的效率最高，但对于厚度小于 0.3 cm 的薄油层和乳化油效果较差。常用的物理方法有清污船及附属回收装置、围油栏、吸油材料、磁性分离等。

清污船及附属回收装置种类很多，主要用来回收水面的浮油，其工作原理是利用油和水的密度差，用泵汲取油水界面上的油。除采用抽汲原理工作的浮油回收器外，还有吸附式和旋涡式浮油回收装置。其适用范围不完全相同，常根据溢油状况、海况、清污船功能选用设备。但随着海况和气象条件的变化，其回收能力变化较大，条件越恶劣，工作效率越低甚至无所获，因而本法常用于良好海况。

围油栏的作用主要是阻止油的扩散，防止污染海域面积扩大，并使海面的浮油层加厚，以利于油的回收。采用浮体漂浮于水面的围油栏，由浮体、水上部分、水下部分和压载等部分组成。水上部分起围油的作用，水下部分是防止浮油从下部漏出；压载的目的是确保围油栏直立在水中；浮体提供浮力，使围油栏漂浮在水中。围油栏在风大浪急的情况下使用起来比较困难，效率也不够高，因此一般在港湾内使用。围油栏除了可在发生溢油事故后使用外，还可在港口码头、污水排放口及海滨浴场附近使用，它可以作为预防事故发生的一项措施。除了上述固体围油栏，还有用气体或化学药剂来阻止油扩散的气体围油栏和液体围油栏。在海底敷设气泡发生管，通入高压空气，气泡上升形成气体围油栏。该类围油栏的气孔易被堵塞，应定期进行检查。从飞机或船上向受污海域喷洒化学药剂，药剂入水后能迅速扩散，并抑制油的扩散，形成液体围油栏（也称化学围油栏）。因该类药剂成本过高，所以难以在大规模溢油事故中使用。

吸油材料处理海上溢油是最早采用的手段之一。吸油材料应该具有以下几种特征：① 表面具有亲油疏水性；② 比容大，集油能力强；③ 在集油状态时能浮在水面。制作吸油材料的原料有高分子材料（如聚乙烯、聚丙烯、聚酯、聚氨酯等）、无机材料（如硅藻土、珍珠岩、浮石等）以及纤维（如稻草、麦秆、木屑、草灰、芦苇）等。

磁性分离法是利用亲油憎水的磁性微粒，将它撒播在被污海域，这种磁性微粒会迅速溶于油中而使油呈磁性，并被磁性回收装置清除。

5.4.2 化学方法

对处理水域在油膜较薄，难以用机械方法回收油，或可能发生火灾等危急情况下，可以使用向水中喷洒化学药剂的方法来进行化学消油。化学处理法有传统化学处理法和现代化学处理法。传统化学处理法为燃烧法，即通过燃烧将大量浮油在短时间内彻底烧净，费用低廉，效果好。但该法也存在不利的一面，如果不完全燃烧会放出浓烟，其中包括大量芳烃，它们也会污染海洋、大气，且该方法在近岸使用危险甚大。该方法多用于外海。

现代化学处理法是指用化学处理剂改变海中油的存在形式，使其凝为油块由机械装置回收或乳化分散到海水中让其自然消除。该方法多用于恶劣气象、海况条件下大面积除油。其化学处理剂包括以下 4 类：

5.4.2.1　分散剂（又称消油剂）

目前应用最广泛的处理剂，适于 0.05 cm 厚度以下油膜。其工作原理是将油粒分散成几微米大的小油滴，使其易于和海水充分混合并利于海水中的化学降解和生物降解的发生，从而达到除油的目的。分散剂包括两部分：界面活性剂（促进油乳化形成 O/W 型乳化液，并分布在油滴界面，防止小油滴重新结合或吸附到其他物质上）和溶剂（溶解活性剂并降低石油黏度，加速活性剂与石油的融合）。活性剂主要为非离子型（如常用脂肪酸、聚氟乙烯酯、失水山梨糖醇），溶剂则用正构烷烃等，这些物质毒性低，不易形成二次污染。消油剂的优势在于使用方便，不受气象、海况影响，是恶劣条件下处理中低浓度油常用的分散剂，且使用时有必要考虑它本身的毒性。

分散剂的主要优点是：① 可用于恶劣的天气条件下。此时，机械处理受到限制，而强风、急流等却能有效提高分散剂的效力；② 可用大型飞机进行大面积的快速处理。对于发生在遥远地区、难以接近的溢油来说，喷洒分散剂是最合适的选择。鉴于以上优点，分散剂使用方法主要有两种：在海面上或在海岸线上使用。在海面上使用时，可通过安装于船和飞机上的喷洒设备进行喷洒得到广泛应用。船舶喷洒分散剂处理速度低，确定油膜准确位置难，且有可能使分散剂喷洒在清洁海面。用飞机在空中喷洒作业可以克服这些不足，并且能够有效监视喷洒效果，因此适用于大量的溢油。海岸线上使用分散剂最好是在涨满潮之前进行喷洒，在非潮汐海岸线可以考虑用盐水轻轻冲洗。由于对海岸线上的溢油量进行预测比较困难，在进行大规模清洗作业之前，最好进行一个小规模清洗作业实验。

5.4.2.2　凝油剂

凝油剂又叫固化剂，是在分散剂之后发展起来的，其优点是毒性低，溢油可回收，不受风浪影响，能有效防止油扩散，提高围油栏和回收装置的使用效率，可使油凝成黏稠物直至油块或本身可吸油形成一种易于回收的凝聚物的物质，适于厚度为 0.05～0.3 cm 的油膜。其工作原理依品种不同各不相同，如山梨糖醇衍生物类凝油剂对油有先富集再成胶的作用，对轻质油、薄油层均有效，毒性也低；而天然酯类凝油剂喷洒在油膜上后形成的油包水乳状液黏度高，可用机械方法除去。

5.4.2.3　集油剂

集油剂是一种防止油扩散的界面活性剂，相当于化学围油栏。它是利用其所含的表面活性成分，大大降低水的表面能，改变水—油—空气三相界面张力平衡，驱使油膜变厚，达到控制油膜扩散的作用。但随着油膜厚度增加，其效果下降。它对薄油层先汇聚后抑扩散，对 1～1.5 cm 厚度的油层仅能控制扩散，而对厚油层只能降低扩散速度，且每隔一定时间就需追加投料一次，在使用后要及时用物理方法回收。集油剂的活性成分为不挥发的失水山梨糖醇酯、十八碳烯醇等，而溶剂则用低分子醇、酮类。这些成分毒性低，在良好气象条件下特别适用于内海薄油层的清除。

5.4.2.4 沉降剂

沉降剂可使石油吸附沉降到海底，但这样会将油污染带到水域底部，危害底栖生物，一般仅在深海区使用。

5.4.3 生物修复法

生物修复法，是指人工选择、培育，甚至改良这些噬油微生物，然后将其投放到受污海域，进行人工石油烃类生物降解，处理原则是利用微生物降解水中原油，使其最终无机化。生物修复法治理石油污染主要采取以下方法：

（1）投加生物表面活性剂，增加石油与水体中微生物的接触面积。

（2）投加高效降解石油的微生物，增加微生物的种群数量。

（3）投加氮、磷等营养源，促进土著微生物对石油的降解。

生物修复技术法的优点包括：① 生物修复是最环保的技术之一。生物修复技术的实质是在微生物代谢过程中，石油被降解为简单无害的、容易重新进入生物地球化学循环的无机产物（如 CO_2 和 H_2O）。然而，由于复杂的化学结构，石油化合物通过常规的物理和化学方法会被降解成其他化学化合物，而不是 CO_2 和 H_2O。同时，还可能产生二次污染物，破坏海洋环境。② 生物修复技术是最具成本效益的技术之一。与物理和化学处理相比，生物修复是基于其在海水—微生物—污染物系统中的物理、化学和生物过程，石油污染物则是通过微生物的代谢过程去除。根据调查，相较于化学和物理方法，生物修复方法可以节省 50%～70% 的成本。③ 生物修复是一种高效的原位技术。一些研究表明，在有利的环境条件下，将特定或经基因工程改造的石油降解微生物转移到石油污染场地进行原位生物修复是可行的。

营养盐主要有 3 种形式：

（1）缓释型：该类型营养盐具有合适的释放速率，通过海潮可以将营养物质缓慢地释放出来。

（2）亲油型：亲油肥料可使营养盐"溶解"到油中，在油相中螯合的营养盐可以促进细菌在表面生长。

（3）水溶型：该类产品会被海水溶解，可以解决下层水体及沉积物的污染问题。

利用生物方法虽然需要经过一个较长的处理周期，但是生物方法是通过对环境自身净化能力的提升达到对石油的降解，从而减少了石油对海洋环境的污染，对环境不存在二次污染，并能够较为彻底地对石油污染进行处理。

5.4.3.1　海洋环境中石油降解微生物的种类及分布

自 20 世纪中叶以来，利用石油降解微生物进行溢油生物修复已被广泛报道。这些研究表明，不同种类的石油降解微生物在海洋环境中分布广泛。一旦石油污染后其他优势微生物群受到抑制，而这些石油降解微生物迅速繁殖并成为优势物种。在海洋环境中，已发现 100 多个属、200 种石油降解微生物（如细菌、真菌、藻类等），其中包含细菌（79 属）、蓝藻（9 属）、真菌（103 属）和藻类（19 属）。

举例来说，在海洋环境中，细菌在石油降解微生物中起着重要作用，如无色（杆）菌属、不动细菌属、产碱（杆）菌属、节杆菌属、芽孢杆菌属、产黄菌属、棒状杆菌、细杆菌属、微球菌属、假单胞菌属、放线菌、诺卡菌属、短梗霉属、念珠菌、蔷薇色酵母属和掷孢酵母属。此外，一些真菌（包括曲霉、毛霉、镰刀菌和青霉）也是石油降解微生物。大头茶属广布于陆地、沿海和海洋环境，可降解各种环境污染物，包括苯并噻吩、二苯并噻吩、烷烃、多环芳烃等。不同类型的石油降解微生物主要包括杆菌属、真菌和藻类。杆菌属主要包括无色杆菌、不动杆菌、产碱菌、放线菌、古细菌、芽孢杆菌、环孢菌、棒状芽孢杆菌、色杆菌、黄杆菌、微球菌、微杆菌、分枝杆菌、诺卡氏菌、假单胞菌、八叠球菌、沙雷氏菌、链霉菌、弧菌、黄单胞菌、真菌主要包括霉菌（青霉属、曲霉属、镰刀菌属、地霉属、胶质菌属、毛霉属）、酵母菌（吖啶菌属、曲霉属、金黄色葡萄球菌属、麦芽毕赤酵母属、热带假丝酵母菌属、顶端念珠菌属、念珠菌属、枝孢菌属、脱巴氏菌属、念珠菌属、被孢霉属、红酵母属）。藻类主要包括荚膜藻、双孔藻、鱼腥藻、无盖藻、小球藻、衣藻、球藻、圆线虫、杜氏藻、微球菌、念珠菌、振荡藻、花瓣藻、紫球藻。

5.4.3.2　石油降解的过程

一般来说，生物降解石油化合物要经过 3 个过程。首先，石油化合物被吸附到微生物表面，其次这些石油化合物转移到微生物细胞膜上面并且在微生物细胞中被降解，最后这些化合物被微生物降解成各种小分子。目前，许多研究表明，各种石油组分（如烷烃、多环芳烃等）的降解是一个氧化过程。然而由于石油组分的结构不同，如饱和、芳香、树脂和沥青质组分烃，这些化合物的降解途径也不同。

1）石油组分（如烷烃、多环芳烃等）的降解过程

烷烃（一般式：C_nH_{2n+2}）是一种典型的饱和烃，结构中全部为单键。环烷烃（一般式：C_nH_{2n}）是结构中含有几个碳环的另一种饱和烃。烷烃的微生物降解过程如图 5.1 所示，可分为 3 种形式：亚端氧化、烷基氢过氧化物和环己烷降解。微生物的某些酶（如

氧化酶、脱氢酶等）催化烷烃转化为脂肪酸，然后通过微生物的克雷布斯循环代谢逐渐转化为乙酰辅酶 A，最终转化为 CO_2 和 H_2O。在此过程中，酶（如烷烃单加氧酶、脂肪醇脱氢酶、脂肪醛脱氢酶等）在高效催化降解过程中起着重要作用。

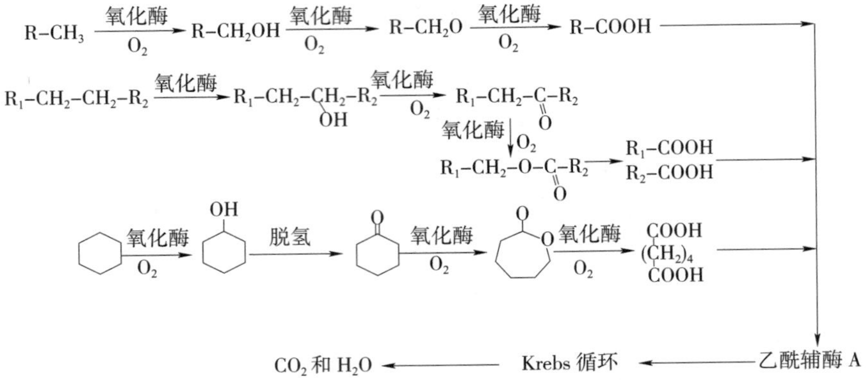

图 5.1　烷烃和环烷烃的降解途径

与烷烃一样，环烷烃的生物降解原理也是亚端氧化。首先，环烷烃被各种氧化酶氧化成醇，然后醇脱水转化为酮，紧接着酮被氧化成酯酶和（或）脂肪酸。如图 5.1 所示，以环己烷为例，将环己烷转化为相应的化合物，依次是环己醇、环己酮、脱氢和脂肪酸。最后，化合物被生物降解为 CO_2 和 H_2O。

此外，具有不同取代基的环烷烃也可被氧化。烷基取代脂环化合物可能发生在侧链氧化的两个位置，脂环化合物的性质、微生物种类等因素都会影响反应的初始位置。

2）石油组分（芳香烃）的降解过程

芳香烃的降解过程如下：芳香烃被氧化酶氧化为二氢二醇，将二氢二醇降解为邻苯二羟基苯，邻位开环反应和间位开环反应是邻位羟基苯的降解过程，这些化合物被氧化成长链化合物，并代谢为乙酰辅酶 A。降解过程如图 5.2 所示。

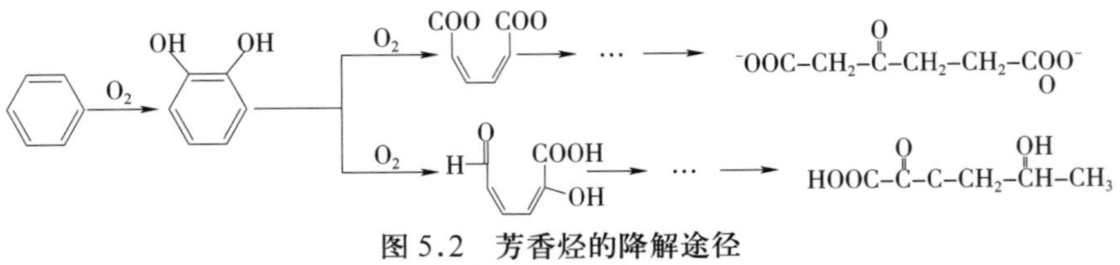

图 5.2　芳香烃的降解途径

一些真菌和细菌也可以降解芳香烃，但其过程各不相同。以细菌为例，芳香烃被两个氧原子氧化，转化为顺式二氢二醇。但芳香烃被真菌氧化转化为反式二氢二醇。

3）石油组分（PAHs）的降解过程

由于 PAHs 是典型的高致癌、致突变和致畸物质，从而引起了人们对其降解机理的广泛关注。它可以在催化成乙二醇或邻苯二酚基团的酶下降解，然后进一步分解成乙酰辅酶 A 或琥珀酸。一般来说，PAHs 的降解途径是通过酵母的单加氧酶逐渐降解为环氧、反式二醇、苯酚和反式二氢二酚。另一途径是 PAHs 被双加氧酶逐渐降解为环氧、顺式二醇、顺式二氢二苯酚等。这两种途径中的最终代谢物都是二氧化碳和水，PAHs 生物降解的总体步骤如图 5.3 所示。

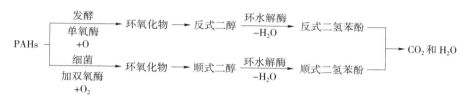

图 5.3　PAHs 的降解途径

由于被降解的 PAHs 不同，其被降解的等级可按溶解度、苯环数、取代基种类和数量、杂环原子性质等进行分级。此外，沥青结构最复杂，很难被生物降解分解。然而，许多研究表明，PAHs 在好氧条件下可以降解。其他研究表明，PAHs 也可在厌氧条件下经反硝化、硫酸盐还原或产甲烷发酵降解。与降解速率较高的好氧降解相比，PAHs 的厌氧降解速率相对较慢，并且目前 PAHs 的厌氧降解途径仍未被探明，见表 5.4。

表 5.4　石油降解微生物和相应的降解物质

代谢物质	种类
脂肪烃、环己烷、烷基苯和二环烷烃	假单胞菌、棒状杆菌、芽孢杆菌
石油和苯并 [a] 芘等物质的长碳链烃组分	曲霉属、青霉属
萘、1- 甲基萘、2- 甲基石脑油、2,6- 二甲基萘和菲	环营养弧菌
萘、蒽、菲和芘	斑点气单胞菌
菲和菌	弧菌、假交替单胞菌、海洋单胞菌
正构烷烃芳香烃、萘、菲和蒽	菲和蒽
正烷烃、支链烷烃和烷基苯	海洋烷烃降解菌
多环芳香烃	解环菌属
烷类	脱硫球菌属
芘	分枝杆菌

5.4.3.3　石油降解中混合菌的群协同作用

由于石油烃的多样性和复杂性，一种石油烃降解菌株不能降解所有的石油烃。如脱硫弧菌属、食烷菌属、迪茨氏菌属等对烷烃具有良好的降解效果，而短杆菌属、棒杆菌属、解环菌属、假交替单胞菌属等对 PAHs 的降解能力较强。为了达到最有效的生物降解效果，亟须组建能降解更多种类石油烃的优势混合菌群，利用菌株之间的共生和协同作用生成复杂的降解聚生体，从而实现石油烃类污染物的有效降解。在原油的生物降解实验中，假单胞菌属和红球菌属构建的复杂混合菌群的降解效率是高于单菌株的。研究发现能产生生物催化剂和表面活性物质的 3 种菌株中（S1、S2 和 S3），其降解率分别为14.28%、10.68% 和 15.67%。但当 3 种细菌菌株混合协同作用后，总石油烃降解效率高达 19.59%，高于任一单菌株的降解效率。由于不同微生物菌株群体之间存在竞争、拮抗、捕食、寄生等相互作用，致使不同菌种不能简单地混合在一起发酵培养。因此，探明不同菌株混合的最佳比例和混合菌株的最适生长培养条件，发挥最有效的菌株间协同作用，对于提高石油降解率尤为重要。

5.4.3.4 微生物固定化技术

海洋是一个开放且开阔的系统，海水的流动性较强，导致投加到溢油污染区内的石油降解微生物易扩散、浓度低、修复能力弱。石油降解微生物浓度降低后环境适应能力变弱，与土著微生物竞争时处于劣势，导致降解率大大降低。固定化微生物石油污染修复技术解决了微生物扩散的问题。微生物固定化技术采用化学或物理方法，将游离的石油降解微生物定位于限定的区域内，使石油降解微生物密度提高，作用时间增长，抗不良环境能力增强，石油降解能力增强，修复效果提高并可连续重复使用。目前，固定化微生物石油污染修复技术已成为国内外海洋溢油污染方面的研究热点。

1）固定化细胞的制备方法

微生物固定化技术，按照固定化载体与作用方式的不同，主要分为吸附法、包埋法、交联法和共价结合法。各种方法的原理和优缺点见表 5.5。4 种方法相比较而言，吸附法和包埋法由于操作简单、制备较易，在海洋溢油污染中应用潜力较大，但是吸附法中细胞与载体结合力小、易脱落，包埋法存在空间位阻大等缺点。因此，仍需进一步完善微生物固定化技术，克服传统工艺的不足。

表 5.5　固定化微生物技术方法表

方法	原理	优点	缺点
吸附法	利用带电的微生物细胞和载体之间的静电、表面张力和黏附力的作用，将微生物细胞固定在载体表面和内部，并形成生物膜	简便，活力损失小	细胞与载体作用力小、易脱落
包埋法	将微生物细胞包埋在凝胶的微小空格内或埋于半透膜聚合物的超滤膜内	操作简单，条件温和，稳定性好，包埋容量高	空间位阻大
交联法	利用双功能或多功能试剂，直接与细胞表面的反应基团反应，彼此交联形成网状结构的固定化细胞	细胞与载体结合较紧，不易脱落	操作复杂，制备困难，活力损失大
共价结合法	使细胞表面上功能团和固相支持物表面的反应基团之间以化学共价键的形式连接，制成固定化细胞	细胞与载体结合紧密	制备较难，且活力损失较大

对用于海洋石油污染生物修复的微生物固定化方法的选择，需要考虑的主要因素是：

（1）固定化方法要对微生物细胞破坏程度小，尽可能保留微生物的活性，最好能对微生物适应不利环境的能力有所提高。

（2）固定化方法要有良好的稳定性，微生物细胞不易脱落。

（3）固定化方法要有较小的空间位阻，有利于微生物与石油中各种组分的结合。

（4）固定化方法要尽量降低成本，简化流程，以利于大范围应用。

2）固定化细胞常用载体

固定化细胞常用载体主要包括有机高分子载体、无机载体和复合载体，其中有机高分子载体又分为天然有机高分子载体和合成有机高分子载体。天然有机高分子载体包括海藻酸盐、明胶、卡拉胶、海绵、琼脂等，一般对生物无毒性，传质性能好，但强度较低。其中海藻酸盐具有化学稳定性好、无毒、包埋效率高且价格低廉等优点，是一种广泛应用的固定化介质。但是海藻酸盐包埋细胞时，凝胶颗粒的稳定性和机械强度较差，需要对其固定化工艺进行改进（如组合固定化技术）后才能最终应用于海洋溢油环境修复。合成有机高分子载体材料一般强度较大，但传质性能差，在进行固定化时，由于聚合物网络的形成条件比较剧烈，对微生物细胞的损害较大。常见的载体有聚乙烯醇、聚丙烯酰胺等。聚丙烯酰胺凝胶在包埋细胞时，由于交联过程中的放热以及交联试剂本身的毒性，细胞在固定化过程中往往失活。聚乙烯醇凝胶具有机械强度高、化学稳定性好、抗微生物分解、对细胞毒性小、廉价易得等一系列优点，因而具有较大的利用价值。

无机载体（如硅藻土、高岭土、多孔陶珠、多孔玻璃、氧化铝、活性炭等）具有机械强度大、对微生物无毒性、不易被微生物分解、耐酸碱、成本低、寿命长等特性，因而也是一类重要的载体材料。

复合载体由有机载体和无机载体相结合，以实现性能互补。对用于海洋石油污染修复的微生物固定化载体的选择，主要应该考虑的是固定化载体机械强度好，能在一定时间内抵御波浪的冲刷、沙石的碰撞摩擦等破坏作用；固定化载体要无毒无害，本身对环境不造成污染，最好是经过较长时期之后能够自然分解；固定化载体还要廉价易得，以利于降低成本。以上几种固定化载体中，比较有应用潜力的是用作包埋法载体的海藻酸盐、卡拉胶、聚乙烯醇等和用作吸附法载体的硅藻土等。另外，随着研究的深入，国内外的学者还开发出了一些新型固定化方法用于生物催化剂（包括酶和微生物）的固定化，如溶胶—凝胶固定化法、膜固定化法、超微载体固定化法、无载体固定化法、亲和配基固定化法、絮凝吸附固定化法、组合固定化技术等。其中，组合固定化技术可以克服单一固定化技术本身所固有的缺点，扬长避短，代表了固定化技术的最新方向。但同时也要看到，组合固定化技术工艺流程较长，技术要求较高，又对其广泛应用会造成一定影响。在实际应用中，需要根据不同应用环境要求，综合考虑所用微生物的特点设计方案。

5.4.3.5 微生物修复石油污染海域研究中存在的主要问题

目前，微生物修复技术已较为成熟，已经通过筛选分离等方法获得许多具有石油降解能力的细菌、真菌以及放线菌等。很多微生物可以降解小分子量的石油类物质。然而，可降解大分子量石油污染物的微生物却不多。通过总结以往的研究，微生物修复技术仍存在以下几个问题。

（1）复杂的海洋环境是微生物修复技术难以实现实际应用效果的重要因素。海洋的洋流、海浪都会使得投放的微生物菌剂扩散，以降低微生物的降解效力。同时，大多数海洋环境都缺乏氮、磷等营养物质，不能为微生物提供足够的营养供给，微生物的生长代谢受到抑制，从而活性降低，石油去除效果不够理想。

（2）目前，大多数微生物修复技术的研究停留在实验室阶段，很少在实际中展开应用，通过实验获得的治理效果并不能同步反映实际应用的效果，需要从实验室阶段延伸到实际污染海域的现场修复。

（3）石油类物质组分复杂，单一的石油降解菌通常很难实现对石油的去除，往往需要与其他微生物结合作用共同降解石油，且石油类物质具有疏水性，疏水性较强的石油烃无法有效地进入微生物细胞内，降低了石油被微生物利用并降解的概率。

5.4.3.6 海洋石油处理展望

目前我国的溢油污染管理体系还不够完善，相较于国外还有一定的差距。我国石油工业持续不断发展，海上石油污染风险系数也随之增强，因此石油污染水体的修复迫在眉睫。目前的物理、化学修复方法在一定程度上存在局限性，费用较高，适用范围不够广泛，处理效果难以达标且易造成二次污染。相较于物理与化学方法，生物修复技术具有费用低、就地处理、对周围环境干涉少、应用范围广等优点，在水体污染修复方面有广泛的应用价值。但仍存在以下问题：①当受到石油污染浓度高、不利的环境温度等影响时，石油降解菌的活性会降低；②目前筛选分离、培养驯化的石油降解菌株大多是在实验室操作环境下生存的，其降解性在实际处理环境中的适应性还需要进一步研究；③缺乏与其他技术的融合，任何单一技术都难以达到理想的修复效果。

研究高效降解和节能修复技术是今后石油污染修复的主要研究方向，主要思路为：

（1）应用现代生物技术，探究石油降解菌的降解过程，掌握其关键酶及降解机理，充分利用基因工程技术来获得降解能力与抵抗恶劣环境能力更强的转基因石油降解菌，缩短修复时间，全面提高石油污染水体的修复成效。

（2）积极开展中试实验和污染现场实验，根据不同海洋环境开发具有针对性的固定化微生物菌剂。

（3）综合利用物理、化学及固定化等技术，开发一套系统化的针对溢油污染的高效生物修复工艺体系，为溢油污染的治理修复提供有效的技术保障。

第 6 章　海洋固体废物污染与防治

海洋固体废物即海洋垃圾污染问题，是海洋环境保护领域的一个新近课题。减少、控制和防治海洋垃圾污染，不仅关乎海洋及海岸环境与生态系统的维持，更是牵涉经济、政治、社会、生活、人类健康和美学等多领域的多维度问题。如果不能及时从"海洋无限"的观点中警醒过来，严肃地应对眼前的全球海域垃圾污染现状，并有意识、有目的地利用法律手段进行规制和控制，那么我们将失去扭转海洋环境严重退化的良机，进而失去我们赖以生存的海洋。本章从固体废物的概念、内涵和危害入手，讲述海洋垃圾的来源及污染现状，并对典型海洋垃圾的防治措施做了一定探讨。

6.1　固体废物及其危害

6.1.1　固体废物的定义

在人类生存空间中，固体废物随处可见，人们所共知的有生活垃圾、废纸、废旧塑料、废旧玻璃、陶瓷器皿等固态物质，但是许多国家还把污泥、人畜粪便等半固态物质和废酸、废碱、废油、废有机溶剂等液态物质也列入固体废物范畴。由此可见，人们对固体废物的理解并不完全一致。目前，固体废物的定义尚无学术上统一的确切界定。从环境保护角度考虑，我国于 1995 年颁布的《中华人民共和国固体废物污染环境防治法》（简称《固废法》）给出了法律定义：固体废物是指生产建设、日常生活和其他活动中产生的污染环境的固态、半固态废弃物质，如矿业废物、工业废渣、城市生活垃圾、农业废物等。另外，我国现行的固体废物管理体系还把具有较大危害性的、不能排入水体的液态废物和不能排入大气而置于密闭容器中的液态废物也归入固体废物，如废油、废酸、废氯氟烃等。而在现实中，人们通常将各类生产活动中产生的固体废物称为废渣，各类生活活动中产生的废物称为垃圾。

常见固体废物的分类、来源和主要组成物见表 6.1。

表 6.1　固体废物的分类、来源和主要组成物

分类	来源	主要组成物
工业固体废物	1. 矿业、电力工业	废石、尾砂、煤矸石、粉煤灰、炉渣金属、废木料、砖瓦、灰石、水泥、砂石等
	2. 黑色冶金工业	金属、矿渣、模具、边角料、陶瓷、橡胶、塑料、烟尘
	3. 化学工业	金属填料、陶瓷、沥青、化学药剂、油毡、石棉、烟道灰、涂料等
	4. 石油化工	催化剂、沥青、还原剂、橡胶、炼制渣、塑料等
	5. 有色冶金工业	废渣、赤泥、尾矿、炉渣、烟道灰、化学药剂、金属等
	6. 交通、机械、运输	涂料、木料、金属、橡胶、轮胎、塑料、陶瓷、边角料等
	7. 食品加工工业	肉类、谷物、果类、蔬菜、烟草、油脂、纸类等
	8. 橡胶、皮革、塑料工业	橡胶、皮革、塑料、布、线、纤维、染料、金属等
	9. 造纸、木材、印刷工业	刨花、锯木、碎木、化学药剂、金属填料、塑料填料、塑料等
	10. 电气、仪器仪表等工业	金属、玻璃、木材、橡胶、塑料、化学药剂、研磨料、陶瓷、绝缘材料
	11. 纺织服装业	布头、纤维、橡胶、塑料、金属等
	12. 建筑垃圾	废金属、水泥、黏土、陶瓷、石膏、石楠、砂石、纸、纤维、废旧砖瓦、废旧混凝土、余土等
城市生活垃圾	1. 居民生活	食物垃圾、纸屑、布料、庭院植物修剪物、金属、玻璃、塑料、陶瓷、燃料、灰渣、碎砖瓦、人畜粪便、家用电器、家庭用具、杂物等
	2. 商业、机关	纸屑、园林垃圾、金属管道、烟灰渣、建筑材料、橡胶玻璃、办公杂品、废汽车、金属管道、轮胎、电器等
	3. 市政维护、管理部门	碎砖瓦、树叶、死禽畜、金属锅炉灰渣、污泥、脏土等
农林渔业废物	1. 农林牧业	稻草、秸秆、蔬菜、水果、果树枝条、糠碎、落叶、废塑料、人畜粪便、禽类尸体、农药、污泥、塑料等
	2. 水产业	腐烂鱼、虾、贝类，水产加工污水、污泥等
危险废物	1. 核工业、核电站、放射性医疗单位、科研单位	金属、含放射性废渣、粉尘、同位素实验室废物、核电站废物、含放射性劳保用品等
	2. 其他有关单位	含有易燃、易爆和有毒性、腐蚀性、反应性、传染性的固体废物

　　固体废物的概念随时间和空间的变迁而具有相对性或二重性。从时间上看，在当时科学技术和经济条件下的实际生产和生活活动中，人们往往只利用了原料、商品或消费

品中所需的部分，或只利用了一段时间，而将暂时无法利用或失效的部分物质丢弃。由于原材料性质、工艺技术水平和使用目的不同，被丢弃的物质是多种的，仍含有许多有用组分。随着科学技术的进步和一次性资源日益枯竭，今天被丢弃的物质势必又将成为明天的资源。从空间上看，废弃物仅仅相对于某一过程或某一方面没有使用价值，并非在一切过程或一切方面都没有使用价值，经过一定的技术加工处理，某一过程的废弃物有可能成为另一过程的原料，某一地点的废弃物有可能在另一地点发挥作用。例如，高炉渣过去被作为冶金废弃物，现在却成了重要的建材原料，用于生产水泥、矿棉、微晶玻璃等；粉煤灰过去作为电厂的废弃物，现在已用于生产水泥、砖、加气混凝土等硅酸盐制品，成了不废之物。因此，固体废物又有"放错地方的资源"之称。

6.1.2　固体废物的危害

固体废物特别是有害固体废物，如处理不当，能通过不同途径危害人体健康。固体废物、废水、废气和噪声不同，其呆滞性大、扩散性小，对环境的污染主要是通过水、大气和土壤进行的，其对人类环境产生的危害体现在以下几个方面。

1）侵占土地

固体废物产生后，需露天存放或置于处置场，其堆积量越大，占地越多。据估算，每堆积 1×10^4 t 废渣约需占地 1 亩，我国许多城市利用市郊设置垃圾堆场，也侵占了大量的农田。

2）污染土壤

在进行废弃物堆置时，其中的有害组分容易污染土壤。如果直接利用来自医院、肉类联合厂、生物制品厂的废渣作为肥料入田，其中的病菌、寄生虫等会污染土壤，人与污染的土壤直接接触，或者生吃此类土壤上种植的蔬菜、瓜果就会致病。

3）污染水体

固体废物随天然降水或地表径流进入河流、湖泊甚至海洋，会造成水体污染。

4）污染大气

一些有机固体废物在适宜的温度下被微生物分解，能释放出有害气体，而固体废物在运输和处理过程中也能产生有害气体和粉尘。

5）影响环境卫生

我国工业固体废物的综合利用效率很低，城市垃圾、粪便清运能力不高，会严重影响城市容貌和环境卫生，并且也会对人的健康构成潜在威胁。我国是一个发展中国家，据 1996 年统计，中国工业废弃物年产量为 6.4 亿 t，固体废物产生量如此之大，而处理设施却严重不足，综合利用率很低，多数固体废物仍处于简单堆放、任意排放状态，因此对环境卫生造成了很大的影响。

6.2　海洋垃圾

　　工业社会的迅猛发展，加之缺乏系统的回收和再循环利用机制，许多物质都被人们以废物的形式所抛弃，海洋自然而然地就成为固体废物处置的场所。在人类长期的海洋开发利用过程中，海洋垃圾的数量和种类越来越多，成为海洋环境防治工作中的一大难题（图6.1）。

图6.1　海洋垃圾

6.2.1　海洋垃圾的界定、来源及分布

6.2.1.1　海洋垃圾的定义

　　相比于固体废物，海洋垃圾研究起步较晚，人们对海洋垃圾的认识存在一定的局限性。现有国际法框架内，最早关于海洋垃圾的界定可以从1995年《保护海洋环境免受陆源污染全球行动计划》（*Global Programme of Action for the Protection of the Marine Environment from Land-based Activities*，GPA）中解读，该计划将海洋垃圾污染认定为9种海洋污染源之一。2005年，联合国环境规划署在此基础上又发展出一个普遍的定义，将海洋垃圾定义为"海洋和海岸环境中具有持久性的、人造的或经加工的固体废弃物"。2010年《欧盟海洋政策框架指令》（*Marine Strategy Framework Directive*，MSFD）又深化了该定义，将海洋垃圾界定为"由人类制造或使用，有意或无意丢弃或遗失到海洋或海岸线，包括那些从内陆河流和排污系统或由风带入海洋环境的物质，如塑料、木头、金属、玻璃、橡胶、衣物和纸张等"。报告中明确了该定义不包括半固体物质，如煤炭、

蔬菜油、石蜡和偶尔污染海洋的化学物质。后来，美国国家海洋和大气管理局（National Oceanic and Atmospheric Administration，NOAA）将海洋垃圾定义为"人类直接或间接、有意或无意地丢弃到海洋环境中的具有持久性的固体物质"。综上我们可以看出，海洋垃圾包括海洋环境中所有形式的人造或经过加工的固体废物，它包含了人类日常生产和使用的大部分物质类别。由此可见，目前学术界对于海洋固体废物和海洋垃圾认识的相通性。

尽管过去 20 年来国际社会一直在努力减少海洋固体废物的数量，但从统计来看，海洋垃圾的总数并没有减少，反而有不断增加的趋势。根据 1997 年美国科学院估计的输入海洋的垃圾总量来看，全世界每年大约有 640 万 t，每天约 800 万件固体废物输入海洋。此外，每平方千米海洋表面上漂浮大约超过 1.3 万件的塑料垃圾。2002 年海洋保护协会组织的国际海岸的清洁运动中，收集超过 6.2 万件的海洋垃圾，重量超过 4 000 t。与 2005 年相比，2009 年南非海岸塑料瓶盖的数量在 20 年间翻了 10 倍，北太平洋中的塑料垃圾数量已经是浮游生物的 36 倍，北海区域的垃圾数量也在不断增加。

6.2.1.2　海洋垃圾的来源

海洋垃圾产生于人类有意或无意的行为活动，一般可以分为海源和陆源两大类。海源的垃圾污染主要来自商船、货船、渔船、军舰、科考船舶、游船、近海石油和天然气钻井平台以及水产养殖设施。这些船舶及设施产生的垃圾，其分解和沉积很大程度上依赖于水流潮汐、区域地形地貌（包括海床）以及风的综合作用。陆源污染主要来自海岸或内陆地区，包括海滨、码头、海港、船坞、船埠和河岸，如在海岸或水域（如河流和湖泊等）进行的垃圾填埋活动和非法倾倒活动，固体废物的沿河运输，工业设施、医药废物和沿海旅游活动产生的海滩垃圾（包括旅游者以及海滨活物）等。另外，与风暴事件相关的自然现象（如飓风、海啸、龙卷风和洪水等）所产生的大风、大浪和汹涌的浪涛，能够将陆地上的污染物轻而易举地带入海洋中，也成为海洋垃圾聚积的一个重要来源。尽管海水会由于涨潮而将海里的垃圾冲到岸边，但是旅游和娱乐业的发展正在成为海滩垃圾越来越多的主要原因。从全球范围来看，陆地来源约占海洋垃圾总量的 4/5，其余 1/5 来自海洋污染。然而，这一比例不是绝对的，其随着地区的不同而变化，例如在北海地区，一半的海洋垃圾都来自船舶。

6.2.1.3　海洋垃圾的分类及分布

1）海洋垃圾分类与统计

一般而言，根据海洋垃圾的赋存位置，可以将海洋垃圾分为海滩垃圾、海面漂浮垃圾、海底垃圾；也可以以《海洋垃圾监测与评价技术规程（试行）》为依据，用淡水清洗垃圾内部的沙质泥泞沉积物，自然干燥后根据垃圾的材料和尺寸规格将海洋垃圾进行分类：

（1）按照垃圾材料类型分为塑料类、聚苯乙烯泡沫塑料类、玻璃类、金属类、橡胶类、织物（布）类、木制品类、纸类和其他人造品及无法辨识材料类共计 9 类。

（2）按照切割物体形心的最大尺寸可分为小于 2.5 cm 的小块垃圾、2.5～10 cm 的中块垃圾、10～100 cm 的大块垃圾、大于 100 cm 的特大块垃圾。而《西北太平洋行动计划》（NOWPAP）按人类海岸活动、航运 / 捕鱼活动、吸烟用品、医疗 / 卫生用品、其他废弃物五大类对海洋垃圾监测数据进行统计分析。另外也有一些学者根据实际情况进行了海洋垃圾的相关来源和分类的界定（表 6.2）。

表 6.2　NOWPAP 海洋垃圾来源分类表

海洋垃圾来源	种类
人类海岸活动	塑料瓶、快餐盒、饮料罐、报纸、塑料袋等
航运 / 捕鱼活动	废弃渔网及碎片、鱼线、浮漂等
吸烟用品	烟头、烟盒、打火机等
医疗 / 卫生用品	注射器、废弃药瓶、卫生巾、尿布等
其他废弃物	轮胎、荧光灯管、窗纱、电线、灯泡、玻璃等

海洋中垃圾的数量可以用海洋垃圾密度进行表征，计算公式如下：

$$\widehat{D} = \frac{n}{L \times W} \tag{6-1}$$

式中，$\widehat{D}$——海洋垃圾的质量密度或数量密度，kg 或个 /km^2；

　　　n——垃圾碎片的质量或数量总和；

　　　W——调查断面的有效宽度，m；

　　　L——调查断面长度，m。

另外，一些学者也提出对特定区域的海洋垃圾进行定性表征，例如，Bennett-Martin 等对海滩塑料垃圾的分布状况进行判定（表 6.3、表 6.4、图 6.2）。

表 6.3　克罗地亚亚得里亚海中部 Vodenjak 湾收集到的垃圾数量、重量、密度和海滩清洁度

参数	时间				总计
	2018 年 6 月	2018 年 9 月	2019 年 1 月	2019 年 4 月	
100 m 幅度的数量	4 341	1 142	4 585	956	11 024
C_M/（个 /m^2）	4.02	1.06	4.24	0.88	2.55
CCI 海岸清洁指数	80.40	21.20	84.80	17.60	51
清洁度	非常脏	非常脏	非常脏	脏	非常脏

表 6.4　在 0.6 m 以内观察到的塑料

类目	数量	解释
稀疏（Sparse）	1～5 个塑料片	可能是偶然的；不代表严重问题
几个（Several）	6～24 个塑料片	可量化；代表较大问题

续表

类目	数量	解释
淹没（Inundated）	单层以 25 个塑料物品或碎片为起点；几层共计超过 50 个塑料物品或碎片；100 个覆盖地面或成堆的塑料物品或碎片	不可量化；重大问题，需要立即采取行动；100 个可从塑料中产生新的形态

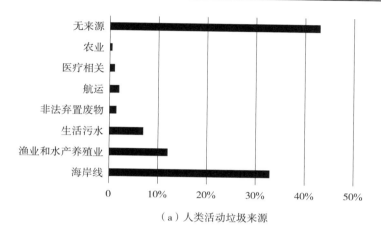

（a）人类活动垃圾来源

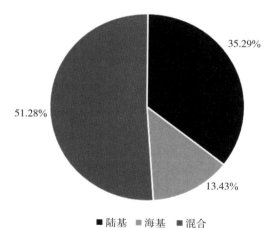

■陆基 ■海基 ■混合

（b）与陆地和海洋活动有关的垃圾来源

图 6.2　克罗地亚亚得里亚海中部 Vodenjak 湾地区海岸线海滩垃圾来源

2）海洋垃圾分布

（1）沙滩垃圾。

海洋垃圾通常出现在海面或被冲到海岸线上，目前海洋垃圾的大部分工作集中在沿海地区。垃圾通常滞留在缺乏强风的海滩上，但玻璃和硬塑料似乎更容易在海岸或海滩上积聚。垃圾的丰度或组成往往在不同海滩甚至不同部位也有所不同（图 6.3），较高数量的垃圾经常出现在高潮或风暴水位线。而斑块是海滩上常见的分布模式，这种海滩地形更容易分散或掩埋更小、更轻的物品。

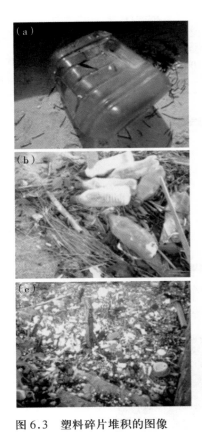

图6.3　塑料碎片堆积的图像

注：a、b 和 c 分别代表稀疏 1～5、几个 6～24 和淹没 ≥ 25。

基于数量或通量测量的各种方法和考虑不同垃圾类别，海滩垃圾数据一般来源于在平行或垂直于海岸的不同宽度和长度的海滩带上取样分析，以上种种导致目前很难绘制一幅全球海滩垃圾的定量分布图。但是，总体来说，用于估算海滩上海洋垃圾数量的方法被认为是相当可靠的，但它与海上垃圾（漂浮或不漂浮）的关系尚不清楚。在一些沿海栖息地，由于地形和气候等原因，垃圾可能来自陆地，但永远不会真正进入海洋。对海滩垃圾的评估反映了陆地资源搁浅、输出、掩埋、分解和清理之间的长期平衡。影响密度的因素如清理、风暴事件、降雨、潮汐、水文变化可能会改变垃圾通量以及流量，即使调查可以追踪海滩垃圾组成的变化，它们也可能不够敏感，无法监测丰度的变化。同时由于取样量太少，也会低估海滩垃圾的数量。

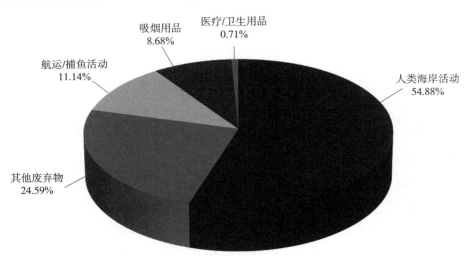

医疗/卫生用品 0.71%

吸烟用品 8.68%

航运/捕鱼活动 11.14%

人类海岸活动 54.88%

其他废弃物 24.59%

图6.4　山东省海滩垃圾来源分析

另外，通过不同方法获得的各个沿海地区（具有不同的人口密度、水文和地质条件）的海滩垃圾浓度是非常困难的，尤其是当所考虑的垃圾大小也不同时。然而，大多研究表明，塑料是海滩垃圾的主要组成，特别是靠近市区和旅游区的载荷更大。Bootless Bay 记录了巴布亚新几内亚每 50 m 长的海滩线高达 3.7 万项（78.3 个 /m²）的高浓度垃圾，而特定的当地条件（如台风或洪水事件）会导致沙滩垃圾分别达到 3 227 个 /m² 和 5 058 个 /m²。因为结果取决于海滩的大小 / 宽度，每线性距离的垃圾数量数据更难比较。在许多地区的海滩上，塑料垃圾占很大一部分，其中加利福尼亚的比例高达 68%，台湾东南部的比例为 77%，智利为 86%，黑海南部为 91%。但是，在类型（如聚苯乙烯泡沫塑料、人造木材）或用途（如渔具）方面，其他类型的垃圾或特定类型的塑料在某些地区也可能很重要。

如表 6.5 所示，在我国山东沿海地区，海滩垃圾中的塑料类、木制品类、玻璃类和纸类为海滩垃圾的主要组分，数量以塑料类最多，占总量的 55.86%；存量方面，山东省多年海滩垃圾数量均值为 75 958 个 /km²，质量均值为 1 186.47 kg/km²。山东省海滩垃圾以数量多、质量较小的中小块轻质垃圾为主。分区域统计表明，山东省的海滩垃圾密度有区域差异性。海滩垃圾来源以人类海岸活动的海滩垃圾数量最多，占 54.88%（图 6.4）。人类海岸活动垃圾、其他废弃物和航运 / 捕鱼活动垃圾为多年间山东省海滩垃圾的主要来源。分区域统计表明沿海各地市海滩垃圾主要来源有所差异（表 6.6）。

表 6.5　山东省海滩垃圾组成

垃圾种类	数量 / 个	数量占比 /%	质量占比 /%
玻璃类	154	8.73	19.92
橡胶类	32	1.81	0.24
塑料类	986	55.86	34.55
木制品类	161	9.12	9.92
纸类	135	7.65	13.74
金属类	60	3.40	1.85
其他人造品及无法辨识材料类	79	4.48	13.53
聚苯乙烯泡沫塑料类	120	6.80	0.71
织物（布）类	38	2.15	5.53

表 6.6　山东省各监测区域海滩垃圾分布及来源

监测区域	邻近海域功能区类型	海滩沉积类型	数量 /（个 /km²）	质量 /（kg/km²）	主要垃圾来源
旺子岛岸段	海洋保护区	粗砂	103 492	2 703.39	人类活动；其他废弃物
东营现代渔业示范区	海水增养殖区	黏土	4 815	502.59	人类活动

监测区域	邻近海域功能区类型	海滩沉积类型	数量／ （个/km²）	质量／ （kg/km²）	主要垃圾来源
老河口西岸海滩	海水增养殖区	细粉砂、砂土	1 017	115.40	人类活动；其他废弃物
四十里湾海域	滨海旅游度假区	细粉砂	36 695	398.53	人类活动；航运/捕鱼活动
小石岛海域	港口邻近海域	细粉砂	27 063	3 428.33	人类活动；航运/捕鱼活动；其他废弃物
石老人旅游度假区	滨海旅游度假区	细粉砂	311 587	440.03	人类活动；其他废弃物
太公岛海滩	滨海旅游度假区	细粉砂	47 037	717	其他废弃物

（2）漂浮垃圾。

漂浮垃圾是海洋垃圾的一部分，这些垃圾通过风和洋流在海面传输，因此与海上垃圾的传播路径直接相关。漂浮垃圾可以通过水流运输，直到它们沉入海底、沉积在岸上或随时间降解。虽然几十年前就已经报道了人为乱抛的垃圾漂浮在世界海洋中的现象，但直到海洋漂浮垃圾旋涡聚集区（FMD）的发现才引起全球关注。

合成的高分子聚合物构成了海洋漂浮垃圾的主要部分，其命运取决于其理化性质和环境条件。由于聚合物（如聚乙烯和聚丙烯）的密度低于海水，它们会一直漂浮直到被冲上岸或沉没。在此过程中，其密度会由于生物污垢和添加剂的浸出而发生变化，经过生物、光化学或化学降解过程，逐渐降解成较小的碎片，直到变成微塑料。该部分需要不同的监测技术，如海面拖网，并需要异地处理。尽管也有拖网结果报告，但漂浮垃圾通常是通过船舶的目测来监测的。所采用的方法决定了空间覆盖率以及量化的代表性。另外，观察条件，例如海况、观察位置的高低和船速均会影响结果。

现有的数据表明，海洋漂浮垃圾浓度存在较大的空间差异性。由于采用的调查方法、考虑的海面漂浮垃圾尺寸大小等差异，现有的数据集通常不可比。而除研究活动外，漂浮垃圾的量化是国家和国际监测框架评估方案的一部分。对漂浮垃圾的数量、组成和途径进行监测可有助于垃圾流动的有效管理和海洋环境的保护。欧洲海洋战略框架指令、国家计划、区域海洋公约以及诸如联合国环境规划署等的国际协议均考虑了对漂浮垃圾的监测。然而由于现有的观测方案采用了不同的方法、观测方案和类别列表，目前尚难以比较漂浮垃圾的可用数据，甚至一些方法可能仅限于志愿者的报告。尽管通过视觉观察来监测漂浮物的原理非常简单，可以比较海面垃圾的丰度，但是数据集并不多，所覆盖的范围仍然非常有限。

在全球范围内，已报告的大于 2 cm 的海洋漂浮垃圾密度为 0～超过 600 个/km²。在北海地区，基于船舶的视觉调查发现，德国湾平均有海面漂浮垃圾 32 个/km²。通过对不同季节调查的整合，白岸地区的海面垃圾密度为 25 个 /km²，赫利戈兰岛周围为 28 个 /km²，德国湾的东弗里斯兰省为 39 个 /km²。其中超过 70 % 的观察到的物品被鉴定为塑料。

我国对海面漂浮垃圾的研究也较少，2011—2015 年对山东省沿岸近岸海域的漂浮垃圾的研究表明（图 6.5），山东省沿岸近岸海域采集到大块 / 特大块漂浮垃圾，按垃圾材料类型可分为聚苯乙烯泡沫塑料类、塑料类、木制品类、纸类和金属类共 5 类。其中塑料类数量最多，占总量的 35.16%；其次是纸类，占总量的 30.77%；木制品类、聚苯乙烯泡沫塑料类海洋垃圾占总量的 32.97%；金属类最少，占总量的 1.10%。各海域大块 / 特大块漂浮垃圾数量密度为 0～182 个 /km²，均值为 58 个 /km²，高于 ECS 大块 / 特大块漂浮垃圾数量密度水平（11 个 /km²）。共采集到中块 / 小块漂浮垃圾 102 块，按垃圾材料类型可分为聚苯乙烯泡沫塑料类、塑料类、木制品类、纸类和玻璃类共 5 类。其中塑料类数量最多，占总量的 39.22%；其次是木制品类，占总量的 32.35%；纸类和聚苯乙烯泡沫塑料类海洋垃圾占总量的 25.49%；玻璃类数量最少，占总量的 2.94%。各海域中块 / 小块

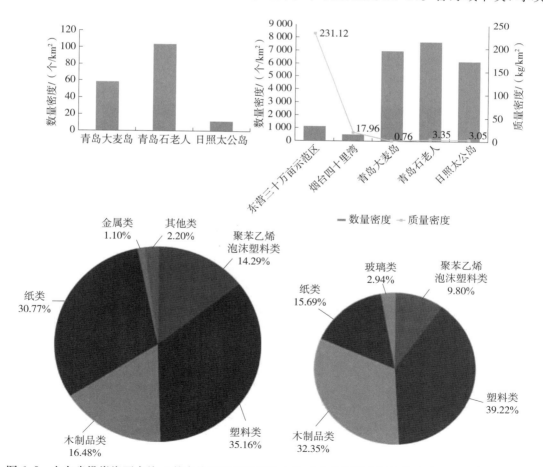

图 6.5 山东省沿岸海面大块 / 特大块漂浮垃圾以及中块 / 小块漂浮垃圾数量密度及质量密度和组成

漂浮垃圾数量密度为 0~14 773 个 /km²，均值为 4 515 个 /km²，高于 ECS 中块 / 小块漂浮垃圾数量密度水平（1 045 个 /km²）。按质量计，各海域中块 / 小块漂浮垃圾质量密度为 0~413.6 kg/km²，均值为 51.25 kg/km²，高于 ECS 中块 / 小块漂浮垃圾质量密度（5.13 kg/km²）。

（3）海底垃圾。

　与海面漂浮垃圾相比，对海底垃圾存在或丰度变化的研究更少。因为采样困难、交通不便和成本问题，研究通常集中在大陆架上，极少在更深的水域进行。而深水层占了地球表面的近一半，但深海调查很重要，因为 50 个塑料垫料下沉到海底，即使是低密度的聚合物（如聚乙烯和丙烯）也可能会在重量作用下结垢失去水中的浮力。显然声学方法无法识别除金属以外的海底不同类型的碎片，并且可能无法记录较小的物体，但考虑到网眼尺寸和净开口宽度，拖网被认为是最合适的深海垃圾处理方法。但是拖网的主要设计目的是收集特定的生物群，从而导致样品偏倚和低估海底垃圾的数量。尽管由于刮削沉积物和栖息的生物群从而对海底生境具有破坏性，拖网已经被建议作为评估底栖海洋垃圾的最一致的调查方法（图 6.6）。但是拖网不能在多岩石的栖息地或坚硬的底质上使用，并且它们不能对单个物品进行精确定位。拖网样本可能会低估垃圾碎片的丰度，并且可能会遗漏某些类型的碎片，如单纤维丝。同时，拖网本身的纤维也可能会污染样品。

图 6.6　法国地中海拖网收集的海底垃圾

　调查海底垃圾的策略与评估底栖物种的丰度和组成的策略相似。确定海底垃圾的质量是困难的，因为非常大的项目可能会增加措施实施的可变性。尽管漂浮垃圾（如在高速旋转的"涡旋"或汇聚区发现的垃圾）目前已成为关注的焦点，但堆积在海底的杂物影响底栖生境和生物的潜力很大（图 6.7）。在 2000—2013 年发表的 43 项研究中，直到最近，仅有很少的报道涵盖了更大的地理区域或深度。如今，越来越多的人将遥控车辆和拖曳摄像头系统用于深海调查。

（a）法国地中海沿岸 20 km 处 1 000 m 深度的塑料袋和瓶子；（b）在深水 1 058 m 处陷于珊瑚群落中的食物包装；（c）在达尔文丘陵 1 041 m 深处的绳子；（d）毛里塔尼亚外海底 1 312 m 深度处的废物处理箱；（e）北极哈斯加滕天文台约 2 500 m 深处的塑料提包。

图 6.7　深海底部垃圾

　　海底垃圾的地理分布受到水动力、地貌和人为因素的强烈影响。此外，在特定地理区域内，海洋废弃物的累积和集中趋势存在明显的时间变化，尤其是季节性变化。但是，因为塑料的深度老化尚不明确，并且在 1990 年开始进行科学调查之前，肯定就已经开始在海底堆积，因此很难解释海底垃圾的趋势。

　　在河口，大型河流负责向海底大量输入垃圾。河流由于其高流量和强大的水流，也可以将废物运到近海。另外，当弱水流促进沿岸和河岸的沉积时，小河和河口也可以作为垃圾的汇入地。另外，当河流流速增加时，垃圾可能会积聚在盐度前沿的上游，稍后再运到海中。

　　所有海洋的海床上都发现了大量塑料，但在南极洲等偏远地区的水域，尤其是深海地区，塑料并不常见。到目前为止，仅从抽样的数十条拖网渔船和南大西洋南部及千岛—堪察加海沟地区的深海沉积物中发现了微塑料碎片。在其他地区更普遍进行的是海底垃圾分布和密度的大规模评估。但是，这些研究主要涉及小规模调查的推断，且主要在海湾、河口和峡湾等沿海地区进行。大量的塑料碎片显示出强烈的空间变化，平均密度范围从 0 到超过 7 700 个 /km^2。由于密集的海岸线，沿海水域的运输和潮流等忽略不计，地中海地区的密度最大。此外，地中海是一个封闭的盆地，通过直布罗陀海峡的水交换有限。通常，沿海海域的海底垃圾密度较高，这是由于海洋环流模式的大规模残留以及大量河道输入造成的。但是，到达海底的垃圾在下沉之前可能已经运输了相当长的距离才到海底，如严重的结垢。确实，在远离海岸的地方发现了一些堆积带。一般而言，海底垃圾碎片往往被困在沉积物堆积的低循环区域，其结果是塑料碎片在包括潟湖在内的海湾、珊瑚礁中，而不是在公海堆积。这些是大量废弃渔具堆积并破坏浅水生物群和栖息地的地方。

大陆架被认为是海洋垃圾的聚集区，但由于被与海风和河涌相关的洋流冲刷到了海底，因此其浓度通常比相邻的峡谷低。只有很少研究评估了 500 m 以下的海底垃圾碎片，观察到随着时间的推移（1992—1998 年）欧洲沿海深海海洋垃圾污染的趋势，研究表明垃圾碎片在海底峡谷的分布和变化极大。Miyake 等在琉球海沟的视频调查中记录了深至 7 216 m 的海底垃圾，这些垃圾主要由塑料组成，并堆积在深海沟和洼地中。因此，一些作者得出结论，海底峡谷可能充当了将海洋垃圾运入深海的管道。最近在加利福尼亚州和墨西哥湾沿岸深海地区进行的研究也证实了这种结论。此外，2007 年和 2008 年在美国西海岸的拖网调查中，收集到的底栖海洋垃圾表明，海底垃圾密度随深度而显著增加，范围从浅层（55～183 m）的 30 个 /km^2 到最深水域（550～1 280 m）的 128 个 /km^2。在特定区域，例如岩石周围、沉船周围以及凹陷或河道中的底部，也发现了较高的垃圾密度。沿海河流的深部延伸影响着海底垃圾的分布。在某些地区，局部水流将垃圾运离海岸，从而堆积在高沉积区。例如，以密西西比河为例，峡谷前部是乱抛垃圾的焦点，这可能是由于底部地形和洋流所致。在这种情况下，河流远端三角洲的垃圾分布可能在更深的水中呈扇形散开，从而形成高积聚区。

捕鱼、城市发展和旅游业等各种各样的人类活动，影响着海底垃圾的分布方式。研究发现，捕鱼业的杂物在捕鱼区很普遍，且可能占很大比例。例如，在中国东部海域，有 72 % 的海底垃圾是由塑料构成的，主要是盆、网、钓鱼竿和垂钓线。使用潜水器深入大陆架和峡谷以外的深度进行调查，发现了偏远地区的大量海底碎片。Galgani 和 Lecornu 在北极 Fram 海峡的 Hausgarten 天文台（2 500 m）上每线性千米计数 0.2～0.9 块塑料。在 5 330～5 552 m Molloy Hole 之间的一次潜水中，观察到 15 个海底垃圾，其中 13 个是可塑性的，这反映了局部漏斗状的地形作为垃圾陷阱而积累的指示。Bergmann 和 Klages 报告说，在 2002—2011 年，Hausgarten 地区的垃圾数量翻了一番。该研究报告中海底垃圾的累积趋势引起了特别关注，因为缺乏光、低温和氧气，大多数聚合物在深海环境中的降解速度更慢。

6.2.2　海洋垃圾的危害

6.2.2.1　海洋垃圾积聚对海洋环境的危害

海面漂浮垃圾通过遮蔽太阳光的直射阻碍海洋浮游植物的光合作用，从而引起水体缺氧、水质恶化，进而导致海洋动物大量死亡。海洋模型显示，那些来自南美西海岸、法属波利尼西亚、新喀里多尼亚、斐济、澳大利亚和新西兰等地区的海洋浮游垃圾，不仅腐蚀了它们当地的沿岸国和群岛的海岸线，而且大部分垃圾在风力和洋流的作用下漂移到了南太平洋副热带漩涡区，并在那里聚积。《科学》杂志上一篇文章指出，20 多年的数据清晰地表明，大部分海洋垃圾都是聚积在远离陆地的海洋漩涡区。地球上一共有 5 个类似的洋流旋涡，从理论上讲，它们都会存在海洋垃圾聚集的可能。

　　海洋漂浮垃圾还能够携带大量外来物种，这些物种能附着在固体废物表面进行长距离的移动并进而影响异地的生物群落（图 6.8）。据说，目前海洋中有 150 多种多细胞物种聚集与塑料垃圾相关，绝大多数是硬壳类物种，包括双壳类软体动物、甲壳动物、多毛虫苔藓虫、水螅和珊瑚虫状动物。除此之外，有证据表明，被冲刷到岸上的塑料物质通常被外来物种依附和缠结。一些物种如弧菌特别喜欢依附在海洋中的塑料颗粒上，但还不确定是否会导致某种疾病。依附于塑料物质的特性，使得外来物种能够跨越不同水域来回移动，而密度小的浮石或木头及制品等固体废物也具有同样的载体作用。

（a）在荷兰发现的金属圆柱体上的热带珊瑚；（b）牙刷柄上生长的苔藓虫群落；（c）漂浮浮标上覆盖广泛的贝类。

图 6.8　漂浮在不同海洋垃圾上的生物类群

　　除此之外，漂浮的海洋垃圾还可以富集持续性有机污染物、重金属等化学物质，并进行长距离跨境流动。因此，如果这些漂浮垃圾在水体中重新分布和沉积，那么它们就有能力携带和释放化学物质，海洋生物如果吞食它们，吸附于此的 POPs 就会在其消化道内释放，进而影响海洋生物生存乃至人类的健康。近年来一项"全球环境保护问题观察"报告指出，微型塑料制品是全球新出现的问题之一。这样的物质通常被界定为"直径小于 5 mm 的块或片"，一般是由大块塑料物质经过物理、化学和生物上的作用碎裂而形成的，它们可以在水域中和沿海岸线随着潮汐涨落而积聚。这种小碎片能够破坏海洋食物链的基础从而造成破坏影响。一项实验研究表明，直径为 3～10 μm 的小碎片最容易被双壳类软体动物吞食，并保留在其体内，而且这种小颗粒会抑制光合作用，使氧化发生困难。但是我们对于这些小碎片信息的掌握远远落后于对较大垃圾物质的研究。还有一个值得关注的问题，那就是小碎片带来一个毒理学上的挑战。塑料物质包含着多种潜在的毒性化学物质，它们在生产中聚合在一起。通过对日本、美国和欧洲国家的研究得出，塑料垃圾不仅能够释放其中的化学物质，而且能吸收那些持续的、有毒性的化学物质，包括从其他渠道入海的持续有机污染物。这些物质在数周内会改变在水域中松散存在的状态，在塑料垃圾表面更加有序地聚集排列。有理由相信，这些被海洋生物有机体吞食的塑料物质同样也有可能释放出毒性。虽然这一现象还尚未明朗，但塑料物质中使用的化学制品（如邻苯二甲酸盐和燃烧阻滞剂）已经在鱼类、海洋哺乳动物、软体动物和其他海洋生物体内被发现。海洋垃圾对不同生物的影响如下。

1）海洋垃圾对海洋动物的影响

海洋垃圾对海洋动物的影响，首先体现在对海洋动物的缠绕，这会危及动物的生命安全。受到海洋垃圾缠绕影响的海洋动物数量巨大，且其中不乏一些被列为重点保护的海洋哺乳类动物，占海洋垃圾比重最大的塑料类垃圾是致使生物缠绕的关键原因。海洋动物会误入数量巨大的漂浮垃圾堆当中，导致身体被这些人类制造物缠绕。一方面，由于海洋固体废物特别是塑料类垃圾来源及组成种类十分丰富，其中一些更是与海洋动物赖以生存的食物的形状和颜色相似，因此会吸引海洋动物前来进食，从而被困其中难以脱身。另一方面，由于一些海洋动物的自身天性，使得它们喜欢围绕在垃圾漂浮聚集的区域活动。这些原因都会使其不幸被缠绕，从而影响其正常活动。而捕鱼船随手抛弃的废弃渔网对海洋动物的缠绕伤害更是层出不穷。一旦陷入海洋垃圾当中会使得某些海洋动物不能正常浮出海面呼吸，使其在极短的时间内窒息死亡。有些海洋动物遭到缠绕虽不会即刻死亡，但身体受到限制会严重降低它们规避危险的能力，如果遇到人类的再次伤害或者天敌时，由于行动变得迟缓而没有能力躲避也会导致它们死亡。另一种危害是这些垃圾会使得它们的觅食能力丧失，被活生生饿死。就算海洋动物能够从这些缠绕物中逃脱，也会因为挣脱而受伤，还会进一步受到病毒的感染而死去。世界上发生塑料垃圾缠绕海洋动物最严重的海区是太平洋北部。这与该海区拖网、流网捕鱼活动较多有直接关系。至于其他海域也时常发生海熊被缠绕致死的事件。被缠绕的动物有北海狮、加利福尼亚海狮、夏威夷僧海豹、南非海豹和北极熊等。所观察到的几种较大的鲸鱼，如巨臂鲸、露脊鲸等身上也挂有破渔网。例如1975—1986年在美国东北部海岸曾观察到20头巨臂鲸、15头缩臂鲸和10头露脊鲸身上缠有破渔网。这种大型哺乳动物不可能被渔网缠绕致死，但会影响其活动能力。1981—1984年，在Pribiof岛观察到的405头北海熊中，有268头被丢弃的拖网缠住，有86头被塑料包装袋缠绕，有51头被其他线状和环形塑料垃圾缠绕。由此可见，渔网、渔具、塑料包装袋对海洋哺乳动物的危害最大。

另外，海洋垃圾对海洋动物的影响，便是海洋生物摄食海洋垃圾会导致消化道堵塞、营养不良甚至中毒。海洋垃圾中的塑料类垃圾会在自然的作用下（如阳光、波涛等）破裂成细小的碎片，并随着海水流动于不同的海域，因而，此类物质会对海洋中的诸多生物产生危害。海洋垃圾在整个海洋食物链的各个环节中都有所渗透，因此海洋垃圾对海洋中的低端生物和高级生物都会产生相应的影响。虽然目前对于海洋垃圾危害整个种群的案例只有少数几例，但因误食海洋垃圾而使海洋动物的身体机能产生负面影响的案例不计其数。海洋垃圾对海洋动物造成伤害的原因主要有两个：一是这些塑料类垃圾在制造中就掺杂了各类化学物质，这些化学元素本身就具有一定的毒害性，再加之细小的塑料碎片表面往往还会黏附其他有害和未知的物质，就更增加了这些塑料制造品的危害性，在被动物吞食之后会进入它们的身体中，从而影响其正常的生命活动。二是这些摄入体内的塑料因其不易分解而在海洋生物的消化系统中驻留，海洋动物的身体并不能消化这些累积在体内的塑料，所以这些塑料就会占据着它们的肠胃使其不能正常进食，最后生物体会因饥饿而亡，或是被尖锐的塑料刺穿身体而亡。据统计，世界范围内，至少有267 种海洋动物曾误食废弃物。世界自然保护联盟（IUCN）"红名单"中所列的 120 种海洋哺乳动物中，有 54% 都曾吞食或受到过塑料垃圾的缠绕。在对巴西南部海岸进行的一项抽样调查显示，34 只海龟（抽样数 34）和 14 只海鸟（抽样数 35）曾吞食过垃圾，其中塑料是主要的吞食物质。海鸟喜食漂浮于海面上的小塑料碎片和塑料球。在研究阿拉斯加海域死亡的海鸟时发现，海鸟吞食的塑料碎片中多为小、轻、黄色的塑料片或者直径仅有几毫米的塑料球。海鸟可能把它们当成自己爱吃的鱼卵或幼鱼吞吃下去。在解剖一只丧失喂养幼鸟能力的海鸟时，发现其胃中有 81 块塑料碎片。这些塑料碎片残留在胃中，足以降低其求食欲望，从而不能喂养后代。而通过检查海鸟胃中塑料磨损程度证明，软聚乙烯塑料一般在胃中停留 2～3 个月，而硬质塑料则要停留 10～15 个月之久。成年海鸟具有反刍塑料碎片的能力，它们吞食后，一般不会死亡，除非吞食量大，或者吞食颗粒太大不能反刍，但其健康状况和活动能力将受到一定程度的危害。另外，成年海鸟还要担负喂养幼鸟的义务，它们常把小塑料球当作食物喂养仔鸟，已观察到的几种鸟类的小鸟胃中含有塑料碎片。问题最严重的是信天翁孵化出生后的幼鸟在几周至数月的时间，塑料片一直在胃中累积。一些科学家推断，这是信天翁减少的主要原因之一。

2）海洋垃圾对植物的影响

除了对海洋动物有所危害外，海洋垃圾还会危及水生植物。塑料类垃圾具有不易自行消解和不易腐蚀的特点，当其进入海洋环境后，质量轻的会在海面上长期持续地漂浮，这些覆盖在海水表面的垃圾不仅会使阳光传递到海水中的热量减少，还会破坏氧气溶解于海水的环节，使得水体变质发臭，妨碍水生植物正常进行光合作用，最终致使水生植物缺氧而亡。例如，塑料类的垃圾会危害红树林的生长环境，潮水的不断反涌会将一定数量的塑料垃圾遮盖在幼小的红树林苗上，这些幼苗就不能正常地生长，从而出现大规模的幼苗死亡状况。对于已经长成的红树林，海洋垃圾也会通过缠绕其气生根来阻碍其继续生长。那些质量较重的会坠入海洋底部，遮盖在海底的植物上，对其造成物理性的损伤，破坏其原本正常的生长环境，影响海底植被的生长率。生态系统由各类生物组成，彼此之间是相互增进的关系，但海洋垃圾却会破坏这种生态平衡。因为被海洋垃圾影响的水生植物很可能就是某些海底生物的生存养料，一旦这些水生植物受到影响后就会危及其他生物的生存。

3）海洋垃圾对微生物的影响

海洋中存在大量的海洋垃圾，会成为许多污染物质甚至微生物生活的重要载体和聚集地（图6.9），特别是经各种分解作用后的破碎化的海洋塑料垃圾，会成为各种微生物甚至小生物的栖息地，从而改变海洋中的微生物群落特征，并随着洋流进入新的海洋环境。

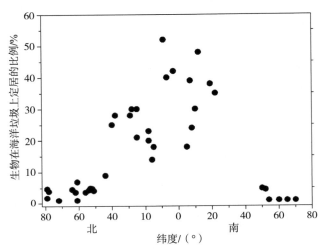

图 6.9　不同纬度海洋生物在海洋垃圾上定居的比例

6.2.2.2　海洋垃圾对社会经济发展的影响

一是海岸垃圾影响旅游经济。随着景区开发脚步的加快，拥有独特自然风光的海岸带越来越受到人们的喜爱，人们愿意在闲暇之余去海边休闲放松，而遍布在休闲区域的大量海岸垃圾会给去海边度假旅游的人们带来不好的体验，直接影响到旅游经济的增长。

二是海洋供给人类的各类食物来源会受到海洋垃圾的影响。人类制造出的海洋垃圾一方面会破坏海洋环境，另一方面垃圾解体后会被鱼群吞食，从而严重影响鱼肉品质，使得捕获鱼量锐减并直接降低以渔为生者的收入情况。同时大量海洋垃圾的存在也会致使捕捞渔船的动力设备受损，还会使得捕捞用具损坏，这些状况不仅会影响到正常的作业活动，还会增加捕捞渔业的成本。

三是会威胁到船舶的行驶安全，造成经济损失。大量的漂浮垃圾会逐渐形成大型垃圾带，这些垃圾会掩盖浮标，破坏船舶前进的动力装置。在航道路线上的垃圾带还会阻碍船舶的前进，而沉降到海底的垃圾有可能形成浅滩，进一步造成船舶撞击事故。无处不在的海洋垃圾会使清洁海岸以及垃圾处理的费用增加，额外增加海洋环境的维护成本。例如，英国在2008年共有286次类似救助活动，共耗费2.8亿美元的成本。海岸和水域的清理工作也是耗费很大的。在荷兰和比利时，每年大约有 13.65 亿美元被用在去除海岸垃圾上。对于英国政府来说，清污成本在过去的 10 年中上涨了 38%，大约达到每年 23.62 亿美元。据说，清理南非海岸水域垃圾每年将耗费 279 亿美元。

6.2.2.3　海洋垃圾对人类健康的影响

除去潜水爱好者有可能会被弃用的人类制品缠绕甚至割伤的危险外，目前人类对于塑料有何种毒害性的研究仍然还在进行，还有不少潜在的威胁尚未得到证实。但可以得知的是，海洋垃圾中有些是废弃的医疗卫生用品，这类长期浸泡于海水中的垃圾可能会残留一定量的病毒，一旦人类被这类垃圾划伤会增加感染的风险，而且塑料本身就存有各类化学物质，这也会直接或间接地对人类身体健康造成损害。塑料制品的分解微粒中含有各类危害人体健康的未知元素，有研究者在这些微粒中发现了致癌的物质。塑料制品分裂后的颗粒会被各种鱼、虾、扇贝等人类经常食用的水产品所吸收，这些带有塑料颗粒的食物会通过食物链辗转进入人类的胃中，从而危及人类的身体健康。

6.2.3　海洋垃圾污染给国际社会带来的挑战

海洋垃圾带来的负面环境影响，使人们不得不开始重新审视海洋与人类的关系，以及人类长期以来利用海洋资源和对待海洋环境的方式。要想对这一广袤的海域进一步了解，单单靠摒弃传统的认知还不够，科学技术和各方面能力的发展都限制了我们解决这一问题的进程。

6.2.3.1　凸显人类不可持续利用的经济模式弊端

海洋垃圾污染问题对资源不可持续利用的经济模式提出挑战。对于很多资源来说，不可持续使用是近年来才意识到的更大的问题，一个无法控制的"用完就扔"的社会是我们为子孙后代留下的遗产，它已经显现为全球问题。因为我们实在没有办法储存或回收所有生产的东西，必须把它们扔掉。正因为如此，海洋垃圾污染问题的解决变得异常复杂。

6.2.3.2　国际合作的难度加大

海洋垃圾污染问题给国际合作带来更大的难度。国际合作采取集体行动解决问题，通常有一个悖论，即我们更容易在认识层面达成共识，而很少愿意为实际行动付出实质性的努力。一方面，没有人会怀疑海洋污染防治的必要性和紧迫性；另一方面，很少有国家在行动中愿意采取主动合作的态度，或是牺牲本国国家利益来为实现国际社会的共同利益而努力。海洋塑料垃圾问题的复杂程度使国际社会有了合作的理由，却难以找到合作的方式。这也是为什么大多数条约都需要建立一个国际组织，并赋予其一定的权威和权力的原因，有时也把这种权力赋予既有的国际组织来行使。例如，《国际防止船舶污染公约》赋予国际海事组织（IMO）一定的权力，负责提供成员政府采取措施或违约的信息、危险物质的情况报告、履行公约情况和与污染事件相关的研究结果等；IMO还负责公约的执行、方法的改进，以及促进技术合作。还有一种形式就是通过在成员之间建立永久的国际会议或委员会，确保国家在条约下进行合作。一般来说，这样的组织结构比较简单，很多都没有常设的秘书处，或者秘书处的职能被其他非政府组织或国家组织代替行使。

广义上说，"合作"一词充斥在几乎所有海洋法文件中，全球或区域性公约都为缔约方设定了各种合作义务。问题是"国际合作"在何种程度上才能实现？条约能够促成牢固的合作吗？很显然，目前的国际海洋环境保护法实践并没有为我们提供这方面的例证。虽然在海洋环境保护和养护上的国家之间合作需要有实质性的进展，这一点在涉及向发展中国家提供科学、技术援助，提供相应的仪器设备时尤为明显，但这种合作很大程度上只是一种宣示性的承诺。

6.2.3.3 给海洋污染治理方式带来挑战

关于海洋污染的治理，是植根于整个海洋的保护，是在国际准则框架内进行预警和关注。现实情况的发展和污染的不断加剧，让国际社会不得不思考现有国际法规范适合与否，以及以何种更好的方式来治理海洋污染。

现有国际法的确给那些近岸区域提供了更多的保护。例如，在航海方面的垃圾排放，你可能认为仅仅是简单地排放掉，但法律关于船舶垃圾排放的规定实际上是离岸上越远就越软弱。也就是说，过去我们只解决近岸的垃圾污染就可以了，但现在不可以了，因为公海也遭到了破坏。过去我们认为，解决污染的办法主要是进行稀释，但它已经不适用，现在需要研究局部地区对共有物的管理。这需要国家与国家之间合作，达成协议，满足某种先决条件，才能为个人或社会的利益管理和进入公共领域打下基础。这些先决条件包括共同的责任感、共同的理念、有条件的准则、按规则行事、有效的监督和实施系统等。

国际法规范的内容是不断调整与发展的。人们最开始看到的只是垃圾给海岸环境带来的直观的美感的破坏，以及对近海岸捕捞业的经济影响。直到20世纪80年代"大垃圾带"被发现后，人们才意识到垃圾对海洋生态环境以及人类健康产生的负面的逾期性影响。2011年，国际社会开始对塑料垃圾污染问题给予更广泛的关注，此后垃圾污染海洋的问题才变得越发重要。这一问题从被发现到开始给予关注用了整整20年的时间。

但是，很多海域是超出国家管辖范围的，这给治理带来了巨大挑战。马尾藻海，它不是一个被海岸包围的海洋，它被洋流环绕，洋流包裹和环绕着马尾藻。马尾藻生长、聚集于此，它也被认为是鳗鱼产卵之地。这些鳗鱼来自北欧和北美的河流，它们的数量正在减少，甚至在斯德哥尔摩它们已经消失了，最近仅在英国发现了5条。但是在马尾藻海，以聚集马尾藻的同样方式，聚集了充满整个区域的塑料。研究表明，每平方千米有 20 万片塑料垃圾正漂浮在马尾藻海的海面，而且影响了很多处于成长阶段的物种的栖息环境。马尾藻海海域一部分是处在百慕大政府的管辖权内，但庞大的主体海域已经超出了其管辖范围，所以该政府正在试图保护这些超出部分。又如，我们在专属经济区有地区性管理制度，但是我们需要整合它们设立国际法规范，然而现有的国际法规范大多没有意识到需要保护的内容已经发生了变化，因而显得滞后。所以，我们要么需要修订公约使它能适应和推动这些地域的保护，要么就接受现有海洋遭到破坏的现实。国际法院（ICJ）在近来对条约做出的一项补充性解释中指出：为了应对更大的挑战，政府除了要利用《维也纳公约》的技术性规范来设定永久性义务之外，还要增加灵活的条款，特别是对那些已经取得效果的措施规制。之后，就可以增加一些关于废物的类型或需要特别保护的规定。条约中提供的一般性义务，应该是稳定的、可持续的，至于废物的具体种类信息不需要改变原始条约的规制。修订的部分也构成条约的整体组成部分。换言之，缔约方应该接受对于条约的任何改变，相反，条约可以根据第 17 条规定而进行修订。条约的修订由公约常设委员会提起，并将修改意见通知缔约方。如果 3 个月内没有对建议有任何反对，那么就将对所有成员适用。一些公约建立了一系列灵活的规制，如 1972 年《伦敦公约》第 9 条，这种正式的改良要比接受隐含的义务更必不可少。

海洋垃圾，特别是塑料垃圾是持续增长的跨界全球问题的代表，其没有国界，遍布沿岸和深海以及国家管辖权以外的区域。和我们这个时代很多重要的环境问题一样，其被认为是一个全球范围的、带有挑战性的棘手的环境问题。

6.2.4　海洋垃圾污染的治理与模式

海洋垃圾污染问题的跨界性已是共识，但跨越国界的治理却是一个新兴的领域。由于环境问题跨越国界的空间（影响多个司法管辖区）和时间（当前和未来几代人的风险），所以有必要建立一种国家之间以及和利益相关群体之间的多层环境治理结构，这意味着在治理空间上的扩展以及跨越较长的治理时限。全球环境问题的国际治理如果要更加有效，那么就需要与更广、更深层次的治理资源相联结，形成多维的治理模式（图 6.10），共同“善治”我们所赖以生存的海洋环境。

6.2.4.1　层面

在政府间层面上，可以把公约条款、联合国大会决议和经过一系列具体的、切实可行的国际协调合作举措结合起来。这种结合应该有某种既定目标，有一定的时间限制，并且设定客观的指标对绩效进行评估。其中必须能够调度来自大型团体的资金投入和支持，特别是来自私人以及非政府组织的资金投入和支持。

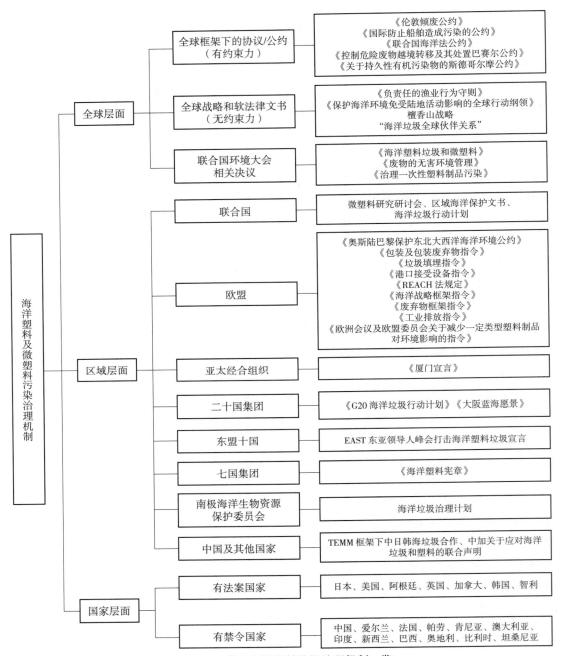

图 6.10 现有海洋塑料垃圾治理机制一览

在部门间层面上，联合国秘书处的工作计划应该包含具体的行动和资金输出，在联合国相关宣言授权的前提下，推广海洋事务的政府间和部门间的协调合作。作为一个具体的行动，联合国希望开展联合国系统中类别导向性技术部门援助计划的比较研究，目的在于凸显部门合作的优势，协助各个组织发现其行动的薄弱之处。应该鼓励联合国系统中的组织机构和基金，在各自的工作计划中包含有推进环境保护措施落实的内容，同时应强调通过国家间的协调合作来落实。为了实现这个目的，对组织工作进行授权的领导机构应该经常进行咨询磋商。

在各种合作中，最应该强调的是国家层面上的海洋事务协调合作。各国政府有必要形成一个明确的、协调的立场，这样，代表们才能在为各个组织的工作中找到一个协调的共同关注的焦点。

6.2.4.2　广度

像海洋垃圾污染这类全球环境问题，需要多方参与及协调合作，应该尽力使所有相关利益者都加入到行动中来，并努力使私人和其他社会成员都加入到行动中来，共同解决问题。联合国相关部门（如 UNEP、IMO、FAO、IOC）应该加强和协调它们在海洋垃圾问题上的工作，这项工作的实施必须与包括科学团体、学术组织、私人部门和非政府组织在内的社会成员保持密切的合作。

由更多利益者参与制定评估政策，能够明确和弥补当前政策框架的不足，并为其设置选择机会，克服废物可持续利用的法规和资金障碍。这些意见给政策制定者提供更多的可选信息，如可能会给将来的政策选择、有效的激励措施、以标准和目标为导向的监测计划等带来潜在的影响。广大利益参与者的计划还能够减小不确定性的程度，该计划旨在建立一个稳固的海洋垃圾知识库，发展最佳的实践来解决问题。一旦被证明有效，这种实践将被采纳并应用到区域政策甚至是全球政策中。计划的早期阶段需要先发展区域与国际规制之间紧密的合作，以便促进可行的计划在后期政策中的适用。

海洋污染防治策略的实施还必须包括科学团体、学术组织、私人部门和非政府组织在内的市民社会的共同参与和合作。市民社会的参与非常重要，传统上这些都是由政府推动的。但是它们的加入有一定风险，如缺乏有效的执行控制，发展中国家也没有对这种主体的法律地位予以规定。正如联合国秘书长兼环境规划署执行主任阿齐姆·施泰纳在2011 年火鲁奴奴大会上的致辞中提到："单个社区或是单个国家的独自行动不会有任何结果，我们需要联合各国以及私营部门，开展通力合作来解决海洋废弃物问题。特别是私营部门，它们在减少排入海洋的废弃物种类以及通过研究开发新材料方面起到至关重要的作用。只有将所有的参与者集中到一起，我们才能真正实现改变。"

同时，必须朝着海洋垃圾产生和归宿的方向，努力发展公共意识，改变公共态度及行为方式。目前的公众意识和教育计划需要扩展至包括海洋垃圾问题发展、分享和传播诸多方面，并要促进海岸志愿清理运动的开展，在所有利益相关者和主要使用人群中开展与海洋垃圾问题相关的能力建设和意识计划。应该建立和完善包括特殊目标群体在内的关于减少海洋垃圾的指南和行动，这些群体包括政府管理者、旅游业经营者、船主、驾驶人员、船员、港口使用者、渔民、娱乐行业人员、潜水人员和社会市民。提出一个明确的、可持续的全球意识和推广计划，以期通过现代的交往政策，从而带来一个文化方面的转变和行为方式的改变。

应该在世界范围内鼓励推广教育活动和大规模的公共清理活动。清理运动被用来调动起更多的公众兴趣和支持，但是关注点应该放在减少和防止垃圾污染。市民和私人部门一起开展海岸清理活动，如"保护海洋的国际海岸清理""清理世界""共用一个海岸"，并对所有的计划都定期进行评估，以考察其在改变公众对海洋垃圾问题的态度和行为上的有效性。在许多沿海区域，地方和港口政府花费大部分预算用来清理海洋垃圾和其他废物，这些资金需要被计算出来，这样那些制造海洋垃圾的责任人才能知道社会到底为他们的行为付出了多大的经济代价。海洋垃圾清理活动是一个花费极高的活动，从经济角度来看是可取的，但同样要采取公共教育和意识提高等其他有力的预防措施来减少进入海洋环境中的垃圾总量，只有这样才能使清理计划活动更为有效。区域海洋垃圾计划应该被并入国家预算，以便得到更好的支持和参与。考虑更多的传统方式，如"污染者付费原则"（Polluter Pays Principle），并使用具体直接的资金机制来支持海洋垃圾减缓行动。

6.2.4.3 深度

知识的更新和科技的进步是海洋治污的前提基础。科学技术在解决全球环境问题中的作用越来越大，对相关领域科学知识的掌握也成为支撑国际治理的基础性源泉。科学的进步和对知识的掌握理解最明显体现在海洋监测与评估领域，监测与评估标准体现了对海洋认知层面所达到的水平。通过监测和评估，可以证实是否确实有必要对法律规制和政策加以改变，才能达到更高的环境标准。大多数环境条约都建立了某种科学和技术的咨询机构，例如政府间气候变化专门委员会（IPCC）和其对气候变化体制的重要作用。但是 IPCC 并没有像预期那样有效，它在其他领域，如海洋环境保护领域并不能成为"一个在国际层面独特的、前沿的和效率的专家组织模式"而被作为国际科学合作的基础。"科学在国际环境法的实施上扮演重要角色"，这是法律中正待发展的命题，在实践中也能够产生问题，正如国际法院 2010 年的"Plup Mills 案"中看到的，法院对这种科学证据是持批评态度的。

经济手段的治理是国际治理的必要补充。如果我们从一个"生命周期"的角度来考虑治理对策，那么结果可能会大不一样。产品遵循着从生产到短期使用阶段，再到废物处置这样的一个简单轨迹，这其实是废物聚集的一个最根本原因。目前我们的产品生产和利用方式多是不可持续的，加之缺少对废物一体化的成熟管理，对废物的回收再利用效率非常低，因此有必要从循环经济的视角重新考虑经济生产和消费处置方式。例如在区域层面的相关协议和行动中优先考虑运作"5R"原则，或通过制定相应政策和激励措施，来实现循环、零废物的生产模式。另外，可以在产品进入海洋之前（即成为垃圾之后）的各个阶段，根据不同阶段的不同责任来分段规制。例如，制造阶段的绿色设计问题、可持续的消费方式问题、采用集中回收的方式进行废物管理、恢复措施的考虑等。

国际法的规制可以将这些过程整体考虑，并设立机制保证适当的组织和执行，从而使经济方法与法律控制得到统一。

　　社会的意识层面治理是国际治理的根本推动力，通过对行为方式和意识的教育、普及和改变，最终可以实现治理要达到的目的。国际法规制必须基于海洋垃圾产生和归宿来确定努力方向，其中包括努力发展公共意识、改变公共态度及行为方式等。我们的社会价值观决定了我们对废物的态度，尽管大多数人都知道不乱扔垃圾是正确的事，但即使使用垃圾回收箱，还是发现垃圾随处可见，改变乱抛垃圾的行为，是防止垃圾入海的关键之一。虽然改变态度不容易，但最大的挑战是持久的行为改变，即在产品消费和乱抛垃圾的行为上通过一定手段将之改变。人的部分行为是后天形成的，因而很难在影响人类行为最有效的方式上达成一致意见，那么最有意义的是多目标多途径的做法。荷兰"塑料英雄"活动是一个例子，它旨在提高塑料包装材料的回收量。行为方式的改变归根结底需要通过教育和推广活动来推进，增强人们对由行为方式产生的负效应的认知。教育和公共意识是海洋治污的主要途径，提高公共意识，鼓励人们改变塑料废物的利用和管理方式是减缓海洋垃圾分类治理中的重要方面。

6.3　海洋塑料垃圾污染防治

　　塑料由于易生产加工、轻盈且坚固、价格低廉等特性被大量使用于日常生产生活的方方面面。据统计，全球塑料年产量从 20 世纪 50 年代的 150 万 t 增加到 2018 年的 3.59 亿 t。大量的塑料生产并没有伴随高回收利用，目前塑料垃圾的回收利用率仅为 9%，焚烧处理率约为 12%，剩余大量塑料垃圾被填埋或直接丢弃。也有研究发现，全球约 95% 的塑料包装仅使用一次就被废弃，且随着塑料被生产、消费，丢弃的数量急速增多。垃圾填埋场或丢弃到环境中的塑料垃圾有可能经河流、下水道流入海洋或被风吹入海洋。由于大部分塑料制品在环境中不能被降解，那么随着时间的流逝，塑料垃圾数量的增长也是不可避免的。2001 年，海洋环境保护科学联合专家组（GESAMP）在关于陆源污染的全球海洋环境状况评估中指出，固体废物虽然集中在城市周边、乡村附近的海岸和船舶，但却遍及整个海洋，其中塑料物质占的比例最大。

6.3.1　海洋塑料垃圾现状

　　自工业革命以来，由于人类对自然资源的不合理利用以及环境保护意识淡薄，造成大量有害垃圾被动性或者主动性进入海洋环境。其中，海洋塑料垃圾在海洋垃圾中的比例偏大，占海洋垃圾的 60%～80%，在某些地区甚至达到 90%～95%，至今这个比例仍在继续增长。其中，尺寸大于 25 mm 的塑料碎片，如塑料包装袋、饮料瓶、塑料绳索、塑料渔具等，被称为大型塑料垃圾碎片。这些大型塑料碎片在阳光照射、风化侵蚀、海浪冲击、生物群等多重作用下会分解成肉眼看不到的塑料微粒，即微塑料。

有关海洋塑料垃圾污染的报道从 20 世纪 70 年代开始增多，大型海洋塑料垃圾碎片和微塑料相继在太平洋、印度洋和大西洋等大洋沿海地区被大量发现，甚至在偏远的极地冰层和深海地区都能发现其踪迹。欧洲统计局针对全球塑料产量进行过统计，仅在 2016 年全球的塑料产量就达到 3.35 亿 t，据估计到 2035 年，全球的塑料产量会翻一番，2050 年将翻两番，产量高达 11.24 亿 t。随着社会对塑料制品需求的增长，全球现已累计产生 63 亿 t 塑料垃圾，而回收利用率却不到 10%，剩下的 90% 多的垃圾唯有通过垃圾填埋场进行处理或者通过各种途径最终进入海洋环境。美国佐治亚大学研究组 2015 年在美国《科学》杂志上发表过一项统计结果，研究通过分析全球 192 个沿海国家和地区得出结论，全球每年流入海洋的塑料垃圾达 480 万～11 270 万 t。世界经济论坛警告说，如果按照当前的生产规模和使用模式，再加上对塑料垃圾的管理和处置方式保持不变，预计到 2025 年海洋中塑料垃圾的数量要比 2015 年翻三番，将会达到 1.55 亿 t 左右，而到 21 世纪中叶，全球海洋中的塑料垃圾总重量将会超过鱼类。

6.3.2 海洋塑料垃圾来源

海洋塑料垃圾的来源主要包括陆上来源和海上来源，都与人类的生产生活密切相关。海洋塑料垃圾有 80% 来自失控的陆地塑料垃圾，陆上来源主要包括入海河流、地下排污系统、旅游沙滩和沿岸居民生活垃圾排放等多种输入源。海上来源主要是海上渔业养殖捕捞、船舶运输、海上勘探工程这几项主要的海洋活动产生的塑料废弃物。

河流输入是陆地来源中海洋塑料垃圾进入海洋环境中最主要的方式。2017 年荷兰"海洋洁净"基金会发布一项研究报告，称全球河流每年向海洋环境中输送的塑料垃圾量为 1.15～2.41 Mt，而在这些河流之中，要数亚洲的河流"贡献最大"，每年向海洋输入 1.00～2.06 Mt 塑料垃圾碎片，占全球河流输入量的 86%。其中，我国的长江和珠江被认为是全世界向海洋输送塑料垃圾量最多的河流，其次就是印度和东南亚地区的河流。

人类集中居住地区的地下排污系统主要是用来将生活污水、工业废水排入海洋，而存在于污水中的微塑料颗粒和合成纤维等是海洋微塑料垃圾的主要来源。日常生活中人们使用的洗涤剂、化妆品、空气清新剂以及工业废水中含有大量的微塑料和化学纤维，这些微塑料由于粒径太小，城市和工厂中的污水处理系统很难将其过滤掉，使之最终随着地下污水系统进入海洋环境中去。有专门针对日常洗衣过程中产生纺织纤维的研究发现，每次清洗衣物可产生 1 900 多个纤维颗粒进入废水中，废水中的化学纤维数量能够达到 100 个 /L 以上。另外，交通运输中汽车轮胎与地面的磨损产生的塑料颗粒，通过雨水或风进入海洋环境中成为海洋微塑料的另一重要来源。

滨海旅游业中游客乱扔在海滩或者近海中的塑料垃圾（如塑料瓶、饮料吸管、食品包装袋），以及海上运输船舶产生的生活垃圾也是海洋塑料垃圾数量增加的重要原因之一。还有近年来的海洋水产养殖和捕捞，导致越来越多的塑料渔网被遗弃在海洋中。美国官方做过数据统计分析，每年在海上进行捕捞作业的渔船和商业活动的船只向海洋环境中倾泻的塑料垃圾包括塑料渔具 29 800 多万 lb，塑料包装垃圾 5 200 多万 lb。

此外，海上突发的海损事故，船舶上的集装箱散落海中，也是海洋塑料垃圾一大来源。如 2012 年台风"韦森特"袭击中国香港，致使停靠在香港南面水域上的货轮上 6 个装有聚丙烯胶粒的集装箱坠海，多达 150 t 的胶粒散落海面，大量的胶粒漂向香港海域。

6.3.3　海洋塑料垃圾的危害与影响

目前，人类倒入海洋中的塑料垃圾的数量已经远远超过海洋自身的"消化"能力，加上塑料本身的耐化学侵蚀和持久性的特征，在海水中降解很慢，能够在海洋中存留几十年甚至上百年。海洋塑料垃圾已经成为海洋环境中有毒化学物质集中和传播的媒介，使全球海洋生态环境遭受严重威胁。而且，海洋塑料垃圾碎片已通过海洋生物摄食活动进入食物链，对越来越多的海洋生物的生命健康造成影响，并间接影响全人类的生命健康以及依靠海洋资源发展起来的社会经济。

6.3.3.1　海洋塑料垃圾对海洋生物的影响

这类影响主要体现在危害海洋生物的生命和健康上。废弃渔网、绳索、气球、塑料袋等这种大型海洋塑料垃圾能够轻易缠绕住海洋中的大型哺乳动物（如鲸鱼、海豚、海豹等）、海鸟、海龟以及各种鱼类，使其行动困难或者呼吸、进食受阻，最终威胁生命。世界动物保护协会表示，每年有 13.6 万只海豹、海狮、鲸类、海龟、海豚等大型海洋生物因"幽灵渔具"死亡，其中，大约 10 ％为近危、脆弱、濒危或极度濒危物种。大型塑料碎片在海洋中造成的危害主要是缠绕动物，而海洋中的小型塑料和微塑料因颜色鲜艳、形态各异，极其容易被海洋鱼类、哺乳动物和海鸟当作食物吞下。这些动物在摄取海洋塑料碎片后，会导致其消化道堵塞、吞食能力受损，最终会因饥饿或者塑料碎片中化学成分的影响而死亡。据统计，现在全世界在将近 230 种海洋生物的体内发现海洋塑料碎片。UNEP 发布消息称，到 21 世纪中叶，预估接近 99 ％的鸟类体内会发现塑料颗粒。

6.3.3.2　海洋塑料垃圾对社会和经济的影响

塑料垃圾广泛分布于海洋环境中，尤其是微塑料，其体积小、比表面积大，是极易吸附残存在海洋环境中的持久性污染物和重金属。海洋中的鱼类、贝类、虾类通过摄食微塑料使其进入体内消化系统，久而久之，这些富含毒素的微塑料会融入动物血液以及身体组织中，最终进入食物链最顶端的人类口中。科学研究发现，微塑料进入人体会对人的身体健康产生严重影响，长此以往会影响全球人类的寿命和生育。

日益增多的海洋塑料垃圾也严重影响到全球经济的稳定发展。首先是对渔业的影响，塑料缠绕、误食以及海洋生态环境的破坏，使得大量鱼类在数量、后代质量上都受到很大影响，渔业资源骤减，严重影响各国水产市场。其次是航运业的发展，海洋环境中漂浮的大型塑料垃圾（如渔网、绳索等）会缠绕轮船的螺旋桨，影响船舶正常航行或者造成安全隐患，再加上维修费用昂贵，无疑会加大船舶的营运成本。最后是沿海旅游业，由于海洋环境中塑料垃圾的大量增加，在海潮的作用下，巨量的塑料垃圾碎片被冲刷到沿海国的海岸，造成大部分海岸沙滩旅游景点遍地塑料垃圾，严重影响海岸景观，导致游客大量减少。

6.3.4　海洋塑料垃圾污染防治

　　大量塑料废弃物进入海洋可能导致海洋生物因缠绕、消化道阻塞产生伤亡以及有害微生物的附着和传递。塑料垃圾降解缓慢，导致在海洋中形成了大量塑料碎片和微塑料。广泛分布于自然环境中的微塑料（直径小于 5 mm 的塑料）还可能被许多海洋生物摄食，对海洋生态系统和人类健康造成潜在风险。海洋塑料污染已被列为与气候变化、臭氧耗竭、海洋酸化并列的重大全球环境问题，急需解决。

　　海洋塑料垃圾对海洋生物乃至生态系统的巨大影响已经引起了各界的广泛关注，依赖海洋的各个国家深刻认识到海洋塑料垃圾污染的严重性和治理的迫切性，并积极开展了一系列治理行动。可以通过以下政策进行海洋塑料垃圾的防治（图 6.11）。

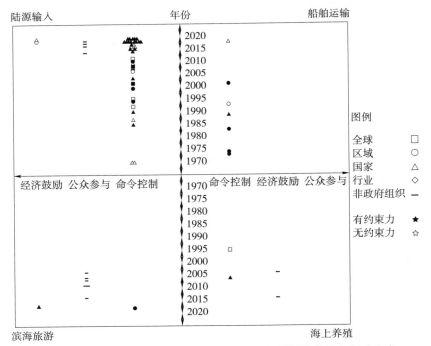

图 6.11　不同治理对象下海洋塑料垃圾及微塑料污染策略与行动分布

6.3.4.1　加强政策规划

尽管部分国家已经在行动计划、政府预算、行政许可等方面加强对海洋塑料垃圾治理的政策引导，但未能建立起一个总体规划框架，或确定协调"减塑"工作的牵头单位来处理该问题（图 6.12）。

塑料生产加工	塑料销售与使用	塑料回收处置	循环再利用	塑料垃圾入海
✓ 限制或禁止一次性塑料制品生产	✓ 禁塑令	✓ 垃圾分类	✓ 禁止跨国转移	✓ 规定排放标准或限额
✓ 采用生物可降解塑料进行替代	✓ 限塑令	✓ 垃圾处理厂扩建	✓ 生产者责任延伸制	✓ 废弃物报告
✓ 限定或强制可再生成分添加比例	✓ 限定禁止使用名录	✓ 押金返还	✓ 再生化、资源化技术	✓ 禁止倾倒和丢弃
✓ 禁止添加塑料微珠	✓ 包装物减量、收费使用	✓ 污染者付费		✓ 违规处罚
	✓ 塑料袋税			✓ 垃圾打牢
	✓ 阶梯型违规处罚			✓ 海上环卫
				✓ 净滩行动

图 6.12　不同生命周期对应塑料垃圾治理一览

印度尼西亚、越南、泰国、菲律宾、马来西亚等海洋塑料垃圾污染大国表达了解决海洋塑料垃圾污染的坚定决心。印度尼西亚宣布到 2025 年将海洋塑料垃圾减少 70%。2017 年印度尼西亚正式启动了"清理海洋塑料垃圾国家行动计划"。该计划明确了清理海洋塑料垃圾待解决的问题、原则、路径与目标，将提高利益相关者的海洋环境意识、加强陆地和沿海的塑料垃圾管理、管理海洋废弃物、完善资金机制和机构支持作为四大支柱，从国家、国际、企业、高校及研究机构五个层面规划了具体战略项目与实施路径。2018 年 10 月，越共批准了关于《到 2030 年越南海洋经济可持续发展战略及 2045 年展望》的决议，将处理海洋垃圾，尤其是塑料垃圾作为若干重大政策和突破环节之一。根据该决议，越南政府已开始制订海洋塑料垃圾管理国家行动计划，并计划在 2020 年担任东盟轮值主席国期间承办"面向无塑料垃圾的东盟共同体"的东盟部长会议。泰国已于2014 年将垃圾问题纳入国家议程，制订了全面的海洋塑料垃圾管理计划，计划到 2027 年将海洋塑料垃圾减少 50%。新加坡计划 2030 年前将废物回收率提升至 70%。

东南亚国家都拒绝做"垃圾回收站"，积极抵制塑料垃圾的进口。马来西亚和菲律宾已开始停止进口外国垃圾。2019 年 5 月 10 日，联合国宣布 186 国达成塑料垃圾管控协议，规定各国须监测和追踪塑料垃圾在境外的流动情况，废弃塑料出口国须提前获得进口国政府的许可。有了新协议，发展中国家现在可以拒绝塑料垃圾的倾倒。未来，东南亚国家很有可能出台更为严厉的垃圾进口管理规定。

东盟正努力促进区域海洋塑料垃圾合作，构建区域海洋塑料垃圾治理机制。东盟一联合国峰会、东盟地区论坛海洋安全工作组会议都将海洋垃圾作为重点议题。2017 年 11 月，东盟召开减少海洋垃圾会议，就现有海洋垃圾治理的国家政策、举措和最佳做法交换意见，并讨论了解决问题的政策和管理方案、创新和技术方案。2018 年 11 月，东亚峰会发表了关于《打击海洋塑料垃圾的联合声明》，提出提升对塑料垃圾的环保管理与利用效率；加强呼吁公民和企业减少海洋塑料垃圾的公共宣传；支持评估海洋塑料垃圾状况的研究工作；酌情加强政策改革和执法合作；促进预防和减少海洋塑料垃圾的国际合作等行动计划。2019 年，东盟首次召开打击海洋垃圾的特别部长级会议，发表了《东盟打击海洋垃圾的曼谷宣言》和《东盟海洋垃圾行动框架》，强调海洋垃圾是一个跨界问题，除了采取强有力的国家行动外，加强合作的战略对东盟地区尤为重要，此次会议为东南亚区域海洋垃圾治理指明了方向，并将进一步促进区域合作。

6.3.4.2　推动研究创新

从历史上看，科技创新与应用是全球海洋治理发展的前提和原生动力。新的科技将成为全球海洋治理的倍增器，有助于壮大参与全球海洋治理的力量，实现多层次、多维度治理。海洋塑料垃圾更是一项科技密集型的治理议题，因为海洋塑料垃圾的监测、评估、替代材料的探索等都离不开科学研究与技术创新。当前迫切需要加强海洋塑料垃圾源头、数量以及影响等重点问题的研究。国际社会对海洋塑料垃圾的科学研究不断增加，认知逐渐加深，但权威机构和科研成果基本集中在发达国家和科研大国，东南亚国家关于海洋塑料垃圾的科学研究与创新还较为薄弱。

东盟及其成员国已充分认识到科学研究与技术创新对海洋塑料垃圾治理的基础性作用，并对海洋塑料垃圾的量化、拦截等技术进行了尝试，以增强对海洋塑料垃圾治理的科技支撑能力。马来西亚海事研究所提出设立"清洁海岸指数"，对选定的沿海地区的垃圾数量、分布和组成进行定量评估，作为衡量沿海地区清洁度的量化指标。印度尼西亚和荷兰政府启动了塑料垃圾拦截的联合研究项目，旨在绘制出塑料垃圾在河流中的运动轨迹，寻找合适的塑料垃圾回收方法和塑料垃圾在流入海洋前的最佳收集方法。新的塑料垃圾管理系统将在印度尼西亚至少 14 条河流中推广，以防止塑料垃圾流入海洋。越南自然资源与环境部法制司同世界自然保护联盟联合举行了科学研究，并召开为制定有关"越南塑料垃圾防治政策"夯实基础的研讨会，为未来有关塑料垃圾污染防治政策的制定工作奠定基础。越南也重视海洋塑料垃圾治理的信息共享，2021 年在 G20 峰会上，越南政府总理阮春福倡导建立关于促进形成全球海洋与大洋数据共享网，以及关于防治海洋塑料垃圾污染的全球框架。《东盟海洋垃圾行动计划》将研究、创新和能力建设确定为四大优先领域之一，并提出编制东盟区域海洋垃圾状况和影响的区域基准报告，加强区域、国家和地方制订和执行国家行动计划的能力，加强科学知识建设和海洋技术转让，促进科学知识的整合和应用的四大具体行动建议。

6.3.4.3　强化公众教育

公众既是海洋塑料垃圾的产生者又是受害者，因此海洋塑料垃圾的治理需要加强公众宣传与教育，转变公众思维方式和观念，鼓励公众参与治理行动。东南亚国家高度重视海洋垃圾的宣传工作，强化公众知识，呼吁公众参与海洋垃圾的治理。

印度尼西亚已认识到公众意识淡薄对海洋塑料垃圾治理的掣肘。印度尼西亚人民渔业正义联盟（KIARA）秘书表示，印度尼西亚很多人倾向于认为海洋是一个巨大的垃圾场，而不是食物来源，因而政府需采取行动解决海洋污染问题，并提高人们对海洋重要性的认识。印度尼西亚环境与林业部部长表示，缺乏对垃圾管理方法的认识是该国海洋塑料垃圾问题长期存在的主要原因之一，必须敦促公众开始在国内实施海洋塑料垃圾管理策略，在日常生活中大幅减少对塑料的依赖。印度尼西亚政府已开展了大规模面向学生的教育计划，普及海洋塑料相关知识，并发表《沙肯南宣言》，呼吁公众清理巴厘岛海域垃圾。

泰国卫生促进基金会举办塑料垃圾展览活动，展览由各种回收塑料和其他废物组成，旨在提升人们减少浪费和进行垃圾管理的意识。泰国渔业协会号召全泰国 22 个府共计 57 家分会的渔民联合起来，共治海洋垃圾。《2017 年泰国海洋保护管理计划》将清理海滩和海洋垃圾列为活动之一，在社区提高当地居民和企业主对垃圾污染环境的认知，强调生活方式和商业选择对环境的重要性。越南通过开展"全国反塑料垃圾运动"、面向"无塑料废弃物社区""清理塑料垃圾日""垃圾清理挑战""携手净化海洋战役"等多样化形式提高公众意识，并收到良好效果。目前，在越南各大众媒体上均可找到"塑料垃圾""防治塑料垃圾"等关键词，表明越南社会对塑料垃圾的认识已大大提高，防治塑料垃圾的诸多具体行动已陆续展开，并获得各阶层人民群众的积极响应。

提高公众对海洋垃圾和微塑料状况的认识也是《东盟海洋垃圾行动框架》的优先领域之一。东盟计划通过先进的通信平台、大众传媒及公众活动，向市民发放宣传资料；将海洋垃圾问题纳入东盟预防倡议文化；建立东盟信息平台，促进知识共享；组织专家交流或学习履行计划，共享创新解决方案和最佳实践。

6.3.4.4　引导企业参与

在全球治理中，主权国家由于难以承担全部的治理责任，更加倾向于加强与非国家行为体的联合，采取多层次、多主体的治理模式。在环境问题的治理中，企业的作用更是不可忽视。企业社会责任会对塑料制品的研发、销售和全生命周期等产生重要影响。

东南亚国家在海洋塑料垃圾治理中注重企业的参与，促进与企业和塑料行业协会的合作行动。政府鼓励企业在产品设计、包装和替代材料方面的投资，参与有关循环经济、可持续消费和生产、发展研究和创新，提高塑料垃圾的回收率。越南自然资源和环境部召开国际研讨会，探讨企业和民间社会如何与政府一道治理海洋塑料垃圾。从事食品和饮料行业的越南公司以及跨国公司成立了可再生包装组织（PRO VIETNAM），并得到越南政府总理的高度评价。曼谷政府与泰国工业联合会的塑料工业集团合作，签署了有关塑料垃圾治理合作项目的谅解备忘录，以进一步推进塑料垃圾治理。可口可乐菲律宾公司已计划在菲律宾投资10亿元建立一个食品级回收设施，并在其包装中使用平均50%的再生成分，以实现其"无垃圾世界"的承诺。菲律宾本土的个人护理产品和化妆品制造公司建立了两个补给站，以供消费者带着回收瓶来购买产品。

泰国工业联合会、缅甸塑料工业协会、马来西亚塑料制造商协会、菲律宾塑料工业协会以及越南塑料协会均已签署了《海洋垃圾解决方案全球宣言》，以加强预防海洋塑料垃圾的伙伴关系，了解和评估海洋塑料垃圾的来源与影响，传播高效环保的塑料管理知识，以及对塑料产品的运输和销售进行有效管理，增加塑料产品的回收与循环利用机会。

总之，从可持续发展的角度来看，全人类的生态影响已经超出地球可持续承载力至少1.4倍。海洋是地球最重要的生态系统之一，它的生态超载应得到有效解决。目前海洋垃圾污染状况依然十分严重，预防和控制海洋塑料废物污染，保护海洋环境，仍然是一项长期的任务。由于海洋垃圾污染不存在地理上和政治上的边界，因此海洋垃圾的治理需要全球各方的共同参与，需要政府、社会组织、企业及公众等利益相关方的共同努力。

第7章 海洋环境腐蚀与生物污损防治

7.1 海洋环境金属腐蚀理论

7.1.1 海洋腐蚀的破坏形式

海洋环境对金属材料的腐蚀影响较为复杂，不但不同金属存在差异，同种金属在不同海洋环境中的腐蚀形态也不同。海洋腐蚀的形态主要包括均匀腐蚀、点蚀、缝隙腐蚀、选择性腐蚀、晶间腐蚀、电偶腐蚀、杂散电流腐蚀、应力腐蚀开裂、腐蚀疲劳、冲刷腐蚀、空泡腐蚀和生物腐蚀等。在一般情况下，均匀腐蚀是最常见的腐蚀形态，但从材料应用及工程角度出发，局部腐蚀对海洋工程结构的安全危害更大。因此，在考虑海洋环境中材料的腐蚀与防护问题时，对局部腐蚀应予以特别重视。

7.1.2 海洋大气腐蚀及其影响因素

材料在海洋大气中发生的腐蚀称为海洋大气腐蚀，海洋大气腐蚀以均匀腐蚀为主，但也包括点蚀、缝隙腐蚀、电偶腐蚀、应力腐蚀开裂及腐蚀疲劳等。

7.1.2.1 海洋大气腐蚀的机理

海洋大气腐蚀属于薄液膜下的电化学腐蚀，海洋大气环境下暴露的金属材料表面会形成连续的电解液薄膜，在这种条件下，氧的扩散比全浸状态下更容易，液膜越薄，大气腐蚀的阴极过程就越容易进行，腐蚀速率较大，随着液膜加厚，氧扩散困难，腐蚀速率会有所下降。同时随着锈层的增厚会导致电阻增大和氧的渗入困难，阴极去极化作用减弱，所以大气中长期暴露的金属材料，通常其腐蚀速度会逐渐减慢。

7.1.2.2 海洋大气腐蚀的影响因素

影响海洋大气腐蚀的重要环境因素是大气的成分、温度、湿度等，而在海洋大气成分中对金属腐蚀影响最大的是存在金属表面上的含盐粒子量。盐的附着、积存，因风浪条件、离海面的高度、距海岸的远近以及暴晒雨淋等的不同而不同。由于海盐中 $CaCl_2$、$MgCl_2$ 吸湿性强，存留在金属表面上形成湿膜，当昼夜或季节温差变化较大时，尤为明显。通常深入内陆时含盐粒子量迅速下降，无强烈风暴时，大致在深入 2 km 的内陆，含盐量趋于零。太阳辐射是影响腐蚀行为的另一个因素，它促进铜或铁等金属表面的光能腐蚀反应及真菌之类生物的活动，而后者有利于盐雾和尘埃的积存使腐蚀性增加。在热带地区，珊瑚尘与海盐在一起时，腐蚀性特别大。雨量、雾量及其季节分布也影响金属腐蚀速率，经常下雨会冲掉表面的积盐从而减轻金属腐蚀。有时金属构件的阴面比阳面腐蚀更严重，这是由于阴面受地面潮气影响较大，而且表面上的尘埃和盐粒不易被雨水冲掉所致。真菌等微生物会沉积在金属表面上保持水分，从而增加了腐蚀性。一般热带海洋环境的腐蚀性较强，温带次之。

7.1.3 海水腐蚀及其影响因素

7.1.3.1 海水腐蚀的特征及电化学过程

海水是一种含有多种盐类近中性的电解质溶液，盐分中主要是 NaCl，占总盐度的77.8 %，其次是 $MgCl_2$。表 7.1 列出了海水中主要盐类的含量。人们常用 3% 或 3.5% 的NaCl 溶液近似地代替海水来进行某些研究。由于海水中大量的盐分，使其电导率很高，远远超过河水和雨水。海水的平均电导率为 4×10^{-2} S/cm，河水为 2×10^{-4} S/cm，雨水为 1×10^{-5} S/cm。

表 7.1　海水中主要盐类的含量

成分	100 g 海水中盐的克数 /g	占总盐度的质量分数 /%	成分	100 g 海水中盐的克数 /g	占总盐度的质量分数 /%
氯化钠	2.721 3	77.8	硫酸钾	0.086 3	2.5
氯化镁	0.380 7	10.9	碳酸钙	0.012 3	0.3
硫酸镁	0.165 8	4.7	溴化镁	0.007 6	0.2
硫酸钙	0.126 0	3.6	合计	3.5	100

海水中溶有一定量的氧，是影响海水腐蚀的主要因素。对于在海水中难以钝化的碳钢等金属材料来说，海水的含氧量越高，金属的腐蚀速度也越大。由于一定量氧的存在，决定了大多数金属在海水中腐蚀的电化学特征。除电极电位很负的镁及其合金外，大多数工程金属材料在海水中都属氧去极化腐蚀。其电极反应如下：

$$阳极：\quad Me \rightarrow Me^{n+} + ne$$

$$阴极：\quad O_2 + 2H_2O + 4e \rightarrow 4OH^-$$

海水腐蚀的特点也与氯离子密切相关。氯离子是活性阴离子，可使钝化膜遭到局部破坏。除上述因素外，海水腐蚀还受潮汐、波浪运动、海洋生物、海水深度及微生物等的影响。海水腐蚀是典型的电化学腐蚀，具有如下特征：

（1）海水腐蚀是氧的去极化腐蚀，尽管表层海水被氧所饱和，但氧通过扩散层到达金属表面的速度小于氧还原的阴极反应速度。在静止或流速不大的海水中，阴极过程通常受氧的扩散速度控制。

（2）海水中含有大量的 Cl^- 等卤素离子，对大多数金属其阳极阻滞作用较小。另外，Cl^- 等卤素离子可破坏金属的钝化膜。

（3）海水是良好的导电介质，电阻率很小，因此异种金属接触能造成显著的电偶腐蚀，与大气及土壤腐蚀相比较，所构成的腐蚀电池作用更强烈，范围更大，例如海船的青铜螺旋桨能引起数十米远钢质船体腐蚀。

（4）海水中除发生全面腐蚀外，还易发生局部腐蚀，如点蚀和缝隙腐蚀。在高流速情况下，还易产生冲刷腐蚀和空泡腐蚀。

7.1.3.2　影响海水腐蚀的因素

海水腐蚀是很多因素综合作用的结果，主要影响因素如下。

1）温度的影响

温度对腐蚀的影响比较复杂，从动力学方面考虑，海水温度升高，会加速阴极和阳极过程的反应速度。但海水温度变化会使其他环境因素随之变化。海水温度升高，氧扩散速度加快，海水电导率增大，这就促进了腐蚀过程的进行。另外，海水温度升高，海水中氧的溶解度降低，同时促进保护性钙质水垢生成，这又会减缓钢在海水中的腐蚀。

对于在海水中钝化的金属，温度升高，钝化膜的稳定性下降，点蚀和缝隙腐蚀倾向增加。不锈钢的应力腐蚀敏感性也随温度升高而增加。温度升高，海生物活性增强，海生物附着量增多，对易钝化金属容易诱发局部腐蚀。

2）含盐量的影响

海水含盐量用盐度表示，盐度是指 1 000 g 海水中溶解的固体盐类物质的总克数。海水的总盐度随海区不同而变化，通常在相通的海洋中相差不大。一般取 35‰ 作为海水盐度的平均值。表 7.2 列出了盐度为 35‰ 的海水的盐类组成和各种离子含量。中国近海的盐度平均值约为 32‰，黄海、东海为 31‰～32‰，南海为 35‰。但在某些海区和隔离性的内海中，变化较大，含盐量最高可达 4%，最低不到 1%。江河入海处，海水被稀释和污染，使总盐度和盐类组成有较大变化。

表 7.2　海水中盐类主要组成和各种离子含量

盐类组分	含盐量 /（g/kg）	离子组成	离子含量 /‰	离子相对含量 /%
氯化物	19.353	Cl^-	18.980	55.04
钠	10.760	Na^+	10.556	30.61
硫酸盐	2.712	SO_4^{2-}	2.649	7.68
镁	1.294	Mg^{2+}	1.272	3.69

续表

盐类组分	含盐量 /（g/kg）	离子组成	离子含量 /‰	离子相对含量 /%
钙	0.413	Ca^+	0.400	1.16
钾	0.387	K^+	0.380	1.10
重碳酸盐	0.142	HCO_3^-	0.140	0.41
溴化物	0.067	Br^-	0.065	0.19
锶	0.008	Sr^{2+}	0.013	0.04
氟	0.001	F^-	0.001	0.003
硼	0.004	—	—	—
总计	35.141	总计	34.456	99.923

水中含盐量与腐蚀速率的关系如图 7.1 所示。水中含盐量增加，水的电导率增加，而溶氧量降低。盐浓度较低时，随着盐浓度的增加，氯离子含量也增加，促进了阳极反应。当含盐量达到一定值时腐蚀速率反而降低，这是由于随着水中盐浓度增加，溶氧量降低所致，所以在某一含盐量时将有一个腐蚀速率的最大值，而海水的含盐量正好接近于钢的腐蚀速率最大值所对应的含盐量，但实际海水的腐蚀性强弱取决于当地海水环境因素。大洋的海水含盐量变化不大，即便有微量变化也不会对材料的腐蚀产生大的影响。但在江河入海处或海港中，却与上述规律不完全一致。虽然含盐量较低，但腐蚀性却较高。其原因是，海水通常被碳酸盐饱和，钢表面沉积一层碳酸盐水垢保护层。而在稀释海水中，碳酸盐达不到饱和，不能形成此种保护性水垢。另外，海水可能受到污染，增强对金属的腐蚀作用。

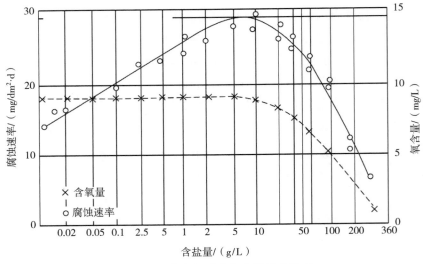

图 7.1　钢的腐蚀速率与含盐量的关系

3）溶氧量的影响

由于大多数金属在海水中发生的腐蚀属于氧的去极化腐蚀，因此海水中溶解氧的量是影响海水腐蚀的重要因素。氧在海水中的溶解度随着海水的盐度、深度、温度等环境的变化有较大的差异。

表 7.3 列出了常压下，不同海水温度和盐度时氧的溶解度。从表 7.3 可以看出，海水中氧的溶解度主要受温度的影响。氧是金属在海水中腐蚀的去极化剂，对于不同种类的金属材料，含氧量对腐蚀的作用不同。对于碳钢、低合金钢和铸铁等在海水中不发生钝化的金属，海水中含氧量增加，会加速阴极去极化过程，使金属腐蚀速度增加。但对依靠表面钝化膜提高耐蚀性的金属，如铝和不锈钢等，含氧量增加有利于钝化膜的形成和修补，使钝化膜的稳定性提高，点蚀和缝隙腐蚀的倾向性减小。有实验表明，当海水含氧量达到一定量（实验数据为 4.5 ml/L），可以满足扩散过程所需要时，含氧量的有限变化对钢的腐蚀速度不足以产生影响。因为钢的腐蚀速度取决于透过扩散层到达阴极表面的氧量，海水速度和温度一定时，氧穿过扩散层到达阴极表面的能力一定，仅增加海水的含氧量并不起多大作用。

表 7.3　常压下氧在海水中的溶解度　　　　　单位：mol/L

温度	盐的质量分数					
	0.0%	1.0%	2.0%	3.0%	3.5%	4.0%
0℃	10.30	9.65	9.00	8.36	8.04	7.72
10℃	8.02	7.56	7.09	6.63	6.41	6.18
20℃	6.57	6.22	5.88	5.52	5.35	5.17
30℃	5.57	5.27	4.95	4.65	4.50	4.34

金属在海水中的电极电位随海水中氧浓度增加而升高。据资料介绍，Q235 钢在 30℃人造海水中静止浸泡 30 d，测得电位为 −757 mV（Ag/AgCl 电极），而在空气饱和的 30℃人造海水中浸泡 30 d，测得电位为 −686 mV（Ag/AgCl 电极）。如果一块金属表面上各处的氧浓度不同时，就会构成氧浓度差腐蚀电池。氧浓度低的表面作为阳极而腐蚀加速，氧浓度高的表面作为阴极而得到保护。

4）流速的影响

海水流速的不同改变了供氧条件，因此对腐蚀产生重要影响。对于在海水中不能钝化的金属，如碳钢、低合金钢等，随海水流速的增加，腐蚀速度也增大。但对于不锈钢、铝合金、钛合金等易钝化金属，海水流速增加会促进钝化，提高耐蚀性。因此在一定的范围内提高流速是有利的，但若流速过大会带来冲刷腐蚀的危害。流速对碳钢在海水中腐蚀的影响如图 7.2 所示。

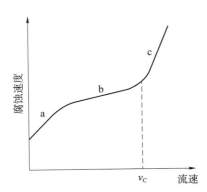

图 7.2　海水流速对钢铁腐蚀速度的影响

在 a 段，随着流速增加，氧扩散增加，腐蚀速度增大，阴极过程受氧的扩散所控制。在 b 段，流速进一步增加，供氧充分，阴极过程不再受扩散控制，而主要受氧还原的阴极反应控制，流速的影响较小。在 c 段，流速超过其临界流速 v_c 时，金属表面的腐蚀产物膜被冲刷掉，金属基体也受到机械损伤，在腐蚀和机械力联合作用下，钢铁的腐蚀速度急剧增加。铜也有类似规律，但由于铜表面腐蚀产物膜的保护作用强，低流速时，腐蚀速度很低。不同材料临界流速也不同，低碳钢为 7～8 m/s，纯铜仅为 1 m/s，含砷铝黄铜为 3 m/s，70/30 Cu-Ni 合金为 4.5 m/s。

在流速较低时，冲蚀、磨蚀可以忽略，主要是电化学腐蚀。当海水流速超过某一临界值时，由于机械作用使腐蚀速度急剧增加。海水流速越高，海水中悬浮的固体颗粒越多，则冲刷腐蚀越严重。海水对金属表面的冲刷腐蚀还取决于流动方式。层流时，沿管道截面有一种稳态的速度分布，湍流时破坏了这种稳态的速度分布，加速了冲刷腐蚀。如管道拐弯处和管道入口处常发现冲刷腐蚀损伤。此处金属的破坏仍按电化学腐蚀的过程进行，但由于高速运动的海水的搅拌作用，裸露金属表面上的电化学反应速度迅速增加。

当海水运动速度非常快，对金属表面的机械冲击很强烈时，不仅观察到保护膜的机械性破坏，同时也观察到金属基体结构的机械性破坏。这种破坏可以达到惊人的速度，这就是空泡腐蚀，常发生在水轮机叶片、舰船螺旋桨推进器以及流速很高的泵或海水冷却装置中。

5）海洋生物的影响

海生物对腐蚀的影响很复杂。由于附着海生物对钢结构表面的覆盖作用，阻隔了氧的传输，有利于减少钢的腐蚀。但是，附着海生物很难形成完整致密的覆盖层，虽然钢的平均腐蚀失重减少了，但局部腐蚀却增加了。对不锈钢等钝化金属，附着海生物使点蚀和缝隙腐蚀倾向增加。海生物附着通常会造成以下几种破坏情况：首先，海生物附着不完整、不均匀时，腐蚀过程将在局部进行，附着层内外可能产生氧浓差电池腐蚀。例如，藤壶的壳层座与金属表面形成缝隙，产生缝隙腐蚀。其次，由于生物的生命活动，局部改变了海水介质的成分。例如，当藻类植物附着后由于光合作用增加了局部海水中的氧浓度，加速了腐蚀。生物呼吸排出的 CO_2 以及生物遗体分解形成的 H_2S，对腐蚀也起加速作用。最后，某些海生物生长能穿透油漆保护层或其他表面保护层，直接破坏保护涂层。某些海生物对保护层的黏着力甚至大于涂层对金属的黏着力，在机械载荷（如波浪冲击）的作用下，海生物层与保护涂层一起剥落，导致金属保护层的破坏。

7.1.3.3　海泥腐蚀及其影响因素

海底泥土区是指海水全浸区以下部分，主要由海底沉积物构成。海底沉积物的物理性质、化学性质和生物性质随海域和海水深度不同而异，因此海底泥土区环境状况是很复杂的，但在这方面进行的研究还很少。近年来由于海底石油开发，海底管线铺设，人们开始重视海泥区金属的腐蚀与防护研究。

与陆地土壤不同，海泥区含盐度高、电阻率低。海泥是一种良好的电解质，对金属的腐蚀性要比陆地土壤高。但与海水全浸区相比，海泥区的氧浓度却相当低，因此钢在海泥区的腐蚀速度低于海水全浸区。由于海泥区 Cl^- 含量高且供氧不足，一般易钝化金属（如 Cr-Ni 不锈钢）的钝化膜是不稳定的。

海底沉积物中通常含有细菌，主要是厌氧的硫酸盐还原菌，它会在缺氧的条件下生长繁殖。海水的静压力会提高细菌的活性。在硫酸盐还原菌大量繁殖的海泥中，钢铁的腐蚀速度要比在无菌海泥中高出数倍到 10 多倍，甚至还要高出海水中 2～3 倍。另外，在全浸区和海底泥土区之间也会因为氧浓度不一样而造成浓差电池。泥线以下因为相对缺氧而成为阳极，加重腐蚀。

7.2　海洋环境金属腐蚀防治方法

7.2.1　防腐蚀设计

防腐蚀设计是防止海洋工程材料发生腐蚀所要做的首要工作。防腐蚀设计是指在进行海洋工程设计时，考虑腐蚀防护的要求，进行合理的设计，以减轻甚至消除腐蚀可能造成的危害，或者是在已发生腐蚀破坏的海洋工程上加以防护和改进，以挽回进一步的经济损失。

防腐蚀设计是海洋工程建造中的重要环节，是决定海洋工程的性能、质量和可靠性的关键环节。在防腐蚀设计过程中，需综合应用各有关学科，如材料学、化学、力学、物理学、工程学和生物学等的知识和技术，并考虑到海洋工程实际服役工况对性能的影响，分析可能存在的腐蚀失效，进行复杂周密的分析和综合，按照功能和工作特性要求，制定方案，并使之付诸实施。

腐蚀虽然主要出现在海洋工程的使用阶段，但是其产生的原因却隐含在设计阶段之中。例如，异种金属电性连接、不恰当的排水装置、结合面存在缝隙、材料选择和使用不当、没有适宜地预留维护空间等。在设计工作中，如果不从防腐蚀的角度加以全面考虑，常常会引起机械应力、热应力、液体的停滞、固体颗粒的沉积和积累、表面膜或表面涂层的破裂和电偶腐蚀电池的形成等，这些都会引起或加速腐蚀过程。大量实践证明，许多腐蚀问题可以通过科学合理的设计来避免。

防腐蚀设计应考虑以下方面的内容：

（1）明确使用工况及环境条件，根据工程结构的设计寿命要求，选择合适的材料，采用正确的制造加工方法。

（2）了解服役环境，分析材料腐蚀性能数据，确定材料及构件的环境适应性。

（3）在材料的耐腐蚀性能不能满足使用要求时，提出适当的防护措施。

（4）进行防腐蚀结构设计，消除导致腐蚀发生的结构性因素。适当考虑预留腐蚀余量，从防腐蚀角度核算结构强度，保证海洋工程结构的可靠性和使用寿命。

7.2.1.1　确定使用工况及环境条件

确定使用工况和环境条件是防腐蚀设计的第一步。由于材料性能因使用的工况条件不同而有很大的变化，因此，应充分掌握海洋工程用各种材料的资料、数据和在海洋环境中的腐蚀特性。造成腐蚀的环境因素主要有物理和化学两方面，物理因素如介质的温度、流速、受热及散热条件、受力类型及大小等，特别要注意高温、低温、高压、真空、冲击载荷、交变应力等环境条件；化学因素如介质的成分、pH、含氧量、可能发生的化学反应等。

海洋工程在进行防腐蚀设计时，需要考虑的一些具体的环境因素及工况条件主要包括：

（1）大气环境因素。包括：海洋大气状况的基本特性；干燥或潮湿的状况；湿度范围；相对湿度或临界温度；日照情况（包括光谱中的紫外线和红外线的部分）；游离粒子冲击；主风向和风速；空气中悬浮固体颗粒和液体污染物等。

（2）海水环境因素。包括：海水主要成分；有机物质含量；无机矿物质和金属组分及杂质；所溶解的矿物质；携带和溶解的氧和其他气体；含氯量；含盐量；温度；pH；流速；污损生物；暴露形式和连续性（全浸、间浸、冲刷、喷射、溢出、残留液、冷凝）；电导率等。

（3）微生物影响因素。包括：微生物类型；介质；温度；暴露周期等。

7.2.1.2　合理选材

掌握了工况及环境条件后，合理选材是防腐蚀设计成功与否的关键一环。材料性能的鉴别和评定是防腐蚀设计中的主要问题。相关数据可查阅权威性材料手册，如 *Corrosion Data Survey*，其中金属分册包括 26 种金属和合金在 1 196 种腐蚀介质中的腐蚀数据，非金属分册包括 36 种非金属材料在 803 种腐蚀性溶液和气体中的腐蚀数据。然后依据经验，进行初步选材，并确定可能发生的腐蚀类型；同时考虑海洋工程材料在加工性方面的要求，如焊接性、铸造性、表面处理等，结合成本因素，确定几种可供选用的材料。实用材料的选定主要是通过工艺流程中各种环境和介质因素来确定的。材料初选以后还必须考虑经济性与加工焊接性能是否可行，然后确定防护方法作为辅助。因此，选材需要综合考虑多方面的因素，才能避免优材劣用、乱用滥用，尽力做到材适其用。

材料的耐蚀性和物理、机械、加工性能是材料技术指标的两个方面。这两个方面往往存在矛盾。根据具体情况有所偏重，或者以耐蚀性为主，对材料物理、机械、加工性能的不足，采取适当措施进行弥补，并制定符合材料性能特点的使用规程；或者以物理、机械、加工性能为主，而对材料实施有效的防护技术，以保证其腐蚀速度达到要求的水平。由于单一材料往往难以同时满足耐蚀性及物理、机械、加工性能和经济指标的要求，因此应根据海洋工程的实际情况正确处理技术性和经济性之间的关系，并且所选材料应满足预定寿命，使各部分的材料均匀劣化。

7.2.1.3 防腐蚀结构设计

防腐蚀结构设计，就是通过适当地改变设备、装置及部件的形状、布局，调整其相对位置或空间位置，来达到控制腐蚀的目的。特别是结构及部件的形状及组合要符合防腐要求，避免产生腐蚀，特别是防止局部腐蚀发生。在结构设计中，可通过下面一些措施来防止腐蚀。

（1）结构形状尽可能简单、合理。尽量消除死角，避免介质聚集积存和浓缩引起腐蚀；在无法简化结构的情况下，可考虑使用将腐蚀严重的部位与其他部位分离的方法，并且使其便于拆卸，以利于维修或更换。

（2）防止电偶腐蚀。防止电偶腐蚀应尽量避免异种金属直接接触或电性连接在一起。如果无法避免，可在相接触的材料间插入绝缘材料，断开电性连接。或者如图 7.3 所示，对于异种金属接触部位采用绝缘材料封闭的方法进行保护。如果不允许采用绝缘措施或无法做到绝缘，则尽可能选择电位相近的材料进行匹配；或者加入第三种金属材料，降低异种金属的电位差；或者尽可能形成大阳极小阴极的状况，以减缓阳极金属材料的腐蚀速度。

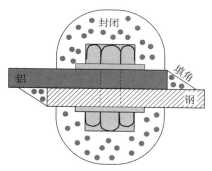

图 7.3 防止电偶腐蚀的封闭方法

（3）防止缝隙腐蚀。在铆接、销钉连接、螺栓连接、法兰连接等位置，往往容易产生缝隙，从而引起缝隙腐蚀。在设计中，应考虑采取合适措施来防止缝隙腐蚀，这些措施包括消除或增大缝隙、避免腐蚀介质进入缝隙、采用缓蚀剂和密封剂等，如图 7.4 所示。

（4）防止应力腐蚀。避免应力集中，减少或避免应力腐蚀破裂；控制工作应力、消除残余应力，条件应力的来源有工作应力、装配应力、热应力和残余应力。在交变或脉动和应力集中联合作用下，还会导致腐蚀疲劳，因此应进行消除应力的热处理，或用某些方法降低残余应力，或使表面造成压应力。

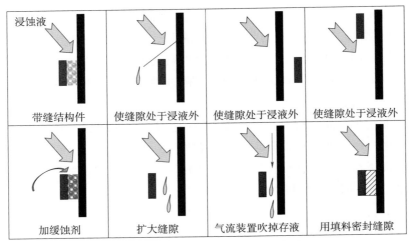

图 7.4 防止缝隙腐蚀的方法示意图

（5）防止温度差、通气差、溶液浓度差等导致的电位差引起的腐蚀。

7.2.2 腐蚀防护措施

当海洋工程材料自身的耐蚀性不能满足要求时，对材料采取腐蚀防护措施是必要的，如施加阴极保护、涂层防护、绝缘保护等。同时要考虑防腐蚀措施的合理性和经济性。

在工程设计中，腐蚀防护措施应强调整体性和系统性，还应与保护对象的几何形状、部位以及使用的难易和防腐蚀效果综合起来考虑。可供选择的防腐蚀措施主要有三大类，即涂料防护、阴极保护、改善环境，这些措施可单独使用或联合使用，后者往往具有更好的防腐蚀效果。

7.2.2.1 涂料防护

涂料防腐蚀的设计因素有：

（1）环境温度。有机高分子聚合物均有热分解、热老化的临界点，涂料的使用温度有较严格的限制，超出使用范围，使用寿命缩短。因此根据海洋工程所处的温度不同，设计采用的涂料种类也不同。

（2）介质。大气腐蚀（干态）与海水浸渍腐蚀（湿态）是两大主要腐蚀状态。干态腐蚀防护时，设计选用涂膜不易变色、粉化和脱落的涂料。湿态腐蚀防护时，设计选用屏蔽性强、能抵御海水渗透的涂料。

（3）压力。介质在受压下极易透过涂膜，在负压下，膜下的缝隙或细孔内残留空气膨胀使涂层鼓泡，脆性涂膜会破裂。因此涂料设计时要充分考虑压力交变环境对涂膜性能的影响。

（4）冲刷磨损。海水中含有多种大大小小的颗粒物，浸海涂层必然受到海水的冲刷和磨损，从而逐渐变薄失效。在设计时尽可能选用含耐磨损填料的涂层，用玻璃鳞片、玻璃纤维、合成材料无纺布以及涤纶布等增强涂料机械性能。

（5）生物附着。铁细菌对铁质管道的腐蚀、海洋附着生物在涂膜表面会使涂膜遭到破坏，进而影响涂膜的防腐性能，因此在海生物环境接触部位使用防海生物涂料也是设计时要考虑的。

（6）施工要求。涂料施工的工艺性极强，在设计时还必须考虑施工环境的温度、相对湿度、尘埃等。对于高温季节户外施工，要增加稀释剂量或在配方中添加高沸点熔剂，提高涂料渗透能力，增强涂膜的附着力。喷砂表面在高湿度环境中极易泛锈，当相对湿度大于 85% 时应停止施工。灰砂的颗粒大于 100 μm 时必须停止涂料施工。

（7）表面粗糙度。一般资料介绍设计 T（涂膜的厚度）$\geqslant 3H$（涂装表面的粗糙度），防大气腐蚀涂层厚度为 100～150 μm 时，则要求表面处理的粗糙度在 40 μm 左右。船舶漆船壳部位施工厚度在 200 μm 以上，则允许粗糙度在 70 μm。

（8）涂层厚度。涂层的厚度固然与防腐蚀耐久性有关，但也和工程造价联系在一起。设计时，充分评估增加涂层厚度与延长使用期的综合效益。涂层厚度增加，磨损性能和抗渗透性能一般会提高，但超过 100 μm 的涂膜抗冲击性能降低。同时还要结合寿命期的维持费用，从工程资金投入角度合理科学地计算涂层厚度。

7.2.2.2　阴极保护

阴极保护可分为牺牲阳极和外加电流两类。

1）牺牲阳极型阴极保护的设计因素

（1）总电流需要量的估计（允许的电流密度、备用能力、保护涂层裕量、环境条件估计）。

（2）电解质溶液的导电率。

（3）与外部结构隔离的法兰和连接点的要求以及附加电流余量的估算。

（4）选择合适的阳极金属（锌、镁、铝、铁、软钢或其他对被保护设备来说是阳极的金属）及其合金成分。

（5）要求控制输入电流，以便在最佳参数范围内限制输出功率。

（6）选择能获得最理想寿命的阳极尺寸。

（7）选择适宜形状的阳极，以保证最好的电流分布状况。

（8）确定需要的阳极总数。

（9）能使电流分布均匀的阳极布置方案。

（10）选择实验点的位置。

（11）阳极附件（牺牲阳极应该以能通过电流的方式连接在被保护金属上，但其牺牲部分应该较好地与被保护表面隔开）。

2）外加电流型阴极保护的设计因素

（1）估算总电流消耗量。

（2）电解质溶液的导电率。

（3）与外部结构或者设备隔离的法兰和结合面的要求以及附加电流余量的估计。

（4）选择合适的接地点位置（设在不受干扰的地方，即接地点和电缆都受到保护而不受干扰）。

（5）确定阳极类型及其附件的结构。

（6）确定阳极应水平安装还是竖直安装。

（7）确定操作电压。

（8）选定最理想的阳极金属。

（9）最理想的阳极数量和尺寸。

（10）确定阳极的布置方案。

（11）参比电极的类型和位置。

（12）接地设施要求及其设计。

（13）控制器、电源和输电设备的位置。

（14）废物污染和微生物的影响。

3）外加电流型阳极保护的设计因素

（1）估算总电流耗量。

（2）所使用的化学介质和金属系统是否适于阳极极化（如发烟硫酸和碳钢，冷的浓硫酸和碳钢，热的浓硫酸和不锈钢、稀硫酸和不锈钢等）。

（3）液体的导电性、温度、pH、压力和流速。

（4）液体的最小浓度、正常浓度和最大浓度。

（5）是否存在任何能包覆基体、擦伤基体和与基体凝结在一起的物质。

（6）确定阳极类型及其附件的结构。

（7）确定操作电压。

（8）选择最理想的阳极材料。

（9）最佳的阳极数量、尺寸和布置方案。

（10）参比电极的类型和位置。

（11）控制器、电源和输电设备的位置。

（12）阳极和参比电极可能引起的污染。

7.2.2.3　缓蚀剂

缓蚀剂的设计因素：

（1）缓蚀剂的浓度对腐蚀速度的影响；

（2）最低有效浓度；

（3）在水管线上促进抗蚀效应的趋势；

（4）与金属表面积有关的初始耗量；

（5）时间效应；

（6）与腐蚀介质的组分产生反应而消耗的倾向；

（7）处于各种变化条件下（温度、腐蚀介质浓度、流速、通风等条件变化）可能表现出的效应；

（8）在已腐蚀金属上的效应；

（9）在系统中保持足够量缓蚀剂的费用；

（10）缓蚀剂是否污染被缓蚀的介质或产品；

（11）缓蚀剂是否使腐蚀沉积物剥落而造成堵塞；

（12）缓蚀剂能否在流动中凝结，是否允许形成凝浆和污垢；

（13）有机缓蚀剂能否大量地黏附在表面上，给传热和过滤效果造成重大的危害，或者可能出现不希望的有机乳化作用和离子交换作用等；

（14）对其他可能存在的金属和双金属电偶的影响；

（15）缓蚀剂是否有发泡作用从而损害正常操作。

7.3　海洋生物污损过程与机制

海洋生物污损是指海洋微生物、海洋植物、海洋动物等污损生物在浸水人工设施表面的附着、生长和繁殖，这是人类从事海事活动以来就遇到的生物危害。生物污损不仅增加船舶航行阻力，增大燃料消耗，还严重影响水下设备功能，显著降低水下结构的安全有效运行，缩短使用寿命。而据不完全统计，全世界仅生物污损给各种水下工程设施和舰船设备造成的损失就可达每年 2 000 亿美元以上。

我国将在未来很长一段时间内进行广泛的海洋资源开发和海上交通运输基础设施建设，涉及海洋石油平台、港口码头、军民船舶等广泛领域。由于海水环境的生物活性特征，这些工程设施不可避免地遭受到海洋生物污损的影响。因此，认识海洋生物污损发生发展规律，大力研究和发展海洋生物污损控制技术，不仅对我国具有重要战略意义，而且还有很大的经济效益和社会效益。开发海洋生物污损防护技术，首先要深入理解海洋生物的污损过程与机制。

7.3.1　海洋环境生物污损理论

7.3.1.1　海洋污损生物概况

据 WoRMS 统计，全球海域中有效的物种数量超过 20 万种。而在我国海域中海洋生物物种数量有 2.8 万余种，其中附着丛生在水下工程设施及船舰等海洋结构物表面，并且能够导致其损坏或产生不利影响的动植物和微生物被称为海洋污损生物，也称海洋附着生物。据统计，全世界海洋污损生物共 4 000 余种，包括细菌、原生动物、大型真核生物等，其尺寸跨度范围由几个微米至肉眼可见的几十厘米（图 7.5）。中国沿海已记录 614 种，其中最主要的类群是水螅、尤介虫、藻类、外肛动物、双壳类、藤壶和海鞘等。

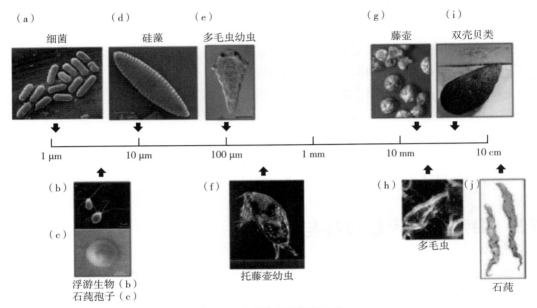

图 7.5　典型的海洋污损生物

根据国内外研究人员目前对海洋污损生物的调研，污损生物具有几个生态特点：①种类繁多，群落多样性丰富、形态复杂；②全年可附着，但具有明显的季节交替变化，夏秋季附着生物的种类和生物量较大，春冬季较少；③污损生物繁殖量大，生长速度快；④在形成生物群落的过程中多是几层彼此重叠附着；⑤在海域空间里，污损生物呈现垂直分层现象；⑥幼虫发育期较长的种类，可随海流被带到竞争压力小、营养丰富的地方附着，并迅速发展成优势种，如牡蛎、藤壶等。

7.3.1.2　海洋生物污损过程

通常来讲，海洋生物污损大致上可以分为 4 个阶段：有机分子吸附；细菌吸附；微生物膜的形成；大型生物附着。

1）有机分子吸附

在基底浸入天然海水的几分钟内，由于布朗运动、静电吸附和范德华（van der Waals）力相互作用，海水中的一些有机物分子，如糖类、蛋白质等，会在基底的表面发生吸附。而且，这些有机分子在基底的吸附为非均匀吸附，这些分子更倾向于形成一些颗粒或团聚体。这些有机分子可以改变基底表面的理化性质，如表面自由能等，使之有利于下一步微生物附着，并且吸附的有机分子可以为细菌提供营养。所以，该阶段又被称为条件膜（Conditioning film）形成阶段。

2）细菌吸附

在此后的几个小时内，细菌和单细胞硅藻等海洋微生物依靠扩散、对流传送、重力作用和布朗运动等自然力以及鞭毛运动等靠近基底表面，等进入基底表面附近区域时，借助范德华力、静电引力和氢键相互作用等物理、化学作用在基底表面发生快速的可逆吸附，随后发生基底表面与细胞表面上的黏附蛋白和结合分子之间缓慢的不可逆吸附。

3）微生物膜（Biofilm）的形成

黏附上的微生物为使自己在基底表面附着得更加牢固，开始分泌胞外多聚物，主要有多糖、蛋白质、磷脂、糖蛋白、核酸等，这些物质之间依靠疏水相互作用、高价离子相互作用和弱的物理化学作用，例如，氢键、范德华作用力、静电相互作用形成长期稳定的网结构。这些胞外多聚物是高度水合、通气。生物膜的存在增强该膜内的生物外界环境变化的抵抗力，例如，减弱了基底表面杀菌剂的作用，同时也使营养物质不至于扩散到外界环境中，为后面的大型生物附着提供了便利。生物膜内微生物的生命代谢活动和代谢产物也是造成材料腐蚀的重要方面。这个过程需要数天的时间。

4）大型生物附着

数周以后，藤壶（Barnacles）、贝类（Mussels）、硅藻（Diatoms）和绿藻（Green algaes）等一些大型海洋生物开始在基底表面生长。大型生物附着方式随生物种类的不同而有所不同，藤壶和石莼（Ulva）采用类似的附着方式，即先是暂时附着在基底上，当发现适合生存的位置就立即生长发育并长期固着。贝类则靠的是它那由胶原蛋白和亲水性多酚黏性蛋白组成的足丝附着于基体表面。海洋生物污损主要的罪魁祸首便是这些大型软体和硬质污损生物。由于许多大型附着物（如藤壶幼体）均以硅藻为食，因此从时间顺序上，大型附着物的固着发生在生物膜形成后，虽然这也并非绝对。

综上所述，海洋生物附着按照附着机理的性质可分为两类：一类为物理作用，一类为生物化学作用，如图 7.6 所示。物理作用主要包括布朗运动、静电作用、重力作用、水流驱动、范德华力等，其主要发生在条件膜的形成以及微生物与壁面的趋近过程中。生物生化作用主要包括各种 EPS 的分泌、生物能量消耗等，主要发生在微生物在壁面的重新定位与爬行、深度附着、分裂繁殖，以及后续大型生物的附着中。由于物理作用及爬行是可逆的，因此大多数防污研究都主要集中在附着可逆的环节。

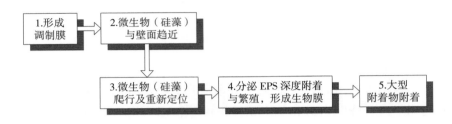

图 7.6　生物附着过程及其机理

7.3.1.3　典型污损生物附着过程与机制

1）细菌的附着机制

细菌的附着主要起因于静电作用、重力以及水流等作用下浮游细胞与表面的作用。经历最初的可逆附着之后，细菌利用胞外多聚物暂时性地附着于材料表面。胞外多聚物主要由多聚糖组成。当细菌群落分泌出大量的 EPS，生物膜就会形成。生物膜通常由大量相似或同质的混合物种组成。当生物膜成熟之后，细胞会从生物膜脱离。细菌由可逆附着向不可逆附着的转变是由称作"群体感应"的细胞密度依赖提供决定的。顾名思义，细菌可以通过识别群体中细胞分泌的低分子量信号化合物来感知群体细胞的密度。群体感应系统对于物种的生物来说十分重要。

一般来说，生物膜中细胞的重量仅占总重量的 2%～5%，其余重量主要为由胞外碳氢化合物、蛋白质、核酸、糖蛋白、磷脂以及其他表面活性剂组成的 EPS。不同物种分泌的胞外化合物的比例不同，即使相同物种在不同环境中分泌的胞外多聚物的组成也各不相同。在这些化合物中，多糖的组成十分复杂，包含了不同类的单糖以及无机材料。尽管有证据表明胞外多聚物中不同的蛋白具有共同的特征，但其成分也十分复杂。

2）硅藻的附着过程与机制

作为起源于侏罗纪时代的单细胞自养型生物，硅藻是海洋生态系统中最为重要的一类，其对全球范围内的硅循环、碳循环都有很强的作用。硅藻体内含有叶绿素 a、叶绿素 c 及各种辅助色素，可实现高效的光合作用。据估计，在海洋初级生产物中，硅藻的贡献占到 45% 以上。此外，硅藻种类庞大，大约包含 10 万种之多。

硅藻的一个显著特征为，其细胞原生质体包含在坚固的细胞壁内（称作硅壁）。硅壁由上下两壳套合而成，由水合二氧化硅（$SiO_2 \cdot nH_2O$）组成，自然状态下硅壁外侧包裹一层氨基酸和糖分构成的薄膜。根据硅壁的形状，硅藻可分为圆形纲和羽纹纲，前者多为浮游类，后者多为底栖类。硅壁具有精细的微纳米结构（如周期性的二维孔阵列）及大孔中嵌入的纳米级微孔。

硅藻在基底的附着主要分为 3 个步骤：① 由于硅藻本身在水中无法自主游动，因而只能被动趋近于壁面上，该过程为硅藻的初期附着过程；② 硅藻分泌爬行黏液形成可逆附着，并在壁面上爬行；③ 硅藻分泌大量附着黏液实现不可逆附着，最终形成生物膜。

3）藤壶的附着过程与机制

藤壶属节肢动物门甲壳纲围胸目动物，由于其特殊的形态结构、生活史和种群生态，是最主要的海洋污损生物之一。目前已发现的藤壶共有 500 多种。藤壶大多生活在潮间带，附着栖息在海水中固定或浮动的硬物上，如船体、浮标、桥墩、码头等。

藤壶通常要经过营浮游生活的 6 期无节幼体、不摄食的金星幼虫、固着的稚体和成体 4 个发育阶段（图 7.7）。金星幼虫是其生长发育的一个重要阶段，其作用是选择适宜附着的基质并完成变态。如果金星幼虫不能完成附着变态，最终只能死亡。金星幼虫的固着行为可以形象地划分为 5 个分离的阶段：游泳、基质的探测、广泛的探索、紧密的探索、白垩腺的分泌以及永久附着。在开始阶段，金星幼虫在自身游动及水流等作用下附着到基底上，由于它们还保留着游泳的能力，该附着是可逆的，如果幼体不变态，它们能脱离表面，重新恢复游泳阶段。幼虫附着之后便通过第一触角探测附着基质，开始探查它所附着底质的各方面物理、化学性质，分泌临时胶体形成足迹；如果基质条件适宜，金星幼虫从其第一触角第三节的附着吸盘的开口处分泌出胶体腺，第一触角被胶体包围，开始了营固着生活，然后再变态为成体，进而变态为稚体，个体进入固着阶段。幼体变为成体后，成体胶也会分泌到基材上，其主要成分为蛋白质和碳水化合物。藤壶刚分泌出的胶透明、无黏性，通过毛细管作用渗透到基材的空隙中，6 h 内聚合成不透明的橡胶块。这种胶体与基材表面发生分子与离子的黏结，聚合过程使该胶体具有较大的内聚强度和抗生物降解性。研究证明，成体阶段的藤壶与基体的黏结强度可达到 0.93 mN/m²。环境条件、基底性质等一系列因素都会诱导自由游泳的金星幼虫的附着变态过程。这些因素可归为环境和生物因素两大类。

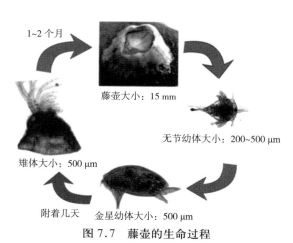

1~2 个月

藤壶大小：15 mm

无节幼体大小：200~500 μm

雄体大小：500 μm

附着几天

金星幼体大小：500 μm

图 7.7　藤壶的生命过程

7.3.2 我国不同海域污损生物组成与分布

7.3.2.1 不同海域微生物分布与组成

由于海洋中的微生物细菌种类非常多，实海挂片分离出大量微生物，目前难以对不同海域的分布进行对比分类，在此仅对我国渤海（威海）、黄海（青岛）和南海（三亚）海域的微生物进行介绍（表 7.4）。

表 7.4　不同海域主要腐蚀污损微生物种类

海域	主要腐蚀污损微生物种类
南海（三亚）	硫酸盐还原菌、假交替单胞菌属（*Pseudoalteromonas* sp.）、溶珊瑚弧菌（*Vibrio coralliilyticus*）、罗森伯格发光细菌（*Photobacterium rosenberg*）、红细菌科（*Rhodobacteraceae*）、强壮弧菌（*Vibrio fortis*）、居藻芽孢杆菌（*Bacillus algicola*）、藤黄紫假交替单胞菌（*Pseudoalteromonas luteoviolacea*）、杀鱼假交替单胞菌（*Pseudoalteromonas piscicida*）、副溶血弧菌（*Vibrio parahaemolyticus*）、橙色交替假单胞菌（*Pseudoalteromonas viridis*）、产微球茎菌属（*Microbulbifer* sp.）、交替单胞菌属（*Alteromonas* sp.）、芽孢杆菌属（*Bacillus* sp.）、黄杆菌科（*Flavobacteriaceae*）、居藻芽孢杆菌（*Bacillus algicola*）、大西洋鲁杰氏菌（*Ruegeria atlantica*）、阿尔法变形杆菌（*Alpha proteobacterium*）、红细菌科（*Rhodobacteraceae*）等
黄海（青岛）	硫酸盐还原菌、假交替单胞菌属（*Pseudoalteromonas* sp.）、藤黄紫假交替单胞菌（*Pseudoalteromonas luteoviolacea*）、溶藻弧菌（*Vibrio alginolyticus*）、副溶血弧菌（*Vibrio parahaemolyticus*）、蜡样芽孢杆菌（*Bacillus cereus*）、需钠弧菌（*Vibrio natriegens*）、甲基营养型芽孢杆菌（*Bacillus methylotrophicus*）、嗜中温黏着杆菌（*Tenacibaculum mesophilum*）、脱色黄杆菌（*Tenacibaculum discolor*）、岸黏着杆菌（*Tenacibaculum litoreum*）、海水红色杆菌（*Erythrobacter aquimaris*）、普遍海单胞菌（*Marinomonas communis*）、杀鱼假交替单胞菌（*Pseudoalteromonas piscicida*）；弧菌属（*Vibrio* sp.）：巴西弧菌（*Vibrio brasiliensis*）、查氏弧菌（*Vibrio chagasii*）、溶藻弧菌（*Vibrio alginolyticus*）、加勒比弧菌（*Vibrio caribbeanicus*）、哈维氏弧菌（*Vibrio harveyi*）；交替单胞菌属（*Alteromonas* sp.）：麦氏交替单胞菌（*Alteromonas macleodii*）、不动杆菌属（*Acinetobacter* sp.）、居藻芽孢杆菌（*Bacillus algicola*）、海水芽孢杆菌（*Bacillus aquimaris*）、赤杆菌属（*Erythrobacter* sp.）、亚硫酸杆菌（*Sulfitobacter delicatus*）、嗜冷杆菌属（*Psychrobacter adeliensis*）、红细菌科（*Rhodobacteraceae*）、假单胞菌属（*Pseudomonas* sp.）等
渤海（威海）	变形杆菌（*Proteobacterium*）、红细菌科（*Rhodobacteraceae*）、玫瑰杆菌属（*Roseovarius* sp.）、亚硫酸盐杆菌属（*Sulfitobacter* sp.）、生丝单胞菌属（*Hyphomonadaceae bacterium* sp.）、十八杆菌属（*Octadecabacter*）、交替假单胞菌科（*Alteromonadaceae*）、交替单胞菌属（*Alteromonas* sp.）、嗜冷杆菌属（*Psychrobacter* sp.）、科尔维尔氏菌属（*Colwellia* sp.）、假交替单胞菌属（*Pseudoalteromonas* sp.）、海单胞菌属（*Marinomonas* sp.）、海单胞菌属（*Marinomonas* sp.）、黄杆菌科（*Flavobacteriaceae*）、冷蛇菌属（*Psychroserpens* sp.）、屈挠杆菌属（*Flexibacter* sp.）、噬细胞菌属（*Cytophaga* sp.）、南极海水细菌（*Antarctic seawater bacterium*）、海绵海洋细菌（*Marine sponge bacterium*）等

表 7.5 为三亚不同腐蚀区带（全浸区和潮差区）分离的腐蚀污损生物种类，由结果可以看出，在不同区带腐蚀污损微生物种类不同。最为明显的差异是，在全浸区分离出硫酸盐还原菌，而在潮差区没有发现，这与其厌氧的生物特性有关，在氧气充足的潮差区，硫酸盐还原菌很难存活。

表 7.5　三亚海域不同腐蚀区带挂片分离腐蚀污损微生物种类

区域	主要腐蚀污损微生物种类
全浸区	硫酸盐还原菌、假交替单胞菌属（*Pseudoalteromonas* sp.）、酚假交替单胞菌（*Pseudoalteromonas phenolica*）、溶珊瑚弧菌（*Vibrio coralliilyticus*）、罗森伯格发光细菌（*Photobacterium rosenberg*）、红细菌科（*Rhodobacteraceae*）、强壮弧菌（*Vibrio fortis*）、海洋交替假单胞菌（*Pseudoalteromonas rubra*）、居藻芽孢杆菌（*Bacillus algicola*）、藤黄紫假交替单胞菌（*Pseudoalteromonas luteoviolacea*）、杀鱼假交替单胞菌（*Pseudoalteromonas piscicida*）、副溶血弧菌（*Vibrio parahaemolyticus*）、橙色交替假单胞菌（*Pseudoalteromonas viridis*）等
潮差区	产微球茎菌属（*Microbulbifer* sp.）、食琼脂微泡菌（*Microbulbifer agarilyticus*）、交替单胞菌属（*Alteromonas* sp.）、假交替单胞菌属（*Pseudoalteromonas* sp.）、芽孢杆菌属（*Bacillus* sp.）、黄杆菌科（*Flavobacteriaceae*）、居藻芽孢杆菌（*Bacillus algicola*）、大西洋鲁杰氏菌（*Ruegeria atlantica*）、阿尔法变形杆菌（*Alpha proteobacterium*）、红细菌科（*Rhodobacteraceae*）等

7.3.2.2　我国海域海藻及大型生物种类与分布

目前，研究人员对我国不同海域污损生物的种类、附着时间等进行了调查取样。我国南海海域全年污损附着、渤海海域时间短，各海域特点如下。

1）渤海沿岸海域

渤海三面环陆，入海径流较多，属于温带海域，附着在水产设施上的污损生物包括腔肠动物、苔藓动物、软体动物、甲壳动物、被囊动物、多毛类和藻类，且大多为广温、广盐种。软体动物的优势种是紫贻贝、褶牡蛎、长牡蛎和东方缝栖蛤；腔肠动物主要是海筒螅、半球美螅水母、中胚花筒螅和曲膝薮枝螅；苔藓动物以西方三胞苔虫、美丽琥珀苔虫、葡茎草苔虫为主；甲壳动物中大量出现的种类是纹藤壶、麦秆虫、叶钩虾和螺赢蜚等；多毛类主要是内刺盘管虫和独齿围沙蚕，海鞘则为柄瘤海鞘和史氏菊海鞘；海绵动物如皮海绵和樽海绵等偶尔出现；藻类则以水云、浒苔和多管藻等种类为主。

渤海较浅，易受江河径流和季节变化影响，不同时期水温差异很大，对污损生物附着、生长和繁殖的影响明显，多数种类在夏秋季水温较高的月份附着，冬季低温时生物种类很少，冰冻期甚至无生物附着。对藻类而言，冬春季是浒苔占优势，夏季以水云为主，秋季优势种则为多管藻；至于腔肠动物，中胚花筒螅和半球美螅水母附着高峰期在 9—10 月，而海筒螅和曲膝薮枝螅主要出现于 5—7 月和 10—11 月；纹藤壶附着盛期在 8—10 月，端足类则几乎全年可见，旺季在 8—9 月；紫贻贝、褶牡蛎等双壳类的附着主要在 6—10 月；西方三胞苔虫和葡茎草苔虫主要出现在水温较高的月份，聚合软苔虫则常见于水温较低的季节；柄瘤海鞘和史氏菊海鞘的附着高峰主要在7—8月。

2）黄海沿岸海域

黄海为半封闭的大陆架浅海，入海河流较少，四季交替较为明显，南北温差较大。该海域水产养殖设施的污损生物大多为温水种和广温种，其中双壳类软体动物以紫贻贝为主，其次是褶牡蛎和长牡蛎等；腔肠动物主要是美螅、薮枝螅、海筒螅和鲍枝螅；多毛类则以内刺盘管虫为主；甲壳动物优势种是纹藤壶、麦秆虫和镰形叶钩虾等，泥藤壶大量出现在盐度较低的海域；被囊动物常见种为柄瘤海鞘、史氏菊海鞘、玻璃海鞘和曼哈顿皮海鞘；苔藓动物主要是葡茎草苔虫、西方三胞苔虫和软苔虫，藻类则为石莼、浒苔、水云和多管藻等种类。

黄海地处温带地区，海水年温差比较大，季节变化对污损生物的附着、生长和繁殖的影响极大，不同季节所附着的种类和强度均不同，水温较低时甚至无生物附着，绝大多数生物的附着高峰在夏季，也有少数在春季附着较旺。紫贻贝、柄瘤海鞘和葡茎草苔虫等多集中在6—9月，以内刺盘管虫为代表的多毛类附着时期主要在水温较高的6—10月，尤以盛夏期间附着量最大；腔肠动物中的海筒螅多在4—7月附着，半球美螅水母则在7—9月，春秋季适宜美螅和薮枝螅等种类的附着；端足类甲壳动物在春夏季数量较大，而纹藤壶的附着主要出现在夏秋季；藻类的大量附着和生长主要在春秋和冬季。

3）东海沿岸海域

东海沿岸的水文状况和地貌类型错综复杂，污损生物多为中国沿岸广温广布种和亚热带暖水种，但各海区的优势种和习见种略有差异。甲壳动物的优势种是三角藤壶、纹藤壶和网纹藤壶，其次是泥藤壶和糊斑藤壶；污损性软体动物主要是翡翠贻贝、僧帽牡蛎、缘齿牡蛎和变化短齿蛤；常见苔藓动物为柯氏分胞孔苔虫、西方三胞苔虫、多室草苔虫和葡茎草苔虫等；腔肠动物则以中胚花筒螅、曲膝薮枝螅、双齿薮枝螅、海根笔螅和海葵为主要致污种；海绵动物常见种类是矶海绵和山海绵；多毛类主要是华美盘管虫和内刺盘管虫；海鞘主要为冠瘤海鞘、皱瘤海鞘、曼哈顿皮海鞘和硬突小齐海鞘等种类；藻类则以肠浒苔、缘管浒苔、石莼、刚毛藻和细枝仙藻等为主。

东海纵跨温带和亚热带，冬季表层水温平均值为8～22℃，由北向南增高，夏季平均为27～28℃，基本上全年生物都可附着，绝大多数种类的附着期在5—10月，而且污损生物的种类和附着量均以夏季最高，其次是秋季和春季，冬季甚至会短时间出现无大型种类附着的现象。肠浒苔等藻类的附着主要在春末夏初，刚毛藻和细枝仙藻的大量出现分别为秋末冬初和春季；中胚花筒螅在3—5月前后为附着盛期，太平洋侧花海葵的附着高峰主要在8—9月；多室草苔虫则主要在春季大量附着；曼哈顿皮海鞘附着高峰在6月；内刺盘管虫在4—10月均可出现；网纹藤壶、三角藤壶、泥藤壶和糊斑藤壶的附着高峰是6—8月，而三角藤壶则集中在7—8月；翡翠贻贝的附着量在6—7月最高。

4）南海沿岸海域

南海纵跨热带与亚热带，自然环境较为复杂，大部分海域温度高、盐度大、透明度好，栖息附着在水产设施上的污损生物种类繁多、数量大、生长迅速，其中甲壳动物中的无柄蔓足类是华南沿岸水产养殖设施的主要致污类群，尤以网纹藤壶占绝对优势，其次是糊斑藤壶和三角藤壶，而纹藤壶则主要在珠江口以东沿岸海域出现；双壳类软体动物以翡翠贻贝和变化短齿蛤为主，此外还有缘齿牡蛎、僧帽牡蛎和小肌蛤等种类；苔藓动物主要种类是多室草苔虫、拟疣拟分胞苔虫和独角裂孔苔虫；多毛类则以华美盘管虫和独齿围沙蚕为优势种；腔肠动物优势种为侧花海葵、美螅和薮枝螅；至于海绵和被囊动物，常见的种类为黏附山海绵、皱瘤海鞘和冠瘤海鞘；藻类则是水云和浒苔占优势。

南海水温终年较高，温差梯度小，污损生物全年均可附着、生长和繁殖，但不同季节的种类和附着强度会有所不同，总体上夏秋季的生物种类和附着量较高，冬季最低，且各类生物均有独自的附着高峰和低谷期。苔藓动物多出现在 12 月—翌年 5 月，其中冬春季的优势种为多室草苔虫，而拟疣拟分胞苔虫和独角裂孔苔虫则几乎全年都有附着；至于在污损生物群落中占优势的网纹藤壶、翡翠贻贝和变化短齿蛤等，一年四季都可附着，且以夏秋季为附着高峰；华美盘管虫等多毛类也是全年均可附着，5—9 月为附着盛期；海鞘主要在水温相对较高的 4—10 月附着；浒苔和水云等藻类则在春季和冬季的附着量较大；海绵附着主要在夏秋季；水螅全年均可附着，但多数种类以春季为主。

表 7.6　我国海域污损生物名录

类别	种类	渤海	黄海	东海	南海
藻类 Algae	水云 *Ectocarpus* sp.	+	+	+	+
	水云 *Ectocarpus arctus*	++			
	浒苔 *Entermorpha* sp.	++	++	++	++
	浒苔 *Entermorpha prolifera*		++	+	
	肠浒苔 *Entermorpha intestinalis*	++		++	
	缘管浒苔 *Entermorpha linza*	++		+	
	条浒苔 *Entermorpha clathrata*	+	+	+	
	石莼 *Ulva lactuca.*		++	+	+
	刚毛藻 *Cladophora* sp.			+	
	细枝仙藻 *Ceramium tenuissun*			+	
	多管藻 *Polysiphonia* spp.	++	+	+	+
海绵动物 Spongia	黏附山海绵 *Mycale adhaerens*				++
	山海绵 *Mycale* sp.			+	
	矶海绵 *Reniera* sp.			+	
腔肠动物 Coelenterata	美螅 *Clytia* sp.		++		++
	双齿薮枝螅 *Obelia bidentala*			++	
	双叉薮枝螅水母 *O. dichotoma*	++	+		+

续表

类别	种类	渤海	黄海	东海	南海
腔肠动物 Coelenterata	曲膝薮枝螅 *Obelia geniculata*	+	+	+	
	薮枝螅 *Obelia* sp.		++	++	+
	中胚花筒螅 *Tubularia mesembryanthemum*	++		++	+
	海筒螅 *Tubularia marina*	++	++		
	鲍枝螅 *Bougainvillia* sp.		++		+
	海根笔螅 *Halocordyle disticha*			+	+
	管状真枝螅 *Eudendrium* sp.			+	
	半球美螅水母 *Clytia hemisphaerica*	++	+	+	
	侧花海葵 *Anthopleura* spp.		+	+	++
苔藓动物 Bryozoa	多室草苔虫 *Bugula neritina*	+	+	++	++
	拟疣拟分胞苔虫 *Celleporaria umbonatoidea*				++
	独角裂孔苔虫 *Schizoporella unicornis*	+	+	+	++
	西方三胞苔虫 *Tricellaria occidensalis*	++	++	++	
	柯氏分胞孔苔虫 *Celleporine costacis*			+	
	葡茎草苔虫 *B. stolonifera*	++	++	+	
	大室膜孔苔虫 *Membranipora grandicella*	+	+		+
	美丽琥珀苔虫 *Electra tenella*	++			+
	聚合软苔虫 *Alcyonidium polyoum*	+	+		
多毛类 Polychaeta	独齿围沙蚕 *Perineris cultrifera*	++	+		++
	华美盘管虫 *Hydroides elegans*	+	++	++	++
	内刺盘管虫 *H. exonsi*	++	++	+	
	龙介虫 *Serpula vermicularis*		+	+	++
	多孔旋鳃虫 *Spirobranchus polytrema*				+
	螺旋虫 *Spirorbis* sp.	+	+	+	+
	有孔右旋虫 *Dexiospira foraminosus*	+			+
软体动物 Mollusca	变化短齿蛤 *Brachidontes variabilis*			++	++
	缘齿牡蛎 *Dendostrea crenulifera*			++	+
	长牡蛎 *Crassostrea gigas*	+	+		
	僧帽牡蛎 *Saccostrea cucullata*			+	++
	翡翠贻贝 *Perna viridis*			++	++
	紫贻贝 *Mytilus galloprovincialis*	++	++		

类别	种类	渤海	黄海	东海	南海
软体动物 Mollusca	东方缝栖蛤 *Hiatella orientalis*	+	+	+	+
	褶牡蛎 *Alectryonella plicatula*	+	+		++
甲壳动物 Crustacea	网纹藤壶 *Balanus reticulatus*			++	++
	糊斑藤壶 *B. cirratus*			+	++
	纹藤壶 *B. amphitrite amphitrite*	++	++	++	+
	三角藤壶 *B. trigonus*			++	
	泥藤壶 *B. uliginosus*		+	+	
	镰形叶钩虾 *Jassa falcata*	++	+		+
	蜾蠃蜚 *Corophium* spp.	+	+	+	++
	麦秆虫 *Caprella* spp.	+	+	+	+
被囊动物 Tunicata	皱瘤海鞘 *Styela plicata*			+	++
	冠瘤海鞘 *S. canopus*			++	++
	柄瘤海鞘 *S. clava*	++	++		
	曼哈顿皮海鞘 *Molgula manhattensi*		+	++	
	硬突小齐海鞘 *Microcosmus exasperatus*			++	+
	玻璃海鞘 *Ciona intestinalis*	+	++		
	史氏菊海鞘 *Botryllus schloseri*	+	+		
	紫拟菊海鞘 *Botryllides violaceulus*	+	+		
	大洋纵列海鞘 *Symplegma oceania*				++

注：+代表常见种；++代表优势种。

7.3.3　海洋污损生物的危害

生物是海洋复杂环境中的重要成员之一，与人类的海事活动关系密切。但近代以来，随着航运、海洋资源的开发利用和水产等事业的发展，污损生物的危害日益突出。污损生物附着在浸入海水中的设施的各个部位，如海洋传感器、热交换器、水产养殖系统及海洋石油平台和船舰等，随着时间的推移，聚集的污损生物量和体积越来越大，严重影响船舶的行驶、仪器设备的使用及维护等，其危害不可忽视。例如，一个严重堵塞且表面粗糙度增加的船体，可导致船舰在巡航中供电消耗高达 86%。具体体现在以下几方面。

1）改变金属材料表面理化性质

污损生物在材料锈层上附着生长，种群竞争演替改变了附着区域内的 pH、溶质浓度以及溶解氧浓度等，造成设施表面涂层的破坏，阻碍完整内锈层的形成，从而造成局部孔蚀，加速材料腐蚀的速率。增加船只航行阻力，降低速度，增加燃油消耗。

2）增加航行阻力

污损生物的附着会导致船体和螺旋桨表面粗糙度增大，增加船舶航行时的行进阻力，使得航速降低，燃料消耗大大增加。全世界每年因生物污损改变金属材料表面特性，加速金属腐蚀导致的燃料损失在 26% 左右，最高达 40%。

3）影响设施的正常使用

污损生物在海水输送管道和冷却设施附着会增加管道系统内壁的粗糙度和堵塞海底各种阀门、冷却器的管口和养殖网箱的网眼，同时污损生物的附着还能造成海中的各类仪表及转动机构失灵，影响声学仪器、浮标、网具等设施的正常使用，甚至使其失去正常的功能。由此，船舶及设备维修次数增多，船舶航率降低、使用寿命缩短等，造成巨大的经济损失。

4）破坏海区生态平衡

一些污损生物的种类随着船舰的航行进入其他海域，由于生长条件合适且营养丰富，开始迅速大量繁殖，成为该海区生物群落的优势种，影响了整个群落其他物种的生长和发育。

7.4　海洋环境生物污损防治方法

从公元前 700 年腓尼基人用铅皮包覆帆船船底到现在大量的防污方法和技术的应用，人类同海洋污损生物的斗争已有近三千年的历史。其间，包覆隔绝、防污剂杀除、机械清洗、微电场杀灭、紫外光照射等方法或方式被用于污损生物的防除。根据防污技术原理的不同，大致可分为物理防污法、化学防污法和生物防污法三大类，人们一般通过其中的一类或上述几类方法的协同作用来实现防污损的目的。

7.4.1　物理防污法

物理防污法是指通过物理方法减少或阻止污损生物的附着，从而达到防污的目的。主要包括机械清除、空穴化水喷射流除污法、超声波防污法、紫外线防污法、微电场防污法、自剥落涂层防污法、低表面能涂料防污法等。

机械清除是借助相应的机械设备有规律地在船底或平台导管架上进行清洗和刮除，以减少生物附着或使之完全脱落。机械清除法具有操作简单、成本低廉、对较大的无脊椎生物等效果显著等优点。但存在停机作业、清除效率低、易损坏船体构件等缺点。

空穴化水喷射流除污法是利用空穴在高压喷射破裂时产生的巨大局部应力来清除污损生物。研究表明，3.5 MPa 压力的喷射流就已有较好的清除效果，且不会对涂层造成伤害。但是空穴化水喷射流除污法附属设备较复杂，清除成本也较高。

超声波防污法是利用一定频率的超声波可以杀死污损生物幼体、孢子或使刚附着的生物无法生长发育的原理制成的。但是，超声波防污法能量消耗巨大，且会促进涂层老化，其高频声波也会对乘员健康不利。

紫外线防污法是利用紫外线照射杀死污损生物或使其无法生长，以达到防污的目的。但是紫外线防污法存在施工周期长、导致涂料退化等缺点。

微电场防污法是利用电场杀死污损生物或使其丧失活性，从而实现防污的目的。但一定的电场环境会对污损生物的生长发育造成危害，使污损生物不能附着，甚至死亡。由于微电场作用下，会产生一定的次氯酸和重金属离子，因此部分研究人员把微电场法归入化学防污法。

自剥落涂层防污法是通过具有自剥落性能的涂层来达到防污的目的，当附着的污损生物达到一定量时，涂层就会自动脱落，从而阻止了污损生物的大量附着。

低表面能涂料防污法是利用表面能较低的材料作为涂层，使污损生物难以在其上附着和生长或附着不牢，利于清除。低表面能防污涂料不含生物灭杀剂，无毒环保，有效期长，主要包括氟树脂、硅树脂及氟硅树脂材料。但是，其较低的表面能也导致了低表面能防污涂层与防腐底漆的黏合力不够、配套性差、重复涂覆性不好等弊端。

物理防污法具备操作简单、方便、时效性强等优点，但也存在周期长、破坏涂层、致畸生物等弊病，因而应用有限。在现行的物理防污法中，低表面能涂料防污法具备物理防污法的无毒、环保等优点，而无周期长、破坏涂层、致畸生物等弊病，是物理防污法的最新成果，具有重要的研究意义与广阔的发展前景。

7.4.2　化学防污法

化学防污法是通过选择一定的化学物质毒杀污损生物的孢子或幼虫，达到防止海洋生物附着的目的，主要包括药物浸泡法、直接毒杀法和涂料涂层保护法等。此外，部分研究人员把电解防污法也归于化学防污法。

药物浸泡法主要用于养殖行业中，是通过将养殖的网衣、网笼在具有防污作用的药物中浸泡后风干，使养殖网衣表面形成了一层可有效防止污损生物附着的保护膜的方式达到防污效果。

直接毒杀法则是直接将有防污效果或杀灭效果的化学物质添加到海水中，抑制污损生物的生长繁殖或直接将其杀死。直接毒杀法快速高效，适用于一定海域内设施的防污，但对于船舶等随时移动的海洋设施则无法使用。所采用的化学物质主要包括液氯、次氯酸钠溶液、二氧化氯和臭氧等。其中，臭氧的灭杀效果最好且不会对环境造成污染，具有良好的发展前景。

涂料涂层保护法是最常用的防污方法之一，在船体或养殖设施以及其他载体表面喷涂防污涂料，形成保护层，并通过涂层内防污剂的溶解渗出，以达到防止污损生物附着的目的，具体可以分为基料可溶型防污涂料、基料不溶型防污涂料、扩散型防污涂料和自抛光型防污涂料。

基料可溶型防污涂料是指涂料中的基料可缓慢地溶解，毒料粒子不断地接触海水并释放出来，对污损生物予以杀灭，从而实现了防污的目的。该类涂料常用的基料一般为松香，毒性物质为氧化亚铜或有机锡，缺点是防污期较短。

基料不溶型防污涂料中的基料不溶解，但其中的毒料溶解，以达到防污的目的，但毒料溶解后，涂层表面有大量的孔洞，表面变粗，航行阻力剧增。另外，毒料的渗出率会随着时间变化而衰减，后期防污效果较差。

扩散型防污涂料一般以丙烯酸类树脂和乙烯类树脂作为基体树脂，以有机锡化合物作为毒料，其中，有机锡毒料均匀分散在整个涂层中，使用过程中是利用毒料的扩散释放达到防污的效果。

自抛光型防污涂料的涂膜材料会在海洋环境中逐步降解，在水流的冲刷作用下，外层的涂膜材料会逐渐脱落，且脱落时会使所附着的污损生物剥离，同时新的涂膜形成，而新的涂膜接着水解并释放毒料。这样一来，既可以减少生物的附着，又降低了基体材料的表面粗糙度，具备较好的防污、减阻性能。其有效期取决于漆膜厚度。

电解防污法是利用电解的原理，通过生成的次氯酸或重金属离子达到杀灭污损生物幼虫、孢子等或使污损生物失去附着能力，从而达到防污的目的。主要分为电解海水防污法、电解重金属防污法以及电解涂层防污法。其优点是成本较低、无须专人操作、节约成本、增加船舶在航率、减少进坞次数和维修时间等。

化学防污法是目前最为成熟的防污方法，防污作用显著，应用最为广泛，其防污机制是利用有毒物质来毒杀污损生物，可通过与涂料技术的结合实现较长时间的防污效果。但是，其采用的有毒物质会污染海洋环境，使海洋生物产生畸变，对人类本身也有较大的危害。

7.4.3　生物学方法

生物学方法是在全面把握污损生物的附着机理、生活习性、优势种等数据的基础上，通过规避、干扰或阻断其附着过程，实现防止生物污损的目的。其作用机理包括抑制附着、抑制变态、干扰神经传导和驱避作用等。目前，这方面的研究主要集中在生物防污剂、微结构防污涂料、仿生型防污涂料等方面。

生物防污剂是利用从天然生物中提取的有防污活性的物质作为毒料，添加到涂料基体中，它们在海水中缓慢释放出来达到防污的目的，其优点是通过改变细胞自身的表面特性、干扰污损生物的神经传导和驱避等方式起到防污作用，对海洋环境友好，不破坏生态平衡。缺点是天然防污剂来源有限，不易大量获得，而且在使用中因受施工、环境等因素的影响而容易失活，所以很难广泛使用。主要面临着提取量有限、活性稳定性差、单一天然防污剂的广谱性不足等问题。

表面微结构型防污涂料是模仿鲨鱼等大型动物表皮表面存在的微米级沟槽，采用光刻蚀技术、静电纺丝技术、微相分离技术、纳米技术等手段设计制备了各种具有规定尺度的表面，发现这些表面在实验室条件下具有一定的抑制微生物附着的能力。其缺点是大面积、表面规整的微结构不易获得；此外，由于生物的多样性、附着点大小不同，其单一的结构对不同生物的抑制效果不同。

仿生型防污涂料是通过模仿海豚、鲸鱼等大型动物表皮可以分泌出特殊黏液的特点，通过添加油状物质，使海洋污损生物不易附着，从而达到防污的效果。

仿生防污涂料是一种近些年兴起的防污概念，是新型的环境友好型防污涂料的研究中最为活跃的一类，它可以替代目前应用较多的对环境有害的传统防污涂料，可以使其应用领域得到很大程度的扩大，发展前景非常广阔。但是由于现阶段该类防污涂层材料中的新型天然防污剂和模拟海洋生物表皮状态的高分子材料的研究还处于基础理论研究阶段，产品存在成本过高、防污实例较少、只在实验室等小范围内研究而没有实船实验的缺点，使其应用受到很大限制。

第 **8** 章　海洋新型污染物

近年来，在媒体报道的污染物中，出现了越来越多的新物质，为了将其与传统的污染物相区别，特将此类物质界定为新型污染物（Emerging Contaminants，ECs）。美国环境保护局（EPA）对新型污染物做出了如下定义：新型污染物是指那些已经被注意到的、对人体健康或环境存在潜在或现实威胁的、尚未对其制定健康标准的化学品或其他物质。这类污染物在环境中存在或者已经使用多年，但一直没有相应法律法规予以监管。当发现其具有潜在有害效应时，它们已经以不同途径进入各种环境介质中，如土壤、大气和水体。由于许多新型污染物具有很高的稳定性，在环境中往往难以降解并易于在生态系统中富集，因而在全球范围内普遍存在，对生态系统中包括人类在内的各类生物均具有潜在的危害。新型污染物的环境污染和生态毒性效应已成为当代人类所面临的重要环境问题之一。了解海洋环境中新型污染物的来源、分布以及迁移转化规律，对于今后制定海洋环境污染物的防控对策以保护海洋生态环境至关重要。目前，人们关注较多的新型污染物主要有全氟化合物、药物及个人护理品、溴化阻燃剂、饮用水消毒副产物和微塑料等。

8.1　全氟化合物

8.1.1　全氟化合物简介

全氟化合物（PFCs）是指化合物分子中与碳原子连接的氢原子全部被氟原子所取代的一类有机化合物，主要有全氟烷基羧酸类、全氟烷基磺酸类、全氟烷基磺酰胺类及全氟调聚醇类等。PFCs被广泛应用于防水剂、防油剂、防尘剂和防脂剂（如纺织品、皮革、纸张、毛料地毯）及表面活性制剂（如灭火器泡沫和涂料添加剂）等诸多工业和生活用品中。PFCs常被应用于户外服装的生产，以提高衣物的防水和抗污性能。

PFCs性质稳定，在大气、水体、土壤等介质中均难以降解，易于在颗粒物和沉积物中吸附以及在生物体中累积并在环境中进行长距离迁移。PFCs已在各种环境介质（如大气、水体）和生物体（如鱼类、鸟类及人体）中检出。PFCs能够通过消化系统和呼吸系统进入人体。动物实验表明 PFCs 具有肝毒性、胚胎毒性、生殖毒性、神经毒性和致癌性等，能干扰内分泌，改变动物的本能行为，对人类特别是幼儿可能具有潜在的发育神经毒性。

8.1.2 海洋环境中的 PFCs

PFCs 的生产和使用始于 20 世纪 50 年代，主要产品为全氟辛烷磺酸盐（Perfluorooctane Sulfonate，PFOS）和全氟辛酸（Perfluorooctanoate，PFOA）等化合物及其前驱体和衍生物。环境中的 PFOS、PFOA 等 PFCs 是一类新的 POPs，具有肝脏、胚胎发育、生殖和神经等多种毒性。PFOS 和 PFOA 是此类污染物中的典型代表化合物，也是其前驱体和衍生物类产品在环境中最稳定的转化产物。PFOS 和 PFOA 具有较高的水溶解度和解离度，还具有极低的水溶解后蒸气压和表观享利常数，易于在水体中蓄积，且不易从水中挥发。自然界中原本没有 PFCs，海洋中的 PFCs 主要来自人类向环境中直接和间接排放的此类污染物，这些污染物可随地球水循环过程最终汇集于海洋之中。因此，海洋水体成为 PFOS 和 PFOA 类污染物的主要环境污染受体和环境归宿单元。

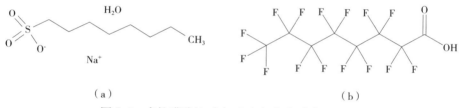

（a）   （b）

图 8.1 辛烷磺酸钠（a）和全氟辛酸（b）结构式

目前，PFOS 和 PFOA 是环境中较常检测到的两种 PFCs，尤以海洋水体中较易检出。其中，PFCs 来源于工业生产的直接排放、大气沉降以及排放到水体中前体物质的转化。全球部分地区海域中 PFOS 和 PFOA 的浓度见表 8.1。

表 8.1 全球部分地区不同水体中 PFOS 和 PFOA 的浓度   单位：ng/L

水体	地区	PFOS	PFOA
海域	日本 16 个海岸水样品	0.2～25.5	—
	韩国沿岸	0.24～320	0.04～730
	中国香港沿海	0.73～5.5	0.09～3.1
	南中国海	0.24～16	0.02～12
	西太平洋	0.008 6～0.073	0.100～0.439
	太平洋中东部至东部表层水	0.001 1～0.078	0.015～0.142

目前，在哺乳动物、鱼类、鸟类以及人体内均曾检测出 PFOS 和 PFOA。PFOS 是动物体内主要的 PFCs 污染物，含量要远远超过 PFOA，说明 PFOS 要比 PFOA 具有更强的生物蓄积和生物放大能力。此外，食物链中处于高营养级的生物体内 PFOS 的含量明显高于低营养级生物，食肉类动物体内 PFOS 的含量高于非食肉类动物。表 8.2 给出了部分地区哺乳动物、鱼类和鸟类体内 PFOS 和 PFOA 的含量。

表 8.2　部分地区哺乳动物、鱼类和鸟类体内 PFOS 和 PFOA 的含量（湿重）

地区	样品	PFOS	PFOA
中国	鲫鱼肉	0.58～9.04 ng/g	—
	猪肝	0.094～11.30 ng/g	0.034～1.790 ng/g
	猪肾	ND～0.718 ng/g	ND～4.979 ng/g
	猪心	ND～0.136 ng/g	ND～0.642 ng/g
	鸡肝	ND～0.288 ng/g	ND～0.061 ng/g
	鸡心	ND～0.273 ng/g	ND～0.031 ng/g
	鸡	ND～0.137 ng/g	ND～0.035 ng/g
德国	鲢鱼肉	7～250 ng/g	ND
	河虾虎鱼肉	70～400 ng/g	ND
美国	21 种食鱼鸟类血液	3～34 ng/mL	—
	2 种幼年龟血浆	11.0～39.4 ng/mL	3.20～3.57 ng/mL
南北极	海豹肝脏	25.5～95.6 ng/g	—
	北极熊肝脏	2 730～6 729 ng/g	—

8.1.3　全氟化合物的危害

研究表明，PFOS 对两栖动物和哺乳动物的生殖系统和神经系统表现出多种毒性效应，对职业性长期暴露人群存在潜在致癌效应。PFOA 能够诱发啮齿类动物能量代谢紊乱、诱导过氧化物酶过度增殖、产生肾脏毒性等，还可对免疫系统产生抑制作用，干扰线粒体代谢，导致肝细胞损伤。动物实验表明，PFCs 的长期暴露可能导致动物的乳腺、睾丸、胰和肝发生癌变。

环境中的 PFCs 主要通过呼吸和饮食进入人体，随后与蛋白发生键合存在于血液中，并在肝脏、肾脏、肌肉等组织中累积，呈现出明显的生物累积性。鉴于 PFCs 的危害性，一些国际组织已提出了限制使用 PFOS、PFOA 的导则。EPA 已将 PFOA 列为人类可能致癌物，2007 年 1 月，在 EPA 的倡导下，包括杜邦在内的 8 家美国公司与 EPA 签订了 PFOA 减排协议，同意分阶段停止使用 PFOA，并于 2015 年前在所有产品中全面禁用

PFOA。瑞典政府也已在 2007 年全面禁止进口含 PFOS 或可降解为 PFOS 的产品。目前，我国还没有制定环境中 PFCs 的检测标准以及生产企业的排放限量标准。

8.1.4 全氟化合物防治技术

8.1.4.1 吸附

活性炭是使用最为广泛的一类吸附剂。Ochoa 等比较了颗粒活性炭、疏水性沸石、厌氧颗粒污泥及活性污泥对河流中 PFOS 的吸附性能，发现其吸附能力依次递减。为了优化吸附剂的吸附性能，童锡臻等利用 $FeCl_3$ 及中功率微波对椰壳活性炭进行改性，发现由于静电作用，碳材料上的正电荷与 PFOS 的负电性相结合，达到对其的高效吸附。Chen 等利用碳纳米管和玉米秸秆制成的灰吸附水中的 PFOS，结果表明由于具有较大的比表面积，两种材料均对 PFOS 具有较强的吸附性能，吸附能力均超过 700 mg/g，并且分别在 2 h 和 48 h 时达到吸附平衡，其吸附机理是阴离子交换。在此基础上，Deng 等利用 KOH 在高温条件下改良了来源于竹子的活性炭，使其在 pH=5 的酸性条件下对 PFOS 的吸附能力提高至 1 248.16 mg/g。

8.1.4.2 膜分离

膜是一种具备选择性分离功能的材料，可以充分应用它的这个特点，从而完成对于料液各种组分的分离、提纯、浓缩。膜分离的好处在于，这个过程属于物理过程，不需要产生相的变化以及往其中增添辅助的物质，而且能实现在分子范围内分离。常用的分离 PFCs 的膜有纳滤膜以及反渗透膜。范庆等利用反渗透工艺去除水中多种低浓度 $C_4 \sim C_{12}$ 的 PFCs（C_0=0.1 μg/L），发现除全氟庚酸（PFHpA）外，其余的 PFCs 类物质的去除率均达 50% 以上。Tang 等利用商用的反渗透膜截留半导体工业废水中的 PFOS，发现在 0.5～1 500 mg/L 的 PFOS 浓度范围内截留率均可达 99% 以上，且截留效率不受膜表面电位的影响。纳滤技术可有效截留分子量在 80～1 000 内的污染物质，对 PFCs 的去除同样十分有效。张健等研究了纳滤法去除饮用水中 PFOS 的效果，结果表明该方法可以截留水样中 90% 以上的 PFOS，且截留效率随水样 pH 的升高和水样中电解质浓度的升高而升高。随后，王涛等利用自制的中空纤维纳滤膜处理水体中的 PFOS 时发现，PFOS 的截留率随着其浓度的提高而提高，截留率由 92.89%（10 μg/L）提高至 96.61%（500 μg/L）。

8.1.4.3 氧化技术

氧化技术即选择具有强氧化性的物质，直接与 PFCs 反应，并使其降解为二氧化碳、水和其他盐类的过程，主要包括超声氧化、直接光解、光催化氧化、电化学氧化和焚烧等。

1）超声氧化

近年来，关于羟基自由基作为有效氧化物质的研究已经成为污染物降解领域的一大热点，该技术可将污染物质彻底矿化为 H_2O 与 CO_2，实现无害化。超声降解技术是利用超声波的空化作用，使液体当中的气体形成气泡，并利用超声动力使气泡能量迅速增加，达到某一阈值后气泡破裂瞬间产生极短暂的强压力脉冲和局部热点，热解水产生 OH，利用超声降解 PFCs 的原理便是羟基自由基的氧化作用。Vecitis 等研究表明 PFOS 浓度在 5～5 000 μmol/L 都可被超声有效降解，且速率常数随着超声强度的增加而增大。除单独使用外，超声也可与紫外光等技术联用，有效提高 PFCs 的降解效果。由于超声氧化技术简捷方便，且降解效率较高，部分关于实际应用效果的研究已经展开。

2）直接光解

在光解过程中，污染物质吸收光子的能量后跃迁至激发态，而后经一系列变化转变为其他的无害物质。研究表明，PFOA 在 193 mm 处有最大吸收峰，在 238 mm 处也有较弱的吸收峰。Chen 等首先采用高能量的真空紫外光（185 nm，15 W）直接照射 PFOA 水溶液（C=0.1 mol/L），2 h 后降解率可达 61.7%，脱氟率达 17.1%，PFOA 被降解为 F 及 4 种碳链较短的全氟羧酸，并发现 PFOA 的降解始于其末端 C—C 键的断裂，随后经过逐步脱去 CF 单元的过程实现完全降解。同一时期，Yamamto 等发现 PFOS 的碱性异丙醇溶液在紫外灯（254 nm，32 W）的直接照射下，10 d 后 PFOS 的降解率高达 98%，而同样的条件却不能降解 PFOA，故推测这与带降解物质的末端官能团有关。随后，Giri 等利用了 185 mm 和 254 mm 的复合紫外光降解 PFOA，4 h 后实现完全降解。可见，复合光具有更高的降解效率，也更接近于实际光照环境，间接证明了实际光照具有光化降解 PFCs 的潜力。

3）光催化氧化

光催化氧化技术是紫外光或者可见光和光催化氧化剂协同作用对于水里存在的有机污染物加以降解的一个过程，其特点是反应条件相对温和、能源消耗率不高、产生的二次污染较少等。Hori 等以 200 W 的试汞灯为光源、过硫酸盐为氧化剂降解 PFCs，发现 PFOA、全氟癸酸（PFDA）和全氟壬酸（PFNA）均可被完全降解，全氟丁酸（PFBA）的降解率也可达到 77.1%。宋洲采用紫外光助 Fe^{2+} 活化过硫酸盐氧化降解 PFOA（C_0= 20 μmol/L），反应 5 h 后 PFOA 的脱氟率可达 63.3%，高于紫外光和 Fe^{2+} 单独活化的 23.2% 和 1.6%，该体系的降解机理是 $S_2O_8^{2-}$ 在紫外光激发下，生成具有强氧化性的 $SO_4^- \cdot$，PFOA 在活性物种 $SO_4^- \cdot$ 进攻下首先发生末端 C—C 键的断裂，随后经历水解和消去反应失去一个 CF 单元后生成短链的全氟羧酸，短链全氟羧酸再经过相同的反应历程直至最终矿化生成 F^-、CO_2 和 H_2O。

8.2　药物及个人护理品

8.2.1　药物及个人护理品简介

在环境健康科学中，为方便研究，学者们将药物及个人护理品（Pharmaceuticals and Personal Care Products，PPCPs）划分为一类新型污染物。研究表明，药物和个人护理品在水体中有一定的残留，其危害还有待证实。具体而言，药品和个人护理品都有各自的来源和归宿，对环境和人体健康的影响也各不相同。

多数药品过期后会失去应有的药效，有的还会产生毒副产物。因此，过期药品如果处置不当，将对环境造成污染。例如，2000 年，在德国首次发现有些河流和地下水等饮用水水源有被消炎药、抗癫痫药及降脂药污染的迹象。研究人员对美国的 139 条河流取样化验也发现，80% 的河流中存在抗生素和雌激素等药品的残留物。除了药物，个人护理品（包括皮肤和头发清洁用品、护理品、化妆品等）也由于各种原因不断排入环境，它们往往含有多种化合物，尽管浓度不大，但是其危害性难以预料，其环境风险已经引起广泛关注。

8.2.2　海洋环境中的 PPCPs

随着医药及洗涤化学品行业的大规模发展，PPCPs 的生产和使用量迅猛增长，导致它们在水、土壤和大气环境中的残留量不断增加，并逐渐显现出对动物、植物以及微生物的生态毒性。但直到 20 世纪 90 年代末，它们才被作为一大类环境污染物而受到广泛关注。表 8.3 列出了环境中常见的 PPCPs。

表 8.3　环境中常见的 PPCPs

名称		CAS 号	分子式	用途
加乐麝香	Galaxolide	1222-05-5	$C_{18}H_{26}O$	合成麝香
吐纳麝香	Tonalide	21145-77-7	$C_{18}H_{26}O$	合成麝香
碘普罗胺	Iopromide	73334-07-3	$C_{18}H_{24}I_3N_3O_8$	X 射线显影剂
罗红霉素	Roxithromycin	80214-83-1	$C_{41}H_{76}N_2O_{15}$	抗生素
环丙沙星	Ciprofloxacin	85721-33-1	$C_{17}H_{18}FN_3O_3$	抗生素
诺氟沙星	Norfloxacin	70458-96-7	$C_{16}H_{18}O_3N_3F$	抗生素
雌激素酮	Estrone	53-16-7	$C_{18}H_{22}O_2$	天然雌激素
17β-雌二醇	17β-estradiol	50-28-2	$C_{18}H_{24}O_2 \cdot 0.5H_2O$	天然雌激素

续表

名称		CAS 号	分子式	用途
17α-乙炔基雌二醇	17α-ethinylestradiol	57-63-6	$C_{20}H_{24}O_2$	合成雌激素
布洛芬	Ibuprofen	15687-27-1	$C_{13}H_{18}O_2$	消炎止痛药
萘普生	Naproxen	22204-53-1	$C_{14}O_{14}O_3$	消炎止痛药
双氯芬酸	Diclofenac	15307-86-5	$C_{14}H_{13}O_2N$	消炎止痛药
三氯生	Triclosan	3380-34-5	$C_{12}H_7Cl_3O_2$	杀菌消毒剂

人类或动物服用的药物直接或间接地排入环境是 PPCPs 最主要的污染来源，这些药物主要有消炎止痛药、抗生素、抗菌药、降血脂药、3-阻滞剂、激素、类固醇、抗癌药、镇静剂、抗癫痫药、利尿剂、X 射线显影剂、咖啡因等。近几十年来，不断有研究证实药物可以通过多种途径进入环境，可能会对生物群落产生不良的生态效应。然而，通常人们关心的只是药物的治疗效果，而很少考虑它们排出体外后将会对环境产生何种影响。事实上，人体或动物摄入体内的药物并不能被完全吸收和利用，未代谢或未溶解的药物成分将通过粪便和尿液等形式排出并进入环境。药物进入环境的途径：一部分是通过人体或动物排泄；另一部分是直接丢弃。

尽管多数污水或废水都会进入污水处理系统，但其中含有的药物大多较难被微生物降解。一个原因是它们残留浓度很低，很难与酶发生亲和反应；另一个原因是微生物在短时间内很难适应新的药物。因此，一般经过处理的污水仍会残留较多药物成分，它们会再次进入水环境。此外，残留在污泥（污水处理副产物）中的药物一部分会通过污泥农用（作为肥料或土壤改良剂）进入食物链。

畜禽和水产养殖业是将药物引入环境的一个重要源头。各种动物的饲养对药物的需求量巨大，尤其是在大型的集中型饲养场，药物的使用种类和剂量都很大，宠物也会使用大量的镇静剂和抗抑郁等药物。这些家养动物使用的药物（包括兽药和非处方药）与人类使用的药物可以通过同样的途径在环境中分散和残留。个人护理用品是指直接在人体上使用的化学品（不包括食品），主要包括香料、化妆品、遮光剂、染发剂、发胶、香皂、洗发水等。与药物相比，个人护理用品直接进入环境的量更大。其中，一部分个人护理用品可能不经过污水处理系统而直接进入环境。例如，人类在户外地表水体中的活动（如沐浴、游泳、洗涤等）会使一部分个人护理用品直接进入水体，使它们绕过了污水处理系统的降解过程，进而随着降水、地表径流、河流、湖泊等最终进入海洋环境。许多国家在河流、湖泊、地下水甚至是海洋环境中发现了抗生素类药物的存在，它们通过多种途径进入水生动物体内累积，不仅对动物本身具有直接毒害效应，危害水产品质量安全，间接对人体产生毒害作用，还会带来严重的生态风险和危害。抗生素进入水环境的主要途径及其迁移过程如图 8.2 所示。

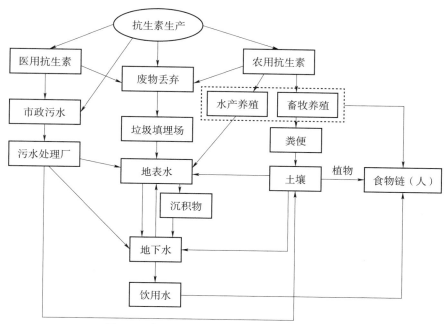

图 8.2　抗生素进入环境的主要途径及其迁移

8.2.3　PPCPs 的危害

环境中大量的 PPCPs 对生态系统和人体健康可能产生的危害主要表现为：污染水体，引起水体和底泥中的微生物、藻类、无脊椎动物、鱼类及两栖类动物的慢性中毒；污染土壤与食物，直接或间接地对人类产生"三致"效应，导致肠道菌群失调等。由于食物链和食物网的富集和放大作用，进入环境的 PPCPs 可能以更大的浓度进入人体，从而对人体健康造成较大危害。

药物是针对人和动物特定的代谢途径和分子通路发挥活性作用而被设计出来的，在其发挥药效的同时，也会对人和动物产生一定的副作用。对于某种药物，环境中的非靶标生物若具有与靶标生物相同的作用器官、组织、细胞或活性分子，药物制剂进入环境后就会对这些生物产生毒性效应；若药物制剂对靶标生物的作用靶点与其他生物不同，则可能通过其他途径对生物产生负面效应。目前，关于个人护理用品对人类健康效应的研究还很少，但它们潜在的生态危害不容忽视。例如，普通的日光遮蔽剂 2- 苯基苯并咪唑 -5- 磺酸和 2- 苯基苯并咪唑可以影响 DNA 断裂。

以合成雌激素 17α- 乙炔基雌二醇（EE2）为例，该激素是一种广泛用于口服避孕药的持久性生物相似物。近来的研究发现，暴露于较低浓度的 EE2 即能诱发鱼类的雌激素效应，改变正常鱼类的表型发育，降低生殖成功率。地表水中 EE2、雌二醇以及其他具有雌激素效应的物质越来越多地被检出，这些化合物在低剂量长期暴露下或许不会使生物产生明显毒害症状，但可能会产生某些潜在的不易察觉的毒害效应。

8.2.4 PPCPs 防治技术

8.2.4.1 高级氧化技术

高级氧化（Advanced Oxidation Processes，AOPs）指的是能够产生足够多的羟基自由基（—OH），对水有净化作用的技术，包括臭氧氧化、芬顿氧化、紫外线高级氧化等。

1）臭氧氧化

臭氧具有非常高的氧化电位（2.07 eV），它可以直接氧化底物，也可以通过产生—OH与其他物质发生反应。总体来看，臭氧对于水体中 PPCPs 的去除率较高，其氧化效果与溶解性有机物的浓度和臭氧剂量有关，有机物会消耗部分—OH，其对于低溶解性有机碳水体中 PPCPs 的去除效果可能会更好。Esplugas 等用臭氧处理 PPCPs 时发现：投加量为0.5 mg/L 可使原水中卡马西平和双氯芬酸的去除率达到 97%；加入 1 mg/L 臭氧可使原水中必降脂和扑米酮去除 50%；当臭氧使用量增加到 10～15 mg/L 时，出水中的 9 种药物浓度均低于检测限。Miao 等探索了氨基比林的高级氧化去除效果，发现随着氧化剂量的增加，去除率也随之升高。将臭氧与紫外技术结合或者加入 H_2O_2 则会促进—OH 的形成。Ternes 等发现，在臭氧氧化工艺前加入 H_2O_2，可使 PPCPs 的去除率提高 5%～15%，对于一些药物甚至可提高 20%。

2）芬顿氧化

芬顿氧化法是通过 Fe^{2+} 和 H_2O_2 发生反应产生—OH 和—O_2H，降解水中的有机污染物。当有紫外照射时，氧化效率会升高。Shemer 等研究发现，光照芬顿氧化效率比芬顿过程提高了 20%。Yahya 等采用电芬顿法在一定条件下使得环丙沙星在 6 h 的去除率达到了 94%。但总体来说，由于芬顿氧化对于 pH 的要求较严格，且存在铁离子的后续去除问题，其在城市生活污水处理系统的应用并不多。

3）紫外线高级氧化

基于紫外线的高级氧化技术是通过紫外线辐射产生一系列具有高氧化性的中间活性物质来降解水中污染物，其常被用于 PPCPs 的去除研究中。研究显示，紫外线与生物处理工艺联合能够提高 PPCPs 的去除效果。对 PPCPs 的降解途径解析发现，污水处理厂的PPCPs 有 45% 通过生物降解被去除，33% 通过吸附被去除，22% 通过低压紫外灯辐射被去除。虽然通过紫外线去除的 PPCPs 所占的比例最小，但是其作为深度处理工艺所起的作用十分重要，且紫外线与其他深度处理技术联合使用通常能够取得更好的效果。

8.2.4.2 吸附技术

与高级氧化技术相比，吸附技术有着吸附速度快、材料易得、可重复利用等优点，在去除 PPCPs 方面具有很大的潜力。目前用于去除 PPCPs 的吸附剂材料主要有碳材料、黏土材料、生物材料和纳米材料等。

1）碳材料

碳材料具有较大的比表面积，孔隙结构发达，化学稳定性能好，吸附能力强，且原料易再生，造价低，故应用最为广泛。用于去除 PPCPs 的碳材料主要有粒状活性炭、粉末活性炭、微晶粒活性炭和碳纳米管等。活性炭应用方式灵活多样，可以将其用于流化床中去除污水出水中的 PPCPs 污染物，也可将粉末活性炭直接投加到深床过滤器中，将其作为一个处理单元，粉末活性炭能够很好地保留在过滤器中，对过滤器的水头损失不产生影响；且过滤器中粉末活性炭的浓度越高，处理效果越好。另外，碳材料还可以通过酸碱、超声、有机改良等来提高吸附效果。活性炭材料对 PPCPs 的吸附通常是物理吸附与化学吸附的结合，吸附机理主要有 π-π 电子供体—受体理论、氢键作用、静电作用以及疏水作用等。活性炭的比表面积和孔的性质等因素直接影响吸附效果。典型药品的去除率也会受到滤速、有机物和 pH 等因素的影响，不同药物的主要影响因素不同，有机物对典型药物去除率的影响既有抑制作用，又有协同作用。

2）黏土材料

除了碳材料应用较为广泛外，黏土材料在水污染控制中也具有较好的应用前景。黏土材料可塑性高、渗透性好、比表面积较大，表面通常带有电荷，可与污染物进行离子交换或发生物理吸附，因此具有良好的吸附性能和表面化学活性；且黏土矿物（如膨润土、蒙脱石及其改性物质等）材料易得，价格低廉。由于改性后的黏土材料其吸附效果会大大提高，因此多数黏土材料经过改性后使用。天然凹凸棒石黏土材料对苯酚的去除率为 20% 左右，单纯物理化学改性（如酸活化、热活化）及有机改性，对苯酚的去除率将提高 3～4 倍，将物理改性和微波有机改性相结合，对苯酚的去除率可达 99% 以上。将天然膨润土用铁聚阳离子和十六烷基三甲基溴化铵进行改性，改性后的无机—有机膨润土对水中的磷酸盐和多环芳香烃（如菲）均有很强的亲和力。另外，黏土材料也可利用金属离子进行改性，不同的金属离子改性对不同的 PPCPs 有不同的促进作用。例如，利用多种金属（如 Co^{2+}、Ni^{2+} 和 Cu^{2+}）改性制成的无机—有机柱状黏土固定床去除水中水杨酸、氯贝酸、卡马西平和咖啡因。与活性炭类似，黏土吸附剂的应用形式也具有多样化，除固定床外，也可应用于过滤器等设备中。黏土类吸附剂对有机物质的吸附作用不仅与其表面积有关，还取决于吸附剂的微孔结构和其表面性质。无机黏土类吸附剂中的硅酸盐和有机污染物中的羟基可形成氢键或水桥作用，因此，无机黏土类吸附剂主要的吸附机理是表面的氧原子和有机污染物中的官能团之间的电子给—受体作用。有机黏土类吸附剂的吸附机理主要是表面吸附和分配作用，前者主要是因为其表面电性和亲水亲油性变化，后者主要是由于有机层在黏土层的分布。

3）生物材料

我国生物质资源丰富，其中一些生物材料如椰壳、果壳、秸秆、稻壳、梧桐叶等具有丰富的官能团，表面一般带有负电荷，可以制作成吸附剂。该类吸附剂具有价格低廉、可再生、易降解等优点。不同类型的生物质材料其吸附性能有所不同。对比稻草、稻壳、大豆秸秆和花生秸秆生物质材料的吸附能力，发现其对亚甲基蓝的吸附能力依次为稻草 > 大豆秸秆 > 花生秸秆 > 稻壳，这一顺序与它们的表面所带电荷量和比表面积大小顺序一致。木质生物材料相比于秸秆生物材料，具有较大的比表面积和热解产率，因此木质生物材料对菲的吸附能力和吸附亲和力明显大于秸秆生物质材料。生物材料吸附剂会发生专性吸附，生物质吸附剂对 PPCPs 的吸附机理与碳材料有所不同，其多是孔填充效应、疏水效应和 π-π 共轭反应等。

4）纳米材料

纳米吸附剂具有较大的比表面积、较强的疏水性和多孔性，对有机物具有较好的吸附能力，在水净化和水污染控制方面得到广泛应用。常见的纳米吸附剂有碳基纳米吸附剂、碳—铁纳米吸附剂、纳米黏土和磁性纳米吸附剂等。相比于其他的吸附剂，纳米材料往往具有更大的吸附容量。有研究表明，碳纳米管对水中有机物的吸附主要是疏水作用、π-π 键作用、氢键作用、静电作用等，或者是几种作用力同时存在，但具体是哪种作用力起主导作用取决于纳米材料以及被吸附物质。

8.3 溴化阻燃剂

8.3.1 溴化阻燃剂简介

阻燃剂是对高分子材料（包括塑料、橡胶、纤维、木材、纸张和涂料等）进行加工时用到的重要助剂之一，它可以使材料具有难燃性、自熄性和消烟性，从而提高产品的防火安全性能。目前市场上有 175 种不同的阻燃剂，大致可以分为 4 类：无机阻燃剂、卤系阻燃剂、有机磷系阻燃剂（卤—磷系、磷—氮系）和氮系阻燃剂。含氯、溴的卤系阻燃剂是唯一用于合成材料阻燃的阻燃材料，特别是用于塑料阻燃，其中溴化阻燃剂（Brominated Flame Retandants，BFRs）由于阻燃效果更好、价格低廉，其应用范围比氯系阻燃剂更广。近年来，溴化阻燃剂在全球范围内的用量增长迅速，年均增长率超过 3%。溴化阻燃剂中使用最多的是多溴联苯醚（PBDEs），其次是四溴双酚 A（TBBPA）和六溴环十二烷（HBCD）等，前两者的产量约占溴化阻燃剂的一半。

PBDEs 广泛应用于电器线路板、建筑材料、泡沫、室内装潢、家具、汽车内层、装饰织物纤维等产品中。PBDEs 是一种添加型阻燃物质，在通电加热后容易从电子元件中挥发出来，这可能是其进入环境的主要方式。此外，在制造、循环再造或处理废旧家具和电器等产品以及火灾过程中，PBDEs 也会大量释放到环境中。目前，几乎在所有环境介质和包括人类在内的许多生物体中均已检测出 PBDEs。

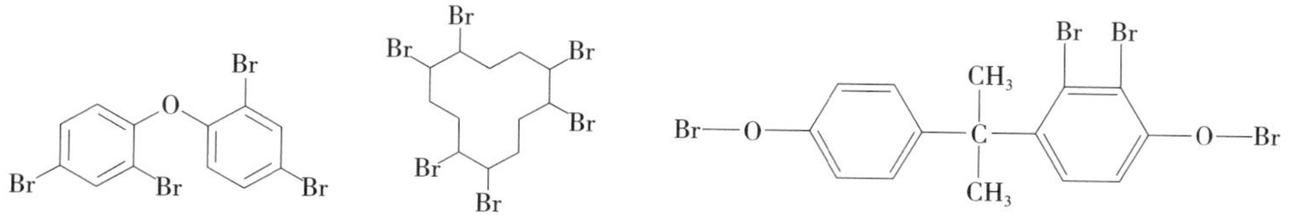

图 8.3　四溴联苯醚（a）、四溴双酚 A（b）、六溴环十二烷（c）结构式

8.3.2　海洋环境中的溴化阻燃剂

水体是溴化阻燃剂迁移和扩散的重要介质，溴化阻燃剂通过地表径流等方式进入水体后，一部分会再次挥发至空气，造成空气中溴化阻燃剂浓度升高，另一部分则随水体流动迁移，最终被沉积物吸附，或被水生动植物吸收富集，进而通过食物链进入高等生物乃至人体。由于大部分溴化阻燃剂具有较高的辛醇—水分配系数（$\lg K_{ow}$），在水中溶解度较小，在水体中的浓度很低，容易吸附于细小颗粒并被生物富集。

以 PBDEs 为例，世界各地的海洋都不同程度地受到其污染。由于绝大部分 PBDEs 都有较高的 $\lg K_{ow}$，水溶性极低，有关其在水体中的报道很少。PBDEs 在水中的溶解度一般随溴原子个数的增加而减小，因此低溴代 PBDEs 在海水中检出率显著高于高溴代 PBDEs。表 8.4 所示为我国珠三角近海水体中 PBDEs 的污染情况。

表 8.4　我国珠三角近海水体中 PBDEs 的含量水平　　　　　　单位：pg/L

区域	采样时间	浓度范围
香港海域	2005 年	31.1～118.7
珠江口	2005—2006 年	2.15～127

我国香港附近海域水体中可溶态 PBDEs 含量为 31.1～118.7 pg/L，悬浮颗粒物中 PBDEs 浓度为 25.7～32.5 pg/L，其中所测得的主要 PBDEs 同系物为 BDE-28、BDE-47 和 BDE-100；BDE-209 只有微量检出。作为珠江三角洲支流的东江，其流经我国乃至世界最大规模的电子垃圾拆卸地，东江水体中 PBDEs 的含量约为珠江入海口水体中 PBDEs 的 2 倍；Guan 等于 2005—2006 年在 8 条珠江入海支流采集水样，对水样中 PBDEs 的 17 种同系物进行了分析研究，水平范围在 0.34～68 ng/L，主要同系物为 BDE-47、BDE-99 和 BDE-209，其中 BDE-47 和 BDE-99 是 Penta-BDE 的主要组成成分，极易在食物链中产生生物累积和生物放大效应，这与珠江口水体中 PBDEs 同系物的组成成分一致，说明陆地上的 PBDEs 面源在河流入海口汇聚成点源，随后通过潮水的稀释和扩散作用转移到整个海洋环境中。PBDEs 在海洋中的主要归宿是海洋沉积物和海洋生物。海洋沉积物柱样和生物样品中 PBDEs 含量的分析结果显示，除少数海域的海洋生物样品中 PBDEs 的

含量从 20 世纪 90 年代后期开始趋于稳定或者逐渐降低中，海洋环境中 PBDEs 的水平一直持续增加。

8.3.3 溴化阻燃剂的危害

溴化阻燃剂本身毒性一般较小（半致死浓度大于 5 000 mg/kg），但是燃烧时会产生较多的烟雾、腐蚀性和有毒气体，主要包括卤化氢、一氧化碳、二氧化硫、二氧化氮、氨气和氰化氢等。据统计，火灾死亡事故中，有 80% 左右是由有毒气体和烟雾导致的窒息造成的。为了使溴化阻燃剂获得更好的阻燃性，需要将其与氧化锑并用，这样会使基材的生烟量更高，这也是欧洲阻燃专家提出禁用 PBDEs 的主要理由之一。PBDEs 脂溶性很高，化学性质稳定，可以随着食物链富集和放大，使处于食物链顶端的生物受到毒害，最终威胁到人类。PBDEs 对生物具有神经毒性、生殖毒性以及内分泌干扰毒性。以前的研究指出，PBDEs 作用于神经系统可使生物出现行为异常，记忆和学习能力下降；PBDEs 可以干扰甲状腺系统，从而打破机体甲状腺激素和维生素的动态平衡。随着 PBDEs 溴原子数的增加，其生物毒性一般呈减弱趋势，五溴联苯醚在 3 种商用阻燃剂中生物毒性最强，十溴联苯醚生物毒性最弱。BDE-47 会损害女性生殖系统；而 BDE-99 会干扰精子形成，导致精子数量减少；BDE-209 会导致生物体血液中乳酸含量升高，损害肝脏功能。

8.3.4 溴化阻燃剂防治技术

8.3.4.1 化学还原法

化学还原法在含卤有机物的脱卤研究中较多，通常使用零价金属来降解卤代有机物。Lin 等利用零价铁纳米粒子（NZVI）对 TBBPA 进行还原降解研究，当 pH 为 7.5、温度为 25℃、TBBPA 初始浓度为 2 mg/L 时，3.0 g/L 的 NZVI 在 16 h 内对其降解率可以达到 86%。Luo 等对 NZVI 及超声波与纳米 Fe-Ag 的结合技术降解 TBBPA 进行了对比研究，当 pH 为 6.0 ± 0.5、温度为 30℃、TBBPA 初始浓度为 2 mg/L 时，1.0 g/L 的 NZVI 在 60 min 内对其降解率只能达到 60%；而在超声波的条件下，0.4 g/L 纳米 Fe-Ag 在 20 min 内可将其完全降解；在无超声波的条件下在 60 min 内对其降解率只有 25%。可见 Ag 的负载增强了纳米铁的活性，同时超声波大大提高了 TBBPA 的去除率。

8.3.4.2 生物降解

生物降解是通过自然界中的微生物对有机污染物分解，一般不会对环境造成二次污染，正逐渐受到人们的关注。沉积物的降解环境比水体环境更适合溴化阻燃剂的降解。

根据国内外学者的研究表明，利用微生物降解可以实现溴化阻燃剂的脱溴过程，实现溴化阻燃剂微生物降解的关键在于使其脱溴转变为含溴原子较少的产物。

王婷等对十溴二苯醚（BDE-209）进行好氧脱溴降解研究，结果表明，复合菌能将 BDE-209 降解为酚类有机物，对其有很好的降解性能，反应 1 d 的最高脱溴量可以达到 1.18 mg/L，脱溴率在 14.16% 以上。Robrock 等对采用不同菌种降解不同溴原子数的 PBDEs 进行了研究，发现所有 PBDEs 物质都可以发生降解，并且降解的方式都是逐级脱溴产生低溴代联苯醚。

8.3.4.3　光降解

光降解是自然环境中有机物去除的重要途径。据报道，PBDEs 的 C—Br 键和醚键较为活跃，在光照条件下分子内部闭合环上的 C—Br 键容易断裂发生光解反应，高溴取代和醚键对 PBDEs 形成自由基有促进作用，而伴随的脱溴脱氢作用也能促进自由基的生成。因此，高溴代 PBDEs 的光降解也是一个逐级脱溴的过程。TBBPA 通过光照发生脱溴反应，或者两个苯环之间的断裂反应形成中间产物如 BPA，可能仍具有一定的环境危害性，无法真正有效地消除污染。该方法可利用水环境中的某些物质在光照后产生—OH 来还原降解 HBCD，—OH 的产量是光降解效率的关键。光降解具有环保清洁、去除效率高、适用范围广等优点，是一种非常有前景的污染治理技术。自然环境中的 BFRs 光降解与多个因素有关，如温度、pH、各种杂质（腐殖酸、光敏剂、表面活性剂）等都可能会对溴化阻燃剂的降解产生影响，利用光降解溴化阻燃剂发生的条件复杂，未来仍需深入地研究。

8.4　饮用水消毒副产物

8.4.1　饮用水消毒副产物简介

消毒是控制饮用水（这里指自来水）生物安全性的最后一道屏障。氯化消毒在我国第二代饮用水常规工艺处理中得到了大规模的应用，不仅能够消灭水中的大部分致病细菌和寄生虫卵，同时具有去色、除味和灭藻的功能。但是越来越多的研究表明，饮用水加氯消毒后会产生消毒副产物，这些物质会危害人体健康，使人患结肠癌和膀胱癌的危险增加。

消毒副产物是指用于饮用水消毒的消毒剂与水中一些天然有机物或无机物（溴化物/碘化物）反应生成的化合物（Disinfection By-products，DBPs）。水中 DBPs 的种类因消毒剂和消毒方法的不同而异。目前已检测到的氯化消毒副产物（Chlorination By-products，CbPs）多达数百种。

8.4.2 环境中的消毒副产物

如图 8.4 所示，饮用水中常见的消毒副产物有三卤甲烷（THMs）、卤乙酸（HAAs）、卤乙腈（HANs）、卤代酮（HKs）、卤乙醛（HALs）、卤化硝基甲烷（HNMs）、卤化氰（CNXs）、亚硝胺（NAs）、卤代苯醌（HBQs）等。

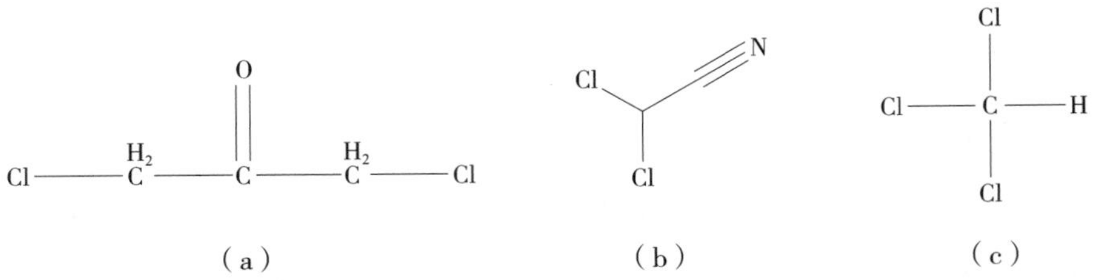

图 8.4　卤代酮（二氯丙酮）(a)、卤代乙腈（二氯乙腈）(b)、三卤甲烷（三氯甲烷）(c) 结构式

饮用水中含氮有机物在加氯消毒过程中会生成各种消毒副产物，对人类健康存在潜在危害。溶解性有机氮类化合物（DON）作为消毒副产物的一类重要前体物，广泛存在于水环境中，并可经由输水系统进入制水过程。在消毒过程中，DON 既能生成卤代 N-DBPs 和非卤代 N-DBPs，如 HANs；也能生成不含 N 的消毒副产物，如 THMs。

8.4.3 危害

生活饮水中消毒副产物以含氯消毒剂副产物为主。三氯甲烷早在 1976 年被美国癌症协会列为可疑性致癌物，同时证实其对动物具有致癌性作用。国际癌症研究机构（IARC）指出，三氯甲烷可通过非遗传毒性诱导动物产生肿瘤。研究了不同暴露途径下膀胱癌与三卤甲烷之间的关联，结果表明每日摄入高水平三卤甲烷的人群患膀胱癌的风险较高，高水平三氯自由基的暴露与膀胱癌之间有中度的关联性。

卤乙酸已被证实对血管齿类动物有致癌、致畸变、致突变作用，具有毒性，致癌危害远高于其他含氯消毒剂副产物的总和。例如，卤乙酸的致癌风险占含氯消毒剂副产物总致癌风险的 91.9 % 以上。

亚氯酸盐能引起动物的溶血性贫血和变性血红蛋白血癌，可能会抑制血清甲状腺素的作用，引起微小脑重量下降，神经行为作用迟缓或细胞数下降。氯酸盐是神经、心血管和呼吸道中毒与甲状腺损害贫血的诱因之一，其毒性会降低精子的数量和活力。植物吸收氯酸盐会抑制植物细胞对 NO_3^- 的吸收和运输，导致植物缺氮，进而影响植物体的生理、营养和生殖生长。卤代乙腈细胞毒性分别约是三卤甲烷、卤乙酸的 150 倍、100 倍，遗传毒性分别约是三卤甲烷、卤乙酸的 13、4 倍。卤化硝基甲烷具有强效的哺乳动物细胞毒素和基因毒素，可能对人类健康和环境造成危害，并且具有强烈的致突变性。卤代乙醛的平均毒性远高于三卤甲烷和卤乙酸，都有一定的基因毒性和致癌性。

8.4.4　消毒副产物防治技术

根据消毒副产物的形成机理，目前控制消毒副产物的方法主要包括改进加氯消毒工艺、研发替换含氯消毒剂、去除消毒副产物的前驱物、去除已经产生的消毒副产物和从源头控制加强水源水的保护，并制定严格的饮用水水质标准。消毒副产物三氯甲烷的沸点较低，在水烧开过程中易挥发，多沸腾几分钟即可除去。

研究表明，强化混凝处理对出水中消毒副产物的生成量具有较好的控制效果，对三卤甲烷、卤乙酸和三氯乙醛的控制效果可提高 24.3%、26.2% 和 13.3%；强化过滤处理对出水中消毒副产物的生成量具有较好的控制效果，对三卤甲烷、卤乙酸和三氯乙醛的控制效果可分别提高 21.0%、12.1% 和 18.4%；与臭氧和过氧化氢预氧化处理相比，高锰酸钾预氧化处理与混凝沉淀联用工艺对三卤甲烷、卤乙酸和三氯乙醛生成势的控制效果最佳，去除率分别为 62.3%、61.0% 和 45.8%。

8.5　微塑料

8.5.1　微塑料简介

微塑料为直径小于 5 mm 的塑料。微塑料尺寸小，难以实现回收和清理；微塑料的密度小，在海洋环境中会受到风浪、洋流、潮汐、海啸等作用力而进行扩散，在大气环境中会受到风力等作用力发生迁移，从而遍布全球海洋。因此，随着时间的推移以及大块塑料的持续降解，微塑料将在海洋环境中长期积累，数量越来越多，从而成为海洋环境中塑料污染的主要组成部分。

微塑料的主要化学成分有聚氨酯、聚苯乙烯，这大多是工业化工产品的常见材料（图 8.5）。据统计，中国每年有132 万～353 万 t 的塑料垃圾排放到海洋中，由分类分析可知，海洋中微塑料来源有渔业、石油作业、陆地河流 3 个途径。从微塑料的来源途径主观性和客观性来看，人们在工业生产或生活中使用的塑料颗粒、工业塑料材料会顺着污水处理工程的排水和河流直接进入海洋；而海岸线周围地区的塑料垃圾直接排放到海洋中也会形成污染问题。

图 8.5　微塑料

8.5.2 海洋中微塑料的来源

8.5.2.1 海洋环境的"原生"微塑料污染

"原生"微塑料包括工业"洗涤器"（用于表面喷砂清洁）、塑料粉（塑模成型）、微珠（化妆品配方）及塑料纳米颗粒（各种工业生产过程）。此外，还包括直径约 5 mm 的球状或圆柱状的原始树脂颗粒，其广泛应用于塑料制造业和塑料产品的生产。海洋环境中"原生"微塑料污染包括陆源污染和海源污染。这里所涉及的主要是人工合成塑料。除此之外，一些天然存在的生物聚合物也可能存在于海洋中。它们的疏水性能比人工合成塑料低，一般可被生物降解，大多数易被降解为 CO_2 和 H_2O。

海洋容纳着各类污水和废弃物，而陆源是海洋污染的重要来源。"原生"微塑料陆源污染的途径多样。一些塑料行业在生产或加工工业原料过程中往往会无意将其排入环境中，如树脂颗粒；一些工业废水中会存在大量的工业原料或直接用于产品生产的微珠，以及生活中常使用的含有微塑料的个人护理品。在使用上述原料或产品之后，其中的微塑料会进入生活污水系统，污水处理厂在处理各类污水时由于其粒径过小而无法将其拦截，从而大量进入环境中，这些微塑料会随着河流或地表径流等途径进入海洋，有些甚至随污水直接排入海洋中。研究表明，在日常衣物清洗过程中，洗衣机的精致洗衣模式洗一件聚酯纤维衣服会释出 140 万条微纤维，一般棉质洗衣模式洗出 80 万条，冷水快洗模式洗出 60 万条。据估计，美国每年约有 200 t 塑料微珠被添加在个人护理品中，其中近 50% 的微珠会通过污水处理厂进入海洋。

海源污染主要包括海上人类活动污染和大洋垃圾带污染。海上人类活动中，工业原料的海上运输是海洋中原生塑料的主要贡献。工业原料在海上运输或转移的过程中可能发生的运输包装的破损、原料的泄漏等事件，使之有意或无意地进入海洋环境中。从全球范围来看，在北太平洋和北大西洋的亚热带环流区，均存在大面积的毫米级塑料垃圾富集，从而形成了两个大洋的"垃圾带"。"垃圾带"中也可能存在历史遗留或新进入的"原生"微塑料，这些刚进入海洋的"原生"微塑料会通过洋流等作用汇聚于"垃圾带"中，而"垃圾带"中存在的"原生"微塑料也会在海洋中再分布。

8.5.2.2 海洋环境的"次生"微塑料污染

"次生"微塑料是指进入环境中的大块塑料裂解、风化所形成的微塑料，这一现象常在一些纺织品、涂料、橡胶轮胎等产品的使用阶段或其残体及一次性物品进入环境中时发生。与海面漂浮塑料碎片相比，海滩上的塑料碎片风化降解速率更快。陆源是海洋环境中"次生"微塑料的主要来源。从海洋中大块塑料碎片来看，80% 来自陆地，20% 则来自海洋。因此，陆源贡献了大部分的海洋"次生"微塑料污染。陆源污染中，一些生活、工业、养殖等产生的大量污水因不合理处置等进入环境中，随河流、地表径流等途径进入海洋。另外，一些固体废物堆埋场的塑料垃圾可能由于地表径流、地下渗透、风等作用进入海洋，成为海洋塑料垃圾的另一个陆源污染。海洋中"次生"微塑料的陆源污染是以大块塑料碎片形式进入海洋环境，然后在海洋中进一步裂解。其主要过程为漂浮在海水中的微塑料被暴露于太阳紫外辐射等外界环境作用下，风化降解并逐渐失去其完整性，随着大面积的风化，塑料表面形成裂纹，并逐渐裂解为微塑料。

8.5.3　微塑料的危害

8.5.3.1　对海洋生物的损害

微塑料的小尺寸使它们可以对大范围的海洋生物产生潜在的威胁。对于小型的以沉积物和悬浮物为食的动物而言，如浮游动物、多毛类动物、甲壳类动物和双壳类动物，一旦摄入微塑料可能就会产生机械性损害。微塑料对海洋生物产生的物理效应可能是阻塞海洋生物的摄食器官，降低其进食活动/速度/能力；还有可能是微塑料吸附在生物体表面，这将会抑制生物体表面的气体交换。直接作用可能是摄入和迁移到组织、细胞或体液后引起颗粒毒性，如免疫反应和异物反应等。

8.5.3.2　对环境和人体的损害

微塑料颗粒一旦被滤食性海洋生物或食碎屑的底栖生物摄食，会对其造成多种物理性及生理性损害。不仅如此，微塑料本身的添加剂及其吸附于微塑料表面的疏水性有机污染物、金属和定居的有害微生物对海岸带生物资源与相关生态系统的影响也是难以估量的（图 8.6）。

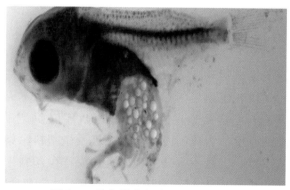

图 8.6　从海洋生物中检出的微塑料

微塑料会对器官产生物理伤害，其过滤出的有毒化学物质，如内分泌干扰素 BPA 和农药，也能破坏免疫功能，并危害生物的生长和繁殖。塑料生产过程中添加的聚合物，会从微塑料颗粒里转移到环境中，这些环境污染物（还有吸附在塑料表面的农药），会被微塑料截留下来。研究人员发现，它们都能伤害肝脏等器官。如果微粒足够小，它们有可能离开器官，并积累在血液中。对注射了微塑料的地鼠的研究表明，这些微粒可以导致血栓。人类也能吸入从空中掉落的微纤维。已知空气微粒可以寄居在肺部深处，从而导致癌症在内的各种疾病。已有证据表明，与尼龙和聚酯纤维打交道的工人，其接触有害纤维的程度远高于普通人群，他们的肺部会受到刺激，肺容量也会降低。

如图 8.7 所示，微塑料和有毒物质还可能积累到食物链中，对整个生态系统带来潜在影响，如种植土壤的健康状况。此外，空气和水中的微塑料也可以直接影响到人类。因此，作为一种备受关注的有潜在生态风险的污染物，微塑料颗粒应被逐步纳入海岸带和海洋环境的现有污染物评价体系，并针对其特殊性开展一系列微塑料对海洋和海岸带环境损害的评价方法、程序等方面的研究。

图 8.7　微塑料的迁移过程示意图

8.5.4　微塑料防治技术

为进一步做好我国海洋微塑料防治工作，积极应对国际海洋治理形势的变化，建议采取以下防治措施：一是研究建立与国际接轨的微塑料监测技术方法，强化海洋微塑料监测工作，修订、完善现行海洋微塑料监测技术规程，建立海洋微塑料重点监控区域，制定海洋微塑料长期监测制度，为我国海洋塑料垃圾及微塑料污染的治理和应对工作提供基础数据与监测方法支撑。二是深入开展我国近海海洋微塑料来源、输移通量及其生态环境影响评估研究，提升对微塑料污染机制、生物生态效应和食物链风险的科学认知；研发海洋微塑料收集、循环安全处置技术与设备，建立海洋微塑料回收资源化方案与示范点，为我国海洋微塑料污染综合防治和参与全球海洋垃圾治理提供科学支撑。三是编制重点海域海洋微塑料污染防治专项规划，研究提出海洋微塑料污染防治行动计划和管理目标；建立适于我国国情的海滩清洁度评价技术体系，制定海洋微塑料污染防治监督管理办法，落实海洋微塑料管理的部门责任制，形成相关部门共同参与的协调机制，逐步构建我国海洋微塑料综合防治体制与机制。四是积极推进国际合作，深度参与国际治理；加强对国际海洋微塑料防治发展趋势的跟踪、预判和研究，形成有效的应对策略和措施，在国际上积极展现我国在海洋微塑料监测、预防和治理方面的成果。五是加大宣传教育力度，提升公众对海洋微塑料污染影响的认识，积极联合非政府环保组织，壮大志愿者队伍，广泛开展海滩和海洋微塑料清理等志愿活动。

第 9 章　海洋污染环境监测与环境评价

9.1　海洋环境调查

　　海洋是人类生存和发展的重要空间环境，为了正确、全面地认识海洋，需要科学地进行海洋调查。海洋调查是对海洋现象和海洋环境状况进行观测、测量、采样、分析和数据初步处理的全过程，是借助各种仪器设备直接或间接地对能表征其物理学、化学、生物学、地质学、地貌学、气象学及其他海洋学科的特征要素进行观测和研究的科学活动。海洋环境调查一般是在选定的海区布设测线和测点，使用适当的仪器设备，获取海洋环境状况资料，阐明其时空分布特征和变化规律，为海洋科学研究、海洋资源开发、海洋工程建设、航海安全保证、海洋环境保护和海洋灾害预防等提供基础资料和科学依据。

9.1.1　海洋环境调查的历史

　　人类利用海洋的历史非常久远，公元前 8 000 年前后，人类已经开始了捕鱼活动。其后，人类对海洋资源的利用逐渐增多，"舟楫之便，渔盐之利"大大促进了人类文明的进步。在利用海洋的过程中，人类开始有意识地记录一些海洋现象，对海洋环境有了初步的认识和了解。

　　15—17 世纪是人类历史上的海洋探险时代，史称"地理大发现"时期。其代表人物有哥伦布、达·伽马、麦哲伦等。其后，海洋探险中科学考察的成分逐渐增多。例如英国人科克（Cock）在 1768—1779 年进行的三次世界航行中已经开始注意与航行有关的一些科学考察，测量了水深、水温、海流和风，考察了珊瑚礁，绘制了发现的岛屿与大陆海岸线，以及具有水深、海流、潮流和风的海图。

9.1.1.1　单船走航调查时期

　　20 世纪 60 年代以前，海洋调查资料几乎完全依靠单船走航获得，但单船走航调查范围小、调查项目有限、调查持续时间短且观测手段十分落后。其中，比较著名的单船走航调查有：

　　（1）1831—1836 年，英国"贝格尔"号开展了历时 5 年的环球探险，对大西洋、印度洋和太平洋进行了地质学和生物学考察（图 9.1）。根据考察资料，英国科学家和生物进化论者——达尔文研究了生物的地理分布及古生物与现存生物的地质关系，解释了珊瑚礁的成因等，并于 1859 年出版了名著《物种起源》，在生物学界奠定了"达尔文主义"的基础，引起生物界一场巨大的革命。

（2）1872—1876 年，"挑战者"号在大西洋、太平洋和印度洋上进行了海洋调查，这是由英国皇家学会和海军联合发起，历时 3 年 5 个月，在 492 个站点上进行的环球海洋考察，是人类历史上首次综合性的海洋科学考察。这次考察取得了丰硕的成果：第一次使用颠倒温度计测量了海洋深层水温及其季节变化；采集了大量的海洋动植物标本和海水、海底底质样品，发现了 715 个新属及 4 717 个海洋生物新种；验证了海水主要成分比值的恒定性原则；编制了第一幅世界大洋沉积物分布图；观测了

图 9.1　"贝格尔"号海洋调查船

调查区域的地磁和水深情况；调查获得的全部资料和样品，经 76 位科学家长达 23 年的整理分析和悉心研究，最后写出了 50 卷计 2.95 万页的调查报告。这些成果奠定了现代海洋物理学、海洋化学和海洋地质学的基础，促进了海洋科学的发展。本次调查引起了科学界对海洋的强烈关注，随后也进行了一系列卓有成效的海洋调查活动。

（3）1925—1927 年，德国"流星"号科学考察在南大西洋进行了 14 个断面的水文测量，1937—1938 年又在北大西洋进行了 7 个断面的补充调查。调查以海洋物理学为主，内容包括水文、气象、生物、地质等，并以观测精度高著称。通过考察，共获得 310 多个水文站点的观测资料，探明了大西洋深层环流和水团结构的基本特征；第一次使用回声仪探测海底地形，经过 7 万多次海底探测，表明海底也像陆地一样崎岖不平，从而改变了以往所谓"平坦海底"的概念。

（4）瑞典"信天翁"号调查船于 1947—1948 年进行的热带大洋调查是"近代海洋综合调查的典型"，其历时 15 个月，总航程达 130 km，在大西洋、太平洋、印度洋、地中海和红海共布设测点 403 个，重点在三大洋赤道无风带进行，主要进行的是热带深海调查和深海的底质调查。全部探测资料和沉积物岩芯样品，经历了 10 多年的整理和计算分析，最后出版了《瑞典深海调查报告》10 卷 36 分册。这一时期的海洋调查都是分散进行，调查方法不统一，数据凌乱，给海洋资料交流带来了很大困难。

9.1.1.2　多船联合调查时期

多船联合调查始于 1950—1958 年，美国加利福尼亚大学斯克里普斯海洋研究所发起

并主持了包括北太平洋在内的一系列调查（NORPAC）。这种多船联合调查，既有分工又有协作，调查方法趋向统一，调查效率大为提高。

（1）1957—1958年，国际地球物理年（IGY）和1959—1962年国际地球物理会议（IGC）合作的联合海洋考察，调查船有70艘之多，参加国家达17个以上，调查范围遍及世界各大洋。

（2）1960—1964年，联合国教科文组织发起的国际印度洋调查（IIOE），有13个国家、36艘调查船参加，是迄今为止对印度洋规模最大的一次调查。

（3）1963—1965年的国际赤道大西洋调查（ICITA），是多船同步和浮标阵观测的先声，其主要目的在于验证海流理论和海洋环流模式。1965年以后，这一调查计划分别被列入联合国世界气象组织和联合国政府间海洋学委员会的调查计划。

（4）1970年，苏联应用几十个资料浮标站，五六艘由最新仪器装备起来的调查船在大西洋东部进行以海流为主的调查（POLYCON）。经过半年多的观测，发现在这个弱流区域内（平均速度为1 cm/s）存在着速度达到10 cm/s、空间尺度约为100 km、时间尺度为几个月的中尺度涡旋。这一发现，立即引起了海洋学界的重视。1973年3—6月，美、英、法3个国家的15个研究所，利用几十个浮标、6艘调查船和两架飞机组成联合观测网，在北大西洋西部的一个弱流海区内，进行了一次代号为"MODE"的大洋动力学实验，观测结果表明，那里也存在中尺度的涡旋。

（5）1965—1970年，以日本为主，美国、苏联等共有10～15艘调查船参加的黑潮及其毗邻海区的合作调查（CSKC），其主要目标是探索海洋水文变化及其对日本南岸的影响。这次黑潮合作调查于1970年夏季完成其第一阶段的计划任务以后，即转入以我国南海为重点的第二阶段调查，于1972年结束。1986—1992年中日黑潮合作调查，参加的调查船有14艘，对台湾暖流、对马暖流的来源、路径和水文结构等提出了新的见解，对海洋锋、黑潮路径和大弯曲等有进一步的认识。

（6）1990年之后，进行了世界大洋范围内的环流调查（WOCE计划）和热带海洋与全球大气——热带西太平洋海气耦合响应实验，即"TOGA-COARE"调查，旨在了解热带西太平洋"暖池区"（Warm pool）通过海气耦合作用对全球气候变化的影响，从而进一步改进和完善全球海洋和大气系统模式。

9.1.1.3 立体化海洋调查

随着科学技术的发展，使海洋观测从水下、水面和空中各个方向进行成为可能。所谓立体化海洋调查，是运用多种技术手段，进行综合的、三度空间的海洋观测。它应用卫星、飞机、调查船、浮标、岸边测站、深潜器、水下装置等作为观测平台，通过各种测量仪器和传输手段，实现资料的同步（或准同步）采集、实时传递和自动处理。海洋立体观测系统可以获取多参数的、完整的海洋资料，实现对海洋大面积、多层次监测，是人类深入了解海洋现象、掌握海洋时空变化规律的重要技术手段。

（1）卫星海洋遥感（Satellie ocean remote sensing）与飞机调查。卫星海洋遥感包括电磁波遥感与声波遥感，是以卫星平台观测和研究海洋的分支学科，属于多学科交叉的新兴学科，其内容涉及物理学、海洋学和信息学科，并与空间技术、光电子技术、微波技术、计算机技术、通信技术密切相关，该技术的广泛应用是 20 世纪后期海洋科学取得重大进展的关键之一。

卫星遥感海洋调查可以大面积同步测量，具有很高或较高的空间分辨率；同时可以自动求面积平均值，满足动态观测和长期监测的需求，具有实时性或准实时性；另外，也可以涉足船舶、浮标不易抵达的海区。卫星海洋遥感在海洋生态监测，海洋资源的开发、利用和管理中发挥着越来越重要的作用。由于从空间监视和测量海洋特征具有得天独厚的条件，在立体化海洋调查中，监测飞机为海洋调查增添了一个新的有效途径。利用飞机进行海洋调查监测具有灵活、机动等特点，机载遥感器对海洋环境的观测，在海洋地质矿产、油气勘测、海洋生态环境监测等方面具有重要意义。此外，由于海水的光学性质（如水色）与海水中的物质成分相关，通过水色测量可以确定海水中的叶绿素、悬浮泥沙、污染物等的浓度；蓝、绿光波段对海水有一定的穿透作用，利用可见光摄影、扫描和激光测深，可以测量浅海海底地貌和岛礁；海洋表面的红外、微波的反射特征和微波的散射特征，与海水温度、油膜覆盖厚度、盐度、表面粗糙度、泡沫与海水覆盖面积等因素有关，利用高度计、微波辐射计、红外辐射计、水色扫描仪、微波散射计、合成孔径雷达等遥感器，可以探测海洋温度、海流、海冰、海面风与风速、波浪、海洋污染、盐度等。海水是良好的传声介质，利用声波在海水中的传播原理，探测水下特征的技术称为声波遥感。声波遥感主要用于海洋动力学、海洋天气与气候、渔业研究以及海洋服务和污染监测，使遥感的范围从海洋表面延伸到整个大洋体。

（2）海洋浮标调查。海洋浮标是现代海洋调查监测的重要技术之一，它具有全天候、全天时，稳定可靠地收集海洋环境资料的能力，并能实现数据的自动采集、自动标示和自动发送。在海洋动力环境监测、海洋污染监测、卫星遥感数据真实性检验、水声环境监测、水声通信和水下 GPS 定位等方面发挥着越来越重要的作用。

海洋浮标一般分为水上和水下两部分。水上部分装有多种气象要素传感器，分别测量风速、风向、气温、气压和温度等气象要素；水下部分有多种水文要素传感器，分别测量波浪、海流、潮位、海温和盐度等海洋水文要素。各种传感器将采集到的信号通过仪器自动处理，由发射机定时发出。地面接收站将收到的信号处理之后，就得到了人们所需要的资料。海洋浮标的种类比较多，有锚定类型浮标和漂流类型浮标。

随着科学技术进步，浮标的自动化水平、通信能力、可靠性、工作寿命都越来越高。近几年，海洋浮标技术向多参数、多功能及立体监测方向发展。

（3）深潜器海洋调查。深潜器海洋调查包括从陆架水域的调查潜艇到大深度作业的交通器。无人装置的遥控水下操纵器（RUM）使人们可以在水下直接观测到被测对象，也成为当代海洋调查的有力工具。

除上述调查技术之外，水下观测平台技术、水声监测技术、沿海生态环境自动监测技术等也为海洋环境的立体化调查提供了有效的技术手段。

9.1.2 海洋环境调查方法

海洋环境调查就是运用特定的技术手段，获取海洋环境资料，并对获得的数据资料进行综合分析，揭示并阐明海洋环境时空分布特征和变化规律的过程。根据《海洋调查规范》（GB/T 12763—2007），海洋调查内容有海洋水文观测、海洋气象观测、海洋化学要素调查、海洋声、光要素调查、海洋生物调查、海洋地质、地球物理调查、海洋生态调查、海底地形地貌调查和海洋工程地质调查。

若将海洋调查工作视为一个完整的体系，则包含观测对象、传感器、观测平台、施测方法和数据处理 5 个主要方面。

9.1.2.1 海洋观测对象

海洋调查中的观测对象是指各种海洋学过程以及相关的各种环境要素。所有的观测对象可以分为 5 类。

（1）基本稳定变化类型：这类观测对象随着时间推移变化极为缓慢，如各种岸线、海底地形和底质分布。它们在几年或十几年的时间里通常不发生显著的变化。

（2）缓慢变化类型：这类观测对象一般对应海洋中的大尺度过程，它们在空间上可以跨越几千千米，在时间上可以有季节性的变化。典型的有著名的"湾流"和"黑潮"。

（3）显著变化类型：这类观测对象对应海洋中的中尺度过程，它们在空间上的跨度可以达几百千米，周期约几个月。典型的如大洋的中尺度涡、近海的区域性水团等。

（4）迅速变化类型：这类观测对象对应海洋中的小尺度过程，它们的空间尺度在十几千米到几十千米范围，而周期则在几天到十几天之间。典型的如海洋中的羽状扩散现象。

（5）瞬间变化类型：这类观测对象对应海洋中的微细过程，其空间尺度在米的量级以下，时间尺度则在几天到几小时甚至分、秒的范围内。典型的如海洋中团块的湍流运动和对流过程等。

9.1.2.2 传感器

（1）点式传感器：能够感应空间某一点被测量的对象。

（2）线式传感器：当传感器沿某一方向运动时，可以获得某种海洋特征变量沿这一方向的分布。例如，温盐深自动记录仪（CTD）等。

（3）面式传感器：近代航空和航天遥感器能提供某些海洋特征量在一定范围内海面的平面（X, Y）分布。SLOCUM 大洋剖面仪可以提供锯齿剖面数据。

9.1.2.3　观测平台

观测平台是观测仪器的载体和支撑。

（1）固定平台：是指空间位置固定的观测工作台。常用的固定平台有沿海观测站、海上定点水文气象观测浮标、海上石油井架等。

（2）活动平台：是指空间位置可以不断改变的观测工作台。例如，水面的海洋调查船、水下的潜动装置、自由漂浮观测浮标、按固定轨道运行的观测卫星等。

9.1.2.4　施测方法

（1）随机观测：是早期的一种调查方式，其调查测站（站点）不固定。这种调查大多是一次完成的，如著名的"挑战者"号的探险考察；或者各航次之间并无确定的联系，如现在由商船进行的大量随机辅助观测。虽然一次随机调查很难提供关于海洋中各种尺度过程的正确认识，但是大量的随机观测数据可以统计地给出大尺度（甚至中尺度过程）的有用信息。

（2）定点观测——台站观测：在固定测站对海洋气象和水文要素进行定时观测。定点观测通常采取测站阵列或固定断面的形式，或者每月一次或者根据特殊需要的时间施测，或进行一日一次的、多日的甚至长年的连续观测。定点海洋调查使得观测数据在时空上分布比较合理，从而有利于提供各种尺度过程的认识，特别是多点同步观测和观测浮标阵列可以提供同一种时刻的海况分布。

（3）大面观测：为了解一定海区环境特征（如水文、气象、物理、化学、地质和生物）的分布和变化情况以及彼此间的联系，在该海区设置若干观测点，隔一定时间（近海一般为 1 个月）做一次巡回观测。每次观测应争取在最短时间内完成，以保证资料具有较好的代表性。观测时的测点称为大面观测站。

（4）断面观测：一般在调查海区设置由若干具有代表性的测点组成的断面线，沿此线由表到底进行。断面观测是在基本搞清某一海区的水文特征和海流系统以后，为进一步探索该海区各种海洋要素的逐年变化规律采用的一种调查方式。观测时的测站称为断面观测站。

（5）连续观测：为了解水文（特别是海流）、气象、生物活动和其他环境特征的周日变化或逐日变化情况所采用的一种调查方式。在调查海区选取具有代表性的某些测点，按规定的时间间隔连续进行 25 h 以上的观测。观测项目包括海流、海浪、水温、盐度、水色、透明度、海发光、海冰、气象、生物、化学、水深和研究所需的特定项目等。观测时的测点称为连续观测站。

（6）辅助观测：为弥补大面观测的不足，利用渔船、货船、客船、军舰和海上平台等，按统一时间就地进行的海洋学观测。目的是获得较多的同步海洋观测资料，以便更详细、更真实地了解海洋环境特征的分布情况。辅助观测对海洋水文预报尤为重要。观测时，观测者所在的地理位置称为辅助观测站，它没有固定的标定站位。

（7）自动遥测浮标站：自动遥测浮标站是目前世界上长时间连续同步观测和收集资料的基本方法之一。它不受天气限制，可以终年在海上获取资料。现在无人浮标观测站有固定的、自由漂浮的、自动水下升降的等，可以适应不同需要。运用海洋浮标，可以实时监测浮标投放点的风速、风向、气温、气压、相对湿度、降水量、流速、流向、波高、波周期、潮位、水温和盐度等水文气象参数。

（8）海洋立体化观测：自 20 世纪 70 年代后期以来，人们对海洋立体观测系统的认识进一步深化。以调查船为主体的立体观测系统，逐步成为以调查船、岸站、浮标、卫星四大主结构组成的海洋立体观测系统。调查船、浮标配置在水面，岸边设置观测站，深潜器和水下自动观测装置活动于水下和海底，飞机和卫星运行于空中，构成了海洋立体观测监视系统。海洋遥感卫星遥感范围广，同步性强，资料提供及时，可以大大改善海洋预报和海洋资源勘察能力。

9.1.3　海洋环境调查基本程序

海洋环境调查是一个系统性强的工作，各项任务须严格论证，充分准备，保证调查过程中的连贯性和准确性。调查的基本程序包括以下几个阶段：

（1）项目委托与合同签订阶段。主要包括委托项目、评审合同、签订合同。

（2）调查准备阶段。主要包括确定项目负责人，收集、分析调查海区与调查任务有关的文献、资料，确定首席科学家（或调查技术负责人），进行技术设计、编写调查计划，报项目委托单位审批、组织调查队伍、明确岗位责任，做好资源配置、申报航行计划、做好出海准备。

（3）海上作业阶段。主要包括获取现场资料和样品、编写航次报告、验收本航次原始资料和样品。

（4）样品分析阶段。主要包括验收、交接、预处理样品，分析、测试与鉴定样品，处理数据与样品处置。

（5）资料处理与调查报告编写阶段主要包括：验收原始资料、处理资料与编制资料报表、编绘成果图件、编写调查报告。

（6）调查成果的鉴定与验收阶段。主要包括调查资料和成果的归档、调查成果的鉴定和验收。

以下概略介绍海洋环境基本要素调查。

9.1.3.1　海洋水文观测

海洋水文观测要素一般包括水温、盐度、海流、海浪、透明度、水色、海发光和海冰等。如有需要，还要观测水位。每次调查的具体观测要素，根据任务书或合同书的要求而定，并应在技术设计文件中明确规定。依据调查任务的要求与客观条件的允许程度，水文观测方式可选择下列中的一种或多种：大面观测、断面观测、连续观测、同步观测、走航观测。相关概念与术语如下。

（1）现场水深（Water depth in site）：现场测得的自海面至海底的垂直距离。测量的目的主要用于确定测站的深度。

（2）仪器沉放深度（Deployed depth of instrument）：自海面至水下观测仪器的垂直距离。用于确定所测得的水文要素值所在的深度。

（3）水温（Water temperature）：现场条件下测得的海水温度，单位为℃。

（4）盐度（Salinity）：海水中含盐量的一个标度。

（5）海流（Ocean current）：海水的宏观流动，以流速和流向表征，流速单位为 cm/s。流向指海水流去的方向，单位为度（°），正北为零，顺时针计量。

（6）海浪（Ocean wave）：海洋中由风产生的波浪。包括风浪及其演变而成的涌浪。

（7）海况（Sea condition）：在风力作用下的海面特征。

（8）波型（Wave pattern）：海浪的外貌特征。

（9）水位（Water level）：观测点处海面相对于某参照面的垂直距离，计量单位为 m。

（10）海水透明度（Sea water transparency）：表征海洋水体透明程度的物理量，表征光在海水中的衰减程度，计量单位为 m。

（11）水色（Water colour）：位于透明度值一半的深度处，白色透明度盘上所显示的海水颜色，用水色计的色级号码表示。

（12）海发光（Luminescence of the sea）：夜间海面上出现的生物发光现象。

（13）海冰（Sea ice）：在海上所见到的由海水冻结而成的冰。广义上是指海洋上一切冰的总称。

（14）海洋观测（Sea observation）：在海上观察和测量海洋环境要素的过程。

（15）大面观测（Extensive observation）：在调查海区布设若干观测点，船到点即测即走的观测。

（16）断面观测（Sectional observation）：在调查海区一水平直线上设计多个观测点，由这些观测点的垂线所构成的面称为断面。在此断面的站点上进行的海洋观测称为断面观测。

（17）连续观测（Continuously observation）：在调查海区有代表性的测点上，连续进行 25 h 以上的海洋观测。

（18）同步观测（Synchronous survey）：在调查海区若干站点上，同时进行相同海洋环境要素的观测。

（19）走航观测（Running observation）：根据预先设计的航线，使用单船或多船携带走航式传感器采集观测要素数据。

（20）CTD（Conductivity-temperature-depth）：温盐深仪，用于测量深度以及温度和

盐度垂直连续变化的自记仪器。

（21）XBT（Expendable bathythermography）：抛弃式温深仪，一种在船只以规定船速航行下投放，用于测量温度、深度的仪器。

（22）XCTD（Expendable conductivity-temperature-depth）：抛弃式温盐深仪，一种在船只以规定船速航行下投放，用于测量温度、盐度和深度的仪器。

（23）ADCP（Acoustic doppler current profiler）：声学多普勒海流剖面仪，以声波在流动液体中的多普勒频移来测量流速的仪器。

9.1.3.2 海洋气象观测

海洋气象观测采用定时观测、定点连续观测、走航观测和高空气象探测。相关概念与术语如下。

（1）海面有效能见度（Sea level effective horizontal visibility）：测站所能见到的海面1/2以上视野范围内的最大水平距离。

（2）海面最小能见度（Minimum horizontal visibility）：测站四周各方向海面能见度不一致时所能看到的最小水平距离。

（3）云量（Cloud cover）：云遮蔽天空视野的成数。总云量是指天空被所有的云遮蔽的总成数；低云量是指天空被低云遮蔽的成数。

（4）云状（Cloud form）：云的外形。

（5）云高（Cloud height）：自海面至云底的垂直距离。

（6）天气现象（Weather phenomena）：大气中、海面及船体（或其他建筑物）上，产生的或出现的降水、水汽凝结物（云除外）、冻结物、干质悬浮物和光、电的现象，也包括一些风的特征。

（7）海平面气压（Sea level pressure）：作用在海平面单位面积上的大气压力。

（8）降水量（Precipitation）：从天空降落到海面上的液态或固态（经融化后）降水，未经蒸发、流失和扩散而在水平面积聚的深度。

（9）逆温层（Inversion layer）：温度随高度的增高而增高的气层。

（10）零度层（Zero-temperature layer）：温度为0℃的气层。

（11）对流层顶（Tropopause）：对流层与平流层间的过渡层。对流层顶的高度和温度，随纬度和季节的不同而变化，同时还与天气系统的活动有关。

（12）量得风层（Measured wind layer）：与所测到的平均风相对应的高度范围。量得风层是根据气球的上升时间确定的，通常所测到的平均风作为该层的中间高度（或中间时间）上的风。

观测时次及要素包括以下几方面：

（1）海洋气象观测采用北京时间，以20时为日界。

（2）定时观测在每日2、8、14、20时进行观测。观测项目为云、有效水平能见度、最小水平能见度、天气现象、风、气压、海面空气温度、相对湿度和降水量。

（3）定点连续观测在每日 24 个整点进行。

（4）走航观测采用自动观测的方法连续进行，每 1 min 记录一次。观测项目为气压、海面空气温度、相对湿度、风和降水量。

（5）调查船在到达站位后，应立即进行一次观测。观测项目为云、海面水平能见度、天气现象、风、气压、海面空气温度和相对湿度。

（6）高空气象探测在每日的 8 时和 20 时进行，探测项目为气压、温度、湿度、风向和风速。

9.1.3.3　海水化学要素调查

根据海洋调查的具体需要确定调查项目。常规调查要素一般包括 pH、溶解氧及其饱和度、总碱度、活性硅酸盐、活性磷酸盐、硝酸盐、亚硝酸盐和铵盐。相关概念与术语如下。

（1）溶解氧（Dissolved Oxygen，DO）：溶解在海水中的氧气，单位为微摩尔每升（μmol/L）氧原子。

（2）溶解氧饱和浓度（Saturation concentration of dissolved oxygen）：在任何给定的水温和盐度条件下，氧在海水中溶解至饱和时的特定浓度。

（3）溶解氧饱和度（Saturability of dissolved oxygen）：测得的溶解氧浓度与水样现场水温、盐度条件下的溶解氧饱和浓度的百分比。

（4）pH：海水中氢离子活度的负对数，即 $pH=-lg[\alpha H^+]$。

（5）总碱度（Total alkalinity）：中和单位体积海水中弱酸阴离子所需氢离子的量，单位为毫摩尔每升（mmol/L）。

（6）活性硅酸盐（Reactive silicate，$SiO_3^{2-}-Si$）：能被硅质生物摄取的溶解态正硅酸盐和它的二聚物，单位为微摩尔每升（μmol/L）硅原子。

（7）活性磷酸盐（Reactive phosphate，$PO_4^{3-}-P$）：能被浮游植物摄取的正磷酸盐，单位为微摩尔每升（μmol/L）磷原子。

（8）亚硝酸盐（Nitrite，NO_2^--N）：能被浮游植物摄取的亚硝酸盐，单位为微摩尔每升（μmol/L）氮原子。

（9）硝酸盐（Nitrate，NO_3^--N）：能被浮游植物摄取的硝酸盐，单位为微摩尔每升（μmol/L）氮原子。

（10）铵（Ammonium，NH_3-N）：能被浮游植物摄取的铵盐，单位为微摩尔每升（μmol/L）氮原子。

（11）氯化物（Chloride，Cl^-）：溶解于海水中的无机氯化物，单位为克每升（g/L）氯离子。

（12）总磷（Total phosphorus，TP）：海水中溶解态和颗粒态的有机磷和无机磷化合物的总和，单位为微摩尔每升（μmol/L）磷原子。

（13）总氮（Total nitrogen，TN）：海水中溶解态和颗粒态的有机氮和无机氮化合物的总和，单位为微摩尔每升（μmol/L）氮原子。

调查方式包括以下几方面内容：

（1）调查方案设计。根据任务书或合同书的要求，遵循有限目标、经济效能、技术先进与现实可行相结合，并与历史上调查计划相衔接的原则，设计调查方案。

（2）调查计划及组织实施。制订调查计划，组建调查队，做好调查准备。

（3）样品采集及贮存。根据各调查要素分析所需水样量和对采水器材质的要求，选择合适容积和材质的采水器并洗净。水样采上船甲板后，填写水样登记表，核对瓶号，按顺序分装水样，根据各要素的贮存条件保存好样品。

（4）资料处理。按要求填写数据报表，数据处理、资料格式、资料归档等应符合《海洋调查规范》（GB/T 12763）第 1 部分和第 7 部分的有关规定。

（5）质量保证。质量保证的主要内容包括：仪器设备检定和调查技术人员的业务培训；现场与陆地实验室的科学管理；采样与分析全过程（包括从取样至分析结果计算）的质量控制与质量评价；数据、资料和成果的质量控制。

9.1.3.4　海洋声、光要素调查

海洋声学的观测要素包括海水声速、声速梯度、声速跃层、水下通道、海洋环境噪声、海底声特性、声能传播损失等。

海洋光要素观测包括海面照度、辐照度、辐亮度、光束透射率、光束衰减系数，以及海发光的发光类型和发光强度等。

相关概念与术语如下。

（1）海水声速（Sound velocity in the sea）：表示声波在海水中的传播速度，用 C 表示。海水声速单位用 m/s 表示。

（2）声速梯度（Sound velocity gradient）：海水中声速随深度或水平方向的变化率，用 G 表示。声速梯度单位用 s^{-1} 表示。

（3）声速跃层（Transition layer of sound velocity）：声速随深度急剧变化的水层。

（4）声速均匀层（Homogeneous layer or sound velocity）：声速不随深度变化的水层。

（5）水下声道（Underwater sound channel）：在海洋中声速随深度变化存在极小值时，若将声源置于极小值附近水层，声线将被约束在一定厚度水层内传播，传播过程中声能损失极小，此水层称为水下声道。

（6）海洋环境噪声（Marine environmental noise）：由存在于海洋中多种噪声源所辐射的并在其中传播的噪声。

（7）噪声频带声压级（Noise band sound pressure level）：一定频带内的海洋环境噪声声压与基准声压之比的常用对数乘以 20，用 L 表示。噪声频带声压级单位用 dB 表示。

（8）噪声声压谱级（Sound pressure spectrum level of noise）：某一频率的噪声声压谱密度与基准谱密度之比的常用对数乘以 20。注：噪声声压谱级单位用 dB 表示。

（9）背景干扰噪声（Background interference noise）：测量时由于各种原因产生的，对测量构成干扰的等效干扰噪声。

（10）水听器等效噪声声压谱级（Equivalent noise pressure spectrum level of hydrophone）：水听器等效噪声声压谱密度与基准声压谱密度之比的常用对数乘以 20。

（11）Wenz 噪声谱级低限（Minimum spectrum level of Wenz noise）：Wenz 谱级图中绘出的海洋环境噪声的最低谱级。

（12）沉积物声速（Sound velocity of sediments）：声波通过沉积物时的速度。

（13）沉积物声衰减系数（Sound attenuation coefficient of sediments）：平面声波在沉积物中传播时，声能在单位距离上衰减的分贝数，用 α 表示。沉积物声衰减系数的单位用 dB/m 表示。

（14）能流密度（Energy flux density）：在离声源距离为 r 测得的瞬时声强对时间的积分，用 $E(r)$ 表示。能流密度的单位用 J/m² 表示。

（15）传播损失（Transmission loss）：离声源 1 m 处的能流密度 E 与离声源距离为 r 处的能流密度 $E(r)$ 之比的常用对数乘以 10，用 TL 表示。传播损失的单位用 dB 表示。

（16）幅度谱密度（Amplitude spectrum density）：声压信号 $P(t)$ 傅里叶变换的幅值，用 $A(\omega)$ 表示。幅度谱密度的单位用 Pa/Hz 表示。

（17）照度（Luminance）：照射到表面一点处的面元上的光通量除以该面元的面积，用 E 表示。照度的单位用 lx 表示。

（18）表观光学量（Apparent optic properties）：随光照条件变化而变化的水体光学参数。

（19）固有光学量（Inherent optic properties）：不随光照条件变化而变化的水体光学参数。

（20）一类水体（Case-Ⅰ water）：光学特性主要由浮游植物决定的水体。一般指清洁的大洋水体。

（21）二类水体（Case-Ⅱ water）：光学特性由浮游植物、无机悬浮颗粒和溶解有机物质等共同决定的水体。一般指近岸水体或浑浊水体。

（22）辐照度（Irradiance）：照射到表面一点处单位面积上的辐射通量，用 E 表示。辐照度的单位用 μW/cm 表示。

（23）辐亮度（Radiance）：单位面积单位立体角的辐射通量，用 L 表示。辐亮度的单位用 μW/（cm²·sr）表示。

（24）辐照度反射比（Irradiance reflectance）：水面下向上辐照度和向下辐照度的比值，用 R 表示。

（25）漫衰减系数（Diffuse attenuation coefficient）：水下的辐照度衰减系数或辐亮度

衰减系数，统称漫衰减系数，用 K 表示。漫衰减系数的单位用 m^{-1} 表示。

（26）光束透射率（Beam transmittance）：准直光束透射辐射通量与入射辐射通量的比值，用 T 表示。

（27）光束衰减系数（Beam attenuation coefficient）：垂直通过无限薄海水层的准直光束，其辐射通量的相对减弱除以海水层的厚度，用 c 表示。光束衰减系数的单位用 m^{-1} 表示。

调查方式包括以下几方面：

（1）调查方案设计。根据任务书或合同书的要求，依据有关技术规范，设计调查方案。

（2）调查计划及组织实施。制订调查计划，组建调查队，做好调查准备。

（3）资料处理。按要求填写数据报表，数据处理、资料格式、资料归档等应符合《海洋调查规范》（GB/T 12763）第 1 部分和第 7 部分的有关规定。

9.1.3.5　海洋生物调查

海洋生物调查项目包括叶绿素，初级生产力和新生产力，微生物，微微型、微型和小型浮游生物，大、中型浮游生物，鱼类浮游生物，大型底栖生物，小型底栖生物，潮间带生物，污损生物和游泳动物。必要时，应包括渔业资源声学调查与评估。相关概念与术语如下。

（1）叶绿素（Chlorophyll）：自养植物细胞中一类很重要的色素，是植物进行光合作用时吸收和传递光能的主要物质。叶绿素 a 是其中的主要色素。

（2）初级生产力（Primary productivity）：自养生物通过光合作用生产有机物的能力。通常以单位时间（年或天）内单位面积（或体积）中所产生的有机物（一般以有机碳表示）的质量计算，相当于该时间内相同面积（或体积）中的初级生产量。

（3）碳同化数（Carbon assimilation number）：指植物光合色素的光合作用效率。在二氧化碳与光照度充足的条件下，单位质量叶绿素与每小时所同化的碳量之比。

（4）新生产力（New productivity）：在真光层中再循环的氮为再生氮，由真光层之外提供的氮为新生氮。由再生氮源支持的那部分初级生产力称为再生生产力，由新生氮源支持的那部分初级生产力称为新生产力。

（5）微生物（Microbe）：一群个体微小、结构简单、生理类型多样的单细胞或多细胞的低等生物，包括属于原核生物类的细菌、放线菌、支原体、立克次体、衣原体和蓝细菌，属于真核生物类的真菌（酵母菌和霉菌）、原生动物和显微藻类，以及属于非细胞生物类的病毒、类病毒和朊病毒。

（6）细菌异养生长速率（Bacterial heterotrophic growth rate）：异养细菌利用有机物进行生长繁殖的速率。

（7）细菌异养活性（Bacterial heterotrophic activity）：异养细菌进行生理代谢活动的

能力。

（8）细菌生产力（Bacterial productivity）：单位时间内、单位水体所产生的细菌生物量。

（9）浮游生物（Plankton）：缺乏发达的运动器官，没有或仅有微弱的运动能力，悬浮在水层中，常随水流移动的生物。包括浮游植物和浮游动物两大类。依据个体的大小，浮游生物可分为以下几种：粒径小于 2 μm 的称微微型浮游生物（Picoplankton）；粒径为 2～20 μm 的称微型浮游生物（Nanoplankton）；粒径为 20～200 μm 的称小型浮游生物（Microplankton 或 Netplankton）；粒径为 200～2 000 μm 的称中型浮游生物（Mesoplankton）；粒径为 2 000 μm～20 mm 的称大型浮游生物（Macroplankton）；粒径大于 20 mm 的称巨型浮游生物（Megaplankton）。此外，鱼类浮游生物（Ichthyoplankton）即为鱼卵和仔稚鱼。

（10）底栖生物（Benthos）：栖息在水域基底表面或底内的生物。在海洋中，这类生物自潮间带至水深大于 1 万 m 的超深渊带（深海沟底部）都有分布，是海洋生物中种类最多的一个生态类型，包括大多数海洋动物门类、大型和微型定生海藻类和海洋种子植物。依据个体的大小，凡被孔径为 0.5 mm 套筛网目所截留的生物，称为大型底栖生物（Macrobenthos）。凡能通过孔径为 0.5 mm 套筛网目而被孔径为 0.042 mm 所截留的生物，称为小型底栖生物（Meiobenthos）。

（11）潮间带生物（Intertidal benthos）：生活在潮间带底表的植物和底表与底内的动物。

（12）污损生物（Fouling organism）：生长在船底、浮标、平台和海中一切其他设施表面或内部的生物。这类生物一般是有害的。

（13）游泳动物（Nekton）：具有发达的运动器官，在水层中能克服水流阻力自由游动的动物。如鱼类、大型虾、蟹类、头足类及海洋哺乳动物等。

调查方式与采样方法包括以下几方面：

（1）调查方式。海洋生物调查方式包括大面观测、断面观测和连续观测。

（2）采样方法与采样种类。a. 采水样：适用于叶绿素浓度，初级生产力和新生产力，微生物，微微型、微型和小型浮游生物等调查项目的水样采集。应按规定水层采样。b. 拖网采样：适用于大、中型浮游生物，鱼类浮游生物，大型底栖生物，游泳动物调查和渔业资源声学调查与评估等项目的采样。c. 底质采样：适用于微生物、潮间带生物和大、小型底栖生物调查项目的采样。d. 挂板和水中设施上采样：适用于污损生物调查采样。

9.1.3.6　海洋地质地球物理调查

海洋地质地球物理调查的主要项目有海底地形地貌、沉积物粒度与物理力学性质、沉积物古生物、沉积物化学、底质矿物、底质放射性、底质古地磁、海底浅层结构、海底热流、海洋重力、海洋地磁、海洋地震等。相关概念与术语如下。

（1）放射性测年（Radioactive dating）：利用自然界中一些放射性元素按一定的半衰期衰变的规律，确定与放射性元素共存的地质体绝对年代的一种分析研究方法。

（2）海底热流密度（Submarine heat-flow density）：指地球内部以热传导的方式，在单位时间内通过海底单位表面积向外散失的热量。

（3）地温梯度（Geothermal gradient）：单位深度上的地温差。

（4）冷却板块模式（Cooling plate model）：建立在板块运动学基础上的理论热学模式。它假设大洋新生洋壳不断地从洋中脊生成，并推动两侧的洋壳向两边扩张，高温的新生洋壳因散热而逐渐冷却，于是形成了随地壳年龄增长而热流值随之降低的趋势。根据该理论模式，可将实测热流值与理论热流值对比，推算出大洋地壳年龄。

（5）TVG 增益曲线（TVG gain trace）：声波接收机的电压增益随时间变化的规律。

采用调查船作业的方式可分为停船定点观测和走航连续测量两类。停船定点观测项目包括底质采样、海底照相、海底热流测量等。走航连续测量项目有海底浅层结构探测、海洋重力测量、海洋地磁测量、海洋地震调查等。

9.1.3.7　海洋生态调查

海洋生态要素调查包括以下几项：① 海洋生物要素调查：包括海洋生物群落结构要素、海洋生态系统功能要素。② 海洋环境要素调查：包括海洋水文要素、海洋气象要素、海洋光学要素、海水化学要素、海洋底质要素。③ 人类活动要素：包括海水养殖生产要素、海洋捕捞生产要素、入海污染物要素、海上油田生产要素、其他人类活动要素等。

相关概念与术语如下。

（1）海洋生态系统（Marine ecosystem）：一定海域内生物群落与周围环境相互作用构成的自然系统，具有相对稳定功能并能自我调控的生态单元。

（2）海洋生物群落结构（Marine biotic community structure）：海洋生物群落的物种组成、空间格局和时间动态等特征。

（3）海洋生态系统功能（Marine ecosystem function）：海洋生态系统中的物质循环、能量流动、信息传递及其调控作用。

（4）海洋生态系统健康（Marine ecosystem health）：海洋生态系统随着时间的进程有活力并且能维持其组织结构及自主性，在外界胁迫下容易恢复。

（5）优势种（Dominant species）：具有控制群落和反映群落特征、数量上所占比例较多的种群。

（6）指示种（Indicated species）：海洋生物群落在一定海域一定状态出现的标志性的物种。

（7）关键种（Keystone species）：食物网中处于关键环节起到控制作用的物种。

（8）物种多样性（Species diversity）：生物群落中物种的丰富度及其个体数量分布。

（9）群落均匀度（Community evenness）：生物群落中各物种间数量分布的均匀程度。

（10）群落演变（Temporal change of community）：生物群落的结构随时间而发生的变化。

（11）群落空间格局（Spatial pattern of community）：沿一定的环境梯度（如纬度梯度、水深、温度梯度、盐度梯度、营养盐梯度、底质类型等）海洋生物群落结构发生相应改变而形成的分布型。

（12）生态压力（Ecological stress）：来自陆地、海洋、大气的自然干扰和人类活动对海洋生态系统产生的胁迫。

（13）富营养化（Eutrophication）：海水中营养盐的自然或人为增加及其引起的生态效应。

（14）污染压力（Pollution stress）：入海污染物质对海洋生态系统结构和功能的胁迫。

（15）养殖压力（Aquaculture stress）：通过养殖生产输出物质对海洋生态系统物质循环的胁迫。

（16）捕捞压力（Fishing stress）：通过捕捞生产输出物质对海洋生态系统物质循环的胁迫。

调查方式包括以下几方面：

（1）调查方案设计。根据任务书或合同书的要求，依据有关规范，设计调查方案。

（2）调查计划及组织实施。制订调查计划，组建调查队，做好调查准备。

（3）资料处理。按要求填写数据报表，数据处理、资料格式、资料归档等应符合《海洋调查规范》（GB/T 12763）第 1 部分和第 7 部分的有关规定。

（4）质量保证。质量保证的主要内容包括：仪器设备检定和调查技术人员的业务培训；现场与陆地实验室的科学管理；采样与分析全过程（包括从取样至分析结果计算）的质量控制与质量评价；数据、资料和成果的质量控制。

9.1.3.8　海底地形地貌调查

海底地形地貌调查的基本方式为走航连续测量。

海底地形的调查要素包括导航定位、水深测量、水位测量以及数据处理和成图。海底地貌的调查要素包括在海底地形调查的基础上，进行海底侧扫声呐测量和浅地层剖面测量，结合其他地质地球物理资料进行数据处理、分析和成图。

相关概念与术语如下。

（1）多波束测深（Multibeam echo sounding）：采用发射、接收指向正交的两组声学换能器阵，获得垂直航向、由大量波束测深点组成的测深剖面，并在航行方向上形成由一系列测深剖面构成的测深条带，从而实现高分辨率地形测量的一种方法。

（2）侧扫声呐测量（或旁扫声呐测量）（Side scan sonar survey）：采用声学换能器对海底进行扫描，获得海底回波信号，实现海底地貌成像的一种物探调查方法。

（3）浅地层剖面测量（Subbottom profile survey）：利用声波在海底以下介质中的透射

和反射，采用声学回波原理，获得海底浅层结构声学剖面的一种物探调查方法。

9.2 海洋环境监测

浩瀚的海洋蕴藏着人类赖以生存的巨大资源，人类开发利用这些资源有着悠久的历史。同时，人类的工业、农业和日常生活等活动无不对海洋环境产生巨大的影响。特别是工业革命以来，经济迅猛发展所带来的陆源污染日益严重，海洋开发力度的增大使海洋环境污染进一步加剧，对海洋生态环境的破坏日显突出，海洋污染事故频繁发生。为了解海洋环境状况，及时掌握海洋环境动态变化规律，必须对海洋环境进行监测。

9.2.1 海洋环境监测概述

9.2.1.1 海洋环境监测的概念

《海洋监测规范》（GB 17378.1—2007）对海洋监测做出了如下定义："在设计好的时间和空间内，使用统一的、可比的采样和检测手段，获取海洋环境质量要素和陆源性入海物质资料，以阐明其时空分布、变化规律及其与海洋开发、利用和保护关系之全过程。"也就是说，用科学的方法检测代表海洋环境质量及其发展变化趋势的各种数据的全过程。海洋环境监测的涵盖面很广，既包括传统的一些海洋观测，又包括近几十年来所进行的海洋环境质量监测，这里所说的海洋环境监测主要是指后者。

众所周知，环境监测是随环境科学的形成和发展而出现，在环境分析的基础上发展起来的。其中，海洋环境监测是环境监测的分支和重要组成部分。就其对象和目的而言，海洋环境监测与传统的海洋观测有着本质的不同。海洋环境监测的对象可分为三大类：一是造成海洋环境污染和破坏的污染源所排放的各种污染物质或能量；二是海洋环境要素的各种参数和变量；三是由于海洋环境污染和破坏而产生的影响。而海洋观测对象则是第一类中的海洋自然环境要素部分。就目的而言，海洋环境监测是以了解和掌握人类活动对海洋环境的影响为主，保护海洋环境是其主要目的。而海洋观测主要是了解和掌握海洋自然环境的变化规律、趋利避害，为海洋的开发利用服务，也就是说，"观测"意指"观察注意"，而"监测"则有"控制、管理"的意思。

海洋环境监测依监测介质分类，可分为水质监测、生物监测、沉积物监测和大气监测；从监测要素分类，可分为常规项目监测、有机和无机污染物监测；从地理区位来分，可分为近岸海域监测、近海海域监测和远海海域监测等。

9.2.1.2 海洋环境监测的地位与作用

海洋环境监测就是要对海洋环境质量状况，包括环境污染和生态破坏的状况进行全面的调查研究，做出定量的科学评价。其基本目的是全面、及时、准确掌握人类活动对海洋环境影响的水平、效应及趋势。最终目的是保护海洋环境，维护海洋生态平衡，保障人类健康，实现海洋经济的可持续发展和海洋资源的永续利用，促进社会经济的发展。

1）海洋环境监测是沿海社会经济和海洋生态环境可持续发展的客观要求

沿海地区是全球现代经济发展最重要的地区。据统计，截至 20 世纪末，世界人口的50% 以上都集中在离岸 60 km 之内的地区。但随着沿海地区人口压力的不断加大，发展布局不合理、淡水资源严重缺乏、食品和矿产资源明显不足等问题也日渐凸显，沿海地区的可持续发展面临着严峻的考验。解决上述问题的出路在于合理规划海洋资源的开发利用，达到海洋经济的可持续发展。而通过实施海洋环境监测及科学研究，则可以有效避免因海洋灾害等造成的资源浪费，减少不必要的经济损失，同时很好地实现上述目标。

我国是一个海洋大国，拥有海洋国土面积 300 万 km²，海岸线总长度超过 3 万 km，是世界上海岸线最长的国家之一。自 1996 年 5 月 15 日正式加入《联合国海洋法公约》以来，我国开发利用海洋方面的投入逐年增加，但经济迅猛发展所带来的陆源污染也日益严重，生态系统健康状况恶化的趋势没有得到缓解。

海洋环境监测是海洋环境保护的重要组成部分，海洋环境的质量、受污染的程度和污染的趋势等问题，必须通过先进的技术、设备和科学的方法进行监测才能掌握。同时，如何合理开发和利用海洋资源，也必须依靠科学的环境监测数据才能制定出正确的决策。因此，搞好海洋环境监测，既是海洋资源保护的关键，也是海洋生态环境和沿海社会与经济可持续发展的客观要求。

2）海洋环境监测是海洋环境预测预报、防灾减灾的基础工作

海洋环境监测可以为海洋预测预报提供所需资料，是海洋环境管理工作顺利开展的前提和基础。通过长期、连续、有目的的监测，将帮助人类深刻认识和掌握自然灾害的形成和发展规律，并在分析大量资料的基础上，做出高质量的海洋灾害预报。同时，海洋防灾减灾管理、防御对策和措施的制定也需要丰富的海洋环境监测资料作为基础。另外，对于已出现的人为灾害，也需要以海洋环境监测资料为基础，进行分析、判定并制定防治措施。只有对灾害的过程、特点、范围、规模以及强度充分了解，才能制定出有效的防御方案。

3）海洋环境监测是保护海洋环境、维护人体健康的关键条件

人类在开发利用海洋的同时，必须注意保护和改善海洋环境，而保护和改善海洋环境则需要以海洋环境监测资料为依据。从微观层面来说，通过对这些资料的分析研究，可使人们对海洋环境健康有更明确和直观的认识，管理人员可以得到实实在在的答案。例如，海水质量提高了，还是恶化了？渔业资源量增加了，还是减少了？水质对游泳安全吗？等等。从宏观上，可以掌握海洋环境的变化趋势，制定环境保护相关政策、法规、规划计划和标准。同时，海洋环境监测中的很多项目和应用结果的领域对于人们维护自身健康有着重要作用。例如，海洋环境监测中的常规监测项目——大肠杆菌，是测量海

水受粪便污染程度的一个重要指标。该项监测指标已在我国海洋环境监测中应用超过20年，对保护海洋环境、维护人体健康起到了相当大的作用，并直接影响一些管理决策的确定，如关闭游泳场、划定贝类栖息地、改进城市污水排海设施等。

4）海洋环境监测是海洋资源开发利用的基本需求

现代海洋资源的开发利用，对海洋环境条件要求几近苛求，特别是在我国海洋环境条件比较复杂的海域进行资源开发，没有可靠的海洋环境监测资料是很难进行的。在海洋资源开发利用中，为了降低投资、确保环境健康和资源持续利用，既需要使用资源状况的基础数据，确定开发利用的区域，又需要海洋环境资料，确保开发利用的区域科学、合理、经济、安全。海洋油气资源、海洋水产（包括海水养殖）资源、海洋旅游资源以及围海造田的开发利用，都要对使用海域的海洋环境条件有深刻的了解，避免盲目、无序的开发利用；同时，通过对海洋环境监测结果的研究，能够增强对海洋生态系统的理解，如生物的变异性及人类社会对它们的影响等。监测到类似方面的信息，管理人员便可根据环境问题的重要性，依次重新调整管理措施的轻重缓急，保证海洋资源的合理开发利用。同时，海洋资源不仅包括生物资源、化学资源、矿产资源，还储存着海上风、波浪、潮汐等潜在的能源。这些海洋能源的开发利用，同样需要准确、连续的海洋环境监测资料为依据。

总之，海洋环境监测资料无论是对生物资源、非生物资源，还是对动力资源、空间资源的开发利用，都具有非常重要的指导意义。

5）海洋环境监测是维护国家安全、促进海洋环境管理的重要保障

海洋空间的广度远远超过陆地，海洋对陆地的制约作用也日趋增强，海洋所具有的战略地位越发重要，海洋上的各类争端也时有发生。而维护国家管辖海域主权权益则需要国家力量来确保实现。这支力量一是国家的执法管理和军事力量；二是科学技术支持系统。海洋环境监测工作正是科学技术支持系统的重要组成部分。同时，海洋环境监测资料在海洋军事上的应用也是非常重要的，未来海战是空中、水面和水下的立体战争。海洋水文、气象、地质等一系列海洋环境要素的变化，对海上作战、训练和新式武器实验都有重要影响。为了有效防御可能的海上入侵，必须加强海洋环境监测。另外，环境保护的关键在于研究人类与环境之间在进行物质和能量交换活动中所产生的影响。而研究这些活动间的相互关系都是在定性、定量化的基础上进行的，这些定量化的环境信息只有通过环境监测才能得到。再者，随着新的环境问题不断出现，也要求环境监测工作必须适应环境管理新形势的要求，促进环境管理，为环境管理提供高效服务。同时，海洋环境监测也是检验海洋环境政策效果的标尺，监测资料也是各级政府制定海洋环境政策的基本依据。

9.2.1.3 我国海洋环境监测工作的发展与现状

我国的海洋环境问题自20世纪50年代开始萌发，进入60年代污染明显加重，沿

岸及近海水域不断发生污染事件，使资源受损、生态恶化，危及人们的身体健康。在这一大背景下，我国的海洋环境监测工作在 1958 年开始的全国海洋大普查工作带动下逐步建立发展起来。60 多年来，我国的海洋环境监测工作从无到有，从相对薄弱到相对完善，取得了较快的发展，海洋监测管理伴随着海洋监测工作的开展也取得了较快的发展。回顾 60 多年的建设和发展历程，基本可分为初始阶段（1958—1972 年）、起步阶段（1972—1983 年）、发展阶段（1983—1999 年）和健全阶段（1999 年至今）几个时期。

1）初始阶段（1958—1972 年）

1958 年 9 月—1960 年 12 月，在国家科委海洋组的统一指挥和调配下，全国 60 多个单位联合开展了新中国历史上第一次大规模的全国近海海洋综合调查，派出船只 30 余艘，获得了 1.4 万多个站次的资料，掌握了当时我国海洋环境基本状况，建立了国家海洋基本数据和图集。

根据海洋事务管理需求，1964 年我国成立了国家海洋局，并逐步组建了国家海洋局系统的北海分局、东海分局、南海分局，分别负责北海区（渤海、黄海北部）、东海区和南海区的海洋行政管理和海洋环境保护、海域使用管理、海洋环境监测、预报等工作。并在此基础上逐步建立了一系列海洋工作站、海洋观测站和海洋研究机构，形成了海洋监测的基本队伍。这一时期我国进行了"渤黄海污染综合调查""东海污染综合调查""南海污染综合调查""松花江污染调查"等，而这些调查多以区域性环境问题为主要出发点。

在制度建设方面，这一时期，我国有关海洋环境监测的法律制度和管理制度仍处于孕育时期，海洋环境保护工作多以管理航运水道畅通和避免明显危害水上活动为目的。如 1958 年制定了《中华人民共和国关于领海的声明》，对上述内容做出了专门的规定。20 世纪 60 年代末期，环境保护多以工厂"三废"的排放控制为主要目标。在此期间，国家相继颁布了限制工厂废物排放的标准和措施。

2）起步阶段（1972—1983 年）

1972 年是我国环境保护的开创之年，我国政府派代表团参加了斯德哥尔摩人类环境大会，揭开了我国环境保护的序幕。

自 1973 年第一次全国环境保护工作会议以后，海洋环境污染监测工作逐步走向正轨。1974 年 1 月 30 日《中华人民共和国防止沿海水域污染暂行规定》正式颁布，这是我国有关海洋环境污染防治、保护海洋环境的第一个规范性法律文件。1974 年后，我国开始了经常性的全国近岸海洋环境污染的调查工作。

海洋环境保护法规开始注重污染控制。《海水水质标准》于 1982 年公布执行，1983 年颁布实施了《海洋石油勘探开发环境保护管理条例》《防止船舶污染海域管理条例》等，都对海洋环境监测工作做出了相应的规定。1982 年 8 月 23 日第五届全国人民代表大会常务委员会第二十四次会议通过《中华人民共和国海洋环境保护法》，该法自 1983 年 3 月 1 日起施行。这是我国保护海洋环境的专门法律，其中规定：国家海洋管理部门负责组织海洋环境的调查、监测和监视，开展海洋科学研究；中华人民共和国港务监督负责船舶排污的监督和调查处理，以及港区水域的监视；国家渔政渔港监督管理机构负责渔港船舶排污的监督和渔业水域的监视；军队环境保护部门负责军用船舶排污的监督和军港水域的监视。这一分工合作的管理体制，对确保海洋环境保护法律的实施及有效保护海洋环境发挥了重要作用，体现了海洋环境保护走上以污染控制为主的轨道，海洋环境污染监测开始成为海洋污染控制的主要"耳目"和"哨兵"。

在此期间，沿海省市的环保机构也开始根据各自的设想和需求，开展一些常规监测项目。自 1974 年开始，国家海洋环境监测主管部门——国家海洋局陆续对海洋污染调查中的站位布设、采样程序、分析方法及数据处理进行了全面的检查验证，1975 年后陆续出版了调查方法的单行本，并于 1978 年制定了中国海洋环境污染调查史上的第一部大型综合性规范《海洋污染调查暂行规范》，作为我国第一部海洋环境污染调查与监测的综合性和制约性技术文件，《海洋污染调查暂行规范》第一次统一了国内与海洋有关各行各业中使用的监测技术，标志着我国海洋环境污染调查监测工作开始走上规范化道路，奠定了海洋环境监测方案设计的基础，为后来海洋环境监测测试分析工作逐步实现科学化和标准化积累了宝贵的经验。

这一阶段，自北向南相继开展了渤海、黄海、东海和南海海域的海洋污染基本状况调查，基本掌握了我国近海海域的污染范围、程度以及主要污染物来源，为综合防治海洋污染和开展环境管理工作提供了依据，奠定了我国开展海洋环境污染监测的基础。

3）发展阶段（1983—1999 年）

这一阶段，我国的海洋环境监测在网络发展、系统建设、业务管理能力和技术水平等方面都有了长足的进步，海洋环境监测管理及制度建设也进入了一个新的发展阶段。

在此期间，为了适应海洋环境保护工作的需求，国家海洋局逐步建立健全了海洋监测管理机构和业务机构，先后在东北海洋工作站、北海分局、东海分局和南海分局成立了渤海环境监测中心、黄海环境监测中心、东海环境监测中心和南海环境监测中心，初步形成了业务化的海洋环境监测体系，并在青岛、杭州和厦门的第一、二、三海洋研究所内建立了放射性污染实验室、标准物质实验室和污染生态实验室，为海洋环境污染监测提供了必要的技术支持和服务保障。

1983 年《中华人民共和国海洋环境保护法》正式实施以后，国家海洋局便组建了中国海洋环境监测船队。此后，为了进一步适应我国海洋环境监测的需要，国家海洋局于1987 年组建了中国航空遥感监测大队，目前该队共拥有"中国海监"飞机两架，均配备有先进的遥感系统，定期或不定期地对我国海域进行巡航监视监测。一个由全海网各成员单位、海监船舶和海监飞机组成的陆、海、空立体化海洋环境监测网络已基本形成。

为了加强对海洋环境监测的协调和管理，1984 年成立了全国海洋环境污染监测网（1992 年以后改称全国海洋环境监测网），利用卫星、飞机、船舶、浮标、岸基监测站、平台、志愿船等手段对我国管辖的全部海域实行立体监测、监视，它的成立以及相应开展的海洋环境监测工作，使我国海洋环境监测工作形成一个整体。由它积累的大量近海环境资料，也使得我国对近海海域污染状况的整体认识逐渐深化。同时，装备和设备仪器的不断更新，为全方位、快速、有效地采集和分析海洋环境监测数据奠定了基础。

全国海洋环境监测网（以下简称全海网）共有成员单位 100 余个，分属国家海洋局、原国家环保总局、交通部、农业部、水利部、中国海洋石油总公司、中国人民解放军海军等部门，是一个跨地区、跨部门、多行业、多单位的全国性海洋环境监测业务协作组织。其基本任务是对我国所辖海域的入海污染源进行长期监测；掌握污染状况和变化趋势；为海洋环境管理、经济建设和科学研究提供基础资料。全海网实行二级管理，一级网为全海网，二级网为海区海洋环境监测网。

随着标准规范和技术方法不断健全，我国制定了《海洋监测规范》《海滨观测规范》《海洋调查规范》等海洋监测相关方法和规范，建立了海洋环境监测质量保证管理机构，使我国海洋环境监测工作在标准化、规范化道路上迈出了关键一步，上了一个新台阶。

这一时期的制度建设主要有：1985 年颁布《海洋倾废管理条例》，此后陆续颁布了《中华人民共和国防止船舶污染海域管理条例》《中华人民共和国防止陆源污染物污染损害海洋环境管理条例》和《中华人民共和国防止海岸工程建设项目污染损害海洋环境管理条例》，以及 10 余项部门规章和标准，对我国的环境监测管理做了规定，明确了监测管理在海洋环境保护中的重要性，并对沿海各级环境监测机构的主管部门做了明确规定。

"九五"期间，全国人民代表大会根据社会经济发展和海洋环境保护的客观需要对《中华人民共和国海洋环境保护法》进行了修订，新修订的《中华人民共和国海洋环境保护法》进一步明确了各个部门对海洋环境监测的分工，我国的海洋环境监测管理体制得到了进一步完善。经过多年来在国家海洋局系统内的试行，取得了较好的效果。这一系列管理规定的制定和颁布，标志着我国海洋环境监测管理制度和管理法规体系的初步形成。海洋监测体系的建立和我国海洋环境监测、监视保护工作的成功开展，以及我国政府先后编制和发布的海洋环境保护法律、条例和标准，促进了我国海洋环境监测管理制度和体制的建立。1996 年我国政府颁布了《中国海洋 21 世纪议程》，提出了中国海洋事业可持续发展战略，并在 1998 年发表的中国政府白皮书《中国海洋事业的发展》中，较全面、系统地阐述了海洋环境监测管理遵循的基本政策和原则。指出要加强海洋环境监测、监视和执法管理；逐步完善多职能的海上监察执法队伍，形成空中、海面、岸站一体化海洋监察管理体系。特别是 1998 年《海洋监测规范》（GB 17378—1998）公布并于 1999 年实施，对我国海洋环境质量要素调查监测进行了规定。本规范的发布实施，为我国海洋监测工作正规化、规范化发展提供了一个机遇。

4）健全阶段（1999 年至今）

1999 年国家海洋局召开的海洋环境监测工作会议提出了"一个落实，两个突破，三个加强和四个提高"的要求，标志着全国海洋监测工作进入了一个快速、健康发展的新时期。与此同时，在国家计委批准的"中国海洋环境监测系统建设项目"的带动下，我国海洋监测业务机构进一步完善,初步形成了四级监测业务体系。为了满足海洋经济发展的需要和社会公众对海洋环境保护的需求,国家海洋局在借鉴吸收发达国家的海洋环境监测先进经验和先进方法的基础上,从 2002 年起对实施多年的《全国海洋环境监测工作方案》进行分步调整,从过去传统的以污染防治为主要监测内容,逐步调整为污染防治和海洋生态环境保护并重的监测内容;同时,组织制定了一系列与现行监测方案配套的监测技术方法与评价标准。

随着沿海地区经济的迅速发展、人口的逐步增加和海洋开发规模的不断扩大,我国海洋环境保护和减灾工作面临的形势越来越严峻。海洋污染损害事件不断发生,生态环境急剧恶化,由此引发的赤潮等海洋环境灾害日益增多,造成巨大经济损失。为了保护和保全海洋环境,我国制定了《全国海洋环保"九五"(1996—2000 年)计划和 2010 年长远规划》,指出要加强海洋污染调查、海洋环境监测管理,进一步完善监测网,逐步建立排污收费制度;同时,重新修订的《中华人民共和国海洋环境保护法》,经 1999 年 12 月 25 日第九届全国人民代表大会常务委员会第十三次会议通过,2000 年 4 月 1 日开始正式实施。目前,我国海洋环境监测管理机构体系已经全面建立,并在按照相应的程序和方式正常运行。

9.2.1.4　发达国家海洋环境监测特点

全球海洋环境,特别是海岸带环境的持续恶化引起了世界各沿海国家的关注,对海洋环境监测管理受到了空前的重视。欧洲保护北大西洋海洋环境的奥斯陆—巴黎公约(OSPAR)组织指出,海洋环境监测的内容涵盖了三个层面的重复测定:重复测定海洋环境各介质(包括水、沉积物和生物体)的质量和海洋环境的综合质量;重复测定自然变化及人为活动向海洋输入的、可能会对海洋环境质量产生影响的物质和能量;重复测定人类活动所产生的环境效应。欧美等发达国家和海洋环境保护组织在海洋环境监测与评价方面进行了长期的探索和研究,对于当前全球海洋所面临的海洋污染、渔业资源衰退、海洋生境改变与丧失、外来物种入侵和赤潮灾害频发等诸多环境问题,都积累了丰富的经验,发布了一系列较为先进的管理政策、科学理论和监测技术方案,并成功应用于海洋环境保护的实践中。主要有以下 6 个方面的特点。

1)重视海洋环境监测与评价方法体系的完善与统一

欧盟和 OSPAR 在实施海洋环境监测与评价项目的同时,首先推出了一系列完整的监测与评价技术指南(导则),并在实际工作中不断修订和完善。同时,对于地理区域上有交叠的 OSPAR 和欧盟的 WDF 所开展的海洋环境和评价工作,也非常注重不同计划间技术方法的协调一致,既提高了监测与评价项目的运行效率和数据的使用效率,又避免了重复工作。

2)重视水体的富营养化评估

1972 年斯德哥尔摩会议时,近岸水体的富营养化尚未成为全球关注的主要环境问题。

自 20 世纪 70 年代末以来，由于生活污水排放量和农业化肥施用量的激增，富营养化已成为全球性的环境焦点问题。以美国为例，据美国科学院估算，大西洋沿岸和墨西哥湾排入近海的生活污水中氮的含量自前工业化时代以来已增长 5 倍，若不采取有效措施，到 2030 年，进入近海的氮量可能会增长 30%。美国 60% 以上的河口和海湾生态系统由于富营养化问题而中度或严重退化。因此，就目前的海洋环境监测而言，各个国家和地区海洋水体监测的重点均置于富营养化及其相关的问题上。另外，目前，富营养化评价方法已超越了第一代简单的富营养化指数求算，而进入了第二代的以富营养化症状为基础的多参数评价方法体系。

3）重视海洋环境生态状况的监测和综合评估

在海洋生态系统退化问题日益严峻的形势下，各沿海国及海洋环境保护组织均将海洋环境监测和评价的重心自污染监测向生态监测转移，按生态功能区划分监测区域，以更加明确水质保护目标。澳大利亚利用区域项目"生态系统健康监测计划"进行了定量化的生态健康综合评价的尝试；同时，在全国河口状况评价项目中采用系统化的指标，通过未受人类活动干扰的对照环境条件的比较，对河口的综合生态状况偏离原始状态的程度进行了定性的评估。但目前国际上的生态监测和评价方法尚不完善成熟。确定科学的生态健康状况的评价指标和评价阈值，建立适宜的综合评价方法体系，是困扰从事该领域工作的生态学家和海洋环境学家的最大难题。

4）重视污染源的监测

海洋污染源除了点源外，还有农业灌溉水排放、城市径流和污染物的大气沉降等非点源。入海污染源数量庞大且分散，管理难度大，不确定性也较大。因此，各国在加强点源排放监测的基础上，制订了非点源污染源污染整治行动计划，采取全流域水质保护的综合管理模式，以满足滨海地区点源和非点源污染整治的需要。为降低营养盐的向海输入，美国最新版的海洋政策要求沿海各州制定并强制执行营养盐水质标准，减轻非点源污染，实施以污染物日最大总量为指标的点污染源和非点污染源排放减少计划。OSPAR 的"联合评价与监测项目"对于点源和非点源污染的监测与评价均提出了详细的技术要求，并根据污染源的类型分别开展了河流和直排口监测以及大气综合监测。

5）强调海洋环境监测和评价的区域特征

海洋环境具有明显的区域特征，因而在监测和评价时不能"一刀切"，要根据各个不同评价水域的水动力学、生物和化学等背景状况，划分适宜的评价单元，并选择评价指标和评价标准。

6）强调海洋环境监测和评价的公众服务功能

开展以海洋环境是否能满足人类使用、利用海洋资源的需求为目的的监测和评价项目。为加强对人类活动管理提供科学依据和决策支持，切实将海洋环境监测和评价工作与保护海洋环境免受人类活动影响的管理工作紧密结合起来。

9.2.2 海洋环境监测技术

9.2.2.1 海洋环境监测的主要任务

（1）掌握主要污染物的入海量和海域质量状况及中长期变化趋势，判断海洋环境质量是否符合国家标准。

（2）检验海洋环境保护政策与防治措施的区域性效果，反馈宏观管理信息，评价防治措施的效果。

（3）监控可能发生的主要环境与生态问题，为早期预警提供依据。

（4）研究、验证污染物输移、扩散模式，预测新增污染源和二次污染对海洋环境的影响，为制定环境管理和规划提供科学依据。

（5）有针对性地进行海洋权益监测，为边界划分、保护海洋资源、维护海洋健康提供资料。

（6）开展海洋资源监测，为保护人类健康、维护生态平衡和合理开发利用海洋资源，实现永续利用服务。

9.2.2.2 海洋环境监测的技术特点

海洋监测技术是一门综合技术。海洋监测对象的多样性取决于海洋科学的综合性。海洋监测技术又是一门高精度的测量技术。由于海洋有极广的范围和极大的深度，温度、盐度的极小差别在如此广袤范围里的积分，会对流速和声速的测量带来极大的误差。海洋是一个地球演化尺度的自然客体，与演化痕迹相关的测量不论在测量上和测年上都有极高的精确要求，与这个高精度测量相适应的传感器技术在材料科学和精细加工上的要求都成为这门技术发展的动力。

海洋监测技术也是一门集成技术。海洋测量技术虽然发展较晚，但是在 20 世纪后半叶已走完了从机械测量向自动化、电子化和智能化过渡的全过程，而且由于海洋环境的特殊性，它综合了图像控制和深潜等高技术，已形成具有自己特色的技术发展体系。

海洋监测技术在我国还属落后的技术发展范畴。可以说，没有诸如材料科学、电子技术和信息技术等相关主导技术的发展，就不可能有现代海洋监测技术的发展。因此，海洋监测技术的发展必须放在我国基础技术发展的大背景下，在全球技术环境中来加以考虑，才能有一个实事求是的技术发展路线。

9.2.2.3 海洋环境监测的原则

1）监测迫切性原则

无论是环境监测、资源监测，还是权益监测，都应遵照轻重缓急、因地制宜、整体设计、分步实施、滚动发展的原则。根据情况变化和海洋管理反馈的信息，随时进行调整、修改和补充。把海洋管理、海洋开发利用和公益服务放在第一位，把兼顾海洋研究和资料积累需求放在第二位。

2）突出重点，控制一般的原则

近岸和有争议的海区是我国海洋监测的重点。在近岸区，应突出河口、重点海湾、大中城市和工业近岸海域，以及重要的海洋功能区和开发区的监测。在近海区，监测的重点是石油开发区、重要渔场、海洋倾废区和主要的海上运输线附近。在权益监测上，重点以海域划界有争议的海域为主。

3）多介质、多功能一体化原则

建立以水质监测为主体的控制性监测机制、以底质监测为主要内容的趋势性监测机制、以生物监测为骨架的效应监测机制和以危害国家海洋权益为主要对象的权益监测机制，从而形成兼顾多种需求多功能一体化的监测体系。

4）优先污染物监测原则

探明海洋污染物的分布、出现频率及含量，确定新污染物名单，研究和发展优先监测污染物的检查方法，待方法成熟和条件许可时可列为优先监测污染物。通常，具有广泛代表性的项目，可考虑优先监测。

9.2.2.4　海洋环境监测计划的制订与实施

接到监测任务后，项目负责人须按照计划任务确定监测范围，设定监测站位，确定监测项目、监测频率和采样层次。监测工作计划制订应该根据《海洋监测规范》要求，并立足于现实人员条件和仪器设备保证。

监测内容要涵盖海洋环境质量监测要素，主要包括：海洋水文气象基本参数；海水中重要理化参数，营养盐类、有毒有害物质；沉积物中有关理化参数和有害有毒物质；生物体中有关生物学参数和生物残留物及生态学参数；大气理化参数；放射性核素。

站位布设应该满足以下基本要求：依据任务目的确定监测范围，以最少数量测站所获取的数据能满足监测目的的需要。基线调查站位密，常规监测站位疏；近岸密，远岸疏；发达地区海域密，原始海域疏。尽可能沿用历史测站，适当利用海洋断面调查测站，照顾测站分布的均匀性和与岸边固定站衔接。

各类水域测站布设应该遵循以下原则：海洋区域，在海洋水团、水系锋面，重要渔场、养殖场，主要航线，重点风景旅游区、自然保护区，废弃物倾倒区以及环境敏感区等区域设立测站或增加测站密度；海湾区域，在河流入汇处、海湾中部及湾海交汇处，同时参照湾内环境特征及受地形影响的局部环流状况设立测站；河口区域，在河流左右侧地理端点连线以上，河口城镇主要排污口以下，并减少潮流影响处设立测站。如建有闸坝，站位应设在闸上游，若河口有支流汇入，站位应设在入汇处下游。

海洋环境监测被批准后由项目负责人或首席科学家负责制订实施计划，同时做好各项准备工作，包括专业人员确定、分工，船只安排与业务协调，配制海上作业用试剂，准备和调试海上作业用仪器、器皿、设备、用具等。

海上作业时，应该按照《海洋监测规范》的有关要求获取样品和数据资料，并准确做好记录和标识。采集的样品按要求保存，海上作业完成后应及时送实验室分析测试，实验室应按照规范中的相应条款规定的方法和技术要求在规定时间内完成样品预处理、分析、测试和鉴定工作。

［海洋环境监测的详细内容与监测方法，请参阅《海洋监测规范》（GB 17378—2007）。］

9.2.3　海洋环境监测样品采集、贮存与运输

9.2.3.1　水质样品

1）样品分类

（1）瞬时样品：瞬时样品是不连续的样品。无论在水表层或在规定的深度和底层，一般均应手工采集，在某些情况下也可用自动方法采集。考察一定范围海域可能存在的污染或者调查监测其污染程度，特别是在较大范围采样，均应采集瞬时样品。对于某些待测项目，例如溶解氧、硫化氢等溶解气体的待测水样，应采集瞬时样品。

（2）连续样品：连续样品通常包括在固定时间间隔下采集定时样品（取决于时间）及在固定的流量间隔下采集定时样品（取决于体积）。采集连续样品常用在直接入海排污口等特殊情况下，以揭示利用瞬时样品观察不到的变化。

（3）混合样品：混合样品是指在同一个采样点上以流量、时间、体积为基础的若干份单独样品的混合。混合样品用于提供组分的平均数据。若水样中待测成分在采集和贮存过程中变化明显，则不能使用混合样品，要单独采集并保存。

（4）综合水样：把从不同采样点同时采集的水样（瞬时样品）进行混合而得到的水样（时间不是完全相同，而是尽可能接近）。

（5）采样方式和采样器：海水水质样品的采集，分为采水器采样和泵吸式采样。海水采样器的采样方式通常有开—闭式采样，闭—开—闭式采样。前者是将采样器开口降到预定深度后，由水面上给一信号使之关闭，这种方式较为常用；后者是将采样器以密闭状态进入海水，达到预定深度后打开，充满水样后即关闭，如表层油样采样器等。而泵吸式采样是将塑料管放至预定深度后，用泵抽吸采集样品。此外，采集表层水样时，还可用塑料水桶来采集。

无论使用何种采水器采集水样，均应防止采水器对水样的沾污，如采集重金属污染样品时，应避免使用金属采样器采样，在采样前应对采样器进行清洁处理等。

从采水器中取出样品进行分装时，一般按易发生变化的先分装的原则，先分装测定溶解气体的样品，如溶解氧、硫化物、pH 等，再分装受生物活动影响大的样品，如营养

盐类等，最后分装重金属样品。

2）采样时空频率的优化

采样位置的确定及时空频率的选择，首先应在对大量历史数据客观分析的基础上，对调查监测海域进行特征区划。特征区划的关键在于各站点历史数据的中心趋势及特征区划标准的确定。根据污染物在较大面积海域分布不均匀性和局部海域相对均匀性的时空特征，运用均质分析法、模糊集合聚类分析法等，将监测海域划分为污染区、过渡区及对照区。

3）采样站位的布设

布设原则：监测站位和监测断面的布设应根据监测计划确定的监测目的，结合水域类型、水文、气象、环境等自然特征及污染源分布，综合诸因素提出优化布点方案，在研究和论证的基础上确定。采样的主要站点应合理地布设在环境质量发生明显变化或有重要功能用途的海域，如近岸河口区或重大污染源附近。在海域的初期污染调查过程中，可以进行网格式布点。影响站点布设的因素很多，主要遵循以下原则：① 能够提供有代表性的信息；② 站点周围的环境地理条件；③ 动力场状况（潮流场和风场）；④ 社会经济特征及区域性污染源的影响；⑤ 站点周围的航行安全程度；⑥ 经济效益分析；⑦ 尽量考虑测点在地理分布上的均匀性，并尽量避开特征区划的系统边界；⑧ 根据水文特征、水体功能、水环境自净能力等因素的差异性，来考虑监测站点的布设，同时还要考虑到自然地理差异及特殊需要。

监测断面的布设应遵循近岸较密、远岸较疏，重点区（如主要河口、排污口、渔场或养殖场、风景游览区、港口码头等）较密、对照区较疏的原则。断面设置应根据掌握水环境质量状况的实际需要，考虑对污染物时空分布和变化规律的控制，力求以较少的断面和测点取得代表性最好的样点。入海河口区的采样断面应与径流扩散方向垂直布设。根据地形和水动力特征布设一至数个断面。港湾采样断面（站位）视地形、潮汐、航道和监测对象等情况布设。在潮汐复杂区域，采样断面可与岸线垂直设置。海岸开阔海区的采样站位呈纵横断面网格状布设。也可在海洋沿岸设置大断面。采样层次见表 9.1。

表 9.1　采样层次

单位：m

水深范围	标准层次	底层与相邻标准层最小距离
<10	表层[①]	—
10～25	表层[①]、底层[②]	—
25～50	表层[①]、10 m、底层[②]	—
50～100	表层[①]、10 m、50 m、底层[②]	5
>100	表层[①]、10 m、50 m、以下水层酌情加层、底层[②]	10

注：① 表层系指海面以下 0.1～1 m。
② 底层，对河口及港湾海域最好取离底 2 m 的水层，深海或大风浪时可酌情增大离底层的距离。

4）现场采样操作

（1）岸上采样：如果水是流动的，采样人员站在岸边，应面对水流动方向操作。若底部沉积物受到扰动，则不能继续取样。

（2）船上采样：采用向风逆流采样，将来自船体的各种污染控制在一个尽量低的水平上。由于船体本身就是一个污染源，船上采样要始终采取适当措施，防止船上各种污染源可能带来的影响。当船体到达采样站位后，应该根据风向和流向，立即将采样船周围海面划分成船体污染区、风成沾污区和采样区三部分，然后在采样区采样。发动机关闭后，当船体仍在缓慢前进时，将抛浮式采水器从船头部位尽力向前方抛出，或者使用小船离开大船一定距离后采样。在船上，采样人员应坚持向风操作，采样器不能直接接触船体任何部位，裸手不能接触采样器排水口，采样器内的水样应先放掉一部分后再取样。为测定痕量金属而采集水样时，应避免使用铁质或其他金属制成的船只，且要使用塑料容器。

（3）样品的贮存：a.样品容器的材质选择应遵循以下原则：容器材质对水质样品的沾污程度最小；容器便于清洗；容器的材质在化学活性和生物活性方面具有惰性，使样品与容器之间的作用保持在最低水平；选择贮存样品容器时，应考虑对温度变化的应变能力、抗破裂性能、密封性、重复打开的能力、体积、形状、质量和重复使用的可能性；大多数含无机成分的样品，多采用聚乙烯、聚四氟乙烯和多碳酸酯聚合物材质制成的容器。常用的高密度聚乙烯，适用于水中硅酸盐、钠盐、总碱度、氯化物、电导率、pH测定的样品贮存；玻璃质容器适合于有机化合物和生物样品的贮存；塑料容器适合于放射性核素和大部分痕量元素的水样贮存；带有氯丁橡胶圈和油质润滑阀门的容器不适合有机物和微生物样品的贮存。b.水质样品的固定与贮存：水质样品的固定通常采用冷冻和酸化后低温冷藏两种方法。水质过滤样加酸酸化，使pH小于2，然后低温冷藏。未过滤的样品不能酸化（汞的样品除外），酸化可使颗粒物上的痕量金属解吸，未过滤的水样应冷冻贮存。

样品运输：空样容器运往采样地点或装好样品的容器运回实验室供分析，都应非常小心。包装箱可用多种材料，用以防止破碎，保持样品完整性，使样品损失降低到最低程度。包装箱的盖子一般都应衬有隔离材料，用以对瓶塞施加轻微压力，增加样品瓶在样品箱内的固定程度。

标志和记录：采样瓶注入样品后，应立即将样品来源和采样条件记录下来，并标志在样品瓶上。采样记录应从采样时起直到分析测试结束，始终伴随样品。

9.2.3.2　沉积物样品

1）采样站位的布设

采样站位布设原则如下：① 选择性布设：在专项监测时，根据监测对象及监测项目的不同，在局部地带有选择性地布设沉积物采样点。如排污口监测以污染源为中心，顺污染物扩散带按一定距离布设采样点。② 综合性布设：根据区域或监测目的的不同，进行对照、控制、削减断面布设。如在某港湾进行污染排放总量控制监测中，可按区域功能的不同进行对照、控制、削减断面布设。布设方法可以是单点、断面、多断面、网格式布设。

2）监测时间与频率

采样频率依各采样点时空变异和所要求的精密度而定。一般来说，由于沉积物相对稳定，受水文、气象条件变化的影响较小，污染物含量随时间变化的差异不大，采样频次与水质采样相比较少，通常每年采样一次，与水质采样同步进行。

3）样品保存与运输

用于贮存海洋沉积物样品的容器应为广口硼硅玻璃或聚乙烯袋。湿样测定项目和硫化物等样品的贮存，应采用不透明的棕色广口玻璃瓶做容器。用于分析有机物的沉积物样品应置于棕色玻璃瓶中。测痕量金属的沉积物样品用聚四氟乙烯容器。聚乙烯袋要用新袋，不能印有任何标志和字迹。样品瓶和聚乙烯袋预先用硝酸溶液（1+2）泡 2～3 d，用去离子水淋洗干净、晾干。凡装样的广口瓶均需用氮气充满瓶中空间，放置阴冷处，最好采用低温冷藏。一般情况下也可以将样品放置阴暗处保存。

4）表层沉积物分析样品的分装与保存

先用塑料刀或勺从采泥器耳盖中细取上部 0～1 cm 和 1～2 cm 的沉积物，分别代表表层和亚表层的沉积物。如遇沙砾层，可在 0～3 cm 层内混合取样。一般情况下每层各取 3～4 份分析样品，取样量视分析项目而定。如果一次采样量不足，则应再采一次。不同监测项目的样品分装如下：① 取刚采集的沉积物样品，迅速地装入 10 mL 烧杯中（约半杯，力求保持样品原状），供现场测定氧化还原电位用（也可在采泥器中直接测定）。② 取约 5 g 新鲜湿样，盛于 5 mL 烧杯中，供现场测定硫化物（离子选择电极法）用。若用比色法或碘量法测定硫化物，则取 20～30 g 新鲜湿样，盛于 125 mL 磨口广口瓶中，充氮后塞紧磨口塞。③ 取 200～300 g 湿样，放入已洗净的聚乙烯袋中，扎紧袋口，供测定铜、铅、锌、镉、铬、砷、硒用。④ 取 300 g 湿样，盛入 250 mL 磨口广口瓶中，充氮后密封瓶口，供测定含水率、粒度、总汞、油类、有机碳、有机氯农药及多氯联苯用。

5）柱状样分析样品的分装保存

样柱上部 30 mL 内按 5 mL 间隔，下部按 10 mL 间隔（超过 1 m 酌定）用塑料刀切成小段，小心地将样柱表面刮去，沿纵向切开三份（三份比例为 1∶1∶2），两份量少的分别盛入 50 mL 烧杯（离子选择电极法测定硫化物，如用比色法或用碘量法测定硫化物时，则盛于 125 mL 磨口广口瓶中，充氮气后密封保存）和聚乙烯袋中，另一份装入 125 mL（或 250 mL）磨口广口瓶中。

6）沉积物分析样品的制备

这里分为两种情况，一种是供测定铜、铅、镉、锌、铬、砷、硒的分析样品制备；另一种是供测定油类、有机碳、有机氯农药及多氯联苯的分析样品制备。

供测定铜、铅、镉、锌、铬、砷、硒的分析样品制备：先将聚乙烯袋中的湿样转到洗净并编号的瓷蒸发皿中，置于 80～100℃烘箱内，排气烘干，再将烘干后样品摊放在干净的聚乙烯板上，用聚乙烯棒将样品压碎，剔除砾石和颗粒较大的动植物残骸。将样品装入玛瑙钵中。放入玛瑙球，在球磨机上粉碎至全部通过 160 目尼龙筛，也可用玛瑙研钵手工粉碎，用 160 目尼龙筛加盖过筛，严防样品溢出，将加工后的样品充分混匀。用四分法缩分分取 10～20 g 制备好的样品，放入样品袋，送各实验室进行分析测定。其余的样品盛入 250 ml 磨口广口瓶（或有密封内盖的 200 mL 广口塑料瓶中），盖紧瓶塞，留作副样保存。

供测定油类、有机碳、有机氯农药及多氯联苯的分析样品制备：具体操作是：① 将已测定过含水率、粒度及总汞后的样品摊放在已洗净并编号的搪瓷盘中，置于室内阴凉通风处，不时地翻动样品并把大块压碎，以加速干燥，制成风干样品；② 将已风干的样品摊放在聚乙烯板上，用聚乙烯棒将样品压碎，剔除砾石和颗粒较大的植物残骸；③ 在球磨机上粉碎至全部通过 80 目筛，也可用瓷研钵手工粉碎，用 80 目金属筛加盖过筛，严防样品溢出，将加工后的样品充分混匀；④ 四分法缩分分取 40～50 g 制备好的样品，放入样品袋，送各实验室进行分析测定。

7）样品登记与记录

样品瓶事先编号，装样后贴标签，并用特种铅笔将站号及层次写在样品瓶上，以免标签脱落弄乱样品。塑料袋上需贴胶布，用记号笔注明站号和层次，并将写好的标签放入袋中，扎口封存。认真做好采样现场记录。

9.2.3.3 生物样品

1）采样站位布设

站位布设应根据实际情况，以覆盖和代表监测海域（滩涂）生物质量为原则，采用扇形（河口近岸海域）或井字形、梅花形、网格形方法布设监测断面和监测站位。生物监测断面布设基本与沿岸平行，重点考虑河口、排污口、港湾和经济敏感区。港湾水域监测断面按网格布设，站点布设按监测目的和项目的不同而有所侧重。

2）现场样品采集

① 贝类样品的采集：挑选采集体长大致相似的个体约 1.5 kg。如果壳上有附着物，应用不锈钢刀或较硬的毛刷去除，彼此相连个体应用不锈钢刀分开。用现场海水冲洗干净后，放入双层聚乙烯袋中冰冻保存，用于生物残毒及贝毒检测。② 藻类样品的采集：采集大型藻类样品 100 g 左右，用现场海水冲洗干净，放入双层聚乙烯袋中冰冻保存（-20～-10℃）。③ 检测细菌学指标（粪大肠菌群、异养细菌）样品的采集：检测细菌学指标的生物样品，应现场用凿子铲取栖息在岩石或其他附着物上的生物个体。栖息在沙底或泥底中的生物个体可用铲子采取，或用铁钩子扒取。在选取生物样品时要去掉壳碎的或损伤的个体（指机械损伤），将无损伤、生物活力强的个体装入做好标记的一次性

塑料袋中。然后将样品放入冰瓶冷藏（0～4℃）保存不超过 24 h，全过程严格无菌操作。④ 虾、鱼类样品的采集：虾、鱼类等生物的取样量为 1.5 kg 左右，为了保证样品的代表性和分析用量，应视生物个体大小确定生物的个体数，保证选取足够数量（一般需要 100 g 肌肉组织）的完好样品用于分析测定。用现场海水冲洗干净，冰冻保存（-20～-10℃。）

3）样品登记与记录

采样时如实记录采样日期、采样海区的位置和采样深度、采样海区的特征、使用的采样方法、采集的生物种类。如果已做好样品鉴定，应记下样品的年龄、大小、重量、性别等，待分析项目、贮存方式、处理方法等。

4）样品的保存与运输

① 样品的保存：样品运输前，应根据采样记录和样品登记表清点样品，填好装箱单和送样单，由专人负责，将样品送回实验室冷冻保存。生物残毒和贝毒检测样品应保存在 -20℃以下的冰柜中。用于微生物检测的样品运回实验室后，应立即进行检测。② 样品的运输：样品采集后，若长途运输，需把样品放入样品箱（或塑料桶）中，对无须封装的样品应将现场清洁海水淋洒在样品上，保持样品润湿状（不得浸入水中）。若样品处理，须在采样 24 h 后进行，可将样品放在聚乙烯袋中，压出袋内空气，将袋口打结。将此袋和样品标签一起放入另一聚乙烯袋（或洁净的广口玻璃瓶）中，封口、冷冻保存。

9.2.4　海洋环境监测方法

9.2.4.1　海洋水质参数监测技术

海洋水质基本监测参数主要包括水深、水温、盐度、水色、透明度、pH、溶解氧、生化需氧量、化学需氧量、游离氨和离子铵、亚硝酸盐氮、硝酸盐氮、硅酸盐、活性磷酸盐、叶绿素、悬浮物、溶解无机碳 17 个。

1）水深

水深是指某点海平面至海底的垂直距离。分为现场水深（瞬时水深）和海图水深。现场水深是现场测得的自海面至海底的铅直距离。海图水深是自深度基准面起算到海底的距离。我国采用理论深度基准面作为海图水深的起算面。

水深测量是水下地形测量的基本方法。它是测定水底各点平面位置及其在水面以下的深度，是海道测量和海底地形测量的基本手段。海洋调查中的水深测量是配合其他海洋要素观测的，是这些要素观测的基础，观测得到的是瞬时水深。测深器具通常使用测深杆、水铊、回声测深仪、多波束回声测深系统和海底地貌探测仪等。所测得瞬时水面下的深度，经测深仪改正和水位改正，可以归算到由深度基准面起算的深度。

回声测深是利用声波在水中的传播特性测量水体深度的技术。声波在均匀介质中做匀速直线传播，在不同介质界面上发生反射，利用这一原理，选择对水穿透能力最佳的，频率在 1 500 Hz 附近的超声波，在海平面垂直向海底发射声信号，并记录从声波发生到信号由水底返回的时间间隔，通过模拟或直接计算测定水体的深度。

回声测深仪是利用声波反射的信息测量水深的仪器。其所测水深是换能器发射面至水底的直线距离。使用 2 万 Hz 以上超声波频率的仪器称为超声波测深仪。声波在海水中的传播速度，与海水的温度、盐度和水中压强成正比，在海洋环境中，这些物理量越大，声速也越大。常温时海水中声速的典型值为 1 500 m/s，淡水中为 1 450 m/s。所以在使用回声测深仪之前，应对仪器进行率定，计算值要加以校正。回声测深仪的类型很多，但一般都是由振荡器、发射换能器、接收换能器、放大器、显示和记录部分组成。回声测深仪可以在船只航行时快速而准确地获得水深的连续数据，已成为水深测量的主要仪器，广泛用于航道勘测、水底地形调查、海道测量（多波束回声测深仪）、船只导航定位等。

2）水温（T）

水的许多物理化学性质与水温密切相关，如密度、黏度、含盐量、pH、气体的溶解度、化学和生物化学反应速率，以及生物活动等都受水温变化的影响。水温的测量对水体自净、热污染判断及水处理过程的运转控制等都具有重要的意义。水的温度因水源的不同而有很大的差异。一般来说，地下水的温度比较稳定，通常为 8~12℃；地表水温度随季节和气候变化较大，变化范围为 0~30℃；工业废水的温度因工业类型、生产工艺不同有很大差别。

水温测量应在现场进行。通常的测量仪器有水温计、颠倒温度计和热敏电阻水温计。各种温度计应定期校核。

水温计法：水温计是安装于金属半圆槽壳内的水银温度表，下端连接金属贮水杯，水银温度计的水银球部悬于杯中，其顶端的槽壳带一圆环，拴以一定长度的绳子。通常测温范围为 -6~41℃，最小分度为 0.2℃。测量时将其插入预定深度的水中，放置 5 min 后，迅速提出水面并读数。

颠倒温度计法：颠倒温度计（闭式）用于测量深层水温度，一般装在采水器上使用。它由主温表和辅温表组装在厚壁玻璃套管内构成。主温表是双端式水银温度表，用于测量水温；辅温表是普通水银温度表，用于校正因环境温度改变而引起的主温表读数变化。测量时，将装有颠倒温度计的采水器沉入预定深度处，放置 10 min 后，由"水锤"打开采水器的撞击开关，使采水器完成颠倒动作，提出水面，立即读取主温表辅温表的读数，经校正后获得实际水温。

3）盐度

盐度是海洋的一个重要的物理、化学参量，也是决定海水基本性质的重要因素之一。海水盐度不仅是探索热盐环流、全球海平面变化等海洋现象中必不可少的环境变量，而且也为水团分析以及全球海洋模式等研究提供了参数依据。它与温度结合，几乎可以描述大洋中所有水团和定常流的运动特征。但是，盐度观测要求精度很高，对仪器的使用和保管，都要求格外小心。盐度测定有化学方法和物理方法两大类。

化学方法又简称硝酸银滴定法。其原理是在离子比例恒定的前提下，采用硝酸银溶液滴定，通过麦克加莱表查出氯度，然后根据氯度和盐度的线性关系，来确定水样盐度。此法是克纽森等在 1901 年提出的。在当时，不论从操作上，还是就其滴定结果的准确度来说，都是令人满意的。

物理方法可分为比重法、折射率法和电导法 3 种。

比重法即一个标准大气压下，单位体积海水的重量与同温度同体积蒸馏水的重量之比。由于海水比重与海水密度密切相关，而海水密度又取决于温度和盐度，所以比重法的实质是从比重求密度，再根据密度、温度推求盐度。折射率法是通过测量水质的折射率来确定盐度。电导法是利用不同的盐度具有不同的导电特性来确定海水盐度的一种方法。比重法和折射率法两种测量盐度的方法误差较大、准确度不高、操作复杂，已逐渐被电导法测量所代替。

1978 年的实用盐标解除了氯度和盐度的关系，直接建立了盐度和电导率的关系。由于海水电导率是盐度、温度和压力的函数，因此，通过电导法测量盐度必须对温度和压力对电导率的影响进行补偿。采用电路自动补偿的盐度计为感应式盐度计。采用恒温控制设备，免除电路自动补偿的盐度计为电极式盐度计。

感应式盐度计以电磁感应为原理，可在现场和实验室测量，因而得到广泛应用。在实验室测量中其准确度可达 ±0.003，该仪器对现场测量来说也是比较方便的，特别对于有机污染含量较多、不需要高准确度测量的近海来说，更是如此。然而，由于感应式盐度计需要的样品量很大，灵敏度不如电极式盐度计高，并需要进行温度补偿，操作麻烦，这就导致感应式盐度计又向电极式盐度计发展。

电极式盐度计是最先利用电导测盐的仪器。由于电极式盐度计测量电极直接接触海水，容易出现极化和受海水的腐蚀、污染，使性能减退，严重限制了其在现场的应用，因此主要用在实验室内做高准确度测量。加拿大盖德莱因（Guildline）仪器公司采用四极结构的电极式盐度计（8400 型），解决了电极易受污染等问题，于是电极式盐度计得以再次风行。目前广泛使用的 STD、CTD 等剖面仪大多数是电极式结构的。

除了上述几种方法，光电法盐度检测也是近年来常用的方法。该方法的原理是光线在不同折射率液体当中会发生偏折，也就是折射。对混合液体来说，溶质浓度的变化也会影响到溶液折射率的变化。每一种溶质的浓度与其溶液折射率二者之间都会有一个定量的关系，如果能找到这种关系，也就能够根据溶液折射率直接得出溶液的浓度。根据已有文献资料，海水折射率和盐度之间的关系主要有以下几种：① 在温度不变的情况下，折射率与盐度同方向变化，盐度每变化 1‰，折射率变化 2×10^{-4}。② 盐度不变的情况下，折射率随温度升高而降低。在 0～30℃，温度每变化 1℃，折射率变化 $(3 \sim 10) \times 10^{-5}$，可见温度对海水折射率的影响是很明显的。③ 温度不变时，折射率随着入射光波长的增加而降低。在可见光谱范围内，波长每变化 1 nm，折射率变化范围在 10^{-5} 个数量级。表 9.2 给出了选用固定光源之后，海水折射率与温度、盐度的关系。

表 9.2　海水折射率与盐度、温度的关系

盐度	海水折射率					
	0℃	5℃	10℃	15℃	20℃	25℃
0	1.333 95	1.333 85	1.333 70	1.333 40	1.333 00	1.332 50
10	1.336 00	1.335 85	1.333 65	1.335 35	1.334 85	1.334 35
20	1.337 95	1.337 80	1.337 50	1.337 15	1.336 70	1.336 20
35	1.341 85	1.341 57	1.341 24	1.340 80	1.340 31	1.339 76

　　基于海水折射率与盐度的关系，利用待测液体盐度变化引起传输光折射角度改变，从而导致接收端光线偏移的性质，研究者提出了一种基于 PSD 的盐度检测技术，实现了对盐度的精确快速测量。为了消除温度的影响，研究中引入了参考液，通过测量参考液折射率差的办法解决了这一问题，原因是海水和参考液的折射率随温度变化几乎同步，两者的折射率差受温度影响很小，温度每变化 1℃，折射率差变化 4×10^{-7}，这样的变化给盐度测量带来的影响仅相当于 0.002‰。

　　4）水色

　　水的颜色分为表色和真色。真色指去除悬浮物后的水的颜色，没有去除悬浮物的水具有的颜色称为表色。对于清洁或浊度很低的水，真色和表色相近，对于着色深的工业废水或污水，真色和表色差别较大。水的色度一般是指真色，常用铂钴标准比色法测定。该方法用氯铂酸钾与氧化钴配成标准色列，与水样进行目视比色确定水样的色度。规定每升水中含 1 mg 铂和 0.5 mg 钴所具有的颜色为 1 个色度单位，称为 1 度。因氯铂酸钾价格贵，故可用重铬酸钾代替，用硫酸钴代替氯化钴，配制标准色列。如果水样浑浊，应放置澄清，也可用离心法或用孔径 0.45 μm 的滤膜过滤除去悬浮物，但不能用滤纸过滤。该方法适用于清洁的、带有黄色色调的天然水和饮用水的色度测定。如果水样中有泥土或其他分散很细的悬浮物，用澄清、离心等方法处理仍不透明时，则测定表色。

　　5）透明度

　　水的透明度是指水的清澈程度。由于水的透明度是由悬浮物的多少所决定，因此透明度基本上可以表征水样中悬浮物含量的多少。洁净的水是透明的，水中存在悬浮物和胶体物质时，透明度降低。湖泊水库、海洋水等常要求测定透明度。测定透明度常用铅字法、塞氏盘法和十字法等。

　　铅字法：该方法用透明度计测定。透明度计是一种长 33 cm、内径 2.5 cm，并具有刻度的无色玻璃圆筒，筒底有一磨光玻璃片和放水侧管。测定时，将摇匀的水样倒入筒内，从筒口垂直向下观察，并缓慢由放水侧管放水，直至刚好能看清底部的标准铅字印刷符号，则筒中水柱高度（以 cm 为单位）即为被测水样的透明度，读数估计至 0.5 cm。水位超过 30 cm 时为透明水样。该方法受检验人员的主观因素影响较大，在保证照明等条件相同的条件下，最好取多次或多人测定结果的平均值。

塞氏盘法：这是一种现场测定透明度的方法。塞氏盘为直径 200 mm 的白铁片圆板，板面从中心平分为四个部分，黑白相间，中心穿一带铅锤的铅丝，上面系一条用 cm 标记的细绳。测定时，将塞氏盘平放在水中，逐渐下沉，至刚好看不到盘板面的白色时，记录其深度（以 cm 为单位），即为被测水样的透明度。

6）pH

pH 是最常用的水质指标之一，它是溶液中氢离子活度的负对数（$pH=-lg[\alpha H^+]$），天然海水的 pH 为 7.9～8.4。水的 pH 表示其酸碱性的强弱，而酸度（碱度）则反映水的酸性（碱性）大小。海水 pH 的测定方法为 pH 计法（玻璃电极法）。测定步骤为先将玻璃—甘汞电极对插入 pH 标准缓冲溶液，校正 pH 计的读数，然后插入待测水样中，读取 pH。该方法适用于大洋和近岸海水 pH 的测定。

7）溶解氧

对于水中溶解氧的现场测量主要分为化学法和光学法两种。根据这两种方法设计的现场测量传感器已经在海洋生态环境监测中得以应用。

8）生化需氧量

生化需氧量（Biochemical Oxygen Demand，BOD）是指水中有机物质在微生物的作用下，进行氧化分解所消耗的溶解氧量。计量单位为 mg/L。生化需氧量是间接表示水中有机物污染程度的一个指标。水中有机物越多，水的 BOD 就越高，从而溶解氧减少。水中有机物的生物氧化过程与水温和时间有密切关系，BOD 的测定皆规定温度和时间条件。实际工作中以 20℃培养 5 日后 1 L 水样中消耗掉的溶解氧的毫克数来表示，称"五日生化需氧量"，缩写 BOD_5。

9）化学需氧量

化学需氧量（Chemical Oxygen Demand，COD）是在一定条件下，水体中存在的能被一定的强氧化剂（如 $K_2Cr_2O_7$、$KMnO_4$）所氧化的还原性物质的量，通常以氧的 mg/L 表示。COD 是表示水体有机污染的一项重要指标，能够反映出水体的污染程度。水中的还原性物质有各种有机物、亚硝酸盐、硫化物、亚铁盐等，但主要的是有机物。因此，COD 又往往作为衡量水中有机物质含量多少的指标，COD 越大，说明水体受有机物的污染越严重。由于海水中含有大量的氯离子，测定海水 COD 时，常采用碱性高锰酸钾法。

10）氨氮

水中的氨氮是指以游离氨（或称非离子态氨，NH_3-N）和离子铵（NH_4^+-N）形式存在的氮，两者的组成比取决于水的 pH。地表水、地下水、生活污水、合成氨等工业废水要求测定氨氮。水中氨氮主要来源于生活污水中含氮有机物在微生物作用下的分解和焦化、合成氨等工业废水，以及农田排水等。氨氮含量较高时，对鱼类呈现毒害作用，对人体也有不同程度的危害。测定海水中氨氮的方法有靛酚蓝分光光度法、次溴酸盐氧化法。

11）亚硝酸盐氮

亚硝酸盐氮（NO_2^--N）是氮循环的中间产物，在氧和微生物的作用下，亚硝酸盐可被氧化成硝酸盐；在缺氧条件下也可被还原为氨。亚硝酸盐进入人体后，可将低铁血红蛋白氧化成高铁血红蛋白，使之失去输送氧的能力，还可与仲胺类反应生成具有致癌性的亚硝胺类物质。亚硝酸盐很不稳定，天然水中含量一般不会超过 0.1 mg/L。

水中亚硝酸盐氮常用的测定方法有离子色谱法、气相分子吸收光谱法和 N-（1- 萘基）乙二胺分光光度法。前两种方法简便快速干扰较少，N-（1- 萘基）- 乙二胺分光光度法灵敏度较高，选择性较好。

12）硝酸盐氮

硝酸盐氮（NO_3-N）是在有氧环境中最稳定的含氮化合物，也是含氮有机物经无机化作用最终阶段的分解产物。海水中硝酸盐氮的测定方法有镉柱还原法、锌镉还原法。

13）硅酸盐

海水中硅酸盐（SiO_4-Si）是海洋生物生长所必需的营养物质之一，其含量的高低对整个海洋生态环境有着巨大影响。若海水中硅酸盐含量太低，会使硅藻等浮游生物的生长受到抑制，导致海洋初级生产力降低。若含量太高，会导致水体呈现富营养化，从而引发严重的环境问题（赤潮），对海洋生态环境造成严重的破坏。因此，海水中硅酸盐的含量成为海洋生态环境监测的重要参数，对正确评价海洋生态环境具有重要的指导意义。可以采用流动注射光度法对海水中的可溶性硅酸盐进行测定，该方法操作简单，测定速度快，每小时测定的样品高达 32 个，测定结果具有较高的准确度，无论是对质控样品的测定，还是与国家标准方法的比对，相对误差均小于 5%，精密度小于 1%，该方法试剂用量少，样品用量更低至 3 mL，非常适合船载作业。

14）活性磷酸盐（PO_2-P）

活性磷为海洋浮游植物生长所必需的物质基础，磷的生物可利用性直接影响海洋的初级生产力水平。磷在特定的海洋环境中还可能限制固氮作用，成为限制海洋初级生产力的重要因素，海水中磷酸盐含量的测定也是海洋污染调查的重要指标之一。海水中活性磷酸盐（PO_2-P）的测定，一般采用磷钼蓝分光光度法和磷钼蓝萃取光度法。总磷的测定采用过硫酸钾氧化法。由于海水中活性磷酸盐要求在较短时间内分析且样品量相对较大，手工监测方法已无法满足这样的要求。而连续流动分析仪分析速率快、数据重现性较好，维护费用低，而且从进样到检测结果都是自动化操作，大大提高了分析速率，减少了人工消耗，特别适用于大批量样品的分析，这些都是一般分析方法所无法比拟的。采用连续流动分析仪进行分析，测定海水中的活性磷酸盐，可在 1 h 内完成 50 个样品的连续测定，具有方法简便、灵敏度好、准确度高等优点。

15）叶绿素

叶绿素是海洋自动监测站中的必测因子，也是考察赤潮发生的重要指标之一。叶绿素是植物光合作用中的重要光合色素，通过测定浮游植物叶绿素，可以掌握水体的初级生产力情况和富营养化水平。因此，叶绿素不仅是海洋生态调查中必不可少的调查项目，而且是测量最频繁的生化参数之一。

目前，常用于测定水体中叶绿素的方法有分光光度法、高效液相色谱法（HPLC）、遥感法、荧光法等。叶绿素定量测定的方法众多，国内所采用的测定叶绿素的方法主要是依据 2009 年环境保护部《水和废水监测分析方法》（第 4 版）中的丙酮研磨法。但该方法实验过程需要一定的科研人员、设备、材料和时间，在很大程度上增加了实验的成本。而高效液相色谱法弥补了分光光度法不能区分多种色素混合体的缺陷。20 世纪 80 年代以来，Mantoura、Suzuki 和 Wright 等很多学者相继建立了高效液相色谱法，其可分析海洋浮游植物光合色素的组成，但是该方法所需仪器造价昂贵，操作步骤非常烦琐，所以不适于快速分析野外的大量样品。而卫星遥感监测技术有综合、宏观、方便于动态监测等特点，但是实时监测的数据又受到气象、水文等环境条件的影响较大。近年来随着荧光技术和光纤传感技术的迅速发展，荧光法基于其灵敏度高、检测性好、快速敏捷的特点，被越来越多的科研工作者应用于测定水体中的叶绿素。但在现场测定中，自然环境条件的复杂性（如温度、光照的不断变化）、不同水域的差异性（不同水体中盐度、浊度不同）以及其他荧光物质（如脱镁叶绿素、脱镁叶绿酸、"黄色物质"）对荧光读数产生的影响可能会使荧光仪进行活体叶绿素测定的准确度比实验室单个样品分析的准确度差。因此，研究荧光法测定叶绿素的干扰因素及各因素的影响程度，研发快速、准确的叶绿素现场荧光仪，完善水体叶绿素的走航测定方法已经成为科学界研究的热点之一。

16）悬浮物

水样经过滤后留在过滤器上的固体物质，于 $103\sim105\,°C$ 烘至恒重后得到的物质称为悬浮物（SS）。它包括不溶于水的泥沙和各种污染物、微生物及难溶无机物等。常用的过滤器有滤纸、滤膜、石棉坩埚。由于它们的滤孔大小不一致，故报告结果时应注明。石棉坩埚通常用于过滤酸或碱浓度高的水样。

海水中存在悬浮物，使水体浑浊，透明度降低，影响水生生物呼吸和代谢。因此，悬浮物是海洋环境监测中的必测指标。

17）溶解无机碳

海水中的溶解无机碳（DIC，有时也叫作海水中总 CO_2）包括海水中溶解的 CO_2、H_2CO_3、HCO_3^- 及 CO_3^{2-}，一般 DIC 可占海水中总碳（包括有机碳，如石油烃、油类等）的 95% 以上。DIC 中又以 HCO_3^- 为主，可占 85% 以上；CO_3^{2-} 次之，可达 9% 左右；其余为溶解 CO_2 和 H_2CO_3。目前测定海水中 DIC 的主要方法是恒电流库仑法和红外 CO_2 分析法，国际上较公认的是恒电流库仑法。美国的能源部（DOE）、国家海洋和大气管理局（NOAA）及国家科学基金会（NSF）对 DIC 的恒电流库仑法进行了系统的研究，认为恒电流库仑法测定海水中的 DIC 可以满足当今海洋碳循环研究的需要。其后 Dickson 和 Keeling 等在国际不同实验室进行了互较，证实了上述结果，DIC 测定的最佳精度可达 $\pm3\ \mu mol/kg$。我国大多是用红外 CO_2 分析法，二者均使用比较昂贵复杂的仪器，不适于外海大量的调查。

9.2.4.2　海洋油类与重金属监测技术

1）海洋油类监测

海洋油类监测主要是针对溢油事件，从发生到平息全过程需要两类监测。一般情况下，海上溢油高概率事件是轮船溢油，重大事件是海上石油平台溢油，还有其他和油相关的近海经济活动引发的溢油。所以海上溢油监测系统是大范围、多对象的。一个有效快速运转的海洋溢油监测系统能及早发现油污、确定污染范围、查找污染源、预测溢油漂移趋势，使海洋管理部门快速制订应急计划，最大限度地降低溢油事故对海洋环境的污染程度，是海洋执法部门执法、维护海洋安全、保护海洋经济的有力工具。目前溢油监控系统有卫星监测系统、航空遥感监测系统、船载监测系统、固定平台监测系统和浮标监测系统五部分。

卫星监测系统：卫星监测系统是依靠星载溢油监测传感器（SAR）合成孔径雷达来监测。此系统不受日照和天气条件的限制，可以全天候、全天时地空对地监测，不但具有较高的分辨率，并且对某些地物具有一定的穿透能力。

航空遥感监测系统：目前在轨用于遥感监测的卫星数目有限，而且运行周期比较长，不能及时通过同一地区，且星载 SAR 用于溢油监测的费用很高。而飞机速度快、机动灵活、覆盖面积较大、视距范围较宽、光谱和空间分辨率高，在海岸带、资源调查、近岸海底地形、海冰、赤潮、限定范围的海上溢油监视、监测等方面具有独特的优点，是目前发达国家进行海洋监视、监测的必要工具。标准的航天遥感器包括机载侧视雷达（SLAR）、红外/紫外扫描仪（R/UV 扫描仪）、微波辐射计（MWR）、航空摄像机、电视摄影机以及与这些仪器相匹配的具有实时图像处理功能的传感器控制系统。

船载监测系统：针对油污离岸线比较近的特点，采用船载遥感系统进行监测，相对卫星和航空监测可以节省很多经费。另外，船载遥感系统也可以获取提供卫星数据，用于处理图像数据。

固定平台监测系统：固定平台不仅可以进行全天候溢油监测，还可以自动报警。可固定在港口和石油平台上，也可架在流域上的浮标或浮筒上，对特定区域进行精确监测。该监测模式所使用的传感器主要有 C 波段雷达、X 波段雷达、激光荧光传感器和电磁能量吸收传感器等。

浮标监测系统：浮标跟踪监视是在溢油事故发生后立即将其投放在厚油膜层中随油膜一起漂移。监测中心通过 GSM 移动通信网实时接收 GPS 浮标发出的定位信息，并应用地理信息系统实现对溢油位置、漂移速度、轨迹、方向的实时跟踪和信息显示。

2）海水重金属监测

汞、镉、铅、铬以及类金属砷等生物毒性显著的重金属元素是导致环境重金属污染的主要因素。因此，在海洋监测中，重金属监测主要关注铜、镉、锌、铅、铬、砷、汞

7 种。重金属传统检测方法主要有原子荧光光度法、原子吸收光谱法、紫外—可见分光光度法、电感耦合等离子体质谱（ICP-MS）分析技术、电感耦合等离子体原子发射光谱（ICP-AES）分析技术、中子活化分析法、高效液相色谱法、伏安溶出法、电化学分析法以及激光诱导击穿光谱法等。一些新的生物检测方法如酶抑制法、免疫分析法等也逐步开始应用。生物传感器包括酶传感器、特异性蛋白生物传感器、微生物传感器、组织传感器等。

9.2.4.3　海洋有机污染物监测技术

有机物是水体中普遍存在的污染物，水体中的有机污染物种类繁多，很难分别测定各种组分的定量数值。有机污染物监测可以直接测定有机污染物总有机碳的含量，也可以通过测定 BOD 确定有机污染物对环境的影响。BOD 测定方法操作复杂，测定一般需要 5 d 时间，时效性较差，因此提出了用化学氧化剂代替微生物氧化的测定方法——COD。TOC（有机碳）、BOD、COD 均是水质有机物污染的综合指数。

TOC 测量主要采用两种原理：差减法和直接测定法。差减法是先测定水样中总碳（TC）和水样中无机碳（IC）含量，然后相减，得到两者的差值即为 TOC。直接法是将水样酸化，使水样中无机碳转换成二氧化碳，通入不含二氧化碳的气体将二氧化碳赶出，再将有机碳氧化成二氧化碳，进行二氧化碳测定以确定有机碳。按照 TOC 氧化方法的不同，可以分为燃烧氧化和湿法氧化。燃烧氧化是将有机碳在高温下通过燃烧氧化成二氧化碳的过程；湿法氧化是在水样中加入氧化剂，使水样在湿态条件下氧化的过程。

9.2.4.4　海洋生物监测技术

目前，海洋浮游生物的观测更多依赖于传统手段，其自动观测的应用非常有限。常用的浮游植物种类鉴别方法有图像识别技术、色素分析技术、荧光技术等。检测方法多采用传统的镜检法，这类方法对检测人员的专业水平要求较高，眼睛极易疲劳，效率低、操作复杂并且需要大量的时间，具有一定的滞后性，容易发生漏检和错检，不能及时为环境决策部门提供科学的依据。

9.3　海洋环境影响评价

9.3.1　概述

在环境科学中，"环境"是指以人类为主体的外部世界，主要是地球表面与人类发生相互作用的自然要素及其总体。它是人类生存发展的基础，又是人类开发利用的对象。《中华人民共和国环境保护法》第二条明确指出："本法所称环境，是指影响人类生存和发展的各种天然的和经过人工改造的自然因素的总体，包括大气、水、海洋、土地、矿藏、森林、草原、野生生物、自然遗迹、人文遗迹、自然保护区、风景名胜区、城市和乡村等。"

环境状态品质优劣以环境质量来表示，而环境质量评价是依据一定的标准和方法去评定、说明和预测一定区域范围内的人类活动对人体健康、生态系统和环境的影响程度。环境质量评价是一个统称，由于环境在时空上存在着较大差异，人类的社会活动又多种多样，故环境质量评价的类型，在时间域上可分为环境质量回顾评价、环境质量现状评价和环境质量影响评价；在空间域上可划分为建设项目环境影响评价、城市环境质量评价和区域环境质量评价等；按环境要素来分可分为单个环境要素的单项评价和整体环境要素的综合评价。环境质量评价是环境管理工作的重要组成部分，为环境管理工作提供科学依据。

环境影响评价是对建设项目、区域开发计划及国家政策实施后可能对环境造成的影响进行预测和评估。迄今，我国只进行了前两项的评价。通过环境影响评价，制定出有效防治对策，把环境影响限制在可以接受的水平，为实现社会效益、经济效益和环境效益协调发展提供决策依据。环境影响评价工作，已被我国法律规定为一个必须遵守的制度。

世界上许多发达国家对环境影响评价工作十分重视，美国起步最早，1969 年首先公布了《国家环境政策法》，并于 1970 年 1 月 1 日起实施。随后，瑞典（1970 年）、新西兰（1973 年）、加拿大（1973 年）、澳大利亚（1974 年）、马来西亚（1974 年）、德国（1976 年）等国纷纷建立起环境影响评价制度。1973 年，第一次全国环境保护会议，环境影响评价的概念开始引入我国。1979 年 9 月,《中华人民共和国环境保护法（试行）》正式建立了环境影响评价制度。

我国的社会和经济发展越来越多地依赖海洋。海洋经济总产值从 2009 年的 3.20 万亿元增至 2019 年的 8.94 万亿元。2020 年，受新冠肺炎疫情冲击和复杂国际环境的影响，海洋经济面临前所未有的挑战，但海洋经济总产值仍达到 8.00 万亿元，呈高速增长态势，在国民经济中所占的比重迅速增大。现代海洋开发活动的迅速发展也带来一系列的环境问题。保护和改善海洋环境，防治污染损害，促进海洋开发的经济效益、社会效益和环境效益的统一，维护海洋资源的持续利用，这是海洋环境管理工作的历史使命。

9.3.2 海洋环境影响评价的任务

海洋环境影响评价工作的内容包括编制评价大纲、现场调查和现状评价、影响预测和影响评价、编写环境影响报告书。

海洋环境影响评价的任务包括以下方面：

（1）查清受纳污染物的海域环境质量现状，调查评价区内的海洋生物种群的数量及分布，明确环境保护目标和海域环境功能要求。同时还应调查与评价区域有关的社会环境概况，为开展环境影响评价提供自然与社会背景资料。

（2）预测项目建成后对海洋环境可能造成的影响范围和程度，包括海岸工程引起的海域地形地貌的变化、流场和余流等水动力条件的变化、物质浓度场和生态系统的变化等。

（3）根据环境影响的预测结果提出技术先进、经济合理、操作安全和行之有效的防治对策，为环境保护工程设计以及建设项目运行后的环境管理提供措施和建议。

9.3.3　海洋环境影响评价的发展

早在 20 世纪 50—60 年代，我国卫生系统和核工业等个别行业就做了一些探索性的环境质量评价工作，对海洋放射性本底进行了调查。但我国海洋环境影响评价工作的真正开展应该从 1972 年我国政府派团参加联合国第一次人类环境会议和 1973 年第一次全国环境保护会议之后开始的，大致可以分为以下几个阶段。

9.3.3.1　创业阶段（1972—1979 年）

1972 年 6 月 5—16 日，在瑞典召开了第一次联合国人类环境会议，通过了《人类环境宣言》，呼吁各国政府和人民为维护和改善人类环境，造福全体人民，造福后代而共同努力，在世界各国产生了很大的反响。我国派代表团出席了这次会议。1973 年 8 月 5—20 日，在北京召开了第一次全国环境保护会议，拉开了我国环境保护事业的序幕。会议提出了"全面规划、合理布局、综合利用、化害为利、依靠群众、大家动手、保护环境、造福人民"的工作方针。同年，我国制定了《关于保护和改善环境的若干规定（试行草案）》，这是我国环境保护立法的开端。1974 年 10 月，国务院环境保护小组正式成立。随后，各省、自治区、直辖市和国务院有关部门陆续建立起环境管理机构。许多科研院所和高等学校的专家、学者在引介国外环境质量评价技术的同时，积极参与和开展了一批海洋环境评价工作。

渤海是我国最早开展环境质量评价的海区之一。1972—1973 年，环渤海四省市（辽宁、河北、山东和天津）组成 8 个调查队重点对距岸 35 nmile 内的沿岸海域进行调查，首次确认渤海较普遍地受到石油的污染。随后渤海环境质量的调查与评价几乎从未间断。黄海环境质量评价工作起始于 1972 年。1978 年 6 月，渤海、黄海环境监测网成立。东海近海海域环境质量调查评价工作起始于 1974 年 8 月—1976 年对长江口至温州湾，东经 123° 以西海域进行的 5 次调查。1978—1979 年，又对长江口至罗源湾，东经 123°30′ 以西海域开展联合调查。南海近海海域环境质量调查评价工作自 1975 年开始，1976—1978 年对珠江口海域污染状况进行了调查，1978—1979 年又对粤西沿海进行了 3 次调查。

从上述回顾可以看出，在这一阶段，特别是 1976 年以后，我国海域环境质量现状评价已有了较广泛的开展，为以后开展海洋环境评价积累了经验。1976 年下半年颁发的有关基本建设前期工作的若干文件中，首次提出了基本建设项目在选址时应该进行环境预评价工作，为我国开展海洋环境评价制度的建立奠定了基础。但是，在这一阶段，由于我国对不同用途的海洋环境质量标准制定得还很不完善，评价单位选择的标准也不一致，出现过同等污染程度的海区评价结果却不同的现象。

9.3.3.2 发展阶段（1979—1986 年）

1979 年 9 月颁布的《中华人民共和国环境保护法（试行）》规定："一切企业、事业单位的选址、设计、建设和生产，都必须注意防止对环境的污染和破坏。在进行新建、改建和扩建工程中，必须提出对环境影响的报告书，经环境保护部门和其他有关部门审查批准后才能进行设计。"环境影响评价成为我国建设项目必须遵守的一项法律制度。

1979 年 11 月，中国环境学会环境质量评价专业委员会在南京召开学术讨论会，总结了前一阶段环境质量评价工作的经验，会后组织专家编写了《环境质量评价方法指南》一书，其中第六章为"海域质量评价"。该书的印发对海洋环境评价起了一定的规范和指导作用。1979 年 12 月 1 日起试行的《渔业水质标准》（GB/T3 35—79）和 1982 年 4 月颁布的《海水水质标准》（GB 3097—82）对进行海洋环境评价，确定海岸工程建设、海洋石油开发项目对海洋环境影响程度，实施海洋保护等具有重要意义。

1980—1986 年，经国务院批准，由国家科委、解放军总参谋部、农牧渔业部和国家海洋局进行了全国海岸带和海涂资源综合调查，调查成果包含了《环境质量调查报告》。此外，在各海区也纷纷开展了各种类型的环境质量评价工作，如渤海、黄海环境监测网于 1981 年 3 月完成的《渤、黄海污染源及其初步评价》；中科院海洋研究所同天津市环境监测站等单位完成的《渤海湾环境质量评价及自净能力研究》（1978—1982 年）；东海污染调查监测协作组完成的《东海污染调查环境质量评价报告》（1978—1979 年）；同时还开展了一批建设项目环境影响评价工作，如青岛港务局环境监测站承担的《山东石臼港煤码头工程环境预断评价》（1980—1982 年）等。

1982 年 8 月，我国又颁布了《中华人民共和国海洋环境保护法》，规定了海岸工程、开发海洋石油项目，在编报计划任务书前，对海洋环境进行科学调查，根据自然条件和社会条件，合理选址，并按照国家有关规定，编报环境影响报告书。海洋环境影响评价制度的建立，标志着我国海洋环境评价进入了一个全新的发展阶段。

1984 年 5 月，全国海洋环境监测网成立，根据每年的监测数据编写当年度《中国近海海域环境质量公报》（自 1989 年起，改由国家海洋局于翌年一季度发布《中国海洋环境年报》），报告当年度我国近海环境质量状况，分析下一年度近海环境质量变化趋势，总结存在的问题，提出政策建议，为国家和沿海地区重大决策和海洋管理提供近海环境质量信息和依据。

9.3.3.3 完善阶段（1986—1990 年）

1986 年 3 月，国家计划经济委员会、国家经济贸易委员会、国务院环境保护委员会在总结前几年工作经验和教训的基础上，对 1981 年 5 月 11 日（81）国环 12 号文件《基本建设项目环境保护管理办法》进行了修改，重新制定并颁发了《建设项目环境保护管理办法》，进一步明确了环境影响评价的范围、内容、管理权限和责任。由于环境影响评价政策性和技术性强，涉及多学科、多部门，所以，承担评价的单位必须具备一定的技术水平和必要的仪器设备。为了保证环境影响评价的质量，1986 年 6 月，国家环境保护局颁布了《建设项目环境影响评价证书管理办法（试行）》。根据证书管理办法，对从事环境影响评价工作的单位进行认真的资格审查，实行凭证开展评价工作的制度。持证单位必须按规定范围开展环境影响评价工作，并对评价结论负法律责任。持证评价是我国评价制度的一大特点。1988 年 3 月，国家环境保护局颁发了关于《建设项目环境管理若干问题意见》，对加快环境影响报告书编报进度，增强实用性，降低评价工作费用，以及有关评价工作大纲和报告书的编写要求都进一步做出规定，促进了环境影响评价工作的开展。

1989 年 12 月 26 日，第七届全国人大常委会第十一次会议通过的《中华人民共和国环境保护法》第十三条规定："建设项目环境影响报告书，必须对建设项目产生的污染和对环境的影响做出评价，规定防治措施，经项目主管部门预审并依照规定的程序报环境保护行政主管部门批准。环境影响报告书经批准后，计划部门方可批准建设项目设计任务书。"这一规定使项目的基建程序与环境管理程序紧密地有机结合起来。

国家的法律、国务院的行政法规、各部委的行政规定和各省、自治区、直辖市的地方行政法规共同构成了环境影响评价制度法律体系，大大地推动了我国环境影响评价工作的开展。"六五"期间，全国大中型建设项目的环境影响报告书的编报率为 76%，到 1987 年，又进一步提高到了 100%。

9.3.3.4　提高阶段（1990 年至今）

进入 20 世纪 90 年代，由于有了比较完善的环境影响评价法规体系，建立了较高质量的从事环境评价的科技队伍，伴随着沿海海洋经济产业的迅猛发展，大量的建设项目环境影响评价工作得以顺利进行，区域环境影响评价已广泛开展。

1990—1993 年，国家环境保护局利用世界银行赠款进行了"环境影响评价体系的研究"，对我国环境影响评价法规体系、评价项目筛选、评价收费原则、报告书验证、区域评价、农业开发项目评价导则及环境影响评价计算机管理等方面都进行了全面总结。1992 年，亚洲开发银行又和我国国家环境保护局联合举办了"建设项目环境影响评价技术高级培训班"。通过国际交流与合作，汲取国外先进经验，提高了我国环境评价技术水平和质量，逐渐认识到仅对单项建设项目进行评价是不能控制一个区域的环境质量的。因为单项评价并未考虑总量控制，而污染物总量控制不住就很难保持一个地区的环境质量不恶化。特别是在经济技术开发区、工业集中区及水流域范围内，不仅要进行单项评价，而且必须要进行区域评价。从保护环境角度来看，区域评价比单项评价更有意义。1993 年 1 月，国家环境保护局发布了《关于进一步加强建设项目环境保护管理的若干意见》，其中有 5 条意见是对开展区域评价进行的阐述。其中明确要求各地必须对开发区进行区域评价，对开发区污染物排放实行总量控制，并对区域环境影响评价审批权限和区域环境影响评价收费原则做了规定。

1990 年，国家环境保护局开发监督司组织专家编订了《建设项目环境保护管理程序》，1992 年又组织专家编订了《环境影响评价技术原则与方法》，对我国环境影响评价工作向规范化发展起到了一定的促进作用。1993 年，国家环境保护局发布了《环境影响评价技术导则》（HJ/T 2.1—1993），于 1994 年 4 月 1 日实施，为从事环境影响评价工作提供了模式和规范。

1997 年 12 月 3 日，国家环境保护局和国家技术监督局发布新的《海水水质标准》（GB 3097—1997），1998 年 7 月 1 日起实施，对原来的《海水水质标准》（GB 3097—1982）做了部分补充和调整，并增加了海水水质监测样品的采集、贮存、运输和预处理的规定及海水水质分析方法。1999 年 12 月 25 日，第九届全国人民代表大会常委会第十三次会议修订出台新的《中华人民共和国海洋环境保护法》，自 2000 年 4 月 1 日起施行。

为促进海洋开发的经济效益和环境效益的统一，维护海洋资源的持续利用，未来，我国海洋环境评价和影响评价有关单位将发挥更大的作用，承担起更大的历史使命。

9.4 海洋环境影响评价的目的与任务

9.4.1 海洋环境影响评价的目的

环境影响评价是一项技术，也是正确认识经济发展、社会发展和环境发展之间相互关系的科学方法，是正确处理经济发展，使之符合国家总体利益和长远利益、强化环境管理的有效手段，对确定经济发展方向和保护环境等一系列重大决策都有重要的指导作用。环境影响评价能为地区社会经济发展指明方向，合理确定地区发展的产业结构、产业规模和产业布局。环境影响评价是对一个地区的自然条件、资源条件、环境质量条件和社会经济发展现状进行综合分析研究的过程。它根据一个地区的环境、社会、资源的综合能力，把人类活动对环境的不利影响限制到最小，其目的主要包括：① 保证建设项目选址和布局的合理性；② 指导环境保护设计，强化环境管理；③ 为区域的社会经济发展提供导向；④ 促进相关环境科学技术的发展。

对海洋环境影响评价来说，其目的就是通过对海洋物理和化学自净能力的研究，分析人类活动所产生的排海污染物对海洋造成的影响，在保护海洋生态环境和生态系统稳定性的基础上为建设项目优化选址、污染治理措施、排污口设置、确定最大排放强度和数量提供科学依据，同时为海域环境规划和管理提供支撑。

9.4.2　海洋环境保护目标

海洋环境保护目标指环境影响评价范围内的海洋环境功能区（敏感区）及需要特殊保护的对象（环境敏感保护目标）。

9.4.2.1　海洋环境功能区划分及环境保护目标

海洋环境功能区包括近岸海域环境功能区和海洋功能区。近岸海域环境功能区指为执行《中华人民共和国海洋环境保护法》和海洋环境质量标准，环境保护行政主管部门根据近岸海域生态系统和使用功能所划定的按环境质量目标分类管理的区域。海洋功能区指根据海域及相邻陆域的自然资源条件、环境状况和地理区位，并考虑到海洋开发利用现状和经济社会发展的需要，而划定的具有特定主导功能，有利于资源的合理开发利用，能够发挥最佳效益的区域。与海洋环境影响评价密切相关的主要是近岸海域环境功能区。近岸海域环境功能区包括以下 4 类：

第一类环境功能区：包括海洋珍稀濒危生物物种、海草床生态系统、珊瑚礁生态系统等类型的海洋自然保护区；水产种质资源保护区。

第二类环境功能区：包括河口生态系统、潮间带生态系统、盐沼（咸水、半咸水）生态系统、红树林生态系统、海湾生态系统、海洋经济生物物种等类型的海洋自然保护区；不属于海洋自然保护区但具有较高保护价值的珍稀濒危物种、珊瑚礁、红树林、海草床集中分布区；国家湿地公园；与人类食用直接有关的工业用水区、海水浴场及海上运动或娱乐区、海水增养殖区。

第三类环境功能区：包括海洋自然遗迹和非生物资源类别的海洋自然保护区；一般工业用水区、滨海风景旅游区；除第一、二类环境功能区以外的其他生态保护区。

第四类环境功能区：包括港口水域、海洋开发作业区等其他海域。

近岸海域环境功能区不专门设置排污混合区。排污混合区在法律允许的排污口附近按照相关规定合理设置。排污混合区不设环境功能区目标，但不得影响相邻和相近功能区的环境质量达标。

9.4.2.2　海洋环境敏感保护目标

海洋生态环境敏感区是指对于人类具有特殊价值或潜在价值，极易受到人为不当开发活动影响而产生负面效应的海（区）域。包括根据相关法律确定的保护目标（表 9.3），以及《建设项目环境影响评价分类管理名录》规定的环境敏感目标。在海洋生态环境评价中被列为海洋生态环境敏感区的，是必须重点调查评价和实施保护措施的海域。海洋工程环评中的环境保护目标主要包括：

（1）自然保护区，一般指国家级和省市级自然保护区；

（2）重要物种（列入保护名录的、珍稀濒危的、特有的物种）及其生境，如海龟、白暨豚、儒艮等；

（3）重要的海洋生态系统和特殊生境：重要河口与海湾、重要滨海湿地、红树林、珊瑚礁、海草床等；

（4）重要海洋生态功能区：一般指国家级和省市级海洋生态功能保护区和其他海洋生态保护区，鱼类产卵场、越冬场、索饵场、洄游通道、生态示范区等；

（5）重要自然与人类文化遗迹（自然、历史、民俗、文化等）：风景名胜区、海岸森林、滨海沙滩、海滨浴场、海滨地质景观、海滨动植物景观、特殊景观等；

（6）生态环境脆弱区：生物资源养护区、脆弱生态系统等；

（7）重要资源区：重要渔场水域、海水增养殖区等。

表 9.3　法律确定的保护目标

保护目标	依据法律
1.具有代表性的各种类型的自然生态系统区域	《中华人民共和国环境保护法》《中华人民共和国海洋环境保护法》
2.珍稀、濒危的野生动植物自然分布区域	《中华人民共和国环境保护法》《中华人民共和国野生动物保护法》
3.具有重大科学文化价值的地质构造、著名溶洞和化石分布区、火山、温泉等自然遗迹	《中华人民共和国环境保护法》《中华人民共和国矿产资源法》《中华人民共和国文物保护法》
4.人文遗迹	《中华人民共和国环境保护法》《中华人民共和国文物保护法》
5.风景名胜区、自然保护区等	《风景名胜区条例》《自然保护区条例》
6.自然景观	《中华人民共和国环境保护法》
7.海洋特别保护区、海上自然保护区、滨海风景游览区	《中华人民共和国海洋环境保护法》
8.水产资源、水产养殖场、鱼蟹洄游通道	《中华人民共和国海洋环境保护法》
9.海涂、海岸防护林、风景林、风景石、红树林、珊瑚礁	《中华人民共和国环境保护法》

依据建设项目的主要环节问题和环境特征，全面、准确地识别和筛选出环境保护目标和环境敏感目标；明确建设项目的环境保护目标及其具体环境质量要求，其中包括清晰阐明各环境敏感目标（对象）的方位、距建设项目的距离、环境功能等具体内容和要求并做图示。

9.5　海洋工程环境评价基本程序与方法

环境影响评价包括建设项目环境影响评价和规划环境影响评价。由于两者的评价对象、侧重点、评价方法、介入时机和评价者等均有不同，故两者的评价内容及工作程序差别较大。本节主要对建设项目环境影响评价的内容和工作程序进行阐述。

9.5.1　海洋环境影响评价工作程序

海洋工程环境影响评价工作一般可分为 3 个阶段，编制环境影响报告表的建设项目可简化评价工作阶段。

1）准备工作阶段

主要工作内容包括：研究有关环境保护与管理的法律、法规和政策，研究与工程环境影响评价有关的其他文件；搜集历史资料，开展环境现状踏勘，开展建设项目的初步工程分析；确定各单项环境影响评价的评价等级和建设项目的评价等级，明确建设项目环境影响评价内容、评价范围、评价标准；筛选出主要环境影响要素、环境敏感目标和环境保护目标；明确环境现状的调查内容、调查范围、调查项目（要素或因子）、调查站位布设、调查时段、调查频次、分析检测方法、评价方法、应执行的技术标准等；筛选、确定主要环境影响评价要素和评价因子；明确下阶段环境影响评价工作的重点内容和环境影响报告书的主体内容等。

2）正式工作阶段

主要工作内容包括：开展详细的工程分析；按照已明确的环境评价内容、评价范围和重点评价项目，组织实施环境现状调查和公众参与调查；依据环境质量要求，分析所获数据、资料，开展环境现状分析、评价；开展环境影响预测的分析、评价；开展清洁生产、环境风险、总量控制等的分析、评价。

3）报告书或报告表编制阶段

主要工作内容包括：依据环境现状调查和预测分析结果，依照环境质量要求，阐明建设项目选址、规模和布局的环境可行性分析、评价结论；给出环境保护的具体对策、措施和建议；阐明环境管理和环境监测计划。

9.5.2　环境影响评价的基本内容

9.5.2.1　环境影响因素识别与评价因子筛选

在了解和分析建设项目所在区域发展规划、环境保护规划、环境功能区划、生态功能区划及环境现状的基础上，分析和列出建设项目的直接和间接行为，以及可能受上述行为影响的环境要素及相关参数。

环境影响因素识别应明确建设项目在施工过程、生产运行、服务期满后等不同阶段的何种行为与可能受影响的环境要素间的作用效应关系、影响性质、影响范围和影响程度等，定性分析建设项目对各环境要素可能产生的污染影响与生态影响，包括有利与不利影响、长期与短期影响、可逆与不可逆影响、直接与间接影响、累积与非累积影响等。对建设项目实施形成制约的关键环境因素或条件，应作为环境影响评价的重点内容。环境影响因素识别方法包括矩阵法、网络法、地理信息系统（GIS）支持下的叠加图法等。

9.5.2.2 确定环境影响评价工作等级

1）环境影响评价工作等级的划分依据

环境影响评价工作等级是对环境影响评价及其各专题工作深度的划分，一般按环境要素分别划分评价等级。各单项环境要素评价划分为 3 个工作等级（一级、二级、三级），一级评价最详细，二级次之，三级较简略。各单项环境要素评价工作等级划分的详细规定，可参阅相应导则。各单项环境要素评价工作等级的划分依据通常有如下几点。

建设项目的工程特点。包括工程性质、工程规模、能源、水及其他资源的使用量和类型、污染物排放特点（污染物的种类、性质、排放量、排放方式、排放去向、排放浓度）等。

建设项目所在地区的环境特征。包括自然环境条件和特点、环境敏感程度、环境质量现状、生态系统功能与特点、自然资源及社会经济环境状况等，以及建设项目实施后可能引起现有环境特征发生变化的范围和程度。

相关法律法规、标准及规划。包括环境质量标准和污染物排放标准等。

2）不同环境影响评价等级的评价要求

不同的环境影响评价工作等级，要求的环境影响评价深度不同。属于一级评价等级的海洋工程建设项目和特大型海洋工程建设项目，宜编制海洋工程环境影响评价工作方案。

一级评价：要求最高，要对单项环境要素的环境影响进行全面、细致和深入的评价。对该环境要素现状的调查、影响的预测、影响的评价和措施的提出，一般都要求比较全面和深入，并应当采用定量计算来完成。

二级评价：要对单项环境要素的重点环境影响进行详细、深入评价，一般要采用定量计算和定性描述来完成。

三级评价：对单项环境要素的环境影响进行一般评价，可通过定性描述来完成。

一般来说，建设项目的环境影响评价包括一个以上的单项影响评价。对每一个建设项目的环境影响评价，各单项影响评价的工作等级不一定相同，也无须包括所有的单项环境影响评价。

对需编制环境影响报告书的建设项目，各单项影响评价的工作等级不一定都很高；对需编制环境影响报告表的建设项目，各单项影响评价的工作等级一般均低于三级；个别需设置评价专题的，具体的评价等级按单项环境影响评价导则要求进行。

9.5.2.3　环境现状调查

环境现状调查是每个评价项目（或专题）共有的，也是必须做的工作，虽然各项目（或专题）所要求的调查内容不同，但其调查目的都是充分掌握项目所在区域环境质量现状或本底值，为后续的环境影响的预测、评价和累积效应分析以及投产运行进行环境管理提供基础数据。

1）环境现状调查的一般原则

根据建设项目所在地区的环境特点，结合各单项评价的工作等级，确定各环境要素的现状调查的范围，筛选出应调查的有关参数。原则上调查范围应大于评价区域，对评价区域边界以外的附近地区，若遇有重要的污染源时，调查范围应适当扩大。

环境现状调查应首先搜集现有资料，经过认真分析筛选，择取可用部分。若现有资料不能满足需要时，就必须再进行现场调查或监测。对与评价项目有密切关系的部分应全面、详细，尽量做到定量化；对一般自然和社会环境的调查，若不能用定量数据表达时，应做出详细说明，内容可适当调整。

2）环境现状调查的方法

环境现状调查的方法主要有收集资料法、现场调查法和遥感法。通常针对某个项目调查时，往往不会单独使用一种方法，而是将这 3 种方法进行有机结合、互相补充使用。

3）环境现状调查的主要内容

海洋环境影响评价的环境现状调查除符合《环境影响评价技术导则　总纲》（HJ 2.1—2016）相关要求外，还应关注以下内容：

（1）特大型海洋工程建设项目，须获得海洋水文动力、海水水质、海洋生态（含生物资源）的春、夏、秋、冬四季的现状资料；

（2）一级评价等级的建设项目，须获得海洋水文动力、海水水质、海洋生态（含生物资源）两个季节以上的现状资料；

（3）二级评价等级的建设项目，须获得海洋水文动力、海水水质、海洋生态（含生物资源）一个季节以上的现状资料；

（4）三级及其低于三级评价等级的建设项目，可收集有效的历史资料。

环境现状调查或监测项目中应包含海水、沉积物、海洋生态和生物资源的现状内容，相关的调查要素应符合本标准相应章节的要求。海洋生物遗传多样性的调查种类应选择当地常见种类，应包括当地常见的、有代表性的藻类、底栖生物和游泳生物。海洋生物遗传多样性宜采用线粒体 DNA 控制区的常规测序方法进行分析测定，同时宜采用适当方法对样品进行备份并长期保存，以供检测比对。放射性现状（本底）调查或监测项目中应包含海水、沉积物、海洋生物的天然放射性和人工放射性本底内容。

9.5.2.4　环境影响预测与评价

1）环境影响预测的原则

环境影响预测一般按环境要素分别进行。对于已确定的评价项目，部位分析、预测和评估建设项目对环境产生的影响。分析、预测和评估的范围、时段、内容及方法应根据其评价工作等级、工程与环境的特性、当地的环境保护要求而定。同时应考虑在预测范围内，规划的建设项目可能产生的环境影响。

2）预测的方法

通常采用的预测方法有数学模型法、物理模型法、类比调查法和专业判断法。预测时应尽量选用通用、成熟、简便并能满足准确度要求的方法。

3）预测阶段和时段

建设项目的环境影响按项目实施的不同阶段分为3个阶段，即建设阶段、生产运行阶段、服务期满（或退役）阶段。所有建设项目均应预测生产运行阶段，正常排放和非正常排放两种情况的环境影响。大型建设项目，当其建设阶段的噪声、振动、水环境、大气等的影响程度较重且影响时间较长时，应进行建设阶段的影响预测。

在进行环境影响预测时应考虑环境对影响的衰减能力。一般情况应考虑两个时段，即影响的衰减能力最差的时期（对污染来说就是环境净化能力最低的时期）和影响的衰减能力一般的时期。如果评价时间较短，评价工作等级又较低时，可只预测环境净化能力最低的时期。

4）预测的范围和内容

预测范围取决于评价工作的等级、工程和环境特征。一般情况下，预测范围应等于或略小于现状调查的范围，其具体规定参见各单项环境影响评价技术导则。

预测的内容主要是各种环境因子的变化。这些环境因子包括反映建设项目特点的常规污染因子、特征污染因子和生态因子，以及反映区域环境质量状况的主要污染因子、特殊污染因子和生态因子。

9.5.2.5　评价建设项目的环境影响

评价建设项目环境影响的方法有单项评价方法和多项评价方法。单项评价方法是以国家、地方的有关法律法规、标准为依据，评定与估价各项目的单个质量参数的环境影响。多项评价方法适用于各评价项目中多个质量参数的综合评价。建设项目如果需要进行多个厂址的优选时，要进行各评价项目的综合评价。

9.5.2.6　海洋环境评价内容

海洋工程建设项目的环境影响评价内容，依照建设项目的具体类型及其对海洋环境可能产生的影响，按表9.4确定。

表 9.4　海洋环境影响评价内容

建设项目类型和内容		环境影响评价内容						
		海水水质环境	海洋沉积物环境	海洋生态和生物资源环境	海洋地形地貌与冲淤环境	海洋水文动力环境	环境风险	其他评价内容
围填海、海上堤坝工程	城镇建设填海，填海形成工程基础，连片的交通能源项目等填海，填海造地，围垦造地、海湾改造、滩涂改造等工程；人工岛、围海，滩涂围隔、海湾围隔等；需围填海的码头等工程，挖入式港池、船坞和码头等；海中筑城、护岸、围堤（堰）、防波（浪）堤、导流堤（坝）、潜堤（坝）、引堤（坝）、促淤冲淤、各类闸门等工程	★	★	★	★	★	★	☆
海上和海底构筑物、资源储藏设施、海底隧道工程	海上桥梁、海底隧道、海上机场与工厂、海上和海底人工构筑物、海上和海底储藏库等工程；原油、天然气（含 LNG、LPG）、成品油等物质的仓储、储运和输送等工程；粉煤灰和废弃物储藏、海洋空间资源利用等工程；海洋工程（水工构筑物）和设施的废弃、拆除等	★	★	★	☆a	★	★	☆
海底管道、海底电（光）缆工程	海上和海底电（光）缆等工程；海上和海底管道等工程，海洋排污管道等工程；石油、天然气等管道输送等工程；危险品物质管道输送等工程；石油、天然气、化学品、有毒有害及危险品管道的废弃；海洋电（光）缆、拆除等	★	★	★	☆	☆	★	☆
海洋矿产资源勘探开发及其附属工程	海洋（海底）矿产资源、天然气开发，海洋油（气）开发及其附属工程，天然气水合物开采、海砂开采、矿盐固水开发等工程、浅（滨）海水库等工程，浅（滨）海地下水库等工程、海底温泉开发、海底地下水开发等工程	★	★	★	☆b	☆b	★	☆

续表

建设项目类型和内容	环境影响评价内容						
	海水水质环境	海洋沉积物环境	海洋生态和生物资源环境	海洋地形地貌与冲淤环境	海洋水文动力环境	环境风险	其他评价内容
海上潮汐发电站、波浪发电站、温差电站等海洋能源开发利用工程	★	★	★	★	★	★	☆
潮汐发电、波浪发电、温差发电、地热发电、海洋生物质能等海洋能源开发利用、风力发电、太阳能发电及其输送设施及网络等工程，海洋空间能源（资源）利用等工程							
大型海水养殖工程	★	★	★	☆	★	☆	☆
大型网箱、深水网箱养殖等工程，大型海水养殖场、人工鱼礁工程，提水养殖等工程，苔筏养殖等工程，各类人工鱼礁工程，围海养殖、底播养殖等工程							
盐田、海水淡化等海水综合利用工程	★	★	★	☆	★	★	☆
海水脱硫、海水降温（温排水）、盐田、矿盐卤水、盐化工等工程，增温、海水淡化工程，生活和工业海水利用工程，海水热泵、海水直接利用等工程，海水综合利用等工程							
海上娱乐及运动、景观开发工程	★	★	★	☆	★	★	☆
滨海浴场、滑泥（泥浴）场、海洋地质景观、海洋动植物景观、水上运动基地、海洋（水下）世界、主题公园、航母世界、红树林公园，珊瑚礁公园等工程							
低放射性废液排海、造纸废水排海、大型温排水等工程	★	★	★	★	★	★	☆ ᶜ

续表

建设项目类型和内容		环境影响评价内容						
		海水水质环境	海洋沉积物环境	海洋生态和生物资源环境	海洋地形地貌与冲淤环境	海洋水文动力环境	环境风险	其他评价内容
其他海洋工程	工程基础开挖、疏浚、冲（吹）填等工程、海中取土（砂）等工程；水下炸礁（岩）、爆破挤淤、海上和海床爆破等工程；污水海洋处置（污水排海）工程等；海上水产品加工等工程	★	★	★	★	☆ d	★	☆

注：1. ★为必选环境影响评价内容。

2. ☆为依据建设项目具体情况可选环境影响评价内容。

3. 其他评价内容中包括放射性、电磁辐射、热污染、大气、噪声、固体废物、景观、人文遗迹等评价内容。

a 当工程内容包括填海（人工岛等）、海上和海底构筑物（废弃物）储藏设施等空间资源利用时，应将地形地貌与冲淤环境列为必选评价内容。

b 当工程内容为海砂开采、浅（滨）海水库、浅（滨）海地下水库等时，应将海洋地形地貌和海洋水文动力环境列为必选评价内容。

c 当工程内容为低放射性废液排放入海工程时，应将放射性等列为必选评价内容。

d 当工程内容包括需要填海的码头、挖入式港池（码头）、疏浚、冲（吹）填、海中取土（砂）等影响水文动力环境时，应将水文动力环境列为必选评价内容。

9.5.2.7 海洋环境评价标准

海洋工程建设项目应按照《海水水质标准》（GB 3097—1997）、《渔业水质标准》（GB 11607—1989）、《海洋生物质量》（GB 18421—2001）、《海洋沉积物质量》（GB 18668—2002）、《船舶污染物排放标准》（GB 3552—1983）、《海洋石油勘探开发污染物排放浓度限值》（GB 4914—2008）、《污水综合排放标准》（GB 8978—1996）、《大气污染物综合排放标准》（GB 16297—1996）、《污水海洋处置工程污染控制标准》（GB 18486—2001）等，结合海洋功能区划的环境质量要求，确定评价标准。

采用的评价标准（环境质量标准）应符合海洋功能区的环境功能（质量目标）要求，且不应损害相邻海域的环境功能（质量目标）。

采用国际标准及其他相关标准时，应明确所采用的标准名称、类别和采用的标准值。采用的评价标准应符合以下要求：

（1）当被评价海域中有不同环境质量标准或标准中的某项（某要素）质量指标不一致时，应以要求严格的环境质量标准为准；

（2）当被评价海域中环境保护目标较多，且有不同环境质量要求时，应以要求最高的保护目标所需的环境质量标准为准；

（3）当被评价海域中依据不同的区划或规划，有不同的环境质量要求时，应当采用符合海洋功能区划和海洋环境保护规划所要求的环境质量标准。

9.5.3 海洋环境评价方法

9.5.3.1 海洋水质环境影响评价

1）调查与评价范围

海洋水质环境现状的调查与评价范围，应能覆盖建设项目的评价区域及周边环境影响场所及区域，并能充分满足水质环境影响评价与预测的要求。调查与评价范围应以平面图方式表示，并明确控制点坐标。

2）调查监测资料的获取与使用

用于海洋水质环境现状评价的数据资料获取原则是：以收集满足评价范围和评价要求的、有效的历史资料为主，以现场补充调查获取的现状资料为辅。

应尽量利用调查区内已有的三年内的监测数据资料。现状监测数据资料应是国家海洋行政主管部门认可、具有海洋环境监测资质（CMA）的单位所出具的调查监测数据和资料。

使用现状和历史资料时须经过筛选，应按《海洋监测规范》第 2 部分：数据处理与分析质量控制（GB 17378.2—2007）中数据处理与分析质量控制和《海洋调查规范》

（GB/T 12763—2007）中海洋调查资料处理的方法和要求，处理后方可使用。

　　3）环境现状调查

　　调查断面与站位布设：一级水质环境评价项目一般应设 5～8 个调查断面，二级水质环境评价项目一般为 3～5 个调查断面，三级水质环境评价项目一般应设 2～3 个调查断面；每个调查断面应设置 4～8 个测站；调查断面方向大体上应与主潮流方向或海岸垂直，在主要污染源或排污口附近应设调查主断面。特大型建设项目的调查断面、站位应按照一级评价要求的上限数量布设，并应满足水质环境现状评价与影响预测的需要。特大型和一级、二级水质环境评价项目的调查站位布设应满足建立环境影响评价数学模型的需要；除设置调查断面和站位外，评价海域内主要污染源或排污口附近应设站位，以建立污染源输入与水质之间的响应关系。水质调查监测站位应均匀分布且覆盖整个评价海域。建设项目在不同海域布设的海洋水质环境最少调查站位数量见表 9.5。当工程性质敏感、特殊，或者调查评价海域处于自然保护区附近、珍稀濒危海洋生物的天然集中分布区、重要的海洋生态系统和特殊生境（红树林、珊瑚礁等）时，水质调查站位数量应取大值。

表 9.5　最少调查站位数量　　　　　　　　　　　　　　　　　　　　单位：个

评价等级	最少调查站位数量		
	河口、海湾和沿岸海域	近岸海域	其他海域
一级	20	15	10
二级	12	10	8
三级	8	8	6

　　调查时间和频次：应根据当地的水文动力特征并考虑环境特征，依照表 9.6 确定河口、海湾、沿岸海域、近岸海域和其他海域的水质环境现状的调查时间和频率。当河口和海湾海域的调查区域面源污染严重，丰水期水质劣于枯水期时，应尽量进行丰水期调查或收集丰水期有关调查监测资料。

表 9.6　各类海域在不同评价等级时水质调查时间

海域类型	海洋水质环境影响评价等级		
	一级	二级	三级
河口、海湾和沿岸海域	应进行丰水期、平水期和枯水期（夏季、春或秋季和冬季）的调查；若时间不允许，至少应进行丰水期和枯水期的调查	应进行丰水期和枯水期（夏季和冬季）的调查；若时间不允许，至少应进行一个水期（或季节）的调查	至少应进行1次调查
近岸海域	应进行春季、夏季和秋季的调查；若时间不允许，至少应进行一个季节的调查	应进行春季和秋季的调查，若时间不允许，至少应进行一个季节的调查	至少应进行1次调查

续表

海域类型	海洋水质环境影响评价等级		
	一级	二级	三级
其他海域	应进行春季和秋季的调查；若时间不允许，至少应进行1次调查	至少应进行1次调查（春季或秋季）	至少应进行1次调查

注：河口、海湾和沿岸海域及近岸海域在丰水期、平水期和枯水期（或春夏秋冬四季）中均应选择大潮期或小潮期中的一个潮期开展调查（无特殊要求时，可不考虑一个潮期内高潮期、低潮期的差别）；选择原则为：依据调查监测海域的环境特征，以影响范围较大或影响程度较重为目标，定性判别和选择大潮期或小潮期作为调查潮期。

调查参数选择：水质调查参数应根据建设项目所处海域的环境特征、环境影响评价等级、环境影响要素识别和评价因子筛选结果，按表9.7选择，使用时可根据具体要求适当增减。

表9.7　水质调查参数

序号	建设项目类型	水质调查参数
1	滨海及海上娱乐及运动、景观开发类工程、盐田、海水淡化等海水综合利用类工程	酸碱度、水温、盐度、悬浮物、生化需氧量、化学需氧量、溶解氧、硝酸盐氮、亚硝酸盐氮、氨氮、活性磷酸盐、表面活性剂、石油类、重金属、大肠菌群、粪大肠菌群、病原体等
2	人工岛、海上和海底物资储藏设施、跨海桥梁、海底隧道类工程	酸碱度、水温、盐度、悬浮物、生化需氧量、化学需氧量、溶解氧、硝酸盐氮、亚硝酸盐氮、氨氮、活性磷酸盐、表面活性剂、石油类、重金属等
3	围海、填海、海上堤坝类工程	酸碱度、盐度、悬浮物、化学需氧量、溶解氧、氰化物、硫化物、氟化物、挥发性酚、有机氯农药（六六六、滴滴涕）、石油类、重金属、多环芳烃、多氯联苯等
4	海上潮汐电站、波浪电站、温差电站、核电站及核设施等海洋能源开发利用类工程，低放射性废液排放等工程	酸碱度、水温、盐度、悬浮物、化学需氧量、氰化物、硫化物、氟化物、挥发性酚、有机氯农药（六六六、滴滴涕）、石油类、重金属、多环芳烃、多氯联苯、放射性核素等
5	大型海水养殖场、人工鱼礁类工程	酸碱度、水温、盐度、悬浮物、生化需氧量、化学需氧量、硫化物、挥发性酚、溶解氧、硝酸盐氮、亚硝酸盐氮、氨氮、活性磷酸盐、大肠杆菌等
6	海洋矿产资源勘探开发及其附属类工程，海底管道、海底电光缆类工程，基础开挖，疏浚，冲（吹）填，倾倒，海中取土（砂），水下炸礁（岩），爆破挤淤，需填海的码头，挖入式港池、船坞和码头，污水海洋处置（污水排海），海上水产品加工等其他海洋工程	酸碱度、盐度、悬浮物、化学需氧量、溶解氧、硝酸盐氮、亚硝酸盐氮、氨氮、活性磷酸盐、氰化物、硫化物、氟化物、挥发性酚、有机氯农药（六六六、滴滴涕）、有机锡类、石油类、重金属、多环芳烃、多氯联苯等

样品的采集、保存和分析方法：海洋水质环境的现状调查和监测的样品采集、贮存与运输，应按照《海洋监测规范》（GB 17378—2007）和《海洋调查规范》（GB/T 12763—2007）中海水化学要素的调查、观测的有关要求执行。样品的分析方法应符合GB 17378—2007 中的相关要求。

数据分析、处理的质量控制：水质样品分析和数据处理应符合《海洋监测规范》第2 部分：数据处理与分析质量控制（GB 17378.2—2007）中的要求。数据分析和实验室的内部质量控制应符合《海洋监测规范》（GB 17378—2007）中的有关规定和实验室质量控制的相关要求。

4）水质环境现状评价

评价内容：水质环境现状评价应给出调查站位的平面分布图，给出调查要素的实测值和标准指数值，综合阐述海水环境的现状与特征，主要应包括：① 简要评价调查海域海水环境质量的基本特征；针对特殊测值和现象给出致因分析；② 结合工程所在海域的其他有公正数据性质的资料，简要阐明建设项目评价范围内和周边海域水质环境的季节特征、年际和总体变化趋势的分析评价结果；③ 阐明评价范围内和周边海域的环境现状的综合评价结果。

评价标准：评价标准应采用《海水水质标准》（GB 3097—1997）中的相应指标。有些内容（要素）国内尚无相应标准（指标）的，可参考国际和国外的相关标准（指标）进行评价，同时应符合 9.5.2.7 小节的要求。

评价方法：应采用单项水质参数评价方法，即标准指数法。当有特殊需要时，可采用多项水质参数评价方法，或按照环境影响评价技术导则的相关章节的要求执行。

5）环境影响预测

水质环境影响预测所需的资料与数据包括污染源调查数据、水质调查监测数据、海洋生物调查数据、工程分析资料、海域自然环境现状调查资料、海洋功能区划资料和其他相关参考资料。

常用预测方法包括：①模型实验法，包括数值模拟法和环境模型实验法。其中环境模型实验法适用于复杂海域或对预测有特殊要求的评价项目。一般评价项目可采用数值模拟法。②经验公式法（近似估算法），适用于二级、三级评价项目；类比法，适用于有成熟的实践经验和检验结果，且具备类比条件的预测项目。

预测项目和内容主要包括：在建设期、运营期（含正常工况和非正常工况）和环境风险事故条件下，分别定量预测分析各主要污染因子在评价海域的浓度变化（平面分层）及其空间分布；给出各主要污染因子预测浓度增加值与现状值的浓度叠加分布图（表）；针对污染物（含悬浮物）扩散，应合理选择有代表性的边界控制点，分别计算各控制点在不同潮时状况下的预测浓度增加值，叠加各控制点在各个潮时状况下和现状值的浓度分布，按照各控制点最外沿的连线，明确污染物（含悬浮物）扩散的各标准浓度值的最大外包络线、最大外包络面积及其平面分布；污染物排海混合区的范围，应阐明全潮时和潮平均条件下达标浓度值的最大外包络线、最大外包络面积及其空间分布，取达标浓度值的最大外包络线距排污口中心点的最大距离为混合区控制半径，明确混合区的最大面积及空间位置；分析预测海域物理自净能力和环境容量的变化与分布特征；针对溢油扩散，应分析计算至溢油消散或最终登岸（不再漂移）时段，明确相应于不同时刻的溢油路径、扩散面积、扫海面积、登岸地点和油膜厚度等特征参数。预测分析中应考虑由建设项目引起的海岸形态、海底地形地貌改变对评价因子在评价海域浓度分布状况时的影响。

建设项目海洋水质环境影响评价的内容和结果应符合以下要求：依据建设项目的工程方案，分析评价各方案导致的评价海域及其周边海域水质环境要素的变化与特征、物理自净能力和环境容量的变化与特征，从水质环境影响和可接受性角度，分析和优选最佳工程方案；根据建设项目引起的水质环境要素、物理自净能力和环境容量的变化与特征等预测结果，说明影响范围、位置和面积，同时说明主要影响因子和超标要素；结合海洋水文动力、地形地貌与冲淤、海洋生态和生物资源等预测结果，评价工程建设对水质环境的影响。

最后阐明评价海域水质环境影响特征的定量或定性结论；明确建设项目是否能满足预期的水质环境质量要求的评价依据和评价结论；若评价结果表明建设项目对所在评价海域的海水水质、自净能力和环境容量产生较大影响，不能满足评价范围内和周边海域的环境质量要求，或其影响将导致环境难以承受时，应提出修改建设方案、总体布置方案或重新选址等结论和建议。

9.5.3.2 海洋水质环境影响评价

1）水中污染物扩散模型

许多物理过程在人们尚未完全理解其机制时，就被观察到其现象。这种情况下，往往是采用经验性描述的方法为相关理论的发展提供基础，傅里叶（Fourier）热流定理就是一个经典实例。德国生理学家 Adolph Fick 于 1855 年发表了一篇题为《关于扩散》（*Über Diffusion*）的论文，提出了一个根据傅里叶热流定理描述分子扩散过程的假设，即单位时间内从高浓度方向到低浓度方向通过单位截面积的溶解物质的质量 q，与相同方向该物质的浓度梯度 ∇C 和扩散系数 D 成正比，记作 $q = -D\nabla C$。

根据 Fick 扩散定律和质量守恒定律，可以推导出溶解物质浓度变化的实质微商展开式（9-1）。与水动力模型类似，在适当的应用条件下，三维水质模型可以简化为二维模型，如式（9-2）。

$$\frac{dC_{wq}}{dt} = \frac{\partial C_{wq}}{\partial t} + u\frac{\partial C_{wq}}{\partial x} + v\frac{\partial C_{wq}}{\partial y} + w\frac{\partial C_{wq}}{\partial z}$$

$$= \frac{\partial}{\partial x}\left(K_x\frac{\partial C_{wq}}{\partial x}\right) + \frac{\partial}{\partial y}\left(K_y\frac{\partial C_{wq}}{\partial y}\right) + \frac{\partial}{\partial z}\left(K_z\frac{\partial C_{wq}}{\partial z}\right) + \sum S_{wq} \qquad （9-1）$$

$$\frac{dC_{wq}}{dt} = \frac{\partial C_{wq}}{\partial t} + u\frac{\partial C_{wq}}{\partial x} + v\frac{\partial C_{wq}}{\partial y} = \frac{\partial}{\partial x}(K_x\frac{\partial C_{wq}}{\partial x}) + \frac{\partial}{\partial y}(K_y\frac{\partial C_{wq}}{\partial y}) + \sum S_{wq} \quad （9\text{-}2）$$

式中，C_{wq}——水质指标的浓度；

x、y、z——笛卡尔三维空间坐标；

t——时间；

u、v、w——x、y、z 方向的海流流速；

K_x、K_y、K_z——x、y、z 方向的湍流及摩擦扩散系数；

$\sum S_{wq}$——水质指标源与汇的单位时间浓度总和。

2）污水排海对水环境的影响分析

（1）预测方式。

海上石油气资源开采试采过程、海上娱乐设施的运营、污水排放管线铺设和污水排放、水下爆破时 TNT 释放等均可能产生各类污水，造成水质影响、生活垃圾、生活污水等。在未经过收集、处理的情况下，有可能导致水质受到污染，水环境功能发生改变，对水生生物及其生态系统造成的间接不利影响会比较显著。

在沿海及受潮汐作用明显的河口地区，通常需要先进行排放口附近水域水动力条件的模拟，并采用实测潮流流向和流速以及实测或公布的潮位数据对模拟精度进行验证，当确认水动力模型的输出结果与实际情况基本吻合之后，将水动力模型与实质微商水质模型相耦合，模拟排污口主要排放污染物的扩散范围和影响程度。根据水质模拟结果以及水环境功能受影响情况的分析，可进一步分析生态系统和渔业资源所受到的累积影响。

对于排污口附近水深较深、分层比较明显，污染物难以在垂向混合均匀的项目，宜采用三维水质模型进行模拟计算。

若污水施行海底扩散器排放，还需参照《污水排海管道工程技术规范》（GB/T 19570—2004）对各备选排口进行初始稀释度计算。

若污染物在垂向混合均匀，或只考虑污染物在某经垂向空间平均的物质输运方程进行扩散，浓度模拟计算公式为式（9-3）：

$$\frac{\partial(HP)}{\partial t} + \frac{\partial(HPu)}{\partial x} + \frac{\partial(HPv)}{\partial y} - \frac{\partial}{\partial x}(HD_x\frac{\partial P}{\partial x}) - \frac{\partial}{\partial y}(HD_y\frac{\partial P}{\partial y}) = HS \quad （9\text{-}3）$$

式中，P——污染物浓度；

D_x、D_y——分散系数（Dispersion coefficient），对于二维模型，分散系数可用如下的形式：$(D_x, D_y) = 5.93Hg^{1/2}C^{-1}(u, v)$，其中 C 为 Chevy 系数；

S——污染源单位体积的排放速率；

陆边界　$D_n\frac{\partial P}{\partial n} = 0$

开放界　$P = P'$　入流段

$$\frac{\partial P}{\partial t} + v_n \frac{\partial P}{\partial n} = 0 \quad 出流段$$

式中，n——边界外法线方向；

P'——已知的开边界浓度值。

（2）参数选取和预测方案。

① 石油污水源强，生产污水需经处理达到《海洋石油勘探开发污染物排放浓度限值》（GB 4914—2008）中的一级标准对水质的要求（石油类含量月平均值≤20 mg/L）后排海，以某油田为例，其最大生产水石油类排放速率为 0.61 g/s。根据评价海域石油类现状本底调查结果，取工程附近海域石油类现状调查结果平均值 0.041 mg/L 作为该项目的石油类本底值，此值与石油类增量预测结果叠加，即为石油类浓度预测结果。② 生活污水源强，为落实国家节能减排政策，确保海上生产设施生活污水排放达到《海洋石油勘探开发污染物排放浓度限值》（GB 4914—2008），以某项目为例，按计划拟改造成 MBR 处理方式，将原处理能力 4.56 m³/d 提高至 5.4 m³/d，处理后生活污水中 COD≤300 mg/L。根据评价海域 COD 类现状本底调查结果，取工程附近海域石油类现状调查结果平均值 1.18 mg/L 作为该项目的 COD 本底值，此值与 COD 增量预测结果叠加即为 COD 浓度预测结果。③ 浓度预测计算方法：浓度获取是每个网格点上所有逐时数据中的最高瞬时浓度，等值线分布图为各点最高浓度瞬时值的连线。

9.5.3.3 海洋沉积物环境影响评价

1）调查与评价范围

依据建设项目的评价等级确定环境现状调查与评价范围时，应将建设项目可能影响海洋沉积物的区域包括在内，即调查与评价范围应能覆盖受影响区域，并能充分满足环境影响评价和预测的需求。一般情况下应与海洋水质、海洋生态和生物资源的现状调查与评价范围保持一致。

当建设项目所在区域有生态环境敏感区和自然保护区时，调查评价范围应适当扩大，将生态环境敏感区和自然保护区涵盖其中，以满足评价和预测环境敏感区和自然保护区所受影响的需要。

调查与评价范围应以平面图方式表示，并给出控制点坐标。

2）调查和监测资料的使用

用于海洋沉积物环境现状评价的数据资料获取原则是：以收集有效的、满足评价范围和评价要求的历史资料为主，以现场补充调查获取的现状资料为辅。

使用现状和历史资料时须经过筛选，应按《海洋监测规范》（GB 17378—2007）中数据处理与分析质量控制和《海洋调查规范》（GB/T 12763—2007）中海洋调查资料处理的方法和要求，处理后方可使用。

3）环境现状调查

（1）调查断面与站位布设。

一级和二级评价项目的沉积物环境调查断面设置可与海洋水质调查相同，调查站位宜取水质调查站位量的 50% 左右，站位应均匀分布且覆盖（控制）整个评价海域，评价海域内的主要排污口应设调查站位。特大型建设项目的调查断面、站位应在满足一级评价要求的基础上适当增加，并应满足沉积物环境现状评价与影响预测的需要。

三级评价项目的沉积物环境调查站位布设应覆盖污染物排放后的达标范围；一般可设 2～4 个断面，每个断面设置 2～3 个测站。断面方向大体上应与主潮流方向或海岸垂直，在主要污染源或排污口附近应设主断面。

（2）调查时间。

沉积物调查时间应与海洋水质及海洋生态和生物资源调查同步进行，一般进行 1 次现状调查。

（3）调查参数。

沉积物调查参数包括常规沉积物参数和特征沉积物参数。

常规沉积物参数主要包括［参见《海洋沉积物质量》（GB 18668—2002）中所列各测定项目］大肠菌群、病原体、粪大肠菌群、汞、铜、铅、镉、锌、铬、砷、硒、石油类、六六六、滴滴涕、多氯联苯、狄氏剂、硫化物、有机碳、含水率、氧化还原电位等。依据海域功能类别、评价等级及评价要求，建设项目的环境特征和环境影响要素识别及评价因子筛选结果可进行适当增减。

特征沉积物参数应根据建设项目排放污染物的特点、评价海域和周边海域的海域功能类别及环境影响评价的需要选定，主要包括：沉积物温度、密度、氯度、酸度、碱度、含氧量、硫化氢、电阻率等项目；沉积物中的大肠菌群、病原体、粪大肠菌群等项目。

若港口和航道工程、疏浚工程、围（填）海工程等有疏浚物处置的建设项目处于生态环境敏感区时，应进行疏浚物的生物毒性检验实验。

（4）样品的采集、保存和分析方法。

沉积物现状调查时样品的采集、保存与运输以及样品的分析应遵照《海洋监测规范》第 5 部分：沉积物分析（GB 17378.5—2007）中的有关规定执行；样品的分析方法应符合 GB 17378.5—2007 中的要求。

（5）数据分析、处理的质量控制。

沉积物样品分析和数据处理应符合《海洋监测规范》（GB 17378—2007）中的要求。数据分析和实验室的内部质量控制应符合《海洋监测规范》（GB 17378—2007）中的有关规定和实验室质量控制的相关要求。

4）环境影响预测

采用的沉积物环境影响预测方法应满足环境影响评价的要求。一级评价项目应尽量采用定量或半定量预测方法，二级和三级评价项目可采用半定量或定性预测方法。

（1）预测因子（参数）。

应根据建设项目的工程分析结果，结合沉积物环境影响评价等级，在常规沉积物参数和特征沉积物参数中筛选预测因子（参数）；甄选的预测因子应具有代表性，数目不宜过多，应能反映建设项目对沉积物环境的影响状况。

（2）预测时段。

一般建设项目，应对建设阶段和运营阶段的沉积物环境质量影响进行预测。海洋固体矿产资源开发等建设项目，应进行建设阶段、运营阶段和废弃阶段的沉积物环境质量影响预测。

（3）预测内容与范围。

沉积物环境质量影响预测的范围和内容应包括：① 预测分析各预测因子的影响范围与程度，应着重预测和分析对环境敏感目标和主要环境保护目标的影响；② 有污染物排放入海的建设项目（如污水排海工程等），应重点预测和分析污染物长期连续排放对排污口、扩散区和周围海域沉积物质量的影响范围和影响程度；③ 一级和二级评价项目应给出沉积物预测因子的分布和趋势性描述，明确影响范围与程度。三级评价项目应定性地阐述影响范围与程度。

9.5.3.4　海洋生态评价

1）调查评价范围

海洋生态和生物资源的调查评价范围，主要依据被评价海域及周边海域的生态完整性确定；调查与评价范围应覆盖可能受到影响的海域。

一级、二级和三级评价项目，以主要评价因子受影响方向的扩展距离确定调查和评价范围，扩展距离一般不能小于 $8\sim30$ km、$5\sim8$ km 和 $3\sim5$ km。

海洋生物资源的调查评价范围应能够反映建设项目所在海域的资源特征并具有代表性，宜覆盖海洋生态环境的调查评价范围，同时应符合相关技术标准的要求。

调查与评价范围应以平面图方式表示，并给出控制点坐标。

2）调查和监测资料

用于海洋生态和生物资源影响评价的数据资料获取原则是：以收集有效的、满足评价范围和评价要求的历史资料为主，以现场补充调查获取的现状资料为辅。

现状资料和历史资料应具有公正性、可靠性、有效性和时效性等要求。

应充分收集评价海域及其邻近海域已有的海洋生态和生物资源的历史资料，包括海域生物种类和数量、外来物种种类数量、渔业捕捞种类及产量、海水增养殖种类与面积、自然保护区类别与范围、珍稀濒危海洋生物种类与数量等。还应收集叶绿素 a、初级生产力、浮游植物、浮游动物、潮间带生物、底栖生物、游泳生物、鱼卵仔鱼等的种类组成和数量分布历史资料。

使用现状和历史资料时须经过筛选，应按《海洋监测规范》（GB 17378—2007）中数据处理与分析质量控制和《海洋调查规范》（GB/T 12763—2007）中海洋调查资料处理的方法和要求，处理后方可使用。

3）环境现状调查

（1）调查和监测方法。

海洋生态环境的现状调查和监测方法，应符合《海洋监测规范》（GB 17378—2007）、《海洋调查规范》（GB/T 12763—2007）、《海洋生物质量监测技术规程》（HY/T 078—2005）、《滨海湿地生态监测技术规程》（HY/T 080—2005）、《红树林生态监测技术规程》（HY/T 081—2005）、《珊瑚礁生态监测技术规程》（HY/T 082—2005）、《海草床生态监测技术规程》（HY/T 083—2005）、《海湾生态监测技术规程》（HY/T 084—2005）、《河口生态系统监测技术规程》（HY/T 085—2005）的要求。

海洋生物资源的现状调查方法（包括调查方法、调查断面和站位、调查内容）应符合相关的国家和行业技术标准的要求。

（2）调查断面和站位。

根据全面覆盖、均匀布设、生态环境敏感区重点照顾的调查断面和站位布设原则，布设的调查断面和站位，应均匀分布和覆盖整个调查评价海域和区域；调查断面方向大体上应与海岸垂直，在影响主方向应设主断面。各级评价项目调查断面、调查站位的布设可与水质调查相同，可从水质调查站位中选择控制性调查站位，数量一般不少于水质调查站位的60%。特大型建设项目的调查断面、站位应按照一级评价要求的上限数量布设，并应满足生态环境现状评价与影响预测的需要。

当调查与评价海域位于自然保护区，珍稀濒危海洋生物的天然集中分布区，海湾、河口，海岛及其周围海域，红树林，珊瑚礁，重要的渔业水域，海洋自然历史遗迹和自然景观等生态敏感区及其附近海域时，调查站位应多于最少调查站位数量。

根据全面覆盖、典型代表的潮间带调查断面布设原则，特大型海洋工程建设项目的潮间带调查断面应不少于6条，一级评价等级的建设项目应不少于3条，二级和三级评价等级的建设项目应不少于2条。调查断面中调查站位布设和调查内容，应符合《海洋调查规范》（GB/T 12763—2007）、《海洋生物质量监测技术规程》（HY/T 078—2005）、《滨海湿地生态监测技术规程》（HY/T 080—2005）、《海湾生态监测技术规程》（HY/T 084—2005）、《河口生态系统监测技术规程》（HY/T 085—2005）等的要求。

（3）调查内容。

一级评价项目和特大型建设项目的生物现状调查内容应根据建设项目所在区域的环境特征和环境影响评价的要求，选择下列的全部或部分项目：海域细菌（包括粪大肠杆菌、异养细菌、弧菌等）、叶绿素 a、初级生产力、浮游植物、浮游动物、潮间带生物、底栖生物（含污损生物）、游泳动物、鱼卵仔鱼等种类与数量，重要经济生物体内重金属及石油烃的含量，激素、贝毒、农药含量等。有放射性核素评价要求的项目应对调查海域重要海洋生物进行遗传变异背景的调查。

二级评价项目的生物现状调查内容应根据建设项目所在区域的环境特征和环境影响评价的要求，选择下列的全部或部分项目：叶绿素 a、浮游植物、浮游动物、潮间带生物、底栖生物（含污损生物）、游泳动物等种类与数量，重要经济生物体内重金属及石油烃的含量、农药含量等。

三级评价项目应收集建设项目所在海域近三年内的海洋生态和生物资源历史资料，历史资料不足时应进行补充调查。调查内容至少应包括叶绿素 a、浮游植物、浮游动物、潮间带生物、底栖生物、游泳动物种类和数量，重要经济生物体内重金属及石油烃的含量等。

生物（渔业）资源的调查内容应根据建设项目所在区域的环境特征和环境影响评价的要求，调查、收集评价海域的浮游植物、浮游动物、潮间带生物、底栖生物、游泳生物、鱼卵和仔鱼等的种类组成和数量分布等，调查、收集渔业捕捞种类组成、数量分布、生态类群、主要种类组成及生物学特征、主要经济幼鱼比例、渔获量、资源密度及现存资源量，海水养殖的面积、种类、分布、数量、产量、产值等生物资源内容。

当调查与评价海域位于自然保护区，珍稀濒危海洋生物的天然集中分布区，海湾、河口，海岛及其周围海域，红树林，珊瑚礁，重要的渔业水域，海洋自然历史遗迹和自然景观等生态敏感区及其附近海域时，应针对生态敏感目标的空间分布，选择有代表性的、可反映其生态特征的调查内容（要素），获取较完整的调查数据。

（4）调查时间与频次。

海洋生态和生物资源的调查时间应根据所在海域的位置，合理选择代表季节特征的月份。一级和二级评价项目一般应在春、秋两季分别进行调查；有特殊物种及特殊要求时可适当调整调查频次和时间。调查时间可与水质调查同步；同时应尽量收集调查海域的主要调查对象的历史资料给予补充。

（5）样品的采集、保存和分析方法。

海洋生物调查样品的采集、保存与运输应符合 GB 17378.3—2007 中的要求；样品的分析方法应符合 GB 17378.6—2007 中的要求。

（6）关键因子调查与评价。

① 叶绿素 a 及初级生产力状况及评价。初级生产力的估算采用叶绿素 a 法，按 UNESCO 推荐的下列公式：

$$P = \frac{\rho_{\text{Chl-a}} \cdot Q \cdot D \cdot E}{2} \tag{9-4}$$

式中，P——现场初级生产力，$mgC/(m^2 \cdot d)$；

$\rho_{\text{Chl-a}}$——真光层内平均叶绿素 a 含量，mg/m^3；

Q——不同层次同化指数算数平均值；

　　D——昼长时间，h，根据季节和海区情况取值；

　　E——真光层深度，m。

　　以平面分布和垂直分布的形式分层次描述调查海域叶绿素 a 的取值范围、平均值、分布趋势。

　　根据计算结果统计调查海域各站点的初级生产力水平、平均值、分布趋势。

　　② 浮游植物分布状况及评价结果。浮游植物现状调查内容包括浮游植物的种类和组成，优势种类及其分布（所占比例），浮游植物的丰富度及其分布，调查海域各站点的个体数量分布、平均值、优势种的个体数量及其所占比例。

　　浮游植物的优势种分布包括浮游植物的种类多样性指数和均匀度。种类多样性指数和均匀度计算推荐使用 Shannon-Wiener 公式和 Pielous 公式。

$$H' = -\sum_{i=1}^{s} P_i \log_2 P_i \tag{9-5}$$

式中，H'——多样性指数；

　　　　$P_i = n_i/N$（n_i 是第 i 个物种的个体数，N 是全部物种的个体数）。

$$J' = \frac{H'}{\log_2 s} \tag{9-6}$$

式中，J'——浮游植物的均匀度；

　　　　s——种类数。

　　浮游动物分布状况及评价结果现状调查内容包括浮游动物的种类组成，其中包括优势种类所占比例，浮游动物的个体数量及其分布、平均值、优势种的个体数量及其所占比例。

　　③ 潮下带底栖生物分布状况及评价。底栖生物现状调查内容包括底栖生物的种类组成，优势种类所占比例，底栖生物的生物量组成及分布，生物量的变化范围、平均值、最高值、最低值。底栖生物的密度组成及分布包括调查海域栖息密度、优势种的栖息密度及其平均值、分布趋势以及生物群落特征和生物多样性指数。

　　④ 潮间带生物分布。潮间带生物现状调查内容包括潮间带生物的种类组成，其中包括主要种和优势种所占比例，主要种和优势种垂直分布和季节分布，潮间带生物的生物量组成及分布，生物量的变化范围、平均值、最高值、最低值。

　　潮间带生物的密度组成及分布包括调查海域栖息密度的变化范围、平均值，优势种的栖息密度及其平均值，分布趋势及潮间带生物的群落特征和生物多样性指数。

　　⑤ 海洋渔业资源状况。渔业资源的调查一般以收集资料为主。收集的资料应为国家相关主管部门认可的资料，作为现状使用资料的有效期为三年。如现有资料不能满足评价要求，需辅以现场调查。调查内容包括：渔业资源调查的范围，具体经纬度坐标以及主要渔区、调查时间、调查船舶等。评价区域所涉及海区的渔业资源（鱼类、头足类、

甲壳类等）的主要种类组成、生活习性、渔获物的组成差异和渔获量的变化。调查海区鱼类的洄游特性，其中包括主要经济鱼类的越冬场、产卵场、索饵场、洄游路线。调查海区鱼卵、仔稚鱼的数量、分布范围和密集中心等。海洋珍稀动物种类、数量、生活习性、产卵期。利用现场调查和历史资料评估出各渔区的鱼类、头足类、甲壳类现存资源量、平均资源密度、可捕量。

渔业生产状况包括评价海区邻近渔港的分布情况、乡镇和渔业人口的发展情况、渔船拥有量及吨位。评价海区邻近海水养殖各种海产品类型的养殖面积、养殖品种、养殖产量等。评价海区海洋捕捞产量、捕捞种类、捕捞产量变化趋势、捕捞种类变化趋势等。

4）海洋生态环境影响预测

（1）基本要求。

海洋工程对海洋生态环境的影响途径可以分为直接影响和间接影响两个方面。其中，直接影响主要体现在：工程占用海域或施工过程直接破坏海洋生物栖息生境，占用或破坏红树林、珊瑚礁、海草床等典型海洋生境，掩埋底栖生物栖息地及产卵场，造成底栖生物损伤、死亡，影响底栖生物的繁殖、生长和栖息；爆破和其他工程扰动不仅可能损伤海洋生物的听觉、内脏甚至生命，而且可能会影响其正常的生长、觅食、洄游、繁殖和栖息等。间接影响主要体现在：施工引起局部水域悬浮物浓度增加，以及油污和重金属毒害、运营期的污水排放等，会间接影响浮游生物、鱼卵仔鱼、渔业资源以及养殖业的生长和存活等。

工程对海洋生物资源损害评估应符合以下技术要求：① 评价方法应具有科学性、针对性、实用性和可操作性；② 应分析和评价全部可能导致海洋生物资源、水产品质量下降的生态和环境因子、受危害类型、影响程度和范围，包括分析和评价建设项目对渔业资源及渔业生产的影响范围和程度；③ 应分别给出定量损害评估结果和定性影响评价结论；④ 应明确给出客观、公正、合理的综合评价结论。

其中，用于影响评价和损失计算的资源密度，应在现状调查数据基础上与历史资料加以比对，必要时进行适当修正；用于影响评价的历史资料应为近三年内由政府部门或有资质的研究部门所公布的最新资料。海洋工程建设对海洋生物资源的影响主要根据《建设项目对海洋生物资源影响评价技术规程》（SC/T 9110—2007）中的规定进行估算和评价，需要时也可结合生态机理模型进行动态模拟预测评估。

（2）生物资源损失评估方法。

生物资源损失评估方法是对占用渔业水域的海洋生物资源量损害进行评估。本方法适用于因工程建设需要占用渔业水域，使渔业水域功能被破坏或海洋生物资源栖息地丧失的评估。各种类生物资源损害量评估按式（9-7）计算：

$$W_i = D_i \times S_i \tag{9-7}$$

式中，W_i——第 i 种类生物资源受损量，尾（个）、kg；

D_i——评估区域内第 i 种类生物资源密度，尾（个）/km²、尾（个）/km³、kg/km²、kg/km³；

S_i——第 i 种类生物占用的渔业水域面积或体积，km² 或 km³。

对污染物扩散范围内的海洋生物资源损害进行评估，本方法适用于污染物（包括温盐度变化）扩散范围内对海洋生物资源的损害评估，分一次性损害和持续性损害。

一次性损害：污染物浓度增量区域存在时间少于 15 d（不含 15 d）；

持续性损害：污染物浓度增量区域存在时间超过 15 d（含 15 d）。

① 一次性平均受损量评估。某种污染物浓度增量超过《渔业水质标准》（GB 11607—1989）或《海水水质标准》（GB 3097—1997）中二类标准值（两标准中未列入的污染物，其标准值按照毒性实验结果类推）。对海洋生物资源损害，按式（9-8）计算：

$$W_i = \sum_{j=l}^{n} D_{ij} \times S_j \times K_{ij} \tag{9-8}$$

式中，W_i——第 i 种类生物资源一次性平均损失量，尾（个）、kg；

D_{ij}——某一污染物第 j 类浓度增量区第 i 种类生物资源密度，尾（个）/km²、kg/km²；

S_j——某一污染物第 j 类浓度增量区面积，km²；

K_{ij}——某一污染物第 j 类浓度增量区第 i 种类生物资源损失率，%，取值参见表 9.8；

n——某一污染物浓度增量分区总数。

表 9.8　污染物对各类生物损失率　　　　　　　　　　　　单位：%

污染物 i 的超标倍数 B_i	各类生物损失率			
	鱼卵和仔稚鱼	成体	浮游动物	浮游植物
$B_i \leq 1$ 倍	5	<1	5	5
1 倍<$B_i \leq 4$ 倍	5～30	1～10	10～30	10～30
4 倍<$B_i \leq 9$ 倍	30～50	10～20	30～50	30～50
$B_i \geq 9$ 倍	≥50	≥20	≥50	≥50

② 持续性损害受损量评估。当污染物浓度增量区域存在时间超过 15 d 时，应计算生物资源的累计损害量。以年为单位的生物资源的累计损害量按式（9-9）计算：

$$M_i = W_i \times T \tag{9-9}$$

式中，M_i——第 i 种类生物资源累计损害量，尾（个）、kg；

W_i——第 i 种类生物资源一次平均损害量，尾（个）、kg；

T——污染物浓度增量影响的持续周期数（以年实际影响天数除以 15）。

③ 水下爆破对海洋生物资源损害评估。本方法适用于水下爆破对海洋生物资源损害评估。根据水下爆破方式、一次起爆药量、爆破条件、地质和地形条件、水域以及边界条件，通过冲击波峰值压力与致死率计算、分析、评估水下爆破对海洋生物资源损害。

冲击波峰值压力按式（9-10）计算：

$$P=a(Q^{1/3}/R)^b \qquad (9-10)$$

式中，P——冲击波峰值压力，kg/cm^2；

Q——一次起爆药量，kg；

R——爆破点距测点距离，m；

a、b 为系数，根据测试数据确定（例如，$Q=250\ kg$、$R<700\ m$ 时，$a=287.3$、$b=1.33$）。

冲击波峰值压力推算渔业生物致死率，参见表 9.9。

表 9.9　最大峰值压力与受试生物致死率的关系

项目		距爆破中心距离 /m			
		100	300	500	700
最大峰压值 / （kg/cm^2）		5	<1	5	5
致死率 /%	鱼类（石首科除外）	5～30	1～10	10～30	10～30
	石首科鱼类	30～50	10～20	30～50	30～50
	虾类	≥50	≥20	≥50	≥50

水下爆破的持续影响周期以 15 d 为一个周期。水下爆破对生物资源的损害评估按式（9-11）计算：

$$W_i = \sum_{j=l}^{n} D_{ij} \times S_j \times K_{ij} \times T \times N \qquad (9-11)$$

式中，W_i——第 i 种类生物资源累计损失量，尾（个）、kg；

D_{ij}——第 j 类影响区中第 i 种类生物的资源密度，尾（个）$/km^2$、kg/km^2；

S_j——第 j 类影响区面积，km^2；

K_{ij}——第 j 类影响区第 i 种类生物致死率，%；

T——第 j 类影响区的爆破影响周期数（以 15 d 为一个周期）；

N——一个周期（15 d）内爆破次数累计系数，爆破 1 次取 1.0，每增加一次增加 0.2；

n——冲击波峰值压力分区总数。

对底栖生物的损害评估根据实际情况考虑影响周期。

④ 专家评估方法。当建设项目的生物资源损害评估，如对珍稀濒危水生野生动植物造成损害等无法采用上述 3 种方法进行计算时，可由有经验的专家组成评估组对生物资源损失量进行评估。专家组成员须经省级以上（包括省级）渔业行政主管部门审核同意。评估程序如下：

a. 选择 3～5 名了解本地区生物资源状况的专家，组成评估专家组。

b. 评估专家组制定详细的调查工作方案。

c. 现场调查，广泛收集近年本区域的生产、生物资源动态变化等资料。如果本区域参数不全，可以选用邻近地区相同生态类型区的参数。

d.对获得的资料进行筛选、统计、分析、整理。

e.确定具体评估方案。

f.编写评估报告。

⑤ 长期潜在影响评价。对建设项目运行期废水排放应开展对海洋生物资源长期潜在影响分析和评价,以确定海洋生物资源可能受影响的程度和范围。废水排放长期潜在影响评价应统筹考虑安全稀释度场和混合区的相容性,原则上废水安全稀释度包络场的面积不应高于国家规定的混合区面积,如超出混合区面积且影响到天然渔业资源和渔业生产,应图示其对渔业环境保护目标的影响。

9.6 海洋环境评价报告的编制

9.6.1 总论

总论应全面、准确地反映建设项目海洋工程环境影响评价任务的由来和评价目的;报告书编制依据(包括法规依据、技术标准依据和工程技术文件等);明确评价所采用的技术方法与路线,包括确定评价等级和评价范围、确定环境影响评价内容、筛选出评价重点、确定评价标准(环境质量标准和污染物排放标准)等;明确环境敏感目标与环境保护目标;明确分析预测与评价方法;阐明环境影响要素识别与评价因子筛选原则、方法和结果等。

9.6.1.1 评价技术方法与路线

1)评价内容和评价重点

依照建设项目的类型、规模和环境特征,明确建设项目各单项环境影响评价内容。

应全面、准确地分析建设项目施工、运营、废弃等各阶段和环境事故状态下的环境问题(包括污染与非污染环境问题),并分析、筛选出主要环境问题及评价重点。

建设项目其他评价内容(包括放射性、电磁辐射、热污染、大气、噪声、固体废物、自然保护区、景观、人文遗迹等)的确定,应符合建设项目的特征,符合《环境影响评价技术导则——总纲》(HJ/T 2.1)、《环境影响评价技术导则——大气环境》(HJ 2.2)、《环境影响评价技术导则——地面水环境》(HJ/T 2.3)(已废止)、《环境影响评价技术导则——声环境》(HJ/T 2.4)等技术标准的要求。

2)评价范围

建设项目的评价范围应覆盖各单项评价内容的评价范围,评价范围应给出图示,明确评价面积和四至范围(或坐标)。

3）评价等级

建设项目海洋水文动力环境、海洋水质环境、海洋沉积物环境、海洋生态环境和海洋地形地貌与冲淤环境的评价等级应符合国家标准的要求；环境风险评价等级应符合《建设项目环境风险评价技术导则》（HJ/T 169—2018）的要求。

4）评价标准

海洋工程建设项目评价标准的界定应符合国家标准的要求。

9.6.1.2 环境保护目标和环境敏感目标

应依据建设项目的主要环境问题和环境特征，全面、准确地识别和筛选出环境保护目标和环境敏感目标。

应明确建设项目的环境保护目标及其具体环境质量要求；清晰阐明各环境敏感目标（对象）的方位、距建设项目的距离、环境功能等具体内容和要求并给出图示。

9.6.2 工程概况

海洋工程概况主要内容一般包括建设项目的名称、建设单位、建设性质（新建、改建、扩建）、建设地点（附项目所在区域的地理位置图）、项目组成及建设内容、主要经济技术指标、建设工期、生产天数、公用工程和环保工程等。另外应注重以下内容：

（1）建设项目的名称、地点、地理位置（应附平面位置图）、建设规模与投资规模（扩建项目应说明原有规模）。

（2）建设项目的总体布置（应附总体布置图，包括附属工程）和建设方案。

（3）建设项目的典型结构布置图、立面图，主要工程结构的布置、结构和尺度；建设项目的基础工程结构、布置，施工组织和工艺、分项工程量、进度计划等。

（4）项目依托的公用设施（包括给排水、供电、供热、通信等）。

（5）生产物流与工艺流程的特点，原（辅）材料、燃料及其储运，原（辅）材料、燃料等的理化性质、毒性、易燃易爆性等，用水量及排水量等。

（6）主体和附属工程的生产工艺及水平、工程施工方案、工程量及作业主要方法、作业时间等。

（7）建设项目利用海洋完成部分或全部功能的类型和利用方式、范围、面积和控制或利用海水、海床、海岸线和底土的类型和范围，包括占用海域、海岸线的类型、面积和长度，涉及的沿海陆域面积，典型地质剖面图等。

项目工程设计及施工方案主要包括项目的工程设计方案（工程各组成部分内容）、环保设计指标、投资、工程施工方案（施工工艺）、施工周期、施工过程环保措施等。

9.6.3　工程分析

9.6.3.1　基础资料和一般要求

海洋工程建设项目的工程分析应以规划报告、工程可行性研究报告（或工程初步设计）、工程专题研究报告等技术文件和资料为基础资料和分析依据进行综合归纳，并结合工程所在海区的环境特征和海洋功能区划等情况。海洋工程建设项目的工程分析应关注工程建设、运营和废弃过程中，在评价范围内海域和周围海域产生的污染、非污染（包括水文动力、地形地貌与冲淤、生态等）主要环境问题，包括污染和非污染环节、污染和非污染要素和源强、评价因子的识别、分析评价内容和重点等。

9.6.3.2　生产工艺和过程分析

应开展详细的生产工艺和过程分析并注重下列内容：

（1）详细分析生产工艺过程、产污环节（应附工艺流程图）和产生的污染、非污染（生态）环境影响环节。

（2）详细分析建设项目的资源、能源、原（辅）材料、产品等的运输、储运、预处理等环节的环境影响（包括污染与非污染环境影响）及途径等。

（3）详细分析建设项目基础工程建设过程中的产污环节和产生的污染、非污染（生态）环境问题。

（4）详细分析建设项目的土石料来源、用途，给出土石料平衡分析并列表；给出反映工程特点的物料来源、用途的详细分析及其平衡分析表。

（5）详细分析并阐明建设项目利用海洋完成部分或全部功能的类型和利用方式、范围，分析并阐明建设项目控制或利用海水、海岸线和海床、底土的类型和范围，包括占用海域面积、涉及的沿海陆域面积、占用海岸线和滩涂等概况，应附总平面布置图。

9.6.3.3　污染环节与环境影响分析

应详细分析工程的污染环节与环境影响，注重下列内容：

（1）详细分析建设项目施工、生产运行、废弃等各阶段中的产污环节。

（2）详细分析和核算建设期、运营期、废弃期各种污染物的源强、产生量、处理工艺、处理量、排放量、排放去向和排放方式等。

（3）列出建设期、运营期和废弃期的污染要素清单。

（4）详细分析各种污染物的治理、回收和利用的流程，分析项目运行与污染物排放间的关系。

污染要素清单内容一般应包括序号、污染物名称、产污环节、污染物产生量、污染物处理量、污染物处理工艺、污染物排放量、污染物排放源强、污染物排放去向、污染物排放方式和排放地点等。

9.6.3.4 非污染环节与环境影响分析

应详细分析工程的非污染环节和环境影响，注重下列内容：

（1）详细分析建设项目各个阶段产生的非污染环境要素和产生环节。

（2）详细分析和核算建设期、运营期、废弃期各种非污染影响的产生方式、主要影响要素，分析和明确其主要影响类型、影响方式、影响内容、影响范围和可能产生的后果。

（3）详细分析和核算各阶段中各种非污染影响要素的主要控制因子和强度，列出非污染环境影响要素清单。

非污染环境影响要素清单内容一般应包括序号、非污染要素名称、产生环节、产生方式、主要控制因子和强度、环境影响类型、影响方式、影响内容、影响范围和可能产生的后果等内容。

9.6.3.5 环境影响要素和评价因子的分析与识别

应明确给出环境影响要素和评价因子的分析与识别的结果，并注重以下内容：

（1）阐明建设项目各阶段环境影响要素和评价因子的识别范围、识别内容和筛选方法。

（2）阐明项目建设期、运营期、废弃期等各阶段的环境影响要素（包括污染要素和非污染要素）和评价因子的筛选结果。

（3）明确项目建设期、运营期、废弃期等各阶段的主要环境影响要素和主要环境影响评价因子。

（4）明确各评价因子的评价内容、评价范围和评价要求等内容。

（5）列出环境影响要素和评价因子分析一览表（表 9.10）。

表 9.10 环境影响要素和评价因子分析一览表（示例）

评价时段	环境影响要素	评价因子	工程内容及其表征	影响程度与分析评价深度
建设期	海洋生态	底栖生物	填海和构筑物掩埋	+++
		鱼卵仔鱼	航道疏浚、港池开挖产生悬浮物	++
		陆域生态	滩涂植被被破坏	+
	海洋水文动力	纳潮量	填海和构筑物影响	+++
	海水水质	悬浮物	航道疏浚、港池开挖产生悬浮物	+++
……	……	……	……	……

注：+ 表示环境影响要素和评价因子所受到的影响程度为较小或轻微，需要进行简要的分析与影响预测；++ 表示环境影响要素和评价因子所受到的影响程度为中等，需要进行常规影响分析与影响预测；+++ 表示环境影响要素和评价因子所受到的影响程度为较大或敏感，需要进行重点的影响分析与影响预测。

9.6.3.6　编制环境影响要素和评价因子分析一览表

编制环境影响要素和评价因子分析一览表应注意以下问题。

评价时段包括建设（施工）期、运营期、废弃期等。

环境影响要素的内容包括海洋水文动力、海洋地形地貌与冲淤、海水水质、海洋沉积物、海洋生态、生物资源、自然保护区、环境空气、环境噪声、固体废物、放射性、电磁辐射、热污染、景观、人文遗迹、社会环境等。

应按照建设项目的环境特征、环境影响要素和评价因子分析与识别结果，选择有代表性的评价因子。

工程内容及其表征：指由工程分析得到的环境影响内容及其主要表现形式。一般包括填海、航道疏浚、港池开挖、清淤、疏浚物倾倒、填海围堰溢流口排放的悬浮物，水下炸礁（爆破），基础爆破挤淤（爆夯），基础开挖，海中取沙土吹填，填海和构筑物造成的水动力及冲淤的时空变化，填海和构筑物对生物生境的损害，施工产生的废水、固体废物和生活垃圾，施工船舶增加的航运影响，施工机械噪声，污水排海，低放射性废水排海，余氯排放，温升（温降）水排放，机械卷载，烟尘、粉尘排放，溢油、火灾、爆炸等环境事故等。

影响程度与分析评价深度：指针对某一评价因子及其对应的环境影响内容及其主要表现形式，经工程分析判断出的环境影响程度，以及针对这一评价因子应开展的环境影响评价和预测的内容要求与工作深度，一般用符号标识。

分析评价内容所在章节：列出分析评价内容所在的章节号或页码。

9.6.4　海域和陆域自然与社会环境现状

9.6.4.1　陆域自然与社会环境现状

当海洋工程建设项目与邻近陆域依托关系紧密时，应阐明和分析建设项目所在陆域的自然和社会环境现状。主要包括：

（1）现有行政区划、人口，城市（或城镇）规模，现有工矿企业和城建区的分布状况，人口密度，交通运输状况及其他社会经济活动等概况。

（2）自然保护区、自然景观及分布；重要的政治和文化设施状况；人群健康状况等。

（3）工程周边现有主要污染源状况，包括主要污染物的产生量、处理量、排放量、排放去向和排放方式等；应标明或图示主要排污口位置。

（4）陆域环境现状，包括大气、生态等环境现状。

（5）项目所在陆域及周边的环境敏感目标现状与分布，环境敏感目标的类型、现状与分布等；给出各环境敏感目标的功能、方位、距建设项目的距离。

9.6.4.2 海域自然与社会环境现状

应阐明和分析建设项目所在海域及其周围海域的自然和社会环境现状。主要包括：

（1）海洋自然资源（主要包括生物资源、矿产资源、港口资源、景观资源、湿地和滩涂资源、野生生物资源等）现状。

（2）各种海洋资源的开发利用类型和程度，海域的开发利用类型和程度，现有海洋工程和设施的分布状况等。

（3）海岸线、海域的类型；海岸带和海域的地质、地形地貌特征与演变；海域的水文动力情况；区域的气候与气象状况。

（4）项目所在海域及周边海域的环境敏感目标现状与分布，环境敏感目标的类型、现状与分布等；给出各环境敏感目标的功能、方位、距建设项目的距离。

9.6.5 环境现状评价

9.6.5.1 一般原则

海洋工程建设项目的环境现状评价应在获取准确、有效的现状资料，充分收集有效的历史资料基础上开展，并应满足下列一般原则：

（1）环境现状的评价范围、评价内容和评价结果，应满足环境现状评价的代表性、完整性要求，应满足判别建设项目所处环境特征、重点环境问题的要求。

（2）环境现状的评价结果应满足全面、客观的基本要求，宜采用表格方式列出各个调查站位、各个采样层次调查（或收集资料）要素的检测值、依据评价标准得出的标准指数值。

（3）应分析污染要素（超标要素）的分布和特征；针对特殊测值和现象应给出致因分析。

（4）应阐明评价范围内和周边海域的环境现状的分析评价结果；应阐明评价范围内和周边海域的环境敏感区、海洋功能区环境现状的分评价结果。

（5）应结合工程所在海域最新的国家、省市和地级市的海洋环境质量公报和其他有公证数据性质的资料，简要阐明建设项目评价范围内和周边海域的水质环境的季节特征、年际和总体变化趋势的分析评价结果。

9.6.5.2 应关注的问题

1）海水水质现状的分析与评价中应注重下述要求

① 同一站位不同采样层次和不同站位同一采样层次的同一要素，不应采用平均值进行分析和评价；② 水质调查要素在平面域的分析评价中，分析数据宜在调查站位控制的评价范围内向内侧插值；③ 当某一环境要素（因子）超过评价标准时，应继续评价至符

合（或劣于）的最大类别标准（例如，某要素超一类水质标准、超二类水质标准、符合三类水质标准）。

2）海洋生态环境现状的分析评价中应注重下述要求

① 海洋生态要素的现状评价应依据调查特征值，分别给出优势度、物种多样性、均匀度、种类丰度、种类相似性和群落演替等分析评价内容；② 生物量应选择有代表性的调查或监测资料进行分析、评估，不宜采用平均值进行分析。

9.6.6　环境影响预测与评价

环境影响预测与评价应注重以下内容：

（1）阐明建设项目各单项评价内容（包括海洋水文动力环境、海洋地形地貌与冲淤环境、海水水质环境、海洋沉积物环境、海洋生态和生物资源等）在建设期、运营期等各阶段的环境影响预测与评价的内容、要素、范围、时段及污染要素和非污染要素的特性。

（2）应按照建设项目的特征，选择合理、适用的影响预测与评价方法、数值模式或其他技术手段。

（3）阐明预测模式的预测准确度（可置信区间与实测数据的检验等），给出的预测准确度应满足主管部门监督管理的需要，满足环境保护指标和工程设计等的要求。

（4）应明确阐述建设项目各阶段中污染与非污染预测要素（因子）对环境的影响内容、范围与程度的结论。

（5）应注重水文动力环境（河口、海湾等半封闭海域和环境敏感海域应关注水交换能力）、波浪输沙、地形地貌冲淤、污染物迁移扩散、溢油等的预测分析；注重特征影响因子长期累积效应的预测分析。

（6）应阐明污染物在预测条件下的超标最大分布范围及面积，即超标因素全覆盖状态下的最大外包络线位置与分布。

（7）明确阐述建设项目各阶段中污染与非污染预测要素（因子）可能造成的资源损失量的估算内容和结果；阐明环境损害（价值）的估算内容和结果。

9.6.6.1　数值预测

当采用数值方法进行预测分析时，应注重下列内容：

（1）预测采用的源强应科学、合理，一般宜采用最大源强。

（2）预测采用的网格尺度（步长）应满足预测精度的要求。

（3）预测主要参数的简化和估值方法等应准确、合理，并应给出依据。

（4）预测模式采用的边界条件、初始条件、计算域、计算参数等计算条件的选取应准确、合理，应与建设项目的特征相一致。

（5）选取的预测范围、预测因子（要素）、预测时段应适用。

（6）应采用合理的检验方法，对预测结果的准确度进行检验。

（7）预测结果的准确度应满足分析评价和管理要求。

9.6.6.2 类比分析

当采用类比法进行预测分析时，应注重下列内容：

（1）客观、准确地分析工程与类比对象之间的工程特征相似性（包括建设项目的性质、建设规模、内容组成、产品结构、工艺路线、生产方法、原料燃料来源与成分、用水量和设备类型等）。

（2）客观、准确地分析工程与类比对象之间的污染与非污染特征相似性（包括污染物的排放类型、浓度、强度与数量，排放方式与去向，以及污染与非污染方式与途径等）。

（3）客观、准确地分析工程与类比对象之间的环境特征相似性（包括气象条件、水动力条件、地貌状况、生态特点、环境功能、区域污染情况等）。

依据上述分析，以安全原则为判别标准，阐述类比分析结果和验证结果。

9.6.7 环境风险分析与评价

有环境风险的建设项目，应进行工程环境风险的分析、预测与评价，并注重以下要求：

（1）依照《重大危险源辨识》（GB 18218—2000）的要求，进行建设项目环境风险的危险源判定和物质危险性判定。

（2）依照《建设项目环境风险评价技术导则》（HJ/T 169—2004）的要求，明确建设项目的环境风险评价等级和评价内容。

（3）阐明建设项目在施工阶段、生产阶段等各阶段可能产生的环境风险的主要因子（含污染与非污染因子）、影响范围及其可能产生和潜在的环境影响、损害。

（4）详细分析和核算发生环境风险（事故）状况下主要因子的源强、排放量、排放方式和位置等内容。

（5）应阐明建设项目环境风险的危害识别与风险分析（潜在危险性）的内容和方法；应阐明各阶段发生环境事故的风险概率（事故频率）。

（6）应明确发生各类环境风险时，各种污染物（溢油、化学危险品等）的泄漏规模与源强；应分析预测污染物的迁移扩散路径与范围。

（7）应明确预测污染物迁移扩散路径与范围所采用的方法，阐明预测采用的边界条件、初始条件、计算域、计算参数等计算条件，明确有关参数的估值方法等。

（8）应阐明污染物迁移扩散的路径、扫海面积与时空分布特征，明确对周边环境敏感点和环境敏感目标的影响与作用。

（9）给出的污染物迁移扩散的路径、时空分布特征等应满足分析评价环境风险预案。

（10）阐明环境风险的分析与评价结论。

9.6.8　清洁生产

建设项目的清洁生产评价，应满足环境可行性和环境保护对策措施有效性分析的要求，应满足环境监督管理的要求，应给出建设项目清洁生产水平的比较分析结果。

针对建设项目的环境影响（包括污染与非污染环境影响）特点和环境保护要求，应详细分析、评价建设项目各阶段的清洁生产内容，主要包括清洁生产的目的与要求、清洁生产的工艺与流程、清洁生产的控制与管理等，并注重下列要求：

（1）应详细分析建设项目建设期、运营期等各阶段的生产工艺、方法和设备的清洁生产指标达标状况。

（2）分析建设项目采用的设备、工艺等是否符合国家和行业相关法规和清洁生产要求。

（3）分析、评价建设项目的废弃物回收利用措施、有毒有害原料减量化或替代措施、施工和生产过程中的污染物减排措施，以及所采用的少废、无废工艺流程等内容与清洁生产要求的符合性。

（4）分别从行业、区域等角度，分析、评价建设项目提高资源利用率，优化废物处置方法和途径等措施与清洁生产要求的符合性。

（5）分析、评价建设项目采用的节能、节水、节约土地等对策措施的实效，并分析与相关清洁生产、节能减排要求的符合性。

（6）分析、评价建设项目的污染防治、废物处置设备、对策与相关法规政策、技术标准和清洁生产要求的符合性。

（7）分析、评价建设项目的单位能耗、单位产值、单位附加值、单位占用海域面积、单位占用海岸线尺度、单位耗水、单位占地、单位绿化面积、节能、减排等的具体数据，并应与相关技术指标或要求进行比较分析。

（8）分析、评价建设项目的污水、废气和固体废物等污染物的处理率、回收率等数据，并应与相关技术指标或要求进行比较分析。

（9）应给出建设项目与同类项目清洁生产的国际、国内比较分析内容，给出清洁生产水平处于国际先进、国内先进、国内一般水平等定量、定性评价结果。

（10）提出建设项目清洁生产方案和对策措施（包括主要设备和工艺等）的改进建议，必要时提出替代方案。

9.6.9 总量控制

应阐明建设项目建设期和运营期的污染物排海方式和排海总量，并注重下列要求：

（1）阐明环境质量控制要求和污染物排放总量的预测、分析和控制方法。

（2）阐明应受控污染物排放混合区的时空分布。

（3）阐明应控制的污染物要素和污染物排放削减方式及方法的建议值，给出受控污染物排放总量控制的措施和方法，明确污染物排放总量控制方案和建议值。

（4）阐明污染物排放总量控制对策措施，明确排放方式、地点等的要求与建议。

（5）采用的总量控制措施应能满足排放浓度控制、排放总量控制、混合区范围控制和功能区环境质量控制的要求。

9.6.10 环境保护对策措施

9.6.10.1 总体要求

海洋工程建设项目的环境保护对策措施，应具有针对性、有效性和技术经济可行性，满足环境保护目标的环境质量控制要求，满足环境质量跟踪监测和环境监督管理的要求。针对建设项目的环境影响（包括污染与非污染环境影响）特点和环境影响分析评价结果，应详细给出建设项目各阶段的环境保护对策及措施，并符合下列要求：

（1）根据项目污染与非污染的环境特征，提出项目建设期、运营期等各阶段的污染与非污染环境保护对策措施。

（2）提出的环境保护对策措施，污染物处置措施，环境保护、恢复、替代或补偿方案等，应具有针对性和有效性。

（3）提出的污染防治对策措施等应满足环境质量控制目标和相关环境保护政策的要求。

（4）提出的环境保护对策措施，应具备技术可行性、经济合理性，并可作为环境监督管理的依据。

9.6.10.2 污染防治对策措施

建设期的对策措施：建设期污染物预防、控制和治理对策措施应考虑以下原则和要求：

（1）应明确和给出有效的预防、控制工程产生的悬浮物、污废水、固体废物等的对策措施。

（2）应明确和提出施工污废水、施工垃圾、生活污水、生活垃圾等污染物的有效处置措施。

（3）应依据工程所在海域的环境特征，提出最佳的排污方式、地点和时段的对策措施。

（4）应编制建设项目的施工工艺与主要设施设备控制一览表，阐明监管要求。

运营期环境保护对策措施：运营期水质环境、沉积物环境的环境保护对策措施应考虑以下原则和要求：

（1）应针对运营期各个产污环节、各类污染物特征，明确和给出有效的污染物处置对策措施。

（2）在实行污染物排放总量控制的区域和海域，应明确和给出污染物排放总量控制的要求、总量控制建议值、污染物总量削减对策措施。

（3）应依据工程所在海域的环境特征，提出最佳的污染物排放方式、排放位置和排放时段的对策措施。

（4）在满足海域环境质量保护目标要求的前提下，应阐明合理的排污混合区位置和范围，明确提出有针对性的防控对策措施。

（5）应依据环境风险的预测结果，明确和提出有针对性的、可行的环境风险应急预案和防控对策措施。

（6）应编制建设项目的运营期环境保护对策措施一览表，阐明环保控制节点和监管要求。

9.6.10.3　海洋生态和生物资源保护对策措施

结合工程区域的海洋生态和生物资源特征，根据海洋生态和生物资源现状评价和预测结果，针对海洋生态和生物资源损害的可逆影响、不可逆影响、短期不利影响、长期不利影响、潜在不利影响和复合影响等特征，编制建设项目的生态保护对策措施一览表；针对分析的生物资源损失量和特征，阐明具体修复方案或补偿方案。

9.6.10.4　环境风险防范对策措施

应结合环境风险分析预测结果，阐明针对建设项目环境风险拟采取的防范对策措施和应急方法，编制环境风险防控对策措施一览表，明确风险应急设施、配备设备的名称、规格、数量等要求。

应阐明建设项目环境风险的应急预案制定和实施的原则、目标、方法和主要内容，包括应急设施和器材、配置地点、机动性、通信联络、应急组织、应急反应程序等内容。应按照企业自救、属地管理、区域联防的原则，说明本工程风险应急体系与有关各级风险应急体系之间的关系，以及一旦发生环境风险时各级风险应急体系所起作用等内容；应分析拟采取的防范对策措施和应急预案的可行性、有效性。

9.6.10.5 其他评价内容的环境保护对策措施和建议

海洋工程建设项目涉及放射性、电磁辐射、热污染、大气、噪声、固体废物、景观、人文遗迹等内容时，按照《环境影响评价技术导则——总纲》（HJ/T 2.1）、《环境影响评价技术导则——大气环境》（HJ 2.2）、《环境影响评价技术导则——地面水环境》（HJ/T 2.3）（已废止）、《环境影响评价技术导则——声环境》（HJ/T 2.4）等技术标准的要求，提出建设项目在建设期、生产期的污染与非污染环境保护对策措施和建议。

9.6.10.6 环境保护设施和对策措施及环保竣工验收一览表

应明确列出工程项目的环境保护设施和对策措施及环保竣工验收一览表，作为建设项目环境保护对策措施的主要内容和环境监督管理的重要依据之一。

一览表中应包括环境保护对策措施项目名称，项目具体内容（含污染防治的技术指标，技术设备的规格、型号、能力，排放量、排放浓度和浓度控制等），项目规模及数量，实施后的预期效果，实施地点及投入使用时间，责任主体及运行机制等必要的内容。一览表的格式和内容可参照表9.11的示例。

表 9.11　建设项目环境保护设施和对策措施一览表（示例）

序号	类别	环境保护对策措施	具体内容	规模及数量	预期效果	实施地点及投入使用时间	责任主体及运行机制
1	污水处理	含油污水处理	隔油池、油水分离器	隔油池 5 m³ 油水分离器 1 台，处理能力 1 t/h	处理后排入污水处理系统，处理回用	综合库机修间附近，与机修间同步建设	××有限公司负责建设、使用和管理
		矿石污水处理	矿石污水处理站	4 000 m³ 调节池 1 座，加药及混凝沉淀设备 1 套，沉淀池 1 座，处理能力 200 m³/h	处理后回用，正常工况在码头前沿排放入海	堆场附近，与堆场工程同步建设	
	污水处理	码头面污水收集与处理	污水收集池和配套管道	20 m³ 集水池 1 个，15 m³ 集水池 1 个，污水泵 2 台，DN150 管线 1 000 m	收集码头初期雨污水，送矿石污水处理站处理	码头及栈桥，与码头工程同步建设	
		生活污水处理	生活污水处理站	格栅井 1 座，SBR 处理设备 1 套，过滤及消毒装置各 1 套，处理能力 40 m³/d	处理后回用，非正常工况在码头前沿排放入海	生产辅助区，与辅助区同步建设	
		船舶污水处理	船舶压载水接收处理设施	DN400 污水管线 2 500 m，150 m³ 生物灭活缓冲池 1 座，高效压载水生物灭活装置 1 套	收集船舶压载水，送处理设施处理	码头、栈桥及堆场区附近，与码头及堆场工程同步建设	
		……	……	……	……	……	

续表

序号	类别	环境保护对策措施	具体内容	规模及数量	预期效果	实施地点及投入使用时间	责任主体及运行机制
2	环境风险防控	事故应急	应急设施及预案	围油栏 1 000 m，纤维式吸油材料 2 t，消油剂 1 t、消油剂喷洒装置等；环境污染事故应急预案	预防、处理船舶事故性污染	码头区，与码头工程同步建设	××有限公司负责建设、使用和管理
		……	……	……	……	……	……
3	海洋生态和生物资源保护	生态补偿	采用增殖放流方法补偿	需补偿的生物损失量 61.71 t	按照相关主管部门的要求，按时完成增殖放流的品种、数量	工程附近海域，施工完成后的两年内完成	××公司负责组织落实，可委托专业单位完成
		山体生态修复	植树、播撒草籽、土工布和截水沟等	浆砌片石 750 m³，浆砌块石 2 502 m³，喷植混生 2.85 hm²，种树 12 666 株，植草 1.05 hm²，土工布 7 090 m²，编织袋 1 550 m³	防治生态破坏	堆场区、辅助区、山体开挖区等，施工期同步进行	××施工单位负责实施
		……	……	……	……	……	……
4	其他环境保护对策措施	粉尘防治	洒水喷淋设施和管道系统等	喷淋设施 120 套，管网长约 4 000 m，除尘泵 1 座；水池 2 座，容积共 4 000 m³	增加矿石含湿量，减少起尘	堆场周边区域，同堆场工程同步建设	××公司负责建设、使用和管理
		……	……	……	……	……	……
……		……	……	……	……	……	……

9.6.11　环境保护的技术经济合理性分析

应详细分析、评价建设项目环境保护对策措施的技术经济合理性，包括以下内容：

（1）应阐明、分析建设项目的总投资和经济效益（包括直接、间接经济效益等）。

（2）应阐明、给出建设项目的环境保护设施和环境保护投资（包括环保设施、管理和监测机构的建设及运行费用等），给出生态、海洋生物和生物资源的修复、补偿投资。

（3）估算建设项目的环境直接、间接经济收益；估算建设项目的环境直接、间接经济损失；明确环境保护投资占项目总投资的比例，评价环境保护投资的合理性。

（4）针对围填海工程，应分析、评估围填海成本和经济效益；围填海成本中应考虑直接成本、维护成本、生态资源损失和生态系统服务功能损失等要素，围填海经济效益中应考虑土地地价、土地的经济贡献率等要素。

（5）从经济损益角度分析和评价环保对策措施的可行性、合理性。

（6）给出建设项目环境保护的技术经济的合理性、可行性分析与评价结论。

9.6.12 公众参与

应阐明公众参与的调查目的、调查范围、调查内容、调查方法和调查形式，并应符合下列要求：

（1）公示和抽样调查表格设计的内容应公正、全面、合理；

（2）当采用公示和抽样调查方式时，应在调查表格的工程概况介绍中，向被调查对象公正、客观地告知建设项目的工程概况、主要环境问题、可能的影响范围和影响程度等关键内容；

（3）应明确给出公示的途径方法，明确分析方法；

（4）抽样调查中应详细列出对单位团体及个人的调查范围，调查表格发放、回收方式，调查样本数量及回收率，被调查者中利益相关者的数量、比例等；

（5）抽样调查表中应列出被调查者的通信地址、通信方式等相关信息；

（6）公示内容和典型调查表的影印件应列入报告书或附录中；

（7）应阐明和分析被调查对象的分类方法及调查结果的反馈机制，应充分注重不同意见和建议；

（8）应阐明详细的调查分析结果和分析结论。

9.6.13 海洋工程的环境可行性

9.6.13.1 总体要求

应设专章分析评价海洋工程建设项目的环境可行性。应分析、评价工程建设与海洋功能区划和海洋环境保护规划的符合性，与区域和行业规划的符合性，工程建设与国家产业政策、清洁生产政策、节能减排政策、循环经济政策、集约节约用海政策等的符合性，工程选址（选线）合理性，工程平面布置和建设方案的合理性，分析评价工程建设引发的污染、非污染环境影响的可接受性，阐明建设项目环境可行性的分析评价结论。

9.6.13.2 与相关规划、政策的符合性分析

1）与海洋功能区划和海洋环境保护规划的符合性

建设项目的选址、类型和规模应符合现行有效的海洋功能区划和海洋环境保护规划的要求。应给出详细、准确并带有图例的海洋功能区划图、海洋环境保护规划图和相应的海洋功能区登记表等文字说明内容，明确海洋功能和环境质量的要求；阐明建设项目与海洋功能区划和海洋环境保护规划的符合性分析结果。

2）与区域和行业规划的符合性

建设项目的选址、类型和规模应符合海洋经济发展规划、区域发展规划、城市发展规划、行业发展规划等现行有效的相关规划的内容和要求。应给出详细、准确并带有图件、图例的相关规划及相应的文字内容；阐明建设项目与区域和行业规划的符合性分析结果。

3）工程建设的政策符合性

应分析、评价建设项目采用的技术措施和环境对策与国家产业政策、清洁生产政策、节能减排政策、循环经济政策、集约节约用海政策、环境保护标准等的符合性，给出具体的分析评价结果。

9.6.13.3　工程选址与布置的合理性

应通过海洋工程建设项目的选址（选线）、工程平面布置方案和建设方案的比选和优化，分析、评价工程选址与布置的合理性。建设项目的选址（选线）、工程平面布置方案和建设方案的比选和优化，在拟选地址、工程规模、工程总平面布置、环境保护与污染物处置等方面，以环境影响的方式、范围、程度，对周边海洋生态和海洋功能的影响，以环境风险等作为比选要素，进行多方案的方案比选和优化。区域（连片）和单项海砂开发工程应避免在冲蚀区、地质不稳定区等水动力、地形地貌与冲淤环境敏感区选址。

海洋工程建设项目的选址（选线）、规模、类型等应当符合海洋功能区划、海洋环境保护规划、区域发展规划和相关的产业发展规划。

9.6.13.4　污染、非污染环境影响的可接受性

应依据环境现状、环境影响预测的结果，分析工程建设产生的污染、非污染环境影响的性质、范围、程度，评估其环境压力和隐患，评价其环境影响的可接受性。

应从建设项目向海域排放的污染物种类、浓度、数量、排放方式、混合区范围，对评价海域和周边海域的海洋环境、海洋生态和生物资源、主要环境保护目标和环境敏感目标的影响性质、范围、程度，对水动力环境、地形地貌与冲淤环境造成不可逆影响的范围、程度，产生环境风险或环境隐患的概率、影响性质、范围等方面，详细分析其环境影响的可接受性，明确评价结论。

9.6.14　环境管理与环境监测

9.6.14.1　环境保护管理计划

应明确环境保护管理计划的主要内容和要求。

（1）阐明建设项目的环境保护管理计划，明确环境管理的内容、任务。

（2）明确环境管理机构设置、管理制度、检测设施及人员配置等要求。

（3）明确环境监理计划和具体内容、任务等要求。

（4）评价建设项目拟采取的环境保护管理计划的可行性和实效性。

9.6.14.2 环境监测计划

环境监测计划应包括以下主要内容：

（1）应依据环境影响评价与预测结果，提出环境监测计划；监测计划应体现区域环境特点和工程特征。

（2）应明确环境监测站位、监测项目、监测方法、监测频率等主要内容。

（3）应明确监测单位的资质要求，提交有效的计量认证跟踪监测分析测试报告。

（4）评价建设项目拟采取的环境监测计划的可行性和实效性。

可按照《陆源入海排污口及邻近海域监测技术规程》（HY/T 076）、《江河入海污染物总量监测技术规程》（HY/T 077）、《海洋生物质量监测技术规程》（HY/T 078—2005）、《滨海湿地生态监测技术规程》（HY/T 080—2005）、《红树林生态监测技术规程》（HY/T 081—2005）、《珊瑚礁生态监测技术规程》（HY/T 082—2005）、《海草床生态监测技术规程》（HY/T 083—2005）、《海湾生态监测技术规程》（HY/T 084—2005）、《河口生态监测技术规程》（HY/T 085—2005）中的监测站位、监测项目等的要求制订环境监测计划。

9.6.15 环境影响评价结论

海洋工程建设项目的环境影响评价结论应在各单项内容的环境影响评价结论的基础上形成。评价结论应归纳、阐述水文动力、地形地貌与冲淤、水质、沉积物、海洋生态和生物资源以及其他内容的环境影响评价结果，评价结论应简洁、明晰。

评价结论中应阐明建设项目各单项评价内容的环境影响范围和程度的定量或定性结论；应明确建设项目各单项内容的环境影响评价结论；应阐明建设项目在各个阶段能否满足环境质量要求的评价结论；应阐明建设项目的类型、规模和选址是否合理的评价结论；应明确建设项目的环境可行性的评价结论。评价结论应包括以下主要内容：

（1）建设项目的工程分析结论。

（2）建设项目的环境现状分析与评价结论。

（3）建设项目的环境影响预测分析与评价结论。

（4）建设项目的海洋生态与生物资源影响分析、预测与评价结论。

（5）建设项目对主要环境敏感目标和海洋功能区影响的分析、预测与评价结论。

（6）建设项目的环境风险影响分析、预测与评价结论。

（7）建设项目的清洁生产分析评价结论和总量控制建议。

（8）建设项目应采用的具体环境保护对策措施、生态修复与补偿对策措施。

（9）建设项目应采用的环境保护设施的主要内容和具体指标。

（10）建设项目的公众参与分析与评价结论。

（11）建设项目环境保护的技术经济合理性分析结论。

（12）建设项目的区划、规划和政策符合性结论。

（13）建设项目的选址和建设方案合理性结论。

（14）建设项目的环境管理与监测计划。

（15）建设项目的环境可行性的结论。

提出建设项目选址、布置、设计、建设和环境保护策略、环境监测、环境监督管理等方面的其他意见和建议。

9.6.16　环境影响评价报告书附件

建设项目的海洋环境影响评价报告书附件主要包括：

（1）建设项目前期工作的相关文件、资料。

（2）建设项目环境影响评价工作委托书（合同书）。

（3）以计量认证（CMA）分析测试报告或实验室认可（CNAS）分析测试报告形式给出的现场调查、勘测、监测数据资料。

（4）公众参与调查表的代表性影印件。

（5）其他应附附图、附表和参考文献等。

第10章 受损海洋环境的生态恢复

10.1 海洋环境生态受损及恢复现状

10.1.1 海洋环境生态受损现状

根据国际生态恢复学会的定义，生态恢复被认为是一个协助恢复已经退化、受损或破坏的生态系统并使其保持健康的过程。即重建该系统受干扰前的结构与功能及其有关的生物、物理和化学特征。其中，生境修复和生物资源养护是对生态系统进行修复的两个途径。生境修复是通过采取有效措施，对受损的生境进行恢复与重建，使生境恶化状态得到改善的过程。生物资源养护是指采取有效措施，通过自然或人工途径对受损的某种或多种生物资源进行恢复和重建，使恶化状态得到改善的过程。

根据联合国粮食及农业组织的统计，全球过度开发、枯竭和正在修复的渔业资源量从 1974 年的 10% 上升到 2008 年的 32%。其中，28% 的渔业资源存在过度捕捞现象，3% 的渔业资源已经枯竭，仅有 1% 的渔业资源正在修复中。联合国粮食及农业组织指出："全球 80% 的渔业资源处于超负荷消耗状态，几近崩溃边缘。"有专家预计，按目前的速度，海洋在 2048 年就会被"掏空"。

生境退化首先体现在近海富营养化程度的不断加剧，主要是氮、磷等营养盐浓度严重超标。2013 年，我国近海 72 条河流入海的氨氮（以氮计）污染物量为 29.3 万 t，硝酸盐氮（以氮计）为 221 万 t，亚硝酸盐氮（以氮计）为 5.7 万 t，总磷（以磷计）为 27.2 万 t，石油类为 3.9 万 t，重金属为 2.7 万 t。富营养化直接造成了近海生态灾害频发，如 2010 年全年有害赤潮发生 69 次，海星、水母、绿潮等生态灾害频发。调查显示，我国近海海湾生态系统正面临着生境丧失和人为污染两大主要压力，多数海湾浮游植物密度高于正常范围，鱼卵仔鱼密度较低。锦州湾和杭州湾栖息地面积缩减严重，杭州湾海水富营养化严重，海湾浮游动物生物量和大亚湾浮游动物密度低于正常范围。受人为围垦的影响，苏北浅滩湿地植被现存量较低，现有滩涂植被面积较 2012 年减少近一半。受台风、海岸工程和人类活动影响，海草生态系统也已面临严重威胁，如海南东海岸海草床生态系统的海草平均密度明显下降；广西北海海草床仍处于退化状态，海草平均盖度显著下降，山东近岸海域的大叶藻也已大面积退化，有些海草场甚至已经消失。生物资源退化突出表现在渔业资源严重衰退，近海多数传统优质鱼类资源量大幅下降，已形不成鱼汛，低值鱼类数量增加，种间更替明显，优质捕捞鱼类不足 20%。

10.1.2　海洋生境资源修复的监测与评价

10.1.2.1　海洋生境资源修复系统的监测

生态系统的监测是海洋生境资源修复的关键部分，监测信息的收集是决定恢复生态系统管理方式的重要环节，通过监测可以确定修复工程是否向既定目标发展，因此，制定监测实施标准和规程对于涉及多人参与以及较为复杂的监测活动十分必要。如美国加利福尼亚区域海带修复计划制定了海带恢复和监测规程，规程为参与潜水的志愿者列出了详细注意事项，以保证监测的一致性和精确性，全球海草监测计划也制定了有关海草恢复的监测规程、野外取样和数据处理的注意事项、科学监测手册等。

监测主要分修复前监测和修复期间的长期监测。通过修复前监测，可以了解生境和生物资源的受损程度，确定现存生态系统的特点，有助于确定恢复的目标和恢复方式。修复期间的长期监测是自修复计划正式实施以后对修复的全过程进行的监测。通过长期监测可以了解修复生境在生态过程中的作用，同时可以比较修复系统与自然系统的特点，长期的持续监测便于准确确定退化生态系统修复的生态变动过程及变动方向。监测方法和技术的提高对于生境和资源修复效果的评价具有重要意义。

10.1.2.2　海洋生境资源修复效果的评价

生态修复效果评价的主要方法有直接对比法、属性分析法和轨道分析法。其中，海洋生境修复效果应用最广泛的方法是直接对比法，即对比恢复的和自然的生态系统的结构与功能参数，包括生物和非生物环境参数。属性分析法是将恢复的生态系统的属性转化为定量和半定量的数据，以确定生态系统中各属性要素的恢复程度。轨道分析法是一种正处于研究过程中但比较有应用前景的方法，该方法通过定期收集恢复数据并绘制成趋势图，以确定恢复的趋势是否沿预定的恢复轨道进行。恢复的生态系统的评价标准较为复杂。恢复的生态系统应包含充足的生物和非生物资源，能够在没有外界协助的情况下维持自身结构和功能的持续正常运转，且具备能够应对正常环境压力和干扰的抗性。

10.1.2.3　海洋生境资源修复的综合管理

海洋生境资源修复的管理是海域管理的重要组成部分，涉及对海洋生态系统的全面了解以及对生境资源修复的监测与研究。海洋生境和资源修复的管理应该从规划开始，一直持续到修复效果达到预定目标结束。管理的目标是保障修复行动和修复效果的有效性。

近年来，基于生态系统的管理（Ecosystem-based Management，EBM）理念得到充分重视与发展。基于生态系统的管理是一种较为先进的资源环境管理方式，其核心内容是维护生态系统的健康和可持续，该理念强调从海洋生态系统整体出发制定渔业管理决策。并运用多学科知识，加强各部门合作，实现资源开发与生态保护相协调（Link，2002；褚晓琳，2010）。适应性管理（Adaptive management）是海洋生境和资源生态修复中强调的另一种管理模式。该模式承认恢复计划过程中无法预测某些不确定发生的事件，管理的目标是解决实施过程中出现的这些不确定事件。该模式涉及附加恢复计划的实施，恢复地点中部分小区域的实验研究、不同环境条件下的并行研究计划、评估整个过程有效性的实施等适应性管理的模式广泛应用于海洋生境和资源修复实践中（Borde et al.，2004）。

10.1.3　近海受损生境和生物资源恢复发展

海洋生境的退化与生物资源的衰退引起了国内外的高度重视，在典型生境的修复、关键物种的保护、修复效果的监测与评价和修复的综合管理等方面取得了较为显著的成效，对缓解海洋生态环境的持续恶化与生物资源的持续衰退起到了重要作用。但在生境修复与生物资源养护原理、生态高效型设施设备、生境修复与生物资源养护新技术、监测评价与管理模型、标准和规范等方面开展的研究与实践工作相对较少。这也是制约海洋生境与生物资源持续利用的关键因素，也必将成为未来研究工作的重点和热点。

生境修复与生物资源养护原理是开展生态系统恢复计划的依据，不同环境条件下的演替规律、功能群结构与功能、不同干扰条件下生态系统的受损过程及其响应机制、生态系统退化的诊断及其评价指标体系等依然是未来研究工作的重点。生态高效型设施设备的研发是生境修复与生物资源养护工作的基础。该领域未来工作的热点将主要集中在生态高效型人工鱼礁、藻礁与海珍品增殖礁的研发，资源与环境远程监测设施设备的研制，水下摄像与测量仪器的研制等方面。

生境修复与生物资源养护技术是实现预期修复效果的核心。未来研究的重点将集中在生境修复与生物资源养护关键物种的筛选与功能群构建技术、碳汇渔业新技术、海洋牧场构建技术、智能型远程监测与预警预报技术等方面。

监测、评价与管理是修复行动有效实施的关键。未来研究工作的重点将集中在监测、评价与管理的智能一体化系统，监测、评价与管理的动态模型等方面。

标准与规范是修复行动有效实施的保障。针对修复计划的不同阶段，制定涵盖海洋生境修复与资源养护设施、技术、监测、评价、管理等相关的标准和规范，可实现对修复行动的科学指导，充分保障实施效果的有效性，这也必将成为未来该领域研究的重点工作。

10.2　近海典型受损生境修复

10.2.1　受损海草（藻）床修复

海草（Seagrass）是指能够在海洋中进行沉水生活的单子叶高等植物，通常生长于热带和温带海域的浅水区及河口区。全世界的海草包括 4 科 12 属，约 50 种。海草床，或称海草场，是与红树林、珊瑚礁并称的三大典型的海洋生态系统之一，其具有的极高生态服务价值远高于红树林和珊瑚礁。其生态功能包括极高的初级生产力、动物栖息地和食物来源、净化水质、护堤减灾、浮生物群落的附着基、经济文化和药用价值。

海藻床，或称海藻场（Seaweed bed），是由在冷温带大陆架区的硬质海底上生长的大型褐藻类与其他海洋生物群落所共同构成的一种近岸海洋生态系统。形成海藻床的大型藻类主要有马尾藻属、巨藻属、昆布属、裙带菜属、海带属和鹿角藻属。海藻床具有与海草床类似的生态功能，包括作为海洋生物的栖息地、索饵场和育幼场，附着性生物的附着基质，通过吸收营养盐、重金属来改善水质，对水流、pH、溶解氧及水文的分布和变化具有缓冲作用等。

目前，由于全球气候变化及人类不合理的海洋经济活动，海草床和海藻床退化严重。1993—2003 年的 10 年内有大约 2.6 万 km² 的海草床消失，减少了总面积的 15%。美国、日本和中国等国家的海藻床也在遭到破坏。20 世纪 80 年代前，山东省潮间带 2～4 m 水区广泛分布大叶藻海草床，如今所剩无几。同时，由于填海造地等人为破坏，石花菜等海藻种群濒临绝迹。近几年，随着海参、鲍鱼养殖的快速发展，作为优质饵料的鼠尾藻也被大量采集，资源量锐减。尽快保护和修复海草床和海藻床，是改善近岸水域生态环境、降低富营养化、治理水域荒漠化、恢复渔业资源的迫切需要。

资料记载的第一次人工海草床生态修复始于 1947 年，历经半个多世纪的时间，直到 20 世纪末，海草床生态修复才在世界范围内（主要在发达国家）相继开展。其中规模最大、影响范围最广的当属美国国家海洋和大气管理局管理下的美国切萨皮克湾海草床大规模修复计划。切萨皮克湾是世界上最大的河口湾之一，该计划自 2003 年开始启动以来至 2008 年，构建海草床的速率约为 13.4 hm²/a，同时，该计划也大大促进了海草床人工修复新技术和新设备的开发和应用（Shafer et al.，2008；Shafer et al.，2010）。

10.2.1.1　受损海草床修复

目前，国内外在海草床的修复方面相继开展了相关研究，主要的修复方法包括生境修复法、种子修复法和移植修复法。

1）生境修复法

生境的破碎化或者丧失是当今世界海草床衰退的重要原因之一。生境修复法第一步是确保海草生境是适宜修复海草床的。海草床修复最早尝试就是生境修复法，即通过保护、改善或者模拟海草的适宜生境，来促进海草的自然繁衍，从而达到逐渐修复整个海草床的目的。生境修复法实质上运用了海草生物群落的自然恢复能力，借助的则是当地对海域水质、底质、人为活动等因素的妥善控制和管理。

海草床监测是生态修复法中的必需工作。海草床一旦开始退化，仅有矫正措施是远远不够的。合理预测已出现和即将出现的各类环境压力的累积效应是至关重要的。目前，海草床未来变化趋势仍处于有限的地理范围研究或者定性描述阶段。定量的预测以及对易损区域的风险分析能够让我们更好地制定保护和管理对策，从而完成最优的资源分配。此外，构建与水域径流模型相联系的景观尺度海草动力学模型，也将为不同水域人类活动做出管理方面的指导。未来针对生境修复法的保护工作将包括综合营养盐管理方案、保护区规划建设、公众教育以及资源管理等方面。当地或毗邻水域的人类活动可导致营养盐上升和沉积物径流，这是目前海草床退化的主要原因。目前控制营养盐和沉积物的修复实验已经证明了该修复方法的潜在效力。生境修复法不仅可以修复海草资源，也可以修复其相关的生态系统服务，如生物多样性、初级和次级生产力、育幼所等。

2）种子修复法

尽管海草种子野外萌发率低（仅为5%～15%），但由于种子修复法有对现有海草床的破坏小、扩散速度快、受空间限制小、提高遗传多样性等优点，越来越受到各国研究者的关注。在美国弗吉尼亚州的沿海区域，就利用这种方法成功修复了在20世纪90年代因为枯萎病而衰败的海草床。种子修复法主要包括收集、储存、播种3个步骤。其中收集与播种是最关键的技术环节。目前，种子的收集工作大多依靠人工完成，后来又发明了海草繁殖枝采集机械船，大大提高了种子收集效率，达到每小时10万粒。这种机械方法不仅能有效收集种子，并且对提供种子的海草床破坏较小。但并非所有的地方都可以采用繁殖枝采集机械船，要考虑海草床繁殖枝的密度以及可供采集繁殖枝的海草床面积的大小。太低的密度和太小的面积都不能真正发挥繁殖枝采集机械船的优势。而更多研究关注于播种方式，目前已形成了几种比较有效的种子播种方法，包括手工播种法、机械播种法、种子保护法、漂浮播种法等。

手工播种是最早应用的种子播种方法。人为地将海草种子埋入底质中，和农作物的播种方法类似，其优点是能够减少种子的分散和被食，缺点是从采集到播种的整个过程费时费力。机械播种法则更为高效，并且播种速度和密度可以自动控制，在潮下带较深水域得以更好的运用。

种子修复法的优点就是不破坏现有海草床，一旦收集到足够的种子，可以很快很简单地大面积播种，尤其适用于距离较远而不易使用移植修复法的水域。种子修复法的缺点除萌发率较低外，还包括种子成熟时间不一致对收集工作造成的困难，利用种子产生的海草年龄结构单一导致海草床的稳定性差等。目前国外科学家已经在积极研究种子修复法的改进和使用，而国内研究多处于种子成熟、室内萌发、形态观察等阶段，鲜有种子修复法的实际应用。

3）移植修复法

移植修复法是指从自然生长茂盛的海草床中采集长势良好的植株，利用某种方法或是装置将其移栽于待修复海域的一种方法。该方法利用了海草的无性繁殖，效果显著，是目前普遍认为简便常用的方法。移植的基本单位称为移植单元。移植修复法主要包括移植单元的采集和移栽两个步骤。根据移植单元的不同可分为两类，一类是将植株连带周围底质一起移植，此法对植株破坏最小，但对天然海草床破坏较大，也耗时耗力，包括草皮法和草块法；另一类是将植株的根茎移植而不包含底质，称为根状茎法。此类方法易操作、无污染、更为环保，但是对移植植株的固定要求较高。根状茎法可根据移栽方式不同细分为多种方法，目前国际上常用的有直插法、枚钉法、框架法、贝壳法和夹苗法等。

草皮法是将一定面积的单皮直接平铺在移植地点，是最早使用的移植修复法。20 世纪 70 年代，在美国麻省和德州等地使用该方法进行了大叶藻、泰来海龟草及二药藻的移植。草皮法操作简单，移植单元容易成活，但最大的缺点在于对供体海草床的破坏较大，并且草皮并未得到固定，水流较大的情况容易影响其移植效果。草块法是通过 PVC 管、铁铲等工具，将圆柱体、长方体等形状的草块移栽到与其同样形状的凹坑内，将其连同周围底质压实。该方法完整保存了海草的地下部分以及周围底质成分，在草皮法的基础上增强了移植单元的固定，减少了机械对地下部分的干扰，成活率很高，但是该方法的缺点为供给海草床受到破坏，且劳动量很大。直插法是使用一种单株直接移植的方法。以一定角度将根状茎插入底质 2.5～5 cm，不对根状茎进行固定。该方法的全部过程（包括采集、整理、移栽）需要劳动投入大约 21 s/（人 /PU），更为快捷。用大叶藻做实验，一个月后，大叶藻成活率为 73%。直插法操作方便，最大缺点在于移植单位缺少固定。枚钉法是使用金属或木质枚钉将移植单位固定于底质中的移植方法。该方法的移植成活率很高，移植大叶藻的成活率高达 60%～98%，但工作量较大且不易深水操作。框架法是使用焊接框架固定移植单位，然后将其直接投放于移植区域的移植修复法，其中框架可以回收利用。该方法不仅对移植单位的固定较好，且可以在船舶上完成潮下带的移植操作，不再需潜水操作，唯一的不足在于框架制作和回收工作。贝壳法是用贝壳作为根状茎的载体，使其更好固定的移植方法。夹苗法是将移植单位白勺叶鞘部分夹系于网格或绳索等物体的间隙，然后将其固定于移植区域海底的移植方法。该方法操作较简单，成本低廉，但网格或绳索等物质不易回收，遗留在移植海域可能对海洋环境造成污染。

与生境修复法和种子修复法相比，移植修复法是一种比较受推崇的方法。尽管容易受到外界因素的限制，但因其需要的构件少，对海草床的影响较小，又能保持较高的成活率，适合大规模的海草床修复，是今后的重点研究方向。移植修复法影响海草成活率的因素包括移植单元固定、供体种群、移植时间、移植地点以及现场扰动。移植单元的固定是修复移植法中最大的技术问题，在风浪较大、流速较快或底质较硬的水域格外重要。目前，贝壳法、枚钉法、绑石法等方法已经能够较好地解决这一问题。

供体种群在修复中是非常重要的限制因子。如果供体种群不适应当地环境，很可能出现再次衰退的情况，这也是导致美国南部海湾大叶藻修复失败的主要原因。由于海草的新陈代谢具有明显的季节（温度）变化，因此合适的移植时间可以保证海草移植后的快速生长。移植地点的光照、底质、水文条件等因素影响着移植海草的成活率。光照是影响移植后海草存活的首要因子。现场扰动既包括台风和地震等突发自然灾害，也包括捕捞业和养殖业等人类活动。因此，对海草移植区域的保护和管理是非常必要的。

图 10.1　海藻床修复效果图

10.2.1.2　受损海藻床修复

美国、加拿大、日本、英国等相继对北温带海藻床生态系统进行了研究。20 世纪 90 年代以来，日本、美国等国家用人工修复或重建海藻床生态系统的手段恢复正在衰退或已经消失的海藻床生态系统，或直接在目标海域营造新的海藻床生态系统，从而达到缓解、治理近岸海域环境与生态等问题的目的。而我国近年来虽大力开展了红树林和海草床修复的研究，但海藻床生态资源修复的报告很少。

在沿岸海域，通过人工或半人工的方式，修复或重建正在衰退或已经消失的原天然海藻床，或营造新的海藻床，从而在相对短的时期内形成具有一定规模、较为完善，并能够独立发挥生态功能的生态系统，这样的综合工艺工程即为海藻床生态工程。海藻床生态工程可大致分为重建型、修复型与营造型 3 种类型。重建型海藻床生态工程为在原海藻床消失的海域开展生态工程建设；修复型海藻床生态工程为在海藻床正在衰退的海域开展生态工程建设；营造型海藻床生态工程为在原来不存在海藻床的海域开展生态工程建设。实施步骤大致分为 6 个步骤：现场调查与评估、藻种选择、基底整备、培育 / 制备、移植 / 播种 / 投放、养护。

海藻床的修复方式大致可分为 3 种。

第一，通过移植母藻。需要进行母藻的采集、母藻的保活及室内培育、母藻的移植，潮间带的移植工作可以在退潮时进行，而潮下带常常需要潜水作业。

第二，通过人工散播藻液或藻胶，需要进行藻液或藻胶的制备和散播。

第三，通过投放人工藻礁，需要制备带有营养盐和苗种的礁体、运输并投放。

我国对海草床和海藻床的研究起步较晚，修复工作大多处于实验阶段，大规模地进行依然面临着较大的困难。海草床的修复是一项费时、费力、高成本的综合工程，尽管一些低成本效率高的修复方法不断形成。美国切萨皮克湾海草床修复工程每天耗费资金达数百万美元，如此高额的成本或许是发展中国家较少开展大面积修复实践的原因之一。生境修复法修复速度过慢，种子修复法的野外萌芽率过低，移植修复法虽成活率较高，是目前最常用的修复方法，但也有移植单位固定不牢、对供体海草床造成破坏的缺陷。同样，对于海藻床的修复来说，海藻床的生态调查、藻种的选择和培育、礁体的设计和制作等方面，我国与发达国家都尚有相当大的差距。

10.2.2　受损河口湿地修复

河口湿地是海洋、淡水、陆地间的过渡区域，是海洋作用、大气作用、生物作用、地质过程和人类活动相互作用最活跃的耦合带。它位于生态脆弱带，在抵御外部干扰能力和生态系统稳定性等方面表现脆弱，同时，又位于生态系统交错带，生物资源丰富。中国总的地势是西高东低，由于众多的外流水系和东南部漫长的海岸线，形成了滨海区域大量的河口湿地系统。在我国滨海湿地分布的沿海 11 个省（自治区、直辖市）和港澳台地区，海域沿岸有 1 500 多条大中河流入海。这些河流在入海处与海水交汇，形成了我国河口湿地系统的主要分布区。据不完全统计，我国主要河口湿地面积超过 1.2×10^6 hm^2，具有代表性的包括长江口的河口湿地、黄河口的河口湿地、辽河口的河口湿地和珠江口的河口湿地。

在河口湿地的保护和利用方面存在着两面性：一方面，若开发得当，形成相对合理的人工生态系统，将全面发展三角洲地区的农林牧渔业和改善城市生态环境；另一方面，不当的人为改造，将导致对自然环境的高强度破坏和干扰，使自然环境面目全非，生态系统的服务功能部分丧失。

10.2.2.1　受损河口主要类型

受损河口主要有以下类型：

1）围垦造田

目前湿地开垦、改变自然湿地用途和城市开发占用自然湿地是造成我国自然湿地面积削减、功能下降的主要原因。长江河口、黄河河口、辽河河口在一定时期都出现过不同程度的围垦。在我国，大多河口湿地处于东部沿海，土地压力大，土地需求紧迫，在各种因素作用下，对河口湿地的围垦活动持续不断。而且随着湿地面积的减小，湿地生态功能明显下降，生物多样性降低，出现生态环境恶化的现象。

2）环境污染

湿地环境污染是我国湿地生态系统面临的最严重的威胁之一，不仅对生物多样性造成严重危害，也使水质变坏。污染湿地的因子包括大量工业废水、生活污水的排放，油气开发等引起的漏油、溢油事故，以及农药、化肥引起的面源污染等。而且环境污染对湿地的威胁正随着工业化进程的发展而迅速加剧。由于大多数河口湿地处于东部沿海，经济发展迅速、人口密集必然产生大量生活污水及工业废水，河口湿地成了工业废水、生活污水和农用废水的容纳区，引起湿地生物死亡，破坏湿地的原有生物群落结构，并通过食物链逐级富集，进而影响其他物种的生存，严重干预了湿地生态平衡。

3）水资源的不合理利用

水资源的不合理利用主要表现为：湿地上游建设水利工程，截留水源，以及注重工农业生产和生活用水，而不关注生态环境用水。水利工程对河口湿地退化的影响，最根本的原因是水利工程建设改变了流域的水文及水动力条件，从而影响到流域内的生态环境。

4）过度利用

过度砍伐、燃烧湿地植物，过度开发湿地内的水生生物资源，废弃物的堆积等，也会对河口湿地带来很大影响。

10.2.2.2　受损修复方式

1）植被恢复技术

植被是湿地生态系统的"工程师"，也是湿地恢复的重要组成部分。目前，植被恢复技术手段多样，日益成熟。其中通过湿地土壤种子库进行天然恢复研究较受重视。进行植被恢复，重要的是要了解物种的生活史及其生境类型，恢复生物避难所，这对于灾难性干扰后原生种群的存活与恢复至关重要。

湿地植被能直接吸收湿地中可利用的营养物质，吸附、降解多种有机物，富集重金属和一些有毒有害物质，将它们转化为生物量。许多植物，其在组织中富集重金属的浓度比周围水中甚至可以高出 10 万倍以上。有些湿地植物还含有能与重金属链接的物质，从而参与金属解毒过程。植物不仅能通过根系吸收难降解的有机化合物，还能将湿地植物光合作用产生的氧气输送至根区，从而在植物根区形成适宜于土壤微生物生长的微生态环境，提高整个湿地生态系统微生物的数量，增强湿地对污染物的去除作用。湿地植物除作为鱼类饵料外，有些还是珍稀水禽的主要食物来源，如苦草、眼子菜、大茨藻、范草、狐尾藻等，就是鹤类、雁类等植食水禽的重要食物来源。木本植物在生长过程中吸收土壤中大量的氮、磷，可减少因农业开垦导致的水土流失。木本植物具有发达的根系，可固沙固土，减缓水流，减少泥沙流入湿地，使湿地生物多样性更加丰富，生态系统更加稳定，生态系统产出率提高。

进行植被修复时，应尽量选用乡土树种和保护现有湿地植被。选用的修复植物最好源于当地、融入当地、回归当地，这样才容易生存、成本低、不会对当地物种造成破坏、不会酿成物种入侵。要普及湿地植物知识和审慎引进外来植物。引进外来物种时，必须先行实验观察，证明其不会对环境造成生态危害，方可加以推广利用。为确保栽培植被能成活，切实发挥其修复作用，湿地植物栽培前应进行环境现状调查，掌握湿地动植物现状，包括种类、组成、分布地点、保护物种、珍稀动物食物来源等，避免因植被修复对现有珍稀动植物资源造成破坏。

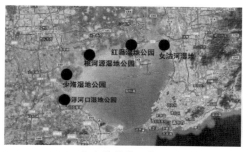

（a）胶州湾五大湿地　　　　　　　　　（b）洋河口湿地设计图

图 10.2　受损河口湿地修复实例

2）土壤恢复技术

退化湿地土壤恢复技术主要是通过生物、生态手段达到控制湿地土壤污染、恢复土壤功能的目的。其中利用生物手段修复土壤污染较受重视，尤其在人口密度极大的滨海湿地生态系统应用更为广泛。如利用细菌降解红树林土壤中的多环芳烃污染物、利用超积累植物修复重金属污染等。土壤生态恢复主要是在了解湿地水文过程、生物地球化学过程的基础上，通过宏观调控手段达到恢复土壤功能的目的，如通过调控水文周期或改变土地利用方式等以恢复湿地土壤水分状况，促进湿地土壤正常发育，加速泥炭积累过程。但土壤生态恢复影响因素较多，恢复过程不易控制，因此在恢复过程中需要对土壤的各种生物、物理、化学过程进行深入研究，以制定合理方案。

通过生境管理和生境调整，减轻生境破碎化，补偿受损生境。对废弃油田和农田通过平整土地恢复湿地植物群落，以此改善、减轻生境破碎化的影响，提高生境质量和单位面积的生态承载力，弥补生境的损失。通过合理的替代途径进行补偿，用于补偿的生境与原有生境具备结构与功能上的等同性，是在空间上寻求协调保护和开发的途径。在兴建铁路等工程时，要为湿地动物保留一定的廊道，防止因生境的不连续导致湿地动物生活范围减小，进而导致物种的退化与消亡。保护栖息环境，为水禽及湿地动物创建和谐的活动空间。对于濒危鸟类和水禽迁徙停歇地、栖息和繁殖地，坚决不允许随意开发和破坏。对于已经破坏的生境，要通过生境调整修复一些替代生境。

3）水环境恢复技术

湿地水环境是由湿地中的水体、水中溶解物质、悬浮物、水生生物、水体下的沉积环境、水体周围的岸边湖滨带以及与其密切相关的各环境要素构成的有机综合体。在一定范围内具有自身的结构和功能，能传输、储存和提供水资源，同时又是水生生物生存、繁衍的栖息地，具有极易受到破坏和污染的特点。水环境决定了植物、动物区系和土壤特征，是湿地恢复的关键。在水环境恢复过程中，通常需要根据湿地退化程度及原因，采用外来水源补给等手段适当地恢复湿地水位，合理控制水文周期，并进一步运用生物和工程技术净化水质，去除或固定污染物，使之适合植物生长，以保持湿地水质。现在有些湿地科学家更提倡在流域尺度上进行退化湿地的恢复。在遵循原湿地水文特征的基础上，人工加以适当的辅助措施，从而达到恢复水文、净化水质的目的。湿地水环境生态恢复主要是通过生态拦截技术、湿地植物净化技术、水生动物净化技术、基于水环境处理的人工浮岛技术等，达到净化水体、恢复湿地水环境结构和功能、美化环境等目的。

（1）生态拦截技术：外界环境输入到水体中的营养物质过量，在水体中累积超过了水体自身的容纳能力，导致水环境结构破坏或功能丧失，是水环境受损的主要原因。控制外来污染物主要采取生态拦截系统，包括设置生态沉降池、生态坝、生态隔离带和投放生物制剂等方法，在入水口处安置生物膜，或种植茭白、慈姑、菖蒲、芦苇和睡莲等吸收污染物较强的水生植物，建立滨水植物隔离带，通过植物的截留和纳污功能，建立生态屏障，隔断或减少污染源输入。

（2）湿地植物净化技术：在受污染水体中，人工种植污染物吸收能力强、耐受性好的植物，利用植物的生物吸收作用、植物与微生物的协同作用，从污染水环境中去除污染物；或者基于水生植物与藻类对光照和营养盐的竞争原理以及植物之间的相生相克作用，抑制藻类的繁茂生长，可以达到净化水体和恢复受损水环境的目的。水生植物应以本土植物为主，也可适当引种本地区其他植物。

（3）水生动物净化技术：通过调整水生动物结构，利用滤食性动物对藻类的摄食作用，提高浮游动物对浮游植物的摄食效率；或者优选在水体中吸收、富集重金属的鱼类以及其他水生动物品种，在水体中重建菌—藻类—浮游生物—鱼类的食物链，并对鱼类进行定期捕捞，利用食物链关系对水体内过量的营养物质或重金属进行回收和利用，可以有效地控制藻类和其他浮游植物的繁殖，净化水质，并引导该区域湿地生态系统尽快进入良性循环。

（4）基于水环境处理的生态浮岛技术：生态浮岛在水环境处理中具有净化水质、提供生物生活空间、美化景观、消浪和保护湖岸等功能。生态浮岛的水质净化主要针对富营养化的水体，利用生态工学原理，将植物种植于浮体上，通过植物根系形成的微生物膜及微生态系统，降解、吸附和吸收水中的碳、氮、磷等，贮存在植物细胞中，并通过木质化作用使其成为植物体的组成成分，达到净化水质、提高水体透明度的目的。同时还可以通过遮荫效应、营养竞争等抑制浮游植物的生长。另外，许多浮床植物如凤眼莲、水浮莲、狐尾藻、石菖蒲和芦苇等，在生长过程中都能够分泌克藻化学物质，从而有效抑制藻类的生长繁殖。

4）综合修复技术

将植被修复、土壤修复、水环境修复等多种修复方式综合运用，构建人工湿地是湿地生态恢复的诸多措施中最为有效的。湿地自然保护区及湿地公园的建设就是一个综合修复措施。它不仅保护了生态系统，同时将旅游业引入其中，增强科普教育，真正实现了人与自然的和谐统一。湿地公园本质是在城市或城市附近，利用现有或已退化的湿地，通过人工恢复或重建湿地生态系统，按照生态学的规律来改造、规划和建设，使其成为城市绿地系统的一部分，突出主题性、自然性和生态性三大特点，集生态保护、生态观光休闲、生态科普教育、湿地研究等多种功能的生态型主题公园。它是兼具物种及其栖息地保护、生态旅游和生态教育功能的湿地景观区域，体现"在保护中利用，在利用中保护"，是湿地与公园的复合体。

10.2.3　受损红树林修复

10.2.3.1　红树林生态系统

红树林生态系统是指热带、亚热带海岸潮间带的木本植物群落及其环境的总称，是红树植物和半红树植物，以及少部分伴生植物与潮间带泥质海滩（稀有沙质或岩质海滩）的有机综合体系。红树林是海岸带极为独特的生态景观，素有"海上森林"之称，表现出在海陆界面生境条件下诸多重要的生态功能。

红树林生态系统生态价值即指它的生态功能价值，是指红树林生态系统发挥出的对人类、社会和环境有益的全部效益和服务功能。它包括红树林生态系统中生命系统的效益、环境系统的效益，生命系统与环境系统相统一的整体综合效益。红树林生态系统作为一种海岸潮间带森林生态系统，其生态效益可用环境经济学方法来计量，它的生态价值主要表现为如下几个方面：① 本身有机物生产，光合作用固定二氧化碳和释放氧气，减弱温室效应和净化大气，是为近海生产力提供有机碎屑的主要生产者；② 通过网罗有机碎屑的方式促进土壤沉积物的形成，植株盘根错节抗风消浪，造陆护堤；③ 过滤陆地径流和内陆带出的有机物质和污染物，降解污染物、净化水体；④ 为许多海洋动物、鸟类提供栖息和觅食的理想生境，保护生物多样性和防治病虫害；⑤ 有着独特的科学研究、文化教育、旅游、社区服务和环境监测等意义。

10.2.3.2 红树林的受损现状

Farnsworth 和 Ellison 对世界上 16 个国家和地区 38 个地点的红树林的分布状况进行考察后认为，村庄扩建、农业、旅游业、建养虾池的砍伐；红树林区居民的生活污水排放；伐木用于薪材、建筑用材、艺术品用材；道路、码头建设；石油污染；船舶交通；垃圾和固体废物向红树林区倾倒及暴雨危害等是造成红树林生态系统破坏和面积减少的重要原因。在我国，围海造田和围塘养殖等经济利益的驱动造成红树林资源的大面积减少，城市化和海洋环境的污染加剧红树林资源的濒危。20 世纪六七十年代，由于我国人口急剧增长，曾大规模有组织地开展围海造田。如我国红树林的主要分布区之一的海南岛，围海造田 4 667 hm²，破坏了红树林面积 2 000 hm²，却只利用了 667 hm²，其余变成了荒地。城市扩展和海岸工业交通设施的建设，加剧了对红树林的破坏。红树林对人类的扰动的反应受以下 3 个因子的影响：扰动的范围、强度和持续的时间；有无更新的植株；苗木重新建立和冠层郁闭的速度。

尽管红树林可以进行苗木再植，但很多地方，红树林被砍伐后，未进行红树林的恢复性造林。砍伐迅速改变了潮汐湿地的地貌和土壤化学特性；如果造林速度缓慢，海水侵蚀、过度盐化、土壤硫化物的累积和早期先锋生物的入侵就会阻碍红树林的再生长。由于红树林与人类活动关系密切，近年来其受重金属与农药污染破坏的情况日趋严重，已经引起人们的广泛关注。

1）红树林生态系统重金属污染

郑文教等研究发现，红树林对土壤沉积物中的重金属污染物吸收能力低，植物体对土壤重金属的累积系数除镉较大外，大都在 0.1 以下。同时，红树植物所吸收的重金属主要累积分布在动物不易直接啃食和利用的根、质地较为坚硬的树干和多年生枝上，这些部位累积总量占群落植物体总量的 80%～85%。Tam 等对深圳福田红树林沉积物的研究表明,其中可提取的重金属不到总量的 1%。这表明在自然生境条件下,红树林可为异养生物提供大量洁净的食物,并且可以避免通过食物链的不断富集而引起的对于人类健康的危害。但红树林地的有机残留碎屑对重金属有较强的吸附作用,这对以红树残留物碎屑为食的林区生物是很不利的。

2)红树林生态系统石油污染

红树林生态系统石油污染主要来自海底石油、天然气的勘探和开发生产,往来穿梭的船舶排放的含油污水,尤其是大型油船的油溢事故等。由于事故发生难以预料,带有偶然性和突发性,且泄漏量很大,因此对位于潮间带的红树林损害比较严重,并且不易恢复。石油在红树林沉积物中富集,引起沉积物 pH、溶解氧含量、氧化还原电位以及间隙水盐度下降,形成一个缺氧的强还原性环境。

3)红树林生态系统农药污染

有机氯农药(OCP)主要指六六六、DDT 等含氯的有机化合物。各国已禁止 OCP 使用,但土壤中残留量仍相当大,还将在长时间内发生作用,在红树林生态系统研究中,有关 OCP 的报道尚少。

10.2.3.3　红树林的修复技术

1991 年,国家把红树林造林和经营技术研究列入国家科技攻关研究专题,从而使我国红树林恢复和发展研究进入一个新时期。

主要树种造林配套技术:系统地提出 8 个树种在不同地带的物候期、适宜的采种时间、不同类型种实采后处理及贮藏方法、苗圃地选择及不同树种育苗技术。研究了红树林树种种子发芽或贮存适宜的光照、生长素、盐度、水分和温度,各树种宜林海滩划分以及提高人工林生产力等新技术。

退化次生红树林改造优化技术:定位观测表明,退化次生红树林若不加以改造,将长期保留其低质量和低功能林分组成结构。采用 2 m 宽带状和 6 m×8 m 块状间伐后,在空隙中栽植乔木幼苗的实验表明,引进的幼苗均能在次生灌丛中定居和可持续性更新,组成两层结构林分,块状比带状伐隙中的幼苗生长好,红海榄生长比木榄、海莲快,引进红海榄比引进木榄提早 2～3 年进入有效防护功能期。进一步实验证明,选用无瓣海桑改造退化灌丛能在 2～3 年内进入有效防护期,而其他树种则需 7～10 年,总结出的优化技术为小块状间伐后引进无瓣海桑。

优良速生红树植物北移引种技术:虽然我国引种红树林的历史已逾百年,但引种的仅是抗低温广布种秋茄树、白骨壤和嗜热广布种木榄属植物。经过 10 年的国家科技攻关研究,采用了防寒育苗、抗寒炼苗、逐步北移等措施,分别把嗜热窄布种海桑从海南省引种至粤东汕头市,无瓣海桑引种至福建省九龙江口,使这些种的分布向北推移了约 3 个纬度。这两个种适生于红树林前缘低滩,其他红树植物难于在这些低滩扎根生长,利用这两个树种在前缘裸滩组建先锋群落，并利用地面上生长密集的笋状呼吸根，降低潮水流，淤积浮泥使地面升高，当地红树植物的种实便能扎根生长，快速组建两层结构的高产高效林分。有关外来种的利和弊的争论由来已久，人们担心引种的红树植物会造成生态入侵的灾害，但根据我国引种红树植物100多年的历史情况，尚未发现某种红树植物到处蔓延生长而造成生态灾害的例子。由于各种红树植物有严格的生态位，它们对海水盐度及淹浸等级（水深）的适应能力各异，分别生长在海岸的不同区域（河口、内湾、湾口前缘）和不同水深带内，形成不同深度水平带状分布，因而不能到处蔓延。已研究证实海桑种子是需光种子，只在海水盐度为10%以下才能发芽，因而限制它的天然更新区域仅在光裸海滩及淡水丰富的滩地上。另据调查，物种多样性较低的裸滩引种海桑和无瓣海桑后，促进了当地红树植物秋茄、白骨壤、桐花树在林下更新，水鸟和陆鸟在林内筑巢孵蛋，泥中出现了鳝鱼，物种多样性比裸滩高。引进树种也可能在较长时间后才产生不良影响，因此还需坚持跟踪观测研究。

污染海滩造林技术：随着我国沿海地区经济迅速发展，农村迅速向城市化转变，城市的废水、有机废料、工业废渣、油污物质、重金属废物等大量排放入海，导致海岸潮间带严重污染，近年沿海赤潮灾害频繁发生便是证明。一些污染物对红树林幼苗有毒害作用，导致人工营造的幼林死亡。综合文献、污染海滩调查和定位实验等资料，提出污染海滩造林成功的步骤为：① 测定淤泥及海水污染物含量，确定该海滩能否造林，油污染超过国家海水水质标准的海岸带不适于造林，污染较轻的海滩可选用抗污染能力强的树种造林；② 测定各造林树种的抗污染能力为：无瓣海桑＞海桑＞木榄＞银叶树＞杨叶＞肖槿＞海莲＞秋茄＞海漆＞桐花树＞红海榄；③ 依据海滩污染程度选择适宜造林树种，经实验分析，应选择无瓣海桑和海桑为污染低滩造林树种，选择木榄和海漆为污染中高滩造林树种；④ 采用"八五"国家科技攻关研究成果《红树林主要树种造林和经营技术》进行造林和管理。

造林树种优良种源选择技术：为了提高造林成活率和林分生长量，分别在海南省东寨港、广东省湛江市的高桥和深圳市的福田3个地点，对低滩的造林树种秋茄和高滩的造林树种木榄进行优良种源选择。对采自海南省琼山、广东省高桥、深圳市福田、福建省龙海4个地区生长于浸水较深与较浅滩地的8个秋茄种源和采自海南省三亚、琼山、文昌，广东省湛江市的高桥和雷州附城，深圳市福田，广西壮族自治区防城7个地区只生长于高滩的木榄进行优良种源选择。测量上述两个树种各地区种源1龄幼苗成活率、苗高、地径、叶含水率、叶绿素、游离脯氨酸、过氧化氢酶、电导率、光合、蒸腾等林学及生理指标，应用坐标综合评定法进行分析，选择出下列地区的优良种源：① 海南省和广东省湛江地区的中低滩地选用海南省琼山秋茄种源造林较佳，广东省深圳湾选用当地的秋茄种源造林较佳；② 海南省和广东省湛江地区的高滩选用海南省三亚的木榄种源造林较优，深圳湾的高滩选用湛江市的木榄种源造林获得较优效果。

（a）培育的海滨猫尾木幼苗　　　　　　（b）引种的海滨猫尾木生长现状

图 10.3　濒危红树植物海滨猫尾木引种回归实验

10.2.4　受损珊瑚礁修复

10.2.4.1　珊瑚礁

珊瑚礁是由热带和亚热带海洋中的一些海岸、岛屿、暗礁和海滩大量生长造礁石的珊瑚为主的骨骼堆积及其碎屑沉积形成的礁体。珊瑚礁为海洋中一类极为特殊的生态系统，拥有较高的初级生产力，是海洋中生物多样性最高、生物量最丰富的区域，被誉为"海洋中的热带雨林""蓝色沙漠中的绿洲"（Best et al.，2001）。

珊瑚礁有很多类型，根据礁体与岸线的关系，划分出岸礁、堡礁和环礁 3 种类别。

岸礁沿大陆或岛屿边生长发育，亦称裙礁或边缘礁。是由生长在大陆或岛屿周围浅海海底的珊瑚和其他钙质有机物构成。这种礁体的表面跟低潮潮位的高度差不多，粗糙而不平坦，外缘向海洋倾斜。由于外缘珊瑚生长起来干扰因子少、生长快，所以最早露出水面，从而使珊瑚平台和陆地间出现一条浅水通道或一片潟湖，如加勒比海中的部分珊瑚礁及我国海南岛沿岸的珊瑚礁。

堡礁又称作堤礁，是离岸有一定距离的堤状礁体，外缘和内侧水都较深。和岸礁一样，堡礁基底与大陆相连，但环绕在离岸更远的外围，与海岸间隔着一个较宽阔的大陆架浅海、海峡、水道或潟湖，如澳大利亚大堡礁。

环礁是一种环形或马蹄形的珊瑚礁，中间包围着一片潟湖。礁体呈带状围绕潟湖，有的与外海有水道相通，如马绍尔群岛上的夸贾连环礁和马尔代夫群岛的苏瓦迪瓦环礁。

珊瑚礁因其形态优美多变，不同海域礁体具有不同形态特征。

根据珊瑚礁形态差异，可以分为台礁、塔礁、点礁和礁滩 4 类。台礁的礁体呈圆形或椭圆形，中间无潟湖或潟湖已淤积为浅水洼塘，同时礁体边缘隆起明显的大型珊瑚礁为台礁，如我国西沙群岛中的中建岛。塔礁是兀立于深海、大陆坡上的细高礁体。点礁也即斑礁，是位于潟湖中孤立的小礁体。礁滩是匍匐在大陆架浅海海底的丘状珊瑚礁。

10.2.4.2 珊瑚礁的生态特点、作用与功能

1）珊瑚礁的生态结构

（1）环境生态因子。

珊瑚礁生态系统包括珊瑚礁生物群落、周围的海洋环境及其相互关系。在表层海水营养盐十分贫乏的热带、亚热带海区，珊瑚礁以其独特的生态体系而拥有丰富的生物资源，其特殊的生态环境是珊瑚礁生态系统结构与功能的基础。造礁珊瑚对生长海域的水温、盐度、深度、光照等自然条件都有严格的要求。

造礁珊瑚适宜生活在平均水温为 24～28℃的水域中，在低于 18℃的水温条件下只能存活而不能成礁。因此，珊瑚礁通常只分布在低纬度的热带、亚热带邻近海域。此外，在有强大暖流经过的海域，虽然纬度较高但水温也较高，故也有珊瑚礁存在。例如，我国的钓鱼岛附近。与此相对，在属于热带的非洲和南美洲西岸海域，因低温上升流的存在，水温较低，则未发现珊瑚礁的存在。在盐度约为 34‰ 的海区最适宜造礁珊瑚的生存，所以在河口区和陆地径流较大输入的海区，一般因盐度的降低，并无珊瑚礁生态系统的存在。

因与造礁珊瑚及礁体附属生物共生的虫黄藻需要适宜的光照条件以进行光合作用，因此光照强度也是珊瑚礁生态系统的一个重要限制因子。光照的强弱受到日照强度、海水浑浊度、海水深度等条件制约，因此，造礁珊瑚一般在水深为 10～20 m 处生长最为繁盛，当水深超过 50 m 时，因光照强度较低，与造礁珊瑚共生的虫黄藻的光合作用能力下降，珊瑚礁一般也难以存在。

另外，一般波浪和海流带来丰富的营养盐利于虫黄藻的生长繁殖，故而宜于珊瑚的生长。但是波浪过大会折断珊瑚的躯干和肢体，或将附着珊瑚的砾石翻动，使珊瑚体被碾碎或反扣砾下被碎屑物覆盖而死亡，因此潮汐限制了其生长空间的上限。

（2）生物多样性。

全球约 110 个国家拥有珊瑚礁资源，其总面积占全部海域面积的 0.1%～0.5%，而已记录的礁栖生物却占到海洋生物总数的 30%。按照其生物功能不同划分为 3 类：生产者、消费者、分解者。

其中，据王丽荣等概括，生产者包括硅藻、甲藻、裸甲藻、蓝绿藻、微型藻及自养生活的蓝细菌，以及共生虫黄藻等浮游藻类及底栖藻类。消费者包括有孔虫、放射虫、纤毛虫、水螅水母、钵水母、桡足类、磷虾类和甲壳类等浮游动物，双壳类、海绵类、水螅虫类、苔藓类、多毛类、腹足类、寄居蟹、海星类、海胆类等底栖动物，此外还包括各种鱼类。但珊瑚礁区实际存在的生物种类还远不止这些，很多小型、微型的生物种类未被记录描述。特别是作为分解者的海洋细菌以及其他微型浮游动植物等以前受采样

和分析方法限制的种类。实际报道发现的珊瑚礁生物种类仅为 9.3 万种，还不到 Reaka-Kudla 等估计量的 10%。

（3）珊瑚礁生态系统的空间特征。

造礁珊瑚是珊瑚礁体的最主要贡献者，它的生长和分布对礁区其他生物的栖息和生长起了决定性作用，所以一定程度上，造礁珊瑚的多样性状况即可反映珊瑚礁区生物多样性的整体特征。但由于造礁珊瑚对温度、光照等环境因素要求极其严格，因此，不同区域的珊瑚礁生态系统生物多样性组成也存在很大的差异。全球最主要的珊瑚礁分布区系有大西洋—加勒比海区系和印度洋—太平洋区系。大西洋—加勒比海区系生物多样性包括 26 属 68 种，而印度洋—太平洋区系物种已发现 86 属 1 000 多种。

因珊瑚礁一般为复杂的垂直结构，在同一珊瑚礁区域，不同水层、不同礁体区域的生态因素差异很大，在不同礁区物种分布也存在很大不同，一般表现出明显的水平差异及垂直差异。

（4）珊瑚礁生态系统的能量流。

在适宜的光照和温度条件下，影响珊瑚礁生态系统能量流通效率的环境因素是由居于其内的生物体之间的相互的生命活动所决定的。而浮游藻类、共生的虫黄藻、底栖大型水生植物、固着生物和底栖植物高水平的光合作用，对通过的海水中的溶解有机物的利用，底栖滤食者对悬浮有机物的利用等，都对维持高水平的初级生产力具有重要意义。

2）珊瑚礁的价值功能

因珊瑚礁生态系统由丰富的海洋生物及复杂的生态因素组成，使其具有特有的生态功能及价值。一是维护海洋生物多样性。珊瑚礁的生物多样性最为丰富，它为各种海洋生物提供了理想的居住地。二是保护海岸线。珊瑚礁能保护脆弱的海岸线免受海浪侵蚀。健康的珊瑚礁就像自然的防波堤一般，有 70%～90% 的海浪冲击力量在遭遇珊瑚礁时会被吸收或减弱，而珊瑚礁本身具有自我修补的力量。死掉的珊瑚则会被海浪分解成细沙，这些细沙丰富了海滩，也取代已被海潮冲走的沙粒。三是维持渔业资源。许多具有商业价值的鱼类都由珊瑚礁提供食物来源及繁殖的场所，礁坪可以养殖珍珠、麒麟菜、石花菜和江蓠等。四是吸引游客观光。珊瑚礁多变的形状和色彩，把海底点缀得美丽无比，是一种可供观赏的难得的旅游资源。越来越多的潜水观光客在寻找全球各地的原始珊瑚礁。保护性开发珊瑚礁观光是一个兴盛的产业。五是保护人类生命。在珊瑚礁中有许多资源可制造药品、化学物质及食物。某些特定珊瑚的组织，类似人体骨骼。六是减轻温室效应。珊瑚在造礁过程中，通过体内虫黄藻，吸收大量二氧化碳，从而减轻了地球的温室效应。

10.2.4.3　珊瑚礁受损现状

由于人类不合理的开发利用活动，全世界近 1 200 种栖息于珊瑚礁的生物已经消失，预计短期内有约 24% 的珊瑚礁将遭到破坏。我国近岸海域珊瑚礁生态系统也遭到了严重破坏。海南岛沿岸珊瑚礁破坏率为 80%，导致了海岸侵蚀、水产资源衰退及生态环境恶化等不良后果。人类活动范围的扩大、强度的增加及全球气候持续变暖对珊瑚礁造成的损伤程度远远大于珊瑚礁自我修复的速度，全球珊瑚礁生态系统正面临前所未有的威胁。造成珊瑚礁生态系统衰退的具体因素有以下几种：

1）全球变暖导致的海水升温

近年来，全球气温变暖已经对珊瑚礁生态系统造成很大的伤害。海水升温会使珊瑚虫释放掉体内的虫黄藻或失去体外共生的虫黄藻，而虫黄藻与珊瑚是共生的关系，其80% 的光合作用产出的有机物主要提供给珊瑚，同时还给珊瑚带来了丰富的色彩，因此虫黄藻的失去使珊瑚失去了色彩，出现白化现象，造成珊瑚礁出现大面积的退化。

2）海水二氧化碳浓度增加导致的海洋酸化

自全球进入工业化社会后，石化燃料的使用急剧上升，森林、草原、湿地被大面积破坏，致使大气中二氧化碳含量明显增多，使海水中溶解的二氧化碳增多，海水 pH 下降，碳酸盐度越来越低。碳酸盐浓度的降低使珊瑚富集碳酸盐的能力降低，珊瑚骨骼的钙化速率也降低，研究发现，20 世纪 90 年代以来，大堡礁等海域的珊瑚钙化率明显下降，幅度达到 14%～21%。

3）臭氧层被破坏导致的紫外线增加

依据波长大小可以将紫外线辐射（UVR）分为 UVA（400～320 nm）、UVB（320～280 nm）和 UVC（280～100 nm），其中 UVA 和 UVB 辐射很容易穿透清澈的海水。因臭氧层被破坏严重，变得越来越薄，使得到达海面的紫外线强度增大。1993 年 Gleason 正式提出紫外辐射是导致珊瑚礁白化的因素之一。紫外线辐射对于位于浅海区的珊瑚礁伤害尤其严重。

4）人类活动对珊瑚礁的破坏

以渔业捕捞为生的渔民不当的捕捞作业方式（如投毒、底拖网、使用炸药、海上水产养殖等）给珊瑚礁带来毁灭性破坏。以珊瑚礁为核心盈利的旅游业，游客潜水、丢弃垃圾、采摘珊瑚礁体等不当行为会对珊瑚礁造成直接的损害。同时，人类在海岸线区域的建筑施工，对入海河流的干扰，对森林树木的砍伐，不当的农业种植、水产养殖行为等，如果强度过大就会造成水土流失，导致大量固体颗粒物流入浅海，而固体颗粒物的覆盖效应会对珊瑚的呼吸造成干扰，使珊瑚礁遭到破坏。

5）海水污染

海水中的众多污染源，如石油泄漏、生活污水、工业废水及其他有毒物质流入珊瑚礁时，珊瑚礁区氮、磷等营养盐含量会增加，造成有害藻类在合适的温度条件下快速暴发，使礁区出现缺氧、光照降低等不良状况，造成虫黄藻、珊瑚死亡，对珊瑚礁造成巨大的伤害。

10.2.4.4　受损珊瑚礁修复技术研究现状

尽管珊瑚礁生态系统具有初级生产力高、生物多样性高的特点，但因为其对于海域内温度、光照、盐度等生态因素要求极其严格，故而其生态健康易受到全球气候变化及人类活动影响。进入 20 世纪 90 年代以来，因全球变暖、海洋酸化及人类活动影响，全球珊瑚礁生态系统面临前所未有的危机，2008 年数据统计，全球珊瑚礁已消失 19%，且绝大部分面临威胁的珊瑚礁无法得到有效修复，因此对珊瑚礁生态系统健康状况的评价方法及已受损珊瑚礁修复的研究工作刻不容缓。

1）珊瑚礁健康评价方法

健康人类行动组织将珊瑚礁生态系统健康描述为："在局部及整个区域范围内，随着时间的推移，珊瑚礁生态系统的所有自然群体以及生态过程仍维持在适当水平，并允许其为后代所利用。"相关组织提出以珊瑚礁生态系统内的生态结构、生态功能、生态压力及社会经济几个特征属性对珊瑚礁健康进行评价，并给出每个特征属性包含的具体指标，以及各指标与珊瑚礁健康的相关性。根据各特征属性的具体指标提出了"珊瑚礁健康指数"，用来指示珊瑚礁自然生态系统自身状况、对人类活动的反应、衰退信号及预警信号等。

其中，珊瑚礁生态结构具体评价内容包括礁区生物多样性，礁区生物群落组成及丰度，水质、温度、盐度、透明度等海洋生态因子，礁区生物栖息地范围、空间延展范围等。珊瑚礁生态功能具体评价内容包括珊瑚及礁区鱼类、软体动物等的繁殖情况，珊瑚白化及其他疾病发生情况、发生范围，珊瑚生长延展情况、死亡情况、礁体增大情况等，礁区生物食物链稳定情况，如生产者丰度、消费者种类及数量等。

珊瑚礁生态压力具体指标包括渔业资源捕捞情况，沿岸建设、礁区旅游带来的压力，全球气候变化带来的水温、海水二氧化碳浓度、紫外线强度变化等，海岸带泥沙冲击在礁区沉积情况等。

珊瑚礁社会经济压力具体指标包括对人类海洋经济贡献价值、对人类文化贡献值等。

2）受损珊瑚礁修复技术

当前，珊瑚移植是最有效的修复受损珊瑚礁生态系统的方法。珊瑚移植指将珊瑚整体或部分移植到受损的海域，但移植后的存活率是珊瑚移植技术面临的最大问题。移植珊瑚的存活率受到多种因素影响，如移植海区的水质条件是否适合珊瑚生长，移植区波浪大小是否会将珊瑚冲走，移植区的优势生物对珊瑚的影响等。因此，珊瑚移植前对移植区水质、生态因素、生物及被移植珊瑚的健康程度等进行综合评估是必要的。

当前，已经开展的有效的珊瑚移植技术主要有以下几点。

1）人工珊瑚移植技术

移植珊瑚虫至珊瑚礁受损区域：一般指利用珊瑚有性繁殖产生的受精卵在人工条件下培育，并促使其附着，暂养。待野外条件适宜，将珊瑚幼体放流至受损区域。该技术重点在于 3 个方面：首先是保证珊瑚受精卵发育至浮浪幼虫阶段的存活率，其次要选取合适的附着基增加幼体附着率及附着后的幼体存活率，最后应选择或创造合适的环境条件以提高珊瑚幼体生长率及存活率。

将全部的珊瑚移植到珊瑚礁受损区域：直接将健康的珊瑚移植到受损海域，利用珊瑚直接增加受损区域的生物多样性，以达到修复目标。

将枝状或块状珊瑚片段移植到受损区域：从健康珊瑚上取得部分珊瑚体，在适宜条件下移放到受损区域，利用珊瑚繁殖达到礁体逐渐生长，从而修复受损珊瑚礁的目的。

2）投放人工渔礁

某些地区珊瑚礁因被挖掘、炸毁等不可逆损伤而被破坏程度极大时，移植珊瑚可能会因为波浪冲击等影响导致成活率极低，难以达到修复目的。人工渔礁一般由水泥、废弃船只等制作而成，可有效抵抗海底波浪、海流的冲击，可为珊瑚的附着提供有效的基质。

3）投放珊瑚附着基质

投放适合珊瑚附着的基质，提高珊瑚附着率及存活率，可在较短时间内使受损礁区得到修复。如冲绳岛地区投放的人工陶瓷、PVC 材料等，已收到良好生态效果。

（a）～（c）—构建珊瑚苗圃、搭建绳索、构建"蜘蛛网"结构；（d）～（f）—搭建人工珊瑚礁；
（g）～（i）—使用钢材、铁网、水泥等进行基底加固。

图 10.4　常见珊瑚礁修复方法

10.2.4.5 珊瑚礁保护与管理现状

在人类活动和自然环境变化的双重压力下，如全球变暖、海洋酸化、臭氧空洞等导致珊瑚出现了大面积死亡。而沿岸建筑建设不当导致的泥沙淤积、城市工业废水污染、对礁体的挖掘炸毁等无节制采集珊瑚活体行为、富营养化等人类活动，使珊瑚礁生态系统面临着更严重的威胁。尤其是那些靠近沿海城市的珊瑚礁受损状况更为严重。

珊瑚礁退化作为全球性的生态问题，自 20 世纪 80 年代以来已受到越来越多的国家、学者关注。研究关注尺度从全球、不同地区、不同国家至某一特定礁体。1998 年，联合国环境规划署与世界自然保护联盟牵头，第一次制定了全球 108 个国家的珊瑚礁生态系统的统计状况。1995 年，国际珊瑚倡仪（International Coral Reef Initiative，ICRI）制定了保护全球珊瑚礁的具体行动及计划，并先后建立了全球珊瑚礁监测网络（GCRMN）、国际珊瑚礁信息网络（ICRIN）、印度洋珊瑚礁退化网络、国际珊瑚礁行动网络（ICRAN），得到了全球不同地区政府与组织的响应和关注。20 世纪 90 年代，珊瑚礁全球检测系统完成了基本框架的建设，同时全球保护策略也得到了广泛支持。

进入 21 世纪以来，因信息技术、生物技术、卫星遥感技术的发展，在珊瑚礁保护问题上先后建立了全球珊瑚礁数据库等网络数据库，对全球珊瑚礁数据实时更新。开发了叶绿素荧光技术等用以监测虫黄藻及礁区其他植物的健康状况。在我国，1983 年实施的《中华人民共和国海洋环境保护法》和《防治海岸工程建设项目污染损害海洋环境管理条例》都规定禁止破坏珊瑚礁。1990 年国家海洋局在海口市召开全国珊瑚礁自然保护工作座谈会，开始着手制定南海珊瑚礁保护管理办法。自 1990 年国务院批准建立三亚珊瑚礁国家级自然保护区以来，我国先后在南海珊瑚礁区开展了珊瑚移植、珊瑚虫人工培育、珊瑚礁监测等一系列工作。

开展珊瑚礁修复、监测等一系列工作源于珊瑚礁生态系统对海洋生物多样性、海洋生态环境状态稳定及人类渔业资源可持续利用具有的价值。因为全球气候变化的不确定性及不同国家经济、技术的差异，当前珊瑚礁保护远没达到最初目的要求。为改进当前珊瑚礁保护中出现的尺度过小、适应性低、可执行性低的局面，必须加大珊瑚礁自然生态保护区的面积，保证现存活珊瑚的持续存活能力。协调环境保护与珊瑚礁区人类的关系，保证可持续稳定的渔业产量的同时，也要保障珊瑚礁区面积及礁区的生物多样性。出台由联合国牵头的法律法规及各个国家地区针对各自实际情况的保护方案尤为重要。

参考文献

[1] 赵淑江，吕宝强，王萍 . 海洋环境学 [M]. 北京：海洋出版社，2011.

[2] 张士璀，何建国，孙世春，等 . 海洋生物学 [M]. 青岛：中国海洋大学出版社，2017.

[3] 宋雪珑，万剑锋，崔岩 . 海洋环境基础 [M]. 北京：中国轻工业出版社，2020.

[4] 李凤岐，高会旺 . 环境海洋学 [M]. 北京：高等教育出版社，2013.

[5] 鲍时翔 . 海洋微生物学 [M]. 青岛：中国海洋大学出版社，2008.

[6] 陈敏 . 化学海洋学 [M]. 北京：海洋出版社，2009.

[7] 董胜 . 海洋工程环境概论 [M]. 青岛：中国海洋大学出版社，2005.

[8] 冯士筰，李凤岐，李少菁 . 海洋科学导论 [M]. 北京：高等教育出版社，1999.

[9] 焦念志，等 . 海洋微型生物生态学 [M]. 北京：科学出版社，2006.

[10] 沈国英 . 海洋微生物学（第三版）[M]. 北京：科学出版社，2010.

[11] 孙鸿烈 . 中国生态系统 [M]. 北京：科学出版社，2005.

[12] 张晓华 . 海洋微生物学（第二版）[M]. 北京：科学出版社，2016.

[13] 张正斌 . 海洋化学 [M]. 青岛：中国海洋大学出版社，2004.

[14] 朱庆林，郭佩芳，张越美 . 海洋环境保护 [M]. 青岛：中国海洋大学出版社，2011.

[15] 张志峰，林忠胜，韩庚辰，等 . 渤海陆源入海污染源综合管控研究 [M]. 北京：海洋出版社，2017.

[16] 马宏伟，刘玉凤 . 葫芦岛市近岸海域环境质量现状与分析 [J]. 海洋信息，2011（2）：17-19.

[17] 林忠胜，王立军，张志峰，等 . 陆源污染物排海管控技术研究——以秦皇岛为例 [M]. 北京：海洋出版社，2018.

[18] 赵卫红 . 福建近岸海域水质现状及污染防治对策 [J]. 福建地理，2006，21（2）：107.

[19] 郑天凌 . 赤潮控制微生物学 [M]. 厦门：厦门大学出版社，2011.

[20] 祝雅轩 . 莱州湾与辽东湾营养盐特征及其对生态环境的影响：对比研究 [D]. 北京：中国地质大学，2019.

[21] 裴绍峰，祝雅轩，张海波，等 . 辽东湾夏季叶绿素 a 分布特征与浮游植物溶解有机碳释放率估算 [J]. 海洋地质前沿，2018，34（9）：64-72.

[22] 康建华，林毅力，王雨，等 . 钦州湾海洋环境的富营养化水平评价及其对浮游植物叶绿素 a 的影响 [J]. 海洋开发与管理，2020，37（11）：67-74.

[23] 张善发，王茜，关淳雅，等 . 2001—2017 年中国近海水域赤潮发生规律及其影响因素 [J]. 北京大学学报（自然科学版），2020，56（6）：1129-1140.

[24] 宋秀凯，付萍，姜向阳，等．山东近岸海域生态灾害现状及变化趋势 [J/OL]. 海洋开发与管理，2020-10-29/2021-04-15.

[25] 张桂成．长江口及其邻近海域溶解有机氮的生物可利用性及其在赤潮爆发过程中的作用研究 [D]. 青岛：中国海洋大学，2015.

[26] 唐洪杰．长江口及邻近海域富营养化近 30 年变化趋势及其与赤潮发生的关系和控制策略研究 [D]. 青岛：中国海洋大学，2009.

[27] 易斌，陈凯彪，周俊杰，等．2009 年至 2016 年华南近海赤潮分布特征 [J]. 海洋湖沼通报，2018（2）：23-31.

[28] 陈勤思，胡松．中国近海沿岸海洋溢油事故研究 [J]. 海洋开发与管理，2020，37（12）：49-53.

[29] 张灏铿．对海上溢油污染影响的分析 [J]. 资源节约与环保，2018，205（12）：121-122.

[30] 倪国江，孙明亮，吕明泉．溢油污染对滨海旅游业的损害研究 [J]. 环境与可持续发展，2015，40（3）：75-78.

[31] 王洪伟，白树祥．试论溢油污染的防治与应急处理 [J]. 天津航海，2010（4）：27-29.

[32] 刘彩云．海洋溢油事件的生态风险评估方法比较研究 [J]. 科技视界，2016（3）：73.

[33] 兰冬东，鲍晨光，马明辉，等．海洋溢油风险分区方法及其应用 [J]. 海洋环境科学，2014，33（2）：287-292.

[34] 赵兴林．对海上溢油应急反应计划的研究 [D]. 大连：大连海事大学，2005.

[35] 李照，许玉玉，张世凯，等．海洋溢油污染及修复技术研究进展 [J]. 山东建筑大学学报，2020，35（6）：69-75.

[36] 王绍良，郑立，崔志松，等．固定化微生物技术在海洋溢油生物修复中的应用 [J]. 海洋科学，2011，35（12）：127-131.

[37] 李道季．海洋塑料污染及应对 [J]. 世界环境，2020（1）：71-73.

[38] 廖琴，曲建升，王金平，等．世界海洋环境中的塑料污染现状分析及治理建议 [J]. 世界科技研究与发展，2015，37（2）：206-211.

[39] 王佳佳，赵娜娜，李金惠．中国海洋微塑料污染现状与防治建议 [J]. 中国环境科学，2019，39（7）：3056-3063.

[40] 刘瑞．东南亚海洋塑料垃圾治理与中国的参与 [J]. 国际关系研究，2020（1）：125-142，158-159.

[41] 国峰，周鹏，李志恩，等．2011 年东中国海沿岸海域海洋垃圾分布、组成与来源分析 [J]. 海洋湖沼通报，2014（3）：193-200.

[42] 陈飞飞．海洋塑料垃圾防治的国际法制现状、问题与建议 [D]. 济南：山东大学，2020.

[43] 魏宝明．金属腐蚀理论及应用 [M]. 北京：化学工业出版社，2004.

[44] 王光雍．自然环境的腐蚀与防护 [M]. 北京：化学工业出版社，1997.

[45] 杨德均，沈卓身. 金属腐蚀学 [M]. 北京：冶金工业出版社，1999.

[46] Brigham R J，Tozer E W. Temperature as a pitting criterion[J]. Corrosion，1973，29（1）：33-36.

[47] Wegrelius L，Sun C C. Standard test method for electrochemical critical pitting temperature testing of stainless steels[C]. China：International Corrosion Control Conference，1999：435-440.

[48] 夏延兰. 金属材料的海洋腐蚀与防护 [M]. 北京：冶金工业出版社，2003.

[49] 曹楚南. 中国材料的自然环境腐蚀 [M]. 北京：化学工业出版社，2005.

[50] 王璐. 钢板桩码头靠泊船杂散电流腐蚀研究 [D]. 大连：大连理工大学，2008.

[51] 许立坤. 海洋工程的材料失效与防护 [M]. 北京：化学工业出版社，2014.

[52] 王鹏，张盾，邱日. 仿生材料开发及其在海洋生物污损腐蚀防护中的应用 [M]. 北京：科学出版社，2016.

[53] 王新红. 海洋环境中的 POPs 污染及其分析监测技术 [M]. 北京：海洋出版社，2011.

[54] 徐英红，田秀慧，张小军，等. 海洋环境中的氨基脲污染及其生物效应 [M]. 北京：海军出版社，2018.

[55] 刘春光，莫训强. 环境与健康 [M]. 北京：化学工业出版社，2014.

[56] 骆永明. 海洋和海岸带微塑料污染与控制对策 [M]. 北京：科学出版社，2019.

[57] 崔铁峰，廖晨延，崔彤彤，等. 水环境中微塑料的危害及防治 [J]. 河北渔业，2020，323（11）：59-63.

[58] 董翔宇，单子豪，袁文静，等. 海洋环境微塑料污染生态影响及生物降解研究进展 [J]. 中国资源综合利用，2020，408（11）：126-128.

[59] 蔡立奇. 微塑料在不同环境中的污染特征及其降解行为研究 [D]. 广州：广东工业大学，2019.

[60] 刘松青. 典型污水处理厂和湿地中新型溴代阻燃剂组分变化特征研究 [D]. 北京：北京林业大学，2019.

[61] 院晓昱. 典型溴代阻燃剂在渭河陕西段的分布特征及吸附行为研究 [D]. 西安：长安大学，2019.

[62] 宋蕾，李浩，韩宝红，等. 沉积物中溴代阻燃剂的污染现状及分析去除方法的研究进展 [J]. 科学技术与工程，2018，18（5）：137-144.

[63] 王文倩. 新兴污染物中的特征化学物质的遗传毒性研究和风险评价 [D]. 南京：东南大学，2019.

[64] 赵静，蒋京呈，胡俊杰，等. 中国药物和个人护理用品污染现状及管控对策建议 [J]. 生态毒理学报，2020，15（3）：21-27.

[65] 赵迎新，王亚舒，季民，等. 吸附法去除水中药品及个人护理品（PPCPs）研究进展 [J]. 工业水处理，2017，37（6）：1-5.

[66] Hu X，Zhao C. Removal of diclofenac from aqueous solution with multi-walled carbon nanotubes modified by nitric acid [J]. Chinese Journal of Chemical Engineering，2015，23（9）：1551-1556.

[67] 刘桂芳，闫红梅，高远，等. 碳材料吸附水中 PPCPs 的研究进展 [J]. 工业水处理，2015，35（10）：6-11.

[68] 乔铁军，张锡辉，Doris W T. 活性炭工艺去除水中典型药品的效能与机理 [J]. 化工学报，2012，63（4）：1243-1248.

[69] 晁吉福，吴耀国，陈培榕. 柱撑黏土吸附剂在芳香类有机污染物处理中的应用 [J]. 现代化工，2010，30（4）：31-36.

[70] 齐治国，史高峰，白利民. 微波改性凹凸棒石黏土对废水中苯酚的吸附研究 [J]. 非金属矿，2007，30（4）：56-59.

[71] Ma J，Zhu L. Simultaneous sorption of phosphate and phenanthrene to inorgano-organo-bentonite from water[J]. Journal of Hazardous Materials，2006，136（3）：982-988.

[72] Molu Z，Yurdakoc K. Preparation and characterization of aluminum pillared K10 and KSF for adsorption of trimethoprim[J]. Microporous and Mesoporous Materials，2010，127（1/2）：50-60.

[73] Ozcan A S，Erdem B，Ozcan A. Adsorption of Acid Blue193 from aqueous solutions onto Na-bentonite and DTMA-bentonite [J]. Journal of Colloid and Interface Science，2004，280（1）：44-54.

[74] 徐仁扣，赵安珍，肖双成，等. 农作物残体制备的生物质炭对水中亚甲基蓝的吸附作用 [J]. 环境科学，2012，33（1）：142-146.

[75] 张晗，林宁，黄仁龙，等. 不同生物质制备的生物炭对菲的吸附特性研究 [J]. 环境工程，2016，34（10）：166-171.

[76] 徐明. 用于水处理的纳米技术和纳米材料 [J]. 西南民族大学学报（自然科学版），2015，41（4）：436-442.

[77] Zhang Y，Liu Y，Dai C. Adsorption of clofibric acid from aqueous solution by graphene oxide and the effect of environmental factors[J]. Water Air and Soil Pollution，2014，225（8）：2064.

[78] 张伟. 碳纳米管吸附有机物研究进展 [J]. 湖南城市学院学报（自然科学版），2009，18（4）：16-18.

[79] 陈雪曼，江学顶，张永利. 饮用水中消毒副产物处理技术的研究进展 [J]. 佛山科学技术学院学报（自然科学版），2020，38（2）：53-57.

[80] 王小宁，杨传玺，宗万松. 饮用水消毒副产物生物毒性与调控策略的研究 [J]. 工业水处理，2017，37（1）：12-17.

[81] 卢正山. 浑河沈抚段水体典型抗生素分布特征及风险评价 [D]. 沈阳：沈阳师范大学，

2020.

[82] 郝迪. 抗生素在水环境中的生态效应及危害防御 [J]. 现代农村科技，2019，86（4）：101.

[83] 李垣皓，林秋风，罗峰，等. 全氟有机化合物污染近况及去除技术探讨 [J]. 水处理技术，2018，44（9）：7-11.

[84] 王飞，李晓明，李建勇，等. 水中全氟化合物的污染处理研究进展 [J]. 水处理技术，2016，42（11）：5-11.

[85] 陈令新，王巧宁，孙西艳. 海洋环境分析监测技术 [M]. 北京：科学出版社，2018.

[86] 梁斌，韩庚辰，马明辉，等. 海洋环境监测设计 [M]. 北京：海洋出版社，2016.

[87] 张志锋，韩庚辰，王菊英. 中国近岸海洋环境质量评价与污染机制研究 [M]. 北京：海洋出版社，2013.

[88] 叶璐. 河口区海洋环境监测与评价一体化研究——以珠江口为例 [D]. 厦门：厦门大学，2013.

[89] 唐兆民. 海洋环境监测 [M]. 吉林：延边大学出版社，2010.

[90] 路文海. 海洋环境监测数据信息管理技术与实践 [M]. 北京：海洋出版社，2013.

[91] 樊景凤. 海洋生态环境监测技术方法培训教材——生物分册 [M]. 北京：海洋出版社，2018.

[92] 王菊英，姚子伟. 海洋生态环境监测技术方法培训教材——化学分册 [M]. 北京：海洋出版社，2018.

[93] 环境保护部环境工程评估中心. 海洋工程类环境影响评价 [M]. 北京：中国环境科学出版社，2012.

[94] 中华人民共和国国家质量监督检验检疫总局. GB/T 19485—2014：海洋工程环境影响评价技术导则 [S].

[95] 陈国华，黄良民，王汉奎，等. 珊瑚礁生态系统初级生产力研究进展 [J]. 生态学报，2004（12）：2863-2869.

[96] 陈石泉，蔡泽富，沈捷，等. 海南高隆湾海草床修复成效及影响因素 [J]. 应用海洋学学报，2021，40（1）：65-73.

[97] 褚晓琳. 基于生态系统的东海渔业管理研究 [J]. 资源科学，2010，32（4）：606-611.

[98] 李美真，詹冬梅，丁刚，等. 人工藻场的生态作用、研究现状及可行性分析 [J]. 渔业现代化，2007（1）：20-22.

[99] 林鹏. 中国红树林生态系 [M]. 北京：科学出版社，1997.

[100] 牛淑娜. 大叶藻（*Zostera marina* L.）种子萌发生理生态学的初步研究 [D]. 青岛：中国海洋大学，2012.

[101] 牛文涛，刘玉新，林荣澄. 珊瑚礁生态系统健康评价方法的研究进展 [J]. 海洋学研究，2009，27（4）：77-85.

[102] 王丽荣，赵焕庭. 珊瑚礁生态系的一般特点 [J]. 生态学杂志，2001，20（6）：41-45.

[103] 杨京平. 生态工程学导论 [M]. 北京：化学工业出版社，2005.

[104] 张立斌，杨红生. 海洋生境修复和生物资源养护原理与技术研究进展及展望 [J]. 生命科学，2012，24（9）：1062-1069.

[105] 张颖，陈光程，钟才荣. 中国濒危红树植物研究与恢复现状 [J]. 应用海洋学学报，2021，40（1）：142-153.

[106] 章守宇，孙宏超. 海藻场生态系统及其工程学研究进展 [J]. 应用生态学报，2007（7）：1647-1653.

[107] 赵美霞，余克服，张乔民. 珊瑚礁区的生物多样性及其生态功能 [J]. 生态学报，2006（1）：186-194.

[108] 赵真真，陈庆阳. 滨海河口湿地的修复实践与理论探讨 [J]. 青岛理工大学学报，2015，36（2）：53-58.

[109] 郑文教，王文卿，林鹏. 九龙江口桐花树红树林对重金属的吸收与累积 [J]. 应用与环境生物学报，1996，2（3）：207-213.

[110] 郑新庆，张涵，陈彬，等. 珊瑚礁生态修复效果评价指标体系研究进展 [J]. 应用海洋学学报，2021，40（1）：126-141.

[111] Best B，Bornbusch A. Global trade and consumer choices：coral reefs in crisis [M]. American Association for the Advancement of Science，2002.

[112] Reaka-Kudla M L，Wilson D E，Wilson E O. Biodiversity II：understanding and protecting our biological resources [M]. Washingtond，1997.

[113] Borde A B，O'Rourke L K，Thom R M，et al. National review of innovative and successful coastal habitat restoration[M]. Battelle Marine Sciences Laboratory Sequim，Washington，2004.

[114] Clark S，Edwards A J. Coral transplantation as an aid to reef rehabilitation：evaluation of a case study in the Maldive Islands [J]. Coral Reefs，1995，14（4）：201-213.

[115] Glynn P W. Coral reef bleaching：facts，hypotheses and implications [J]. Global Change Biology，1996，2（6）：495-509.

[116] Grigg R W. Holocene coral reef accretion in Hawaii：a function of wave exposure and sea level history [J]. Coral Reefs，1998，17（3）：263-272.

[117] Kenworthy W J，Wyllie-Echeverria S，Coles R G，et al. Seagrass conservation biology：an interdisciplinary science for protection of the seagrass biome [M]. Springer，2006.

[118] Kleypas J A，McManus J W，Menez L A B. Environmental limits to coral reef development：where do we draw the line [J]. American Zoologist，1999，39（1）：146-159.

[119] Kuffner I B. Effects of ultraviolet radiation and water motion on the reef coral Porites compressa Dana：a flume experiment [J]. Marine Biology，2002，138（3）：467-476.

[120] Lepoint G，Vangeluwe D，Eisinger M，et al. Nitrogen dynamics in Posidonia oceanica cuttings：implications for transplantation experiments [J]. Marine Pollution Bulletin，2004，48（5-6）：465-470.

[121] Link J S. What does ecosystem-based fisheries management mean [J]. Fisheries，2002，27（4）：18-21.

[122] Marion S R，Orth R J. Innovative techniques for large-scale seagrass restoration using Zostera marina（eelgrass）seeds [J]. Restoration Ecology，2010，18（4）：514-526.

[123] McField M，Kramer P R. The healthy mesoamerican reef ecosystem initiative：a conceptual framework for evaluating reef ecosystem health [J]. Proceeding of 10th International Coral Reef Symposium，2005，1118-1123.

[124] Paling E I，Keulen M V，Wheeler K D，et al. Improving mechanical seagrass transplantation [J]. Ecological Engineering，2001，18（1）：107-113.

[125] Shafer D J，Bergstrom P. Large-scale submerged aquatic vegetation restoration in Chesapeake Bay：status report [R]. Engineer Research and Development Center Vicksburg Ms Environmental Lab，2008.

[126] Shafer D，Bergstrom P. An introduction to a special issue on large-scale submerged aquatic vegetation restoration research in the Chesapeake Bay：2003-2008 [J]. Restoration Ecology，2010，18（4）：481-489.

[127] Wilkinson C. Status of coral reefs of the world [R]. Global Coral Reef Monitoring Network and Reef and Rainforest Research Centre，2008.

[128] Yu D P，Zou R L. Study on the species diversity of the scleratinan coral community on luhuitou fringing reef [J]. Acta Ecologica Sinica，1996，16（5）：469-475.